"十二五"普通高等教育本科国家级规划教材

国家级优秀教学团队教学成果
国家级线上线下混合式一流本科课程教学成果
教育部高等学校电工电子基础课程教学指导分委员会推荐教材

数字电子技术
（第3版）

U0192626

◆ 张艳花　王康谊　韩　焱　主编

◆ 毕满清　主审

◆ 李兆光　杨慧娟　薛英娟　周　惠　参编

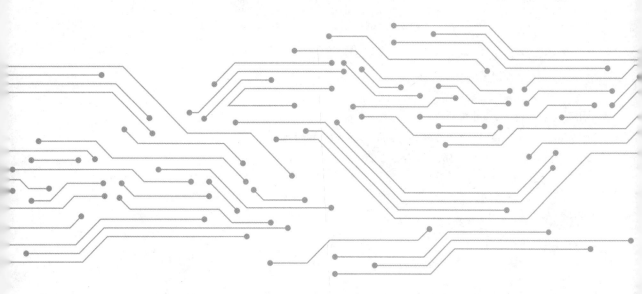

电子工业出版社

Publishing House of Electronics Industry

北京·BEIJING

内 容 简 介

本书为"十二五"普通高等教育本科国家级规划教材、教育部高等学校电工电子基础课程教学指导分委员会推荐教材，也是国家级优秀教学团队、国家级线上线下混合式一流本科课程教学成果。

全书共 9 章，包括：数字电路基础、逻辑门电路、组合逻辑电路、触发器、时序逻辑电路、脉冲信号的产生和整形、半导体存储器、可编程逻辑器件，以及数模转换器和模数转换器。本书遵循保证基础知识、加强现代方法、理论联系实际、便于教学实施的编写原则，在保证基本概念、基本分析方法和设计方法的基础上，强化了现代数字电路分析、设计与工程应用的结合。

每章先提出该章对应的课程目标和讨论的主要问题，然后进行正文叙述，例题、思考题、随堂测验和习题与课程目标有机结合；提炼典型工程项目"洗衣机控制器的设计"作为整个课程的导引项目，并给出了"五阶段、三层次"的过程设计任务与过程考核内容。这样的编写突出以任务和问题为探究载体，引导读者自主探究与个性化学习，重构以学为主的教学过程，有效解决能力培养环节薄弱的问题。

本书可读性强，配有数字系统设计微视频、项目设计微视频、课程思政案例微视频和电子教学课件。

图书在版编目（CIP）数据

数字电子技术 / 张艳花，王康谊，韩焱主编．—3 版．—北京：电子工业出版社，2023.12

ISBN 978-7-121-46653-3

I．① 数… II．① 张… ② 王… ③ 韩… III．① 数字电路－电子技术－高等学校－教材 IV．① TN79

中国国家版本馆 CIP 数据核字（2023）第 217217 号

责任编辑：章海涛　　　　　　　特约编辑：李松明

印　　刷：北京天宇星印刷厂

装　　订：北京天宇星印刷厂

出版发行：电子工业出版社

　　　　　北京市海淀区万寿路 173 信箱　　邮编：100036

开　　本：787×1092　1/16　　印张：22.5　　字数：576 千字

版　　次：2009 年 8 月第 1 版

　　　　　2023 年 12 月第 3 版

印　　次：2025 年 2 月第 3 次印刷

定　　价：69.00 元

前　言

本书为"十二五"普通高等教育本科国家级规划教材，并与作者学校国家级优秀教学团队、国家级线上线下混合式一流本科课程教学成果相结合，力求站在教学内容和课程体系改革与整体优化的高度来组织内容，使教材具有科学性、系统性、基础性、可读性和扩展性，遵循"保证基础知识、加强现代方法、理论联系实际、便于教学实施"的编写原则，在保证基本概念、基本分析方法和设计方法的基础上，强化现代方法和工程应用。

根据数字电子技术的发展和应用情况，参照教育部高等学校电工电子基础课程教学指导分委员会 2019 年制定的"数字电子技术基础课程教学基本要求"，结合近年来的教学改革成果，尤其是国家级线上线下混合式一流本科课程中"工程牵引，理论教学、实验与工程实践能力有机融合"的教学改革成果，本书在第 2 版原有特色的基础上进行了修订，主要体现在如下几方面。

① 删除和压缩部分陈旧或非重点内容，增加新型器件和新技术的内容。第 2 章删除了分立元件门电路的内容，压缩了门电路外部特性的具体分析过程；第 9 章增加了流水线型 ADC 和 $\sum-\Delta$ 型 ADC；第 8 章增加了可编程逻辑器件实现数字系统的工程应用案例，以更好地指导学生在学习数字电路分析、设计方法的同时，利用 VHDL 进行数字系统的设计，培养学生掌握先进技术的能力。

② 重视创新实践能力，强化工程应用。为了让学生学会如何应用理论解决具体问题，培养工程意识，本书在加强重点理论和分析设计方法的同时，加入了相应的工程应用案例，如第 1 章在加强码制理论的基础上增加了 8421 码、格雷码的工程应用案例；第 2 章增加了 OC 门、三态门和模拟开关的工程应用案例，以及 TTL 与 CMOS 集成门的接口电路；第 3 章增加了数值比较器的应用实例和中规模组合逻辑电路的综合应用案例；第 5 章增加了大量的中规模集成器件综合应用案例；等等。

③ 引入整个课程的导引项目，给出"五阶段、三层次"的过程设计任务与过程考核内容。教材将符合课程目标、覆盖面广、体现"两性一度"的典型工程项目"洗衣机控制器的设计"作为贯穿课程始终的导引项目，并给出反映基本功能、工程化要求、创新性三个层次的过程设计任务与过程考核内容，具体包括：组合逻辑电路模块、时序逻辑电路模块、脉冲波形的产生和整形模块、基于可编程逻辑器件的控制模块四个过程子模块，以及系统整体设计及优化。这样可以强化和提高学生的创新实践能力，引导探究性和个性化学习，有效解决数字系统设计能力培养的薄弱问题。

④ 强调基于中规模器件的基本设计方法，加强芯片的灵活应用。第 5 章在介绍应用计数器芯片实现任意进制计数器时不以某计数器芯片的应用为主线，而以整体反馈归零法、整体反馈置数法和级联法三种基本设计方法为主线来编写，每种实现方法又使用多种典型计数器芯片

来实现。例如，采用整体反馈归零法实现十二进制计数器的例 5-19 既讨论了使用异步清零功能的十进制加法计数器 74160 的各种实现方法，又讨论了使用同步清零功能的十进制加法计数器 74162 的各种实现方法，并进行了充分的总结。这样便于学生学会基本设计方法，而不是只会使用几个熟悉的中规模集成芯片。

⑤ 增加课程思政内容。本书附有课程思政案例微视频，以激发辩证思维、爱国情怀和社会责任感，充分发挥全程育人、全方位育人的大思政格局。

⑥ 在编写上，贯彻"OBE 为导向"的教学理念。每章先提出该章对应的课程目标和讨论的主要问题，再进行正文叙述，使读者带着目标和问题有针对性地学习；对正文叙述、例题、思考题、随堂测验、习题进行必要的修改，以便与课程目标充分对应；以典型工程项目及其模块电路的设计任务导引整个课程和各模块内容，突出以任务和问题为探究载体，引导读者自主探究与学习，便于重构以学为主的教学过程。

⑦ 实现"纸质+数字+网络教材"线上线下相结合的一体化。教材配备了基于可编程逻辑器件的数字系统工程应用案例微视频，导引项目设计指导微视频和课程思政案例微视频。读者通过二维码可以访问配套数字课程网站优质资源，在提升课程教学效果的同时，拓宽了学生的视野。

书中标有"*"的部分为选学内容，教师可根据专业要求、学时数，以及学生层次的不同进行灵活处理。

本书的编写人员包括：薛英娟（第 1 章）、张艳花（第 2 章）、李兆光（第 3、7 章）、王康谊（第 5 章）、杨慧娟（第 4、6 章）、周惠（第 8 章）、韩焱（第 9 章）。张艳花、王康谊和韩焱任主编，负责全书的组织、修改和定稿。另外，李兆光制作了数字系统设计和导引项目设计微视频，张艳花和杨凌制作了课程思政案例微视频。

首届"全国教材建设奖先进个人"毕满清教授担任本书主审，他对书稿进行了非常认真细致的审查，提出了许多宝贵意见。在此我们表示衷心的感谢！

本书可以与王黎明、毕满清主编的《模拟电子技术基础（第 3 版）》和毕满清主编的《电子技术实验与课程设计（第 6 版）》配套使用。

本书为任课教师提供配套的教学资源，需要者可登录 http://www.hxedu.com.cn 进行下载。

由于作者的能力和水平有限，书中难免会有不妥之处，恳请广大师生和本书读者提出批评和改进意见。

作　者

目　录

第1章　数字电路基础

课程目标

- ⌘ 能够正确把握数字电路和模拟电路的工作特点及两者的不同。
- ⌘ 根据二进制、十六进制及其与十进制的相互转换规律，能够对不同进制进行相互转换。
- ⌘ 能够写出有符号二进制数的原码、反码和补码。
- ⌘ 能够采用自然二进制代码和常用 BCD 码表示数值量，熟悉可靠性代码和字符码的用途。
- ⌘ 能够对实际问题进行逻辑抽象，并采用真值表、逻辑函数式、卡诺图、逻辑电路图和波形图等进行表示。
- ⌘ 能够应用逻辑代数的基本定律和定理，采用公式法或卡诺图法化简逻辑函数。
- ⌘ 能够对常用逻辑函数形式进行相互变换。

内容提要

　　本章介绍数字电路的特点，数制、码制，以及逻辑代数和逻辑代数的基本规则、逻辑函数化简的两种方法：公式化简法和卡诺图化简法，并简单介绍 VHDL（VHSIC Hardware Description Language，VHSIC 硬件描述语言）。

主要问题

- ⌘ 有哪些常见的数制和码制？如何对它们进行相互转换？
- ⌘ 逻辑运算的三种基本运算是什么？逻辑函数表示方法有几种？它们之间如何进行相互转换？
- ⌘ 逻辑代数的定律和运算基本规则有哪些？
- ⌘ 用代数法对一个逻辑函数进行化简的基本方法有哪些？应该按照怎样的步骤进行综合化简？
- ⌘ 最小项的定义是什么？它有什么性质？它的表达式有哪些特点？逻辑函数卡诺图化简法的步骤是什么？
- ⌘ 公式化简法和卡诺图化简法各有什么特点？
- ⌘ 什么是无关项？在具有无关项函数的卡诺图化简中，无关项该怎样处理？

▶ 1.1 数字电路概述

1.1.1 模拟信号和数字信号

自然界中的物理量千差万别，按变化规律，可以分为模拟量和数字量两大类。其中，一类物理量，无论从时间上还是从信号的大小上看其变化都是连续的，而且连续变化过程中的每个数值都有具体的物理意义，通常被称为模拟量或模拟信号，如温度、速度、电压等。另一类物理量的变化在时间和数值上都是不连续的，被称为数字量或数字信号，如统计的人数、记录生产流水线上零件的个数等。

在电路中，模拟信号一般是随时间连续变化的电压或电流，如图 1-1 所示的正弦波信号。传递、处理模拟信号的电路称为模拟电路。表示数字量的电信号称为数字信号。在电路中，数字信号往往表现为突变的电压或电流。典型的数字信号如图 1-2 所示，表示一个 16 位的数据。传递、处理数字信号的电路称为数字电路。

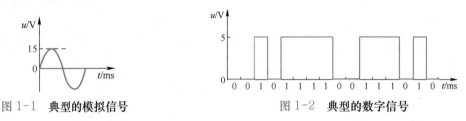

图 1-1　典型的模拟信号　　　　　　　　图 1-2　典型的数字信号

1.1.2 数字信号的表示方法

1. 高、低电平和正、负逻辑体制

图 1-2 所示的数字信号只有两个电压值，即 5 V 和 0 V。人们习惯称之为高电平和低电平，分别用 "1" 和 "0" 来表示上述两种状态，称为逻辑 1 和逻辑 0，也称为二值数字逻辑。数字电路中有两种逻辑体制，即正逻辑和负逻辑。"1" 表示高电平和 "0" 表示低电平，称为正逻辑，本书均采用正逻辑表述；"0" 表示高电平和 "1" 表示低电平，称为负逻辑。

2. 数字波形的两种常用类型

数字信号是在高电平和低电平两个状态之间作阶跃式变化的信号，有两种常用形式：电平型和脉冲型。电平型信号是在一个节拍 T 内用 "1" 表示高电平和用 "0" 表示低电平，如图 1-3 所示。脉冲型信号是用 "1" 表示在一个节拍内有脉冲和用 "0" 表示无脉冲，如图 1-4 所示。电平型信号在一个节拍内不会归零，所以又被称为非归零信号；脉冲型信号在一个节拍内会归零，所以又被称为归零信号。一个节拍的时间间隔 T 称为 1 位（bit）。在数字电路中，脉冲型信号常用做控制信号，如时序电路的时钟脉冲；电平型信号则是电路中主要的传输信号。

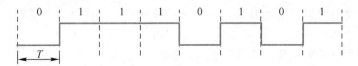

图 1-3　电平型数字信号

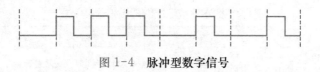

图 1-4　脉冲型数字信号

1.1.3　数字电路

1. 数字电路与模拟电路的比较

数字电路和模拟电路是电子电路的两大分支，它们传递、加工和处理的信号不同，所以在电路结构、器件工作状态、输出与输入关系、电路分析方法等方面有很大区别，如表 1-1 所示。

表 1-1　模拟电路和数字电路的比较

比较方面	模拟电路	数字电路
工作信号	模拟信号	数字信号
器件的工作状态	放大状态	开关状态
输出与输入关系	线性关系	逻辑关系
基本操作	放大、振荡、稳压等	逻辑运算、寄存、译码、编码、计数等
基本分析方法	模型分析法、图解法等	逻辑代数、真值表、卡诺图、状态图等
EDA（Electronic Design Automation）分析方法	Multisim，Proteus，PSpice	Quartus，MAX+plusⅡ，Multisim，Proteus

2. 数字电路的特点

数字电路具有以下特点：

① 采用高、低电平表示两种状态，基本单元电路简单，对电路中各元件参数的精度要求不高，允许有较大的分散性。

② 抗干扰能力强、精度高。数字电路传递、加工和处理的是二值信息，不易受外界的干扰，抗干扰能力强。

③ 数字信号便于长期存储，使用方便。

④ 保密性好。数字电路中可以进行加密处理，使一些信息资源不易被窃取。

⑤ 通用性强。采用标准的逻辑器件和可编程逻辑器件可以构成各种各样的数字系统，设计方便，使用灵活。

3. 数字电路的发展和分类

与模拟电路一样，数字电路经历了由电子管、半导体分立器件到集成电路（Integrated Circuit，IC）的过程，但比模拟集成电路发展得更快。从 20 世纪 60 年代开始，数字集成器件用双极型工艺制成了小规模逻辑器件，随后发展到中大规模集成器件；20 世纪 70 年代末，超大规模集成电路即微处理器使数字集成电路的性能产生了质的飞跃。

近年来，可编程逻辑器件（Programmable Logic Device，PLD）特别是现场可编程逻辑门阵列（Field Programmable Gate Array，FPGA）飞速发展，为数字电子技术开创了新局面。这些数字集成器件不但规模大，而且硬件与软件相结合，使数字集成电路的功能更加趋于完善，使用起来更加灵活。

根据集成度，数字集成电路可分为小规模（Small-Scale Integration，SSI）、中规模（Medium-Scale Integration，MSI）、大规模（Large-Scale Integration，LSI）和超大规模（Very-Large-Scale Integration，VLSI）四类，如表 1-2 所示。

表 1-2　数字集成电路的规模和分类依据

分　类	集　成　度	典型的数字集成电路
SSI	1～10 门/片 10～100 个元件/片	逻辑单元电路，包括逻辑门电路、集成触发器
MSI	10～100 门/片 100～1000 个元件/片	逻辑器件，包括计数器、译码器、编码器、数据选择器、寄存器、算术运算器、比较器和转换电路等
LSI	100～1000 门/片 1000～100 000 个元件/片	数字逻辑系统，包括中央控制器、存储器和各种接口电路等
VLSI	大于 1000 门/片 大于 100 000 个元件/片	高集成度的数字逻辑系统，如各种型号的单片机，即在一片硅片上集成的一个完整的微型计算机

　　集成度有两种分类方法，一种是指每块数字集成电路芯片包含的三极管（BJT 或 MOSFET）的个数，另一种是指每块数字集成电路芯片包含的门电路的个数。

【思考题】

① 数字信号与模拟信号的区别是什么？

② 在数字电路中用什么方法表示 0 和 1？

▶▶ 1.2　数制和码制

　　一个数通常可以用两种方法来表示。一种方法是按"值"表示，即选定某种进位制来表示某个数的值，这就是数制。按"值"表示时需要解决三个问题：① 恰当地选择"数字符号"及其组合规则；② 确定小数点的位置；③ 正确表示出数的正、负符号。另一种方法是按"形"表示，就是用二进制数组成的代码来形式地表示出某些数的值。采用按"形"表示方法时，先要确定编码规则，再按此编码规则编出一组二进制数组成的代码，并给每个代码赋以一定的含义，即码制。本节将简要介绍数字电路的常用数制和码制。

1.2.1　数字电路的常用数制

　　同一个数可以采用不同进位的计数制来计量。在日常生活中，人们习惯于使用十进制计数制，而在数字电路中常采用二进制计数制和十六进制计数制。

1. 十进制（Decimal）

　　十进制计数制简称十进制，用 0、1、2、3、4、5、6、7、8、9 十个数字符号的不同组合来表示一个数，计数的基数是 10。若一个数比 9 大 1，则向相邻高位进 1，本位复 0，其计数规律为"逢 10 进 1"。任意一个十进制数都可以用其幂的形式来表示，如

$$125.68 = 1 \times 100 + 2 \times 10 + 5 \times 1 + 6 \times 0.1 + 8 \times 0.01$$
$$= 1 \times 10^2 + 2 \times 10^1 + 5 \times 10^0 + 6 \times 10^{-1} + 8 \times 10^{-2}$$

　　显然，任意一个十进制数 $(N)_{10}$ 都可以表示为

$$(N)_{10} = K_{n-1} \times 10^{n-1} + K_{n-2} \times 10^{n-2} + \cdots + K_0 \times 10^0 + K_{-1} \times 10^{-1} + \cdots + K_{-m} \times 10^{-m} \quad (1.1)$$

其中，n 和 m 为正整数；K_i（$i = n-1, n-2, \cdots, 0, 1, \cdots, m$）为系数，其值是十进制的 10 个数字符号中的某一个；10 是进位基数；10^i 是十进制数的位权，表示系数 K_i 在十进制数中的地位，位数越高，位权越大，如 10^2 前的"1"表示的是 100。

任意一个 R 进制数 $(N)_R$ 都可以表示为

$$(N)_R = K_{n-1} \times R^{n-1} + K_{n-2} \times R^{n-2} + \cdots + K_0 \times R^0 + K_{-1} \times R^{-1} + \cdots + K_{-m} \times R^{-m} \tag{1.2}$$

其中，R 为进位基数，R^i 为位权，K_i 为系数。

虽然十进制是人们最习惯的计数制，但很难用电路实现。因为要使一个电路或者一个电子器件具有能严格区分的 10 个状态来与十进制的 10 个不同的数字符号一一对应是比较困难的，所以在数字电路中一般不直接使用十进制。

2．二进制（Binary）

二进制计数制简称二进制，只有 0 和 1 两个数字符号。当 1+1 时，本位复 0，并向相邻高位进 1，即 1+1=10，其计数规律为"逢 2 进 1"。任意一个二进制数 $(N)_2$ 都可以表示为

$$(N)_2 = K_{n-1} \times 2^{n-1} + K_{n-2} \times 2^{n-2} + \cdots + K_0 \times 2^0 + K_{-1} \times 2^{-1} + \cdots + K_{-m} \times 2^{-m} \tag{1.3}$$

其中，K_i 为系数；2 为进位基数；2^i 为位权，依次为 $2^{n-1}, 2^{n-2}, \cdots, 2^0, 2^{-1}, \cdots, 2^{-m}$。

二进制数可以按位权展开，如

$$(1101.101)_2 = 1 \times 2^3 + 1 \times 2^2 + 0 \times 2^1 + 1 \times 2^0 + 1 \times 2^{-1} + 0 \times 2^{-2} + 1 \times 2^{-3}$$

与十进制相比，二进制的优点如下：

① 二进制数只有两个数字符号 0 和 1，因此容易用电路元件的状态来表示。例如，二极管的饱和与截止、继电器的接通与断开、灯泡的亮与灭、电平的高与低等，都可以将其中的一个状态规定为 0，另一个状态规定为 1，从而表示二进制数。

② 二进制的基本运算规则与十进制的运算规则相似，但简单得多。例如，两个 1 位十进制数相乘，其规律要用"九九乘法表"才能表示，而两个 1 位二进制数相乘只有 4 种组合，因此用电路来实现二进制运算十分方便可靠。

二进制的缺点如下：

① 人们对二进制不熟悉，使用不习惯；表示同样一个数时，二进制数通常比十进制数位数多。例如，1 位的十进制数 9 变为二进制数为 1001，需要 4 位。

② 用二进制系统进行算术运算时，在人机交互场合下需要进行数值转换。用数字系统进行运算时，通常先将十进制数转换成二进制数，运算结束后，再转换成人们易接受的十进制数。

3．八进制（Octal）

由于多位二进制不便于识别和记忆，因此在一些计算机的资料中常采用八进制和十六进制来表示二进制，也就是说，八进制和十六进制是二进制的简写形式。

八进制有 0、1、2、3、4、5、6、7 八个数字符号，计数规律为"逢 8 进 1"或"借 1 当 8"。八进制是以 8 为基数的计数体制。任意一个八进制数 $(N)_8$ 都可以表示为

$$(N)_8 = K_{n-1} \times 8^{n-1} + K_{n-2} \times 8^{n-2} + \cdots + K_0 \times 8^0 + K_{-1} \times 8^{-1} + \cdots + K_{-m} \times 8^{-m} \tag{1.4}$$

其中，K_i 为系数；8 为进位基数；8^i 为位权，依次为 $8^{n-1}, 8^{n-2}, \cdots, 8^0, 8^{-1}, \cdots, 8^{-m}$。

一个八进制数可以按位权展开，如 $(765.23)_8 = 7 \times 8^2 + 6 \times 8^1 + 5 \times 8^0 + 2 \times 8^{-1} + 3 \times 8^{-2}$。

4．十六进制（Hexadecimal）

同理，十六进制有 0～9 和 A、B、C、D、E、F 十六个数字符号，计数规律为"逢 16 进 1"或"借 1 当 16"。十六进制是以 16 为基数的计数体制。任意一个十六进制数 $(N)_{16}$ 都可以表示为

$$(N)_{16} = K_{n-1} \times 16^{n-1} + K_{n-2} \times 16^{n-2} + \cdots + K_0 \times 16^0 + K_{-1} \times 16^{-1} + \cdots + K_{-m} \times 16^{-m} \quad (1.5)$$

其中，K_i 为系数；16 为进位基数；16^i 为位权，依次为 $16^{n-1}, 16^{n-2}, \cdots, 16^0, 16^{-1}, \cdots, 16^{-m}$。

一个十六进制数可以按位权展开，如

$$(6BA)_{16} = 6 \times 16^2 + 11 \times 16^1 + 10 \times 16^0$$

1.2.2 不同数制之间的相互转换

1．二进制、八进制、十六进制数转换成十进制数

利用式(1.3)、式(1.4)或式(1.5)，可以将任意一个二进制数、八进制数或十六进制数按位权展开，并转换成十进制数。

【例 1-1】 将二进制数 1101.101 转换成十进制数。

解

$$(1101.101)_2 = 1 \times 2^3 + 1 \times 2^2 + 0 \times 2^1 + 1 \times 2^0 + 1 \times 2^{-1} + 0 \times 2^{-2} + 1 \times 2^{-3} = (13.875)_{10}$$

【例 1-2】 将八进制数 765.23 转换成十进制数。

解

$$(765.23)_8 = 7 \times 8^2 + 6 \times 8^1 + 5 \times 8^0 + 2 \times 8^{-1} + 3 \times 8^{-2} = (501.296875)_{10}$$

【例 1-3】 将十六进制数 6BA 转换成十进制数。

解

$$(6BA)_{16} = 6 \times 16^2 + 11 \times 16^1 + 10 \times 16^0 = (1722)_{10}$$

2．十进制数转换成二进制数

将十进制数转换成二进制数时，整数部分和小数部分应分别进行。

1）整数部分的转换

整数部分可采用连续除 2 取余数法，最后得到的余数为二进制数的整数部分的高位。其原理如下：设一个十进制整数为 $(s)_{10}$，对应的二进制数用 $(k_{n-1}k_{n-2}\cdots k_0)_2$ 表示，则

$$(s)_{10} = k_{n-1}2^{n-1} + k_{n-2}2^{n-2} + \cdots + k_1 2^1 + k_0 2^0 = 2(k_{n-1}2^{n-2} + k_{n-2}2^{n-3} + \cdots + k_1) + k_0 \quad (1.6)$$

可以看出，若将 $(s)_{10}$ 除以 2，则得到的商为 $k_{n-1}2^{n-2} + k_{n-2}2^{n-3} + \cdots + k_1$，而余数为 k_0。

同理，可将得到的商继续写成

$$k_{n-1}2^{n-2} + k_{n-2}2^{n-3} + \cdots + k_1 = 2(k_{n-1}2^{n-3} + k_{n-2}2^{n-4} + \cdots + k_2) + k_1 \quad (1.7)$$

不难看出，若将 $(s)_{10}$ 除以 2 所得的商再次除以 2，则所得余数为 k_1。

以此类推，反复将每次得到的商除以 2，便可以求得二进制数的每一位。

2）小数部分的转换

小数部分采用连续乘 2 取整数法，最先得到的整数为二进制数的小数部分的高位。其原理如下：设 $(s)_{10}$ 是一个十进制纯小数，对应的二进制小数为 $(0.k_{-1}k_{-2}\cdots k_{-m})_2$，则由式(1.3)可知

$$(s)_{10} = k_{-1}2^{-1} + k_{-2}2^{-2} + \cdots + k_{-m}2^{-m}$$

将上式两边同乘以 2，可得

$$2(s)_{10} = k_{-1} + (k_{-2}2^{-1} + k_{-3}2^{-2} + \cdots + k_{-m}2^{-m+1}) \quad (1.8)$$

式(1.8)说明，将小数 $(s)_{10}$ 乘以 2 所得乘积的整数部分为 k_{-1}。

同理，将上述乘积的小数部分再乘以 2，又可得到

$$2(k_{-2}2^{-1} + k_{-3}2^{-2} + \cdots + k_{-m}2^{-m+1}) = k_{-2} + (k_{-3}2^{-1} + \cdots + k_{-m}2^{-m+2}) \quad (1.9)$$

即乘积的整数部分就是 k_{-2}。

以此类推，将每次乘 2 后所得的小数部分再乘以 2，便可以求得二进制小数的每一位。

利用以上类似方法，可以把十进制数转换成任意进制数，如后面要讲解的十进制数到八进制数、十六进制数的转换。但由于二进制数转换为八进制数和十六进制数比这种方法简单，因此实用中并不采用这种方法，而是先把十进制数转换成二进制数，再把二进制数转换成八进制数或者十六进制数。

【例 1-4】 将十进制数 33.625 转换成二进制数。

解

所以，$(33.625)_{10} = (100001.101)_2$。

【例 1-5】 将十进制数 0.175 转换成二进制数。

解

所以，$(0.175)_{10} = (0.0010110011)_2$。

十进制数 0.175 的精度为 1/1000，二进制数小数点后第 10 位精度为 1/1024。经过转换后，新数据与原数据的精度保持一致。即对于十进制数转换成无限不循环的二进制数，转换前后应该保持精度一致，这就决定了转换后的位数。

3. 二进制数和十六进制数之间的相互转换

十六进制数的进位基数是 $16 = 2^4$，因此二进制数与十六进制数之间的转换非常简单。将二进制数转换成十六进制数时，整数部分从低位起每 4 位分成一组，最高位一组如不够 4 位则以 0 补足，小数部分从高位起每 4 位分成一组，最低位一组如不够 4 位则也以 0 补足，然后依次以 1 位十六进制数替换 4 位二进制数即可。

【例 1-6】 将二进制数 101101.101 转换成十六进制数。

解 $$(101101.101)_2 = (00101101.1010)_2 = (2D.A)_{16}$$

将十六进制数转换成二进制数的过程正好相反，即用 4 位二进制数替换 1 位十六进制数。

【例 1-7】 将十六进制数 28A.D 转换成二进制数。

解 $$(28A.D)_{16} = (001010001010.1101)_2$$

4. 二进制数和八进制数的相互转换

同理，八进制数的进位基数是 $8 = 2^3$，将二进制数转换成八进制数时，整数部分从低位起每 3 位分成一组，最高位一组如不够 3 位则以 0 补足，小数部分从高位起每 3 位分成一组，最低位一组如不够 3 位则也以 0 补足，然后依次以 1 位八进制数替换 3 位二进制数即可。

【例 1-8】 将二进制数 1011011.1 转换成八进制数。

解 $$(1011011.1)_2 = (001011011.100)_2 = (133.4)_8$$

将八进制数转换成二进制数时，用 3 位二进制数替换 1 位八进制数即可。

【例 1-9】 将八进制数 72.51 转换成二进制数。

解 $$(72.51)_8 = (111010.101001)_2$$

5. 十进制数转换成十六进制数、八进制数

将十进制数转换成十六进制数或八进制数时，通常的方法是先将十进制数转换成二进制数，再把得到的二进制数转换成十六进制数或者八进制数。所用的转换方法已经介绍。

【例 1-10】 将十进制数 215.625 分别转换成十六进制数和八进制数。

解 $$(215.625)_{10} = (11010111.101)_2 = (D7.A)_{16} = (327.5)_8$$

1.2.3 码制

在用不同的数码表示不同的事物或事物的不同状态时，这些数码不一定具有数量大小的含义，习惯上被称为代码。若给每个数码规定它的含义，则称为编码。例如在体育竞赛中，通常给每个运动员编一个号码，这些号码只表示不同的人，并没有数量大小的含义。若需编码的信息数量为 N，则用于代码的一组二进制数的位数 n 应满足 $2^n \geq N$。表 1-3 为常用二进制代码的种类及作用。

表 1-3　常用二进制代码的种类及作用

代码种类	表示数值大小的码制	可靠性代码	字符码
作用	表示数值大小	用来检错或者纠错	表示文字和符号信息
举例	自然二进制码，二-十进制码	格雷码，奇偶校验码	ASCII，博多码

1. 表示数值大小的码制

1）自然二进制码

自然二进制码就是按照自然顺序排列的二进制码。

例如，用 3 位自然二进制码表示十进制数 0~7，即 000 → 0，001 → 1，010 → 2，011 → 3，100 → 4，101 → 5，110 → 6，111 → 7。同理，用 4 位自然二进制码可以表示十进制数的 0~15，各位的位权依次为 8、4、2、1。

2）BCD 码

数字电路中常使用二-十进制码，也称为 BCD（Binary Coded Decimal）码。BCD 码用 4

位二进制数的代码表示 1 位十进制数。4 位二进制数共 16 种不同的组合，十进制数的 10 个数字符号只需用其中的 10 种组合来表示，因而从 16 种组合中选用哪 10 种组合有多种方式，如表 1-4 所示。

① 8421 BCD 码（以下简称"8421 码"）：最常用的 BCD 码，用 0000～1001 表示十进制的 0～9。其特点是，它与十进制数的 4 位等值二进制数完全相同。在表示十进制数的 4 位二进制代码中，由高到低的权值分别为 8、4、2、1。这种每位二进制数有固定权值的编码被称为有权码。

表 1-4　常见的 BCD 码

十进制数	BCD 编码			
	8421 码	2421 码	5421 码	余 3 码
0	0000	0000	0000	0011
1	0001	0001	0001	0100
2	0010	0010	0010	0101
3	0011	0011	0011	0110
4	0100	0100	0100	0111
5	0101	1011	1000	1000
6	0110	1100	1001	1001
7	0111	1101	1010	1010
8	1000	1110	1011	1011
9	1001	1111	1100	1100
权	8421	2421	5421	无

【例 1-11】　$(65)_{10} = (01100101)_{8421 码}$。

在日常中，人们使用十进制数，如作为输入设备的键盘上出现的是十进制数的 10 个数码。但是用数字系统来处理这些输入的十进制数，必须转换成二进制数或者二进制代码，否则数字系统无法识别，当然就无法处理了。

后面会经常用到 BCD 码，优点是人机交互友好。例如，从键盘输入十进制数 26.375 并显示到七段数码管上，十进制数 26.375 通过编码器既可以转换成 8421 码 0010 0110. 0011 0111 0101，也可以转换成自然二进制码 0001 1010.011。由于 1 位七段数码显示器件只能显示 1 位十进制数 0～9，转换得到的 8421 码经译码驱动电路后，需要 5 位七段数码管就可显示出相应的十进制数；而自然二进制码经译码后，显示在七段数码管上的就是乱码，这给实际使用带来了很大的不便。

② 2421 BCD 码（以下简称"2421 码"）：也是一种有权码，其 4 位二进制数码由高到低的权值为 2、4、2、1。注意，2421 码的编码方案不止一种，表 1-4 中给出的是其中一种，取 4 位自然二进制编码的前 5 种组合和后 5 种组合。这种方案的 2421 码是一种自反代码，或称为对 9 的自补代码，在十进制运算中应用较普遍。

③ 5421 BCD 码（以下简称"5421 码"）：也是一种有权码，其 4 位二进制数码由高到低的权值为 5、4、2、1，显著特点是最高位连续 5 个 0 后连续 5 个 1。当计数器采用这种编码时，最高位可产生对称方波输出。另外，在实现算术运算的四舍五入时，这种码制只需检测最高位是 1 还是 0，就可以做出判断，无论对于硬件还是软件，都比其他 BCD 码容易实现。

【例 1-12】　$(65)_{10} = (10011000)_{5421 码}$。

④ 余 3 码（Excess-Three Code）：也有 4 位，但每位的权不是固定的，是无权码，可以由每个 8421 码加上十进制的 3 或者二进制的 11 得到，故称为余 3 码。余 3 码采用自然二进制编码的 16 种组合中的中间 10 个组合，即去掉前 3 个和后 3 个。

余 3 码是一种对 9 的自补代码，因而可给运算带来方便。在将两个余 3 码表示的十进制数相加时，能正确产生进位信号，但对"和"必须进行修正。修正的方法是：若有进位，则结果加 3，否则结果减 3。

【例 1-13】　$(5)_{10} + (6)_{10} = (11)_{10}$。

数字系统的运算过程如下：若采用 8421 码进行运算，则

$$(5)_{10} + (6)_{10} = (0101)_{8421码} + (0110)_{8421码} = (1011)_{8421码}$$

但是进位和结果都不正确；若采用余 3 码进行运算，则

$$(5)_{10} + (6)_{10} = (1000)_{余3码} + (1001)_{余3码} = (00010001)_{余3码}$$

那么进位正确，但结果需要修正。因为余 3 码的 0001 没有意义，加 3 后为 0100，才是余 3 码的"1"。

【例 1-14】 $(5)_{10} + (4)_{10} = (9)_{10}$。

数字系统的运算过程如下：采用余 3 码进行运算，则为

$$(5)_{10} + (4)_{10} = (1000)_{余3码} + (0111)_{余3码} = (1111)_{余3码}$$

进位正确，但结果需要修正。1111-0011=1100 就是余 3 码的"9"。

BCD 码进行算术运算时，结果会不正确，需要通过程序或者硬件电路来修正运算结果。四位相加，如果结果小于 9，就正确，大于 9 就需要修正，例 1-13 和例 1-14 可以验证这个结果。当然，多位 BCD 码相加也会有同样的问题。

如果不需要频繁进行人机交互，就没有必要全程都用码制。比如，计算机进行加、减、乘、除等算术运算仍然可以用补码进行。或者前面的步骤都用补码进行，只是最后一步把二进制数转换成 BCD 码，以便于十进制显示。

由此可见，在设计数字系统时必须明白数据的存储格式。

2. 可靠性代码

1）格雷码

格雷码，又称为循环码，是检测和控制系统常用的一种代码，既是 BCD 码，又是二进制码。格雷码最重要的特点是任何两个相邻的代码只有一位状态不同，并且最小数与最大数之间也只有 1 位不同，是一种循环码。如果用这种代码表示一个连续变化的物理量的变化，那么代码也按固定的排列顺序变化，在代码发生变化时，只有一位改变状态，所以抗干扰能力强。格雷码也是一种无权码，它的编码方案很多，如表 1-5 所示。

表 1-5　4 位格雷码编码方案

十进制数	4 位典型格雷码	十进制余 3 码格雷码	十进制空 6 格雷码	十进制跳 6 格雷码
0	0000	0010	0000	0000
1	0001	0110	0001	0001
2	0011	0111	0011	0011
3	0010	0101	0010	0010
4	0110	0100	0110	0110
5	0111	1100	1110	0111
6	0101	1101	1010	0101
7	0100	1111	1011	0100
8	1100	1110	1001	1100
9	1101	1010	1000	1000
10	1111	…	…	…
11	1110	…	…	…
12	1010	…	…	…
13	1011	…	…	…
14	1001	…	…	…
15	1000	…	…	…

数字电路采用格雷码编码能防止波形出现干扰脉冲，并可提高工作速度。其他编码方法表示的数码在递增或递减过程中可能发生多位数码的变换。但实际应用中，数字电路的各位输出不可能完全同时变化，这样在变化过程中就可能出现其他错误的代码。而由于格雷码的任何两个相邻代码（包括首尾两个）之间仅有 1 位不同，因此用格雷码表示的数在递增或递减过程中不易产生差错。格雷码抗干扰能力强，常用在不能突变的系统中，如机械系统的刹车系统、飞轮系统和风车系统。

【例 1-15】 某叉车数控调速系统的速度分为 10 档，试用 8421 码和格雷码分别对 10 档速度进行编码。这 10 档速度分别用 8421 码和格雷码编码，如表 1-6 所示。

若速度用 8421 码来表示，则将 3 档速度调到 4 档速度时意味着将编码从 0011 变为 0100。显然，4 位编码中有 3 位发生了变化。由于 1 和 0 在数字电路中是用电路高电平和低电平来表示的，由高电平变为低电平的时间与由低电平变为高电平的时间不可能完全同步。假设由低电平变为高电平（0→1）的转换比由高电平变为低电平（1→0）的转换快，电路中会瞬间出现 0111（7 档）这个中间状态，从而造成叉车在换挡时的明显抖动（见表 1-6）。

表 1-6　调速系统档位编码

速度档	8421 码	格雷码
0	0000	0000
1	0001	0001
2	0010	0011
3	0011	0010
4	0100	0110
5	0101	0111
6	0110	1111
7	0111	1110
8	1000	1100
9	1001	1000

若速度采用格雷码编码，由于相邻码间只有 1 位不同，将不会有中间状态，消除了挡位切换时的抖动。由于格雷码从一个数过渡到相邻数时，不会瞬间出现别的代码，因此它是错误最小化编码，属于一种可靠性编码，因此获得广泛应用。

2）奇偶校验码

奇偶校验码由信息码和 1 位校验位组成。信息码是需要传输的信息本身，1 位校验位取值为 0 或 1，以使整个代码中"1"的个数为奇数或偶数。使"1"的个数为奇数的称为奇校验，为偶数的称为偶校验。8421 奇偶校验码如表 1-7 所示。

表 1-7　8421 奇偶校验码

十进制数	8421 奇校验码		8421 偶校验码	
	信息码	校验码	信息码	校验码
0	0000	1	0000	0
1	0001	0	0001	1
2	0010	0	0010	1
3	0011	1	0011	0
4	0100	0	0100	1
5	0101	1	0101	0
6	0110	1	0110	0
7	0111	0	0111	1
8	1000	0	1000	1
9	1001	1	1001	0

奇偶校验码的特点是编码简单、容易实现。奇偶校验码只有检错能力，没有纠错能力，只能发现单错，不能发现双错。由于多位出错的概率比一位出错的概率小得多，奇偶校验容易实现，因此该码应用广泛。

在数字系统中，数据在传输前，由奇偶发生器把奇偶校验位加到每个字中。原有信息中的数字在接收机中被检测，如果没有出现正确的奇、偶性，这个信息就标定为错误的，将被抛弃，或者请求重发。

3. 字符码

字符码是专门用来处理数字、字母和各种符号的二进制代码。常用的有摩斯电码、博多码和美国信息交换标准代码。下面以美国信息交换标准代码为例进行介绍。

美国信息交换标准代码（American Standard Code for Information Interchange，ASCII）是由美国国家标准化协会制订的一种信息交换标准代码，已被国际标准化组织选定为国际通用代码，广泛用于通信和计算机中。ASCII 是 7 位二进制代码，共 128 个，分别用于表示数字 0～9 和大、小写英文字母，以及若干常用的符号和控制命令代码，如表 1-8 所示。

表 1-8　ASCII 表

$b_3b_2b_1b_0$	$b_6b_5 = 00$		$b_6b_5 = 01$		$b_6b_5 = 10$		$b_6b_5 = 11$	
	$b_4 = 0$	$b_4 = 1$	$b_4 = 0$	$b_4 = 1$	$b_4 = 0$	$b_4 = 1$	$b_4 = 0$	$b_4 = 1$
0000	NUL	DLE	间隔	0	@	P	`	p
0001	SOH	DCI	!	1	A	Q	a	q
0010	STX	DC2	"	2	B	R	b	r
0011	ETX	DC3	#	3	C	S	c	s
0100	EOT	DC4	$	4	D	T	d	t
0101	ENQ	NAK	%	5	E	U	e	u
0110	ACK	SYN	&	6	F	V	f	v
0111	BEL	TB	'	7	G	W	g	w
1000	BS	CAN	(	8	H	X	h	x
1001	HT	EM	)	9	I	Y	i	y
1010	LF	SUB	*	:	J	Z	j	z
1011	VT	ESC	+	;	K	[	k	{
1100	FF	FS	,	<	L	\	l		
1101	CR	GS	-	=	M	]	m	}
1110	SO	RS	.	>	N	^	n	~
1111	SI	US	/	?	O	-	o	DEL

【思考题】

① 班级有 35 名学生，用二进制数、十进制数、八进制数和十六进制数分别对人数进行表示，则各需要几位数码？

② 8421 码、余 3 码和格雷码各有什么特点？

③ 查阅摩斯电码、博多码的组成。

▶▶ 1.3　二进制算术运算

1 位二进制数码的 0 和 1 不仅可以表示数量的大小，还可以表示两种数字逻辑状态。当两个二进制数码表示数量的大小时，它们之间可以进行数制运算，这种运算称为算术运算。二进制算术运算和十进制算术运算的规则基本相同，唯一不同的是：十进制数"逢 10 进 1""借 1

当 10"，而二进制数"逢 2 进 1""借 1 当 2"。

例如，两个 4 位二进制数 1110 和 0010 的算术运算过程如下。

加法运算：

$$
\begin{array}{r}
1110 \\
+\ 0010 \\
\hline
1\,0000
\end{array}
$$

减法运算：

$$
\begin{array}{r}
1110 \\
-\ 0010 \\
\hline
1100
\end{array}
$$

乘法运算：

$$
\begin{array}{r}
1110 \\
\times\ 0010 \\
\hline
0000 \\
1110 \\
0000 \\
0000 \\
\hline
0011100
\end{array}
$$

除法运算：

$$
\begin{array}{r}
111 \\
0010\,\overline{)\,1110} \\
0010 \\
\hline
0011 \\
0010 \\
\hline
0010 \\
0010 \\
\hline
0
\end{array}
$$

在数字电路和数字电子计算机中，二进制数的正号和负号也是分别用 0 和 1 表示的。在定点运算的情况下，以最高位作为符号位，正数为 0，负数为 1，后面各位用 0 和 1 表示数值，用这种方法表示的数码称为原码。例如，$(01011001)_2 = (+89)_{10}$，$(11011001)_2 = (-89)_{10}$。

为了简化运算电路，在数字电路中两数相减的运算是用它们的补码相加来完成的。

二进制的反码定义为：最高位为符号位，正数为 0，负数为 1；正数的反码与它的原码相同；负数的反码是将原码的数值位逐位求反，但符号位除外。

二进制的补码定义为：最高位为符号位，正数为 0，负数为 1；正数的补码与它的原码相同；负数的补码可以通过将原码的数值位逐位求反，然后在最低位上加 1 得到，即反码加 1。

【例 1-16】 写出带符号位的二进制数 010111（+23）和 110111（-23）的反码和补码。

解 010111 的反码和补码是 010111（与原码相同）。

110111 的反码是 101000（符号位保持不变），加 1 即得补码 101001（符号位保持不变）。

【例 1-17】 用二进制补码计算 13+8，13-8，-13+8，-13-8。

解

$$
\begin{array}{r}
+13 \qquad 0\,01101 \\
+\ +8 \qquad 0\,01000 \\
\hline
+21 \qquad 0\,10101
\end{array}
\qquad
\begin{array}{r}
+13 \qquad 0\,01101 \\
+\ -8 \qquad 1\,11000 \\
\hline
+5 \qquad 0\,00101
\end{array}
$$

$$
\begin{array}{r}
-13 \qquad 1\,10011 \\
+\ +8 \qquad 0\,01000 \\
\hline
-5 \qquad 1\,11011
\end{array}
\qquad
\begin{array}{r}
-13 \qquad 1\,10011 \\
+\ -8 \qquad 1\,11000 \\
\hline
-21 \qquad 1\,01011
\end{array}
$$

注意，用补码相加得到的和仍为补码。因此，当和为负数时，有效数字位表示的不是负数的绝对值。如果想求负数的绝对值，应对它再求一次补码。

由例 1-17 可知，将两个加数的符号位和数值部分产生的进位相加，得到的恰好就是两个加数的代数和的符号位。注意，在用补码计算两个二进制数的代数和时，所用补码的位数必须足够表示每个加数及代数和的绝对值，否则会产生错误的计算结果。

【思考题】

① 在数字电路中，二进制数的正、负是如何表示的？

② 二进制的反码和原码、补码和原码、反码和补码之间是什么关系？

③ 将两个数的补码相加，得到的和是原码形式还是补码形式的？

▶ 1.4　逻辑代数基础

当 1 位二进制数码的 0 和 1 表示不同的事物或事物的不同状态的数字逻辑状态时,它们之间还可以进行逻辑推理,以及采用逻辑代数方法进行逻辑运算。逻辑代数是英国数学家乔治·布尔(Geroge Boole)于 1847 年在他的著作中首先进行系统论述的,所以又被称为布尔代数。逻辑代数研究的是两值变量的运算规律,所以又被称为两值代数。在普通代数学中,其变量取值可从 −∞ 到 +∞,而逻辑代数中变量的取值只能是 0 和 1,且逻辑代数中的 0 和 1 与十进制数中的 0 和 1 有着完全不同的含义,代表对立或矛盾的两方面,如开关的接通和断开,一个事件的是与非、真与假,电平或电位的高和低等。至于在某具体问题上 0 和 1 究竟具有什么样的含义,则要视具体研究的对象人为而定了。

1.4.1　逻辑代数的三种基本运算

逻辑代数中也是用字母表示逻辑变量的,但是不同于普通代数的运算规则。逻辑代数中有"与""或""非"三种基本逻辑运算。

下面用指示灯的控制电路分别说明三种基本逻辑运算的含义。设开关 A、B 为逻辑变量,开关闭合为逻辑 1,打开为逻辑 0;灯 L 为逻辑函数,灯亮为逻辑 1,灯灭为逻辑 0。逻辑变量所有可能的取值组合与其对应的逻辑函数值之间的关系也可以以表格的形式表示,这种表示称为逻辑函数的真值表表示法。

1.　"与"运算

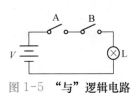

图 1-5　"与"逻辑电路

在现实生活中有这样一种因果关系:只有当决定一个事件的条件全部具备后,这个事件才会发生。这种因果关系被称为"与"逻辑。

图 1-5 是典型的"与"逻辑电路,要发生的事件是灯亮,开关 A、B 的闭合是事件发生的条件。显然,只有开关 A、B 同时闭合,灯 L 才会亮。所以这个电路符合"与"逻辑关系。设开关闭合或灯亮用 1 表示,开关打开或灯灭用 0 表示,则"与"运算真值表如表 1-9 所示。

表 1-9　"与"运算真值表

A	B	L
0	0	0
0	1	0
1	0	0
1	1	1

"与"运算的逻辑表达式为 $L = A \cdot B$,其中"·"为"与"逻辑符号(不影响理解时可以省略)。"与"运算也称为逻辑乘,运算规则为

$$0 \cdot 0 = 0, \quad 0 \cdot 1 = 0, \quad 1 \cdot 0 = 0, \quad 1 \cdot 1 = 1$$

在数字电路中,实现"与"运算的单元电路被称为"与"门,逻辑符号如图 1-6 所示。"与"运算可以推广到多个逻辑变量:$L = A \cdot B \cdot C \cdots$。

2.　"或"运算

"或"逻辑表示这样一种因果关系:当决定一件事件发生的几个条件中,有一个或者一个以上的条件具备,则该事件就会发生。

图 1-7 是典型的"或"逻辑电路,要发生的事件是灯亮,开关 A、B 的闭合是事件发生的条件。显然,只要开关 A、B 有一个闭合,或者两个都闭合,灯 L 就会亮。所以这个电路符合"或"逻辑关系。设开关闭合或灯亮用 1 表示,开关打开或灯灭用 0 表示,则"或"运算真值表如表 1-10 所示。

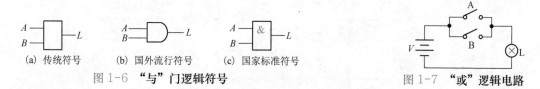

(a) 传统符号　　(b) 国外流行符号　　(c) 国家标准符号

图1-6 "与"门逻辑符号

图1-7 "或"逻辑电路

表1-10 "或"运算真值表

A	B	L
0	0	0
0	1	1
1	0	1
1	1	1

"或"运算的逻辑表达式为 $L = A + B$，其中"+"为"或"逻辑符号。"或"运算，又称为逻辑加，运算规则为：$0 + 0 = 0$，$0 + 1 = 1$，$1 + 0 = 1$，$1 + 1 = 1$。

在数字电路中，实现"或"运算的单元电路称为"或"门，其逻辑符号如图1-8所示。"或"运算可以推广到多个逻辑变量：$L = A + B + C + \cdots$。

3. "非"逻辑

"非"逻辑是指这样一种逻辑关系：当这个条件具备时，事件不发生；当这个条件不具备时，事件发生。

如图1-9所示，要发生的事件是灯亮，开关 A 的断开与闭合是事件发生的条件。显然，开关 A 闭合，灯不亮；反之，则灯亮。设开关闭合或灯亮用 1 表示，开关打开或灯灭用 0 表示。

(a) 传统符号　　(b) 国外流行符号　　(c) 国家标准符号

图1-8 "或"门逻辑符号

图1-9 "非"逻辑电路

"非"运算真值表如表1-11所示。"非"运算的逻辑表达式为 $L = \overline{A}$，其中"－"为"非"逻辑符号。"非"逻辑运算的规则为：$\overline{0} = 1$，$\overline{1} = 0$。

在数字电路中，实现逻辑"非"运算的单元电路称为"非"门，其逻辑符号如图1-10所示。

表1-11 "非"运算真值表

A	L
0	1
1	0

(a) 传统符号　　(b) 国外流行符号　　(c) 国家标准符号

图1-10 "非"门逻辑符号

4. 复合逻辑运算

任何复杂的逻辑运算都可以用"与""或""非"三种基本逻辑运算组合而成。在实际应用中，为了减少逻辑门数量，使数字电路的设计更方便，常常使用几种常用的复合逻辑运算。

① "与非"逻辑运算，由"与"运算和"非"运算组合而成，其逻辑表达式为 $L = \overline{AB}$，其真值表和逻辑符号分别如表1-12和图1-11所示。

"与非"门的逻辑功能为：输入有 0，输出是 1；输入全 1，输出是 0。

② "或非"逻辑运算，由"或"运算和"非"运算组合而成，其逻辑表达式为 $L = \overline{A + B}$，其真值表和逻辑符号分别如表1-13和图1-12所示。

"或非"门的逻辑功能为：输入有 1，输出是 0；输入全 0，输出是 1。

③ "与或非"逻辑运算，由"与""或""非"三种逻辑运算组合而成，其逻辑表达式为 $L = \overline{AB + CD}$，其逻辑符号如图1-13所示。

表 1-12 "与非"真值表		
A	B	L
0	0	1
0	1	1
1	0	1
1	1	0

表 1-12 "与非"真值表

表 1-13 "或非"真值表		
A	B	L
0	0	1
0	1	0
1	0	0
1	1	0

表 1-13 "或非"真值表

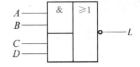

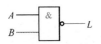

图 1-11 "与非"逻辑符号

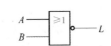

图 1-12 "或非"逻辑符号

图 1-13 "与或非"逻辑符号

④ "异或"运算是指：两输入变量，输入相异输出为 1，输入相同输出为 0。其真值表和逻辑符号分别如表 1-14 和图 1-14 所示。"异或"运算的逻辑函数表达式为

$$L = A\overline{B} + \overline{A}B = A \oplus B$$

其中，"$\oplus$"为"异或"运算符号。

⑤ "同或"逻辑运算是指：两输入变量，输入相同输出为 1，输入相异输出为 0。其真值表和逻辑符号分别如表 1-15 和图 1-15 所示。

表 1-14 "异或"真值表		
A	B	L
0	0	0
0	1	1
1	0	1
1	1	0

表 1-14 "异或"真值表

表 1-15 "同或"真值表		
A	B	L
0	0	1
0	1	0
1	0	0
1	1	1

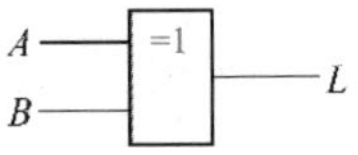

表 1-15 "同或"真值表

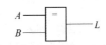

图 1-14 "异或"逻辑符号

图 1-15 "同或"逻辑符号

表 1-16 $F = A \oplus B \oplus C$ 的真值表			
A	B	C	L
0	0	0	0
0	0	1	1
0	1	0	1
0	1	1	0
1	0	0	1
1	0	1	0
1	1	0	0
1	1	1	1

表 1-16 $F = A \oplus B \oplus C$ 的真值表

同或运算的逻辑函数表达式为 $L = AB + \overline{A}\overline{B} = A \odot B$，其中"$\odot$"为同或运算符号。

注意，"同或"逻辑运算和"异或"逻辑运算都是两个变量进行的运算，不能想当然地推广到多个变量。

【例 1-18】 列出 $F = A \oplus B \oplus C$ 的真值表。

解 $F = A \oplus B \oplus C$ 的真值表如表 1-16 所示。

在进行复合逻辑运算时，要注意运算次序：首先进行"非"运算，其次进行括号运算，再次进行"与"运算，最后进行"或"运算。

1.4.2 逻辑代数的基本公式和常用公式

1. 基本公式

根据逻辑代数中"与""或""非"三种基本运算规则，可推导出逻辑运算的一些基本公式，如表 1-17 所示，所有公式都可用逻辑函数相等的概念予以证明。所谓两个逻辑函数相等，即对于逻辑函数中逻辑变量的所有取值的组合，两逻辑函数值均相同。

表 1-17　基本公式

0-1 律	$0+A=A$ ，$1+A=1$ ，$1\cdot A=A$ ，$0\cdot A=0$	重叠律	$A+A=A$ ，$A\cdot A=A$
互补律	$A+\overline{A}=1$ ，$A\cdot\overline{A}=0$	交换律	$A+B=B+A$ ，$A\cdot B=B\cdot A$
结合律	$(A+B)+C=A+(B+C)$ ，$(A\cdot B)\cdot C=A\cdot(B\cdot C)$	分配律	$A\cdot(B+C)=A\cdot B+A\cdot C$ ，$A+B\cdot C=(A+B)(A+C)$
反演律	$\overline{A\cdot B}=\overline{A}+\overline{B}$ ，$\overline{A+B}=\overline{A}\cdot\overline{B}$	还原律	$\overline{\overline{A}}=A$

现对表 1-17 中的反演律用真值表证明。将变量 A、B 所有的取值分别代入公式的两端，若所得的逻辑函数值完全对应相等，则证明原等式成立。由表 1-18 可见反演律成立。

表 1-18　用真值表证明反演律

A	B	$\overline{A\cdot B}$	$\overline{A}+\overline{B}$	$\overline{A+B}$	$\overline{A}\cdot\overline{B}$
0	0	1	1	1	1
0	1	1	1	0	0
1	0	1	1	0	0
1	1	0	0	0	0

2. 常用公式

在逻辑代数中，经常使用表 1-19 中所列的常用公式。利用表 1-17 中所列的基本公式容易证明这些公式。

表 1-19　常用公式

吸收律	$A+A\cdot B=A$ ，$A\cdot(A+B)=A$ ，$A+\overline{A}B=A+B$ ，$AB+\overline{A}C+BC=AB+\overline{A}C$ ，$AB+\overline{A}C+BCD=AB+\overline{A}C$
对合律	$AB+A\overline{B}=A$ ，$(A+B)(A+\overline{B})=A$

例如：
$$A+AB=A(1+B)=A \tag{1.10}$$

式(1.10)表明，两个乘积项相加时，若其中一项以另一项为因子，则该乘积项是多余的。

$$A(A+B)=A+AB=A \tag{1.11}$$
$$A+\overline{A}B=(A+\overline{A})(A+B)=A+B \tag{1.12}$$

式(1.12)表明，两项相加时，若一项取反后是另一项的因子，则另一项中的该因子是多余的，可以消去。

$$\begin{aligned}
AB+\overline{A}C+BC &= AB+\overline{A}C+(A+\overline{A})BC \\
&= AB+\overline{A}C+ABC+\overline{A}BC \\
&= AB(1+C)+\overline{A}C(1+B) \\
&= AB+\overline{A}C
\end{aligned} \tag{1.13}$$

式(1.13)表明，若两个乘积项中分别包含了 A 和 $\overline{A}$ 两个因子，而这两项的其余因子组成第三个乘积项，则第三个乘积项是多余的，可以消去。

同理可以证明：
$$AB+\overline{A}C+BCD=AB+\overline{A}C \tag{1.14}$$

又如：
$$AB+A\overline{B}=A(B+\overline{B})=A \tag{1.15}$$

式(1.15)表明，当两个乘积项相加时，若它们分别包含了 B 和 $\overline{B}$ 两个因子，而其他因子相同，则两项可以合并，且能将 B 和 $\overline{B}$ 因子消去。

再如：
$$(A+B)(A+\overline{B})=A+A\overline{B}+AB=A(1+\overline{B}+B)=A$$

1.4.3　逻辑代数的基本规则

1. 代入规则

对于任何一个逻辑等式，以某逻辑变量或逻辑函数同时取代等式两端同一个逻辑变量后，等式仍然成立。这就是代入规则。

利用代入规则可以方便地扩展公式。例如，在反演律 $\overline{AB} = \overline{A} + \overline{B}$ 中，用 BC 代替等式中的 B，则等式左边为 $\overline{ABC} = \overline{A} + \overline{B} + \overline{C}$，等式右边为 $\overline{A} + \overline{BC} = \overline{A} + \overline{B} + \overline{C}$，显然等式成立。

2. 反演规则

反演律又称为摩根定理，可以获得反演规则：对于任何一个逻辑函数 F，若将其中的 "·" 与 "+" 互换、"0" 与 "1" 互换、原变量与反变量互换，且运算顺序保持不变，则得到的新的逻辑函数 $\overline{F}$ 是原函数 F 的反函数。

利用反演规则要注意：① 不在一个变量上的非号应保持不变；② 变换后，原来的运算顺序保持不变。

【例 1-19】　若 $F_1 = A\overline{B} + \overline{A}B$，$F_2 = D \cdot \overline{\overline{A} + D} + C$，利用反演规则写出 $\overline{F}_1$ 和 $\overline{F}_2$。

解

$$\overline{F}_1 = (\overline{A} + B)(A + \overline{B})$$

$$\overline{F}_2 = \overline{D} + \overline{\overline{\overline{A}\overline{D}}\,\overline{C}}$$

3. 对偶规则

对于逻辑函数 F，若将其中的 "·" 与 "+" 互换、"0" 与 "1" 互换，得到一个新的逻辑表达式 F'，则 F' 称为 F 的对偶式。

利用对偶规则时要注意：变换后，原来的运算顺序要保持不变。

如果两个逻辑函数 F 和 Z 相等，那么它们的对偶式也相等。因此，对偶规则可以用于证明等式。对于表 1-17 中所列的基本公式，不难证明左右两边的等式互为对偶式。

【例 1-20】　若 $F = A(\overline{B} + C)$，利用对偶规则写出它的对偶式。

解　　　　　　　　　　　　$F' = A + \overline{B}C$

【例 1-21】　证明 $A + BC = (A + B)(A + C)$ 成立。

证明：首先，写出等式两边的对偶式，分别为 $A(B + C)$ 和 $AB + AC$。根据乘法分配律可知，这两个对偶式是相等的，即 $A(B + C) = AB + AC$。由对偶定理即可确定，原来的两式也一定相等，即

$$A + BC = (A + B)(A + C)$$

【思考题】　① 在逻辑代数的基本公式中，哪些运算规则与普通代数的运算规则是相同的，哪些是不同的？

② 代入规则、反演规则和对偶规则各有什么用途？

▶▶ 1.5　逻辑函数的化简 ————————————●

1.5.1　逻辑函数的最简形式及变换

同一个逻辑函数可以写成不同形式的表达式。在逻辑设计中，逻辑函数都要用逻辑电路来

实现，因此化简和变换逻辑函数往往可以简化电路，节省器材，降低成本，提高系统的可靠性。在许多情况下，需要把函数式化简为最简单的形式。这项工作也称为逻辑函数式的最简化。

逻辑函数有多种表达式，常用的有 5 种基本表达式：

$$F_1 = AB + A\overline{C} + \overline{B}\,\overline{C} \qquad \text{（与或式）}$$

$$F_2 = (A + \overline{B})(B + \overline{C}) \qquad \text{（或与式）}$$

$$F_3 = \overline{\overline{AB} \cdot \overline{A\overline{C}} \cdot \overline{\overline{B}\,\overline{C}}} \qquad \text{（与非–与非式）}$$

$$F_4 = \overline{\overline{(A + \overline{B})} + \overline{(B + \overline{C})}} \qquad \text{（或非–或非式）}$$

$$F_5 = \overline{\overline{A}B + \overline{A}C + \overline{B}C} \qquad \text{（与或非式）}$$

不同形式的逻辑函数最简式的标准也不一样，一般先求最简与或式，再通过变换，得到所需的最简式。例如：

① 与或式转换成与非–与非式

$$F = A\overline{B} + B\overline{C}$$

$$= \overline{\overline{A\overline{B} + B\overline{C}}} \qquad \text{（还原律）}$$

$$= =\overline{\overline{A\overline{B}} \cdot \overline{B\overline{C}}} \qquad \text{（反演律）}$$

② 或与式转换成或非–或非式，再转换成与或非式

$$F = (A + \overline{B})(B + \overline{C})$$

$$= \overline{\overline{\overline{(A + B)(\overline{B} + \overline{C})}}} \qquad \text{（还原律）}$$

$$= \overline{\overline{A + B} + \overline{\overline{B} + \overline{C}}} \qquad \text{（反演律）}$$

$$= \overline{\overline{AB} + BC} \qquad \text{（反演律）}$$

与或式、或与式是最常用的逻辑表达式。

最简与或式的标准是：包含的与项最少，且各与项中包含的变量数最少。

最简或与式的标准是：包含的或项最少，且各或项中包含的变量数最少。

在用电子电路实现给定的逻辑函数时，由于使用的电子器件类型的限制，经常需要通过变换，将逻辑函数式化成与所用器件逻辑功能相适应的形式，这时必须把逻辑函数式化为全部由使用的电子器件类型的表示形式。为此可以通过将逻辑函数式进行变换，得到需要的形式。

一般情况下，将与或式变换成与非-与非式，将或与式变换成或非-或非式或者与或非式。通过将逻辑函数式两次求反，并利用摩根定理进行变换，可以得到需要的形式。

【例 1-22】 将与或式 $F_1 = A\overline{B} + B\overline{C}$ 转换成与非-与非式，将或与式 $F_2 = (A + B)(\overline{A} + \overline{B})$ 转换成或非-或非式、与或非式。

解

$$F_1 = A\overline{B} + B\overline{C} = \overline{\overline{A\overline{B} + B\overline{C}}}$$

$$= \overline{\overline{A\overline{B}} \cdot \overline{B\overline{C}}}$$

$$F_2 = (A + B)(\overline{A} + \overline{B}) = \overline{\overline{(A + B)(\overline{A} + \overline{B})}} = \overline{\overline{A + B} + \overline{\overline{A} + \overline{B}}}$$

$$= \overline{\overline{AB} + AB}$$

1.5.2 逻辑函数的公式化简法

公式化简法就是多次使用逻辑代数的基本公式和常用公式消去逻辑函数式中多余的乘积项和多余的因子，以求得逻辑函数式的最简形式。

公式化简法没有固定的步骤，需要依靠经验和技巧。经常使用的方法归纳如下。

1. 并项法

利用结合律 $AB + A\overline{B} = A$，将两乘积项合并，化简逻辑函数。

【例 1-23】 化简 $F_1 = AB\overline{C} + \overline{A}B\overline{C}$ 和 $F_2 = (A\overline{B} + \overline{A}B)C + (AB + \overline{A}\overline{B})C$。

解

$$F_1 = AB\overline{C} + \overline{A}B\overline{C} = (A + \overline{A})B\overline{C}$$
$$= B\overline{C}$$
$$F_2 = (A\overline{B} + \overline{A}B)C + (AB + \overline{A}\overline{B})C = (A \oplus B)C + (\overline{A \oplus B})C$$
$$= C$$

2. 吸收法

利用公式 $A + AB = A$ 和 $AB + \overline{A}C + BC = AB + \overline{A}C$ 消去多余项，化简逻辑函数。

【例 1-24】 化简 $F = AC + A\overline{B}CD + ABC + \overline{C}D + ABD$。

解

$$F = AC + A\overline{B}CD + ABC + \overline{C}D + ABD$$
$$= AC + \overline{C}D + ABD$$
$$= AC + \overline{C}D$$

3. 消去法

利用吸收律 $A + \overline{A}B = A + B$，消去某些与项中的变量，化简逻辑函数。

【例 1-25】 化简 $F = AB + \overline{A}C + \overline{B}C$。

解

$$F = AB + \overline{A}C + \overline{B}C = AB + (\overline{A} + \overline{B})C = AB + \overline{AB}C$$
$$= AB + C$$

4. 配项法

利用 $A + \overline{A} = 1$，$A + A = A$，$A \cdot A = A$，$1 + A = 1$ 等基本公式，给某些逻辑函数配上适当的项，进而消去原来函数中更多的项和变量，化简逻辑函数。

【例 1-26】 化简 $F = A\overline{B} + AB + \overline{A}B$。

解

$$F = A\overline{B} + AB + \overline{A}B = A\overline{B} + AB + \overline{A}B + AB = A(\overline{B} + B) + (\overline{A} + A)B$$
$$= A + B$$

实际上，在化简一个较复杂的逻辑函数时总是根据函数的不同构成综合应用上述方法。

【例 1-27】 化简下列各式。

（1） $F = AD + A\overline{D} + AB + \overline{A}C + BD + ACEF + \overline{B}EF + DEFG$

（2） $L = AB + A\overline{C} + \overline{B}C + B\overline{C} + \overline{B}D + B\overline{D} + ADE(F + G)$

解

（1）

$$F = \underline{AD} + \underline{A\overline{D}} + \underline{AB} + \overline{A}C + BD + \underline{ACEF} + \overline{B}EF + DEFG$$

$$= \underline{A} + \overline{A}C + BD + \overline{B}EF + DEFG \quad （利用AB + A\overline{B} = A和A + AB = A）$$

$$= A + C + \underline{BD} + \underline{\overline{B}EF} + \underline{DEFG} \quad （利用A + \overline{A}B = A + B）$$

$$= A + C + BD + \overline{B}EF \quad （利用AB + \overline{B}C + AC = AB + \overline{B}C）$$

（2）

$$L = \underline{AB} + \underline{A\overline{C}} + \overline{B}C + B\overline{C} + \overline{B}D + B\overline{D} + ADE(F + G)$$

$$= \underline{A\overline{\overline{B}C}} + \overline{B}C + B\overline{C} + \overline{B}D + B\overline{D} + ADE(F + G) \quad （利用分配律和反演律）$$

$$= \underline{A} + \overline{B}C + B\overline{C} + \overline{B}D + B\overline{D} + \underline{ADE(F + G)} \quad （利用A + \overline{A}B = A + B）$$

$$= A + \overline{B}C + B\overline{C} + \overline{B}D + B\overline{D} \quad （利用A + AB = A）$$

$$= A + \overline{B}C(D + \overline{D}) + B\overline{C} + \overline{B}D + B(C + \overline{C})\overline{D} \quad （配项法）$$

$$= A + \overline{B}CD + \overline{B}C\overline{D} + \underline{B\overline{C}} + \underline{\overline{B}D} + BC\overline{D} + \underline{B\overline{C}\overline{D}}$$

$$= A + \overline{B}C\overline{D} + B\overline{C} + \overline{B}D + BC\overline{D} \quad （利用A + AB = A）$$

$$= A + C\overline{D}(\overline{B} + B) + B\overline{C} + \overline{B}D$$

$$= A + C\overline{D} + B\overline{C} + \overline{B}D \quad （利用A + \overline{A} = 1）$$

1.5.3 用卡诺图化简逻辑函数

用代数法化简逻辑函数，不仅要熟记逻辑代数的基本公式和常用公式，还需要有一定的运算技巧才能得心应手。另外，经过化简后的逻辑函数是否已经是最简结果，有时也难以确定。本节介绍一种比代数法更简单直观、灵活方便且容易确定是否得到最简结果的逻辑函数的化简方法，即卡诺（Karnaugh）图化简法，由美国工程师卡诺发明，是一种图形法。但是，当逻辑函数的变量数 $n \geqslant 6$ 时，由于卡诺图中小方格的相邻性难以确定，使用不是很方便。

1. 逻辑函数的最小项及其性质

在 n 变量逻辑函数中，若 m 为包含 n 个因子的乘积项，而且这 n 个变量均以原变量或反变量的形式在 m 中出现一次，则称 m 为该组变量的最小项。

逻辑函数的最小项是逻辑变量的一个特定的乘积项。n 个变量的逻辑函数有 2^n 个最小项。例如，三变量 A、B、C 的逻辑函数有 8 个最小项，分别为 $\overline{A}\overline{B}\overline{C}$，$\overline{A}\overline{B}C$，$\overline{A}B\overline{C}$，$\overline{A}BC$，$A\overline{B}\overline{C}$，$A\overline{B}C$，$AB\overline{C}$，$ABC$。这些最小项的特点是：① 每个乘积项都有三个变量；② 每个变量在某乘积项中只能出现一次，不是以原变量的形式出现，就是以反变量的形式出现。显然，AB、$AC B\overline{C}$、BC 等都不是最小项。

表 1-20 列出了三变量逻辑函数的全部最小项、相应的取值、符号和编号。可以看出，最小项有如下性质：① 每个最小项都分别对应输入变量唯一的一组变量值，使得该最小项的值为 1；② 所有最小项的逻辑和为 1；③ 任意两个最小项的逻辑乘为 0。

为了便于使用卡诺图，常将最小项编号。例如，$\overline{A}B\overline{C}$ 对应变量的取值为 010，为十进制的 2，故把 $\overline{A}B\overline{C}$ 记为 m_2，其余以此类推。

任何一个逻辑表达式均可以表示为唯一的一组最小项之和，称为标准的"与或"表达式。

【例 1-28】 将函数 $F(A, B, C) = \overline{A}B + BC$ 变换为最小项表达式。

表 1-20　三变量逻辑函数的全部最小项及取值

A　B　C	最小项							
	$\bar{A}\bar{B}\bar{C}$	$\bar{A}\bar{B}C$	$\bar{A}B\bar{C}$	$\bar{A}BC$	$A\bar{B}\bar{C}$	$A\bar{B}C$	$AB\bar{C}$	ABC
0　0　0	1	0	0	0	0	0	0	0
0　0　1	0	1	0	0	0	0	0	0
0　1　0	0	0	1	0	0	0	0	0
0　1　1	0	0	0	1	0	0	0	0
1　0　0	0	0	0	0	1	0	0	0
1　0　1	0	0	0	0	0	1	0	0
1　1　0	0	0	0	0	0	0	1	0
1　1　1	0	0	0	0	0	0	0	1
最小项符号	m_0	m_1	m_2	m_3	m_4	m_5	m_6	m_7
最小项编号	0	1	2	3	4	5	6	7

解

$$
\begin{aligned}
F(A,B,C) &= \bar{A}B + BC \\
&= \bar{A}B(C+\bar{C}) + (A+\bar{A})BC \\
&= \bar{A}BC + \bar{A}B\bar{C} + ABC + \bar{A}BC \\
&= \bar{A}BC + \bar{A}B\bar{C} + ABC \\
&= m_2 + m_3 + m_7
\end{aligned}
$$

也可用最小项的编号来表示逻辑函数，即 $F(A,B,C) = \sum m(2,3,7)$ 。

2. 用卡诺图表示逻辑函数

1）卡诺图的构成方法

卡诺图其实是真值表的图形表示，把函数变量分为两组纵横排列，变量的组合按照循环码的规则排列，n 变量卡诺图有 2^n 个方格，每个方格对应一个最小项。循环码是指相邻的两组最小项之间只有一个变量不同。卡诺图的构成方法如下。

① 建立一个二变量卡诺图，如图 1-16 所示，其中有 4 个小方格，分别代表二变量逻辑函数的 4 个最小项。

② 若建立多于二变量卡诺图，则每增加一个逻辑变量，就以原卡诺图的右边线（或底线）为对称轴，作一对称图形，图中变量列（或行）的变量取值不变，变量行（或列）因增加变量其取值应以旋转对称轴为准来填写，对称轴左边（或上面）原数字前面增加一个 0，对称轴右边（或下面）原数字前面增加一个 1。图 1-17 是三变量卡诺图，图 1-18 是四变量卡诺图。可以看出，每增加一个变量，卡诺图的小方格成倍增加。

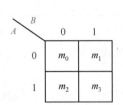

A B
0 1
0 m_0 m_1
1 m_2 m_3

图 1-16　**二变量卡诺图**

A BC
00 01 11 10
0 m_0 m_1 m_3 m_2
1 m_4 m_5 m_7 m_6

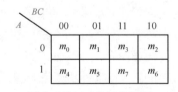

图 1-17　**三变量卡诺图**

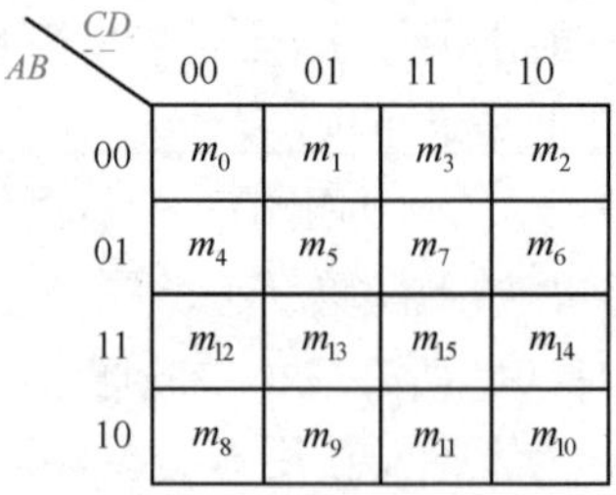

AB CD
00 01 11 10
00 m_0 m_1 m_3 m_2
01 m_4 m_5 m_7 m_6
11 m_{12} m_{13} m_{15} m_{14}
10 m_8 m_9 m_{11} m_{10}

图 1-18　**四变量卡诺图**

结构上，卡诺图具有如下特点：

① 几何位置相邻的最小项的变量仅有一个值不同。例如，四变量的 m_{12} 和 m_{13} 相邻，取值

分别为 1100 和 1101，即只有变量 D 的取值不同。

② 关于对称轴对称的最小项也具有逻辑相邻性。例如，四变量的 m_{12} 和 m_{14} 关于对称轴对称，取值分别为 1100 和 1110，即只有变量 C 的取值不同。

③ n 变量的卡诺图包含了 2^n 个最小项，即所有的最小项。

2）用卡诺图表示逻辑函数

表 1-21　例 1-29 真值表

A	B	C	F
0	0	0	0
0	0	1	1
0	1	0	0
0	1	1	0
1	0	0	1
1	0	1	1
1	1	0	0
1	1	1	1

在卡诺图中，由行和列两组变量构成的每个小方格都代表逻辑函数的一个最小项，变量取值为 1 的代表原变量，为 0 的代表反变量。

① 从真值表到卡诺图：方法简单，只要将函数在真值表中各行的取值填入卡诺图上对应的小方格即可。

【例 1-29】　某逻辑函数的真值表如表 1-21 所示，用卡诺图表示该逻辑函数。

解　该函数为三变量，画出三变量的卡诺图；根据表 1-21，将 8 个最小项的取值填入卡诺图中对应的 8 个小方格，如图 1-19 所示。

② 从逻辑表达式到卡诺图：若逻辑表达式为最小项表达式，则将函数式中出现的最小项在卡诺图对应的小方格中填入 1，未出现的最小项填入 0。若逻辑表达式不是最小项表达式，而是与或表达式，则可将其先转化成最小项表达式，再填入卡诺图，也可以直接填入。直接填入的方法是，分别找出每个与项包含的所有最小项，全部填入 1；其他没有包含的最小项，填入 0 或者不填。

【例 1-30】　用卡诺图表示逻辑函数 $F = \overline{A}\overline{B}C + A\overline{B}\overline{C} + A\overline{B}C + ABC$ 。

解　该函数为三变量且为最小项表达式，逻辑函数写成简化形式 $F = m_1 + m_4 + m_5 + m_7$ 。

画出三变量的卡诺图，将卡诺图中 m_1、m_4、m_5、m_7 对应的小方格填 1，其他小方格填 0（也可省略不填），如图 1-20 所示。

【例 1-31】　用卡诺图表示逻辑函数 $F = \overline{A}B + BCD$ 。

解　该函数是四变量，画出四变量的卡诺图；填第一个与项 $\overline{A}B$，将 A 取值为 0、B 取值为 1 相交区域的小方格都填入 1；填第二个与项 BCD，将 B、C、D 取值都为 1 的相交区域的小方格都填入 1。注意，在填写过程中，如果有重复填 1 的小方格，就只需填一次 1。这样就完成了卡诺图的填写，如图 1-21 所示。

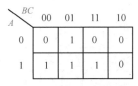

图 1-19　例 1-29 的卡诺图

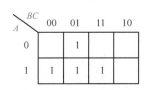

图 1-20　例 1-30 的卡诺图

AB \ CD	00	01	11	10
00				
01	1	1	1	1
11			1	
10				

图 1-21　例 1-31 的卡诺图

若逻辑函数表达式不是与或式，则可先将其转换成与或式，再填入卡诺图。

3. 用卡诺图化简逻辑函数

1）相邻小方格的合并原则

在卡诺图中，紧邻的小方格或与轴线对称的小方格都称为逻辑相邻，它们可以圈在一起，即可利用对合律 $AB + A\overline{B} = A$ 进行合并。合并时应注意以下原则：

① 2 个相邻最小项有 1 个变量相异，相加可以消去这个变量，化简结果为相同变量的与，如图 1-22(a) 所示。

② 4 个相邻最小项有 2 个变量相异，相加可以消去这两个变量，化简结果为相同变量的与，如图 1-22(b) 所示。

③ 2^n（n 为正整数）个相邻最小项有 n 个变量相异，相加可以消去这 n 个变量，化简结果为相同变量的与。8 个相邻最小项如图 1-22(c) 所示。

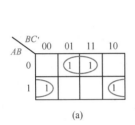
(a)

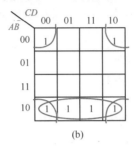
(b)

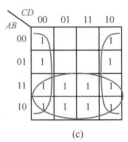
(c)

图 1-22　相邻小方格的合并原则

2）用卡诺图化简逻辑函数的步骤

① 画卡诺图。将逻辑函数变换成与或式，凡逻辑函数中包含的最小项，在卡诺图与其相应的小方格中填入 1，其余的填入 0（或省略）。

② 对填 1 的相邻最小项方格画包围圈。画包围圈规则如下：

❖ 包围圈必须包含 2^n 个相邻 "1" 方格，且必须成矩形。先圈小圈，再圈大圈；圈越大，消去的变量越多。

❖ "1" 方格可重复圈，但必须保证每圈至少有一个新 "1"。

❖ 每个 "1" 格须都圈到，孤立项也不能漏掉。

❖ 同一列最上边和最下边循环相邻，可画圈；同一行最左边和最右边循环相邻，可画圈；四个角上的 1 方格也循环相邻，可画圈。

③ 将各圈分别化简（保留不变的量，去掉变化的量）。

④ 将各圈化简结果逻辑加，便得到化简后的逻辑函数表达式。

⑤ 也可以对 "0" 的最小项画包围圈，但是最后得到的结果是 $\overline{F}$。方法同圈 "1" 的方法。

【例 1-32】　化简函数 $F(A,B,C,D) = \sum m(0,2,5,6,7,8,9,10,11,14,15)$。

解　画出相应的卡诺图，如图 1-23 所示。

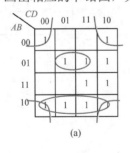
(a)

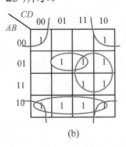
(b)

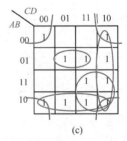
(c)

图 1-23　例 1-32 的卡诺图

首先，从只有一种圈法的最小项开始，到图 1-23(a) 所示圈住后，有两种方案圈住其他剩余项，如图 1-23(b) 和 (c) 所示，应选取采用最少圈数的方案。

若采用图 1-23(b)所示的圈法,化简得 $F = \overline{B}\overline{D} + \overline{A}BD + A\overline{B} + BC$;若采用图 1-23(c)所示的圈法,化简得 $F = \overline{B}\overline{D} + \overline{A}BD + A\overline{B} + C\overline{D} + AC$。显然,图 1-23(c)的圈法得到的结果没有图 1-23(b)的简单。

可以看出,在化简卡诺图时必须注意选择最少的圈数覆盖全部的最小项。也就是说,函数的最简式中每项都必须是必要项,但每项都是必要项构成的函数表达式不一定是最简式。对于这种有多种圈法的化简题目需多加小心。

【例 1-33】 化简函数 $F(A,B,C) = \sum m(1,2,3,4,5,6)$。

解 画出逻辑函数相应的卡诺图,然后圈"1",有两种圈法,如图 1-24 所示。

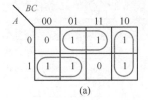 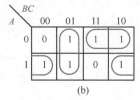

图 1-24 例 1-33 的卡诺图

由图 1-24(a)可得, $F(A,B,C) = A\overline{B} + \overline{A}C + B\overline{C}$。

由图 1-24(b)可得, $F(A,B,C) = A\overline{C} + \overline{B}C + \overline{A}B$。

这两种圈法所得的最简式的繁简程度相当,因此两个结果都是正确的。

例 1-33 表明,一个逻辑函数可能有两个或更多的最简式的形式。

【例 1-34】 求函数 $F(A,B,C,D) = \sum m(0,2,4,6,8,9,10,11,12,13,14,15)$ 的最简与或非式。

解 画出逻辑函数的卡诺图,如图 1-25 所示。

对"0"方格加圈合并,得 $\overline{F} = \overline{A}D$,则 $F = \overline{\overline{A}D} = A + \overline{D}$。

例 1-34 表明,当卡诺图中"0"的个数明显少于"1"的个数时,也可以对"0"的最小项加圈,但是最后得到的结果是 $\overline{F}$。

合并"0"的两种情况:① 当"0"的个数远远小于"1"的数目时;② 需要将函数化简为最简与或非式,或者或非-或非式。

AB\\CD	00	01	11	10
00	1	0	0	1
01	1	0	0	1
11	1	1	1	1
10	1	1	1	1

图 1-25 例 1-34 的卡诺图

4.具有无关项的逻辑函数的化简

1)约束项、任意项和无关项

前面讨论的逻辑函数的函数值是完全确定的,不是逻辑 0 就是逻辑 1。在实际的逻辑命题中经常会遇到这样的情况:由于外部条件的限制,输入变量的某些组合是不允许出现的,或者即使出现对逻辑函数值也没有影响。通常,这些与所讨论的逻辑问题没有关系的变量取值组合对应的最小项被称为无关项。

无关项有两种情况:

① 某些变量取值组合不允许出现。如在 8421 码中,1010~1111 这 6 种代码是不允许出现的,即受到约束,对应的最小项称为"约束项"。把这些变量取值组合表示成最小项,值恒为 0,所以在化简逻辑函数时,可以把这些最小项加入逻辑函数,不会影响函数值。

② 某些变量取值组合在客观上不会出现。例如,在两个连动互锁开关系统中,两个开关的状态互斥,每次一个开关闭合时,另一个开关必须断开。因此在这种系统中,两个开关都闭合或都断开的情况是客观上不存在的,这样的开关组合被称为"任意项"。把这些变量取值组

合表示成最小项，值恒为 0，所以在化简逻辑函数时，可以把这些最小项加入逻辑函数，不会影响函数值。

【例 1-35】 水塔用一大一小两台电动机 M_L 和 M_S 驱动水泵向水塔注水，如图 1-26 所示。当水塔的水位降到 C 点时，由小电动机 M_S 单独驱动水泵；降到 B 点时，由大电动机 M_L 单独驱动水泵；降到 A 点时，由两台电动机同时驱动水泵。要求列出 M_S 和 M_L 的逻辑表达式。

解 设水位 C、B、A 为逻辑变量，当水位降到 C、B、A 某点时，用 1 表示，否则用 0 表示；电动机 M_L 和 M_S 为逻辑函数，工作时用 1 表示，不工作时用 0 表示。

在例 1-35 中，C 点水位最高，A 点水位最低，完整的真值表如表 1-22 所示。

图 1-26 **水塔水位示意**

表 1-22 **例 1-35 真值表**

A	B	C	M_S	M_L	A	B	C	M_S	M_L
0	0	0	0	0	1	0	0	×	×
0	0	1	1	0	1	0	1	×	×
0	1	0	×	×	1	1	0	×	×
0	1	1	0	1	1	1	1	1	1

三变量可能的取值组合共 8 种，但是在这个具体实例中，水位已降到 A 点，不可能还没有降到 B、C 点。显然，010、100、101 和 110 四种取值实际上是不可能出现的，即 $\overline{A}B\overline{C} = A\overline{B}\,\overline{C}$ $A\overline{B}C = AB\overline{C} = 0$，输出函数中加入这 4 个最小项对输出函数 M_S 和 M_L 都没有什么影响，可作为任意项处理。在真值表中，它们的取值可以用×或 ϕ 表示。这样的逻辑函数被称为具有任意项的逻辑函数。

由真值表可以写出函数式

$$M_S = \overline{A}\,\overline{B}C + ABC = \sum m(1,7) \tag{1.16}$$

$$M_L = \overline{A}BC + ABC = \sum m(3,7) \tag{1.17}$$

例 1-35 中 ABC 只用了 000、001、011、111，不会出现 010、100、101、110 这 4 个状态，所以 $\overline{A}B\overline{C}$、$A\overline{B}\,\overline{C}$、$A\overline{B}C$、$AB\overline{C}$ 这 4 个最小项始终等于 0，它们是式(1.16)和式(1.17)给出的函数的约束项，并可写为

$$\overline{A}B\overline{C} + A\overline{B}\,\overline{C} + A\overline{B}C + AB\overline{C} = 0 \tag{1.18}$$

或

$$m_2 + m_4 + m_5 + m_6 = 0 \tag{1.19}$$

式(1.18)或式(1.19)称为函数 M_S 和 M_L 的约束条件。式(1.19)也可以表示为 $\sum d(2,4,5,6)$。

所以，M_S 和 M_L 完整的逻辑表达式为

$$M_S = \sum m(1,7) + \sum d(2,4,5,6)$$

$$M_L = \sum m(3,7) + \sum d(2,4,5,6)$$

2）具有无关项的逻辑函数的化简

在化简具有无关项的逻辑函数时，如果合理地利用无关项，多数情况下能得到更简单的化简结果。是否将无关项写入函数式，要看写入以后是否能使更多的最小项具有相邻性，并使化简结果变得更加简单。这在用卡诺图化简逻辑函数时能够很直观地做出判断。

【例 1-36】 用卡诺图化简

$$M_S = \sum m(1,7) + \sum d(2,4,5,6)$$

$$M_L = \sum m(3,7) + \sum d(2,4,5,6)$$

解 任意项的小方格需要用时可作为 1 处理，不需要用时作为 0 处理，如图 1-27 所示。

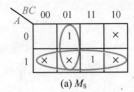
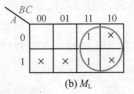

$$(a)\ M_S \qquad\qquad (b)\ M_L$$

图 1-27　例 1-36 的卡诺图

这样便可以使逻辑函数得到进一步的化简，化简结果为

$$M_S = \overline{B}C + A, \qquad M_L = B$$

注意，以上利用无关项化简逻辑函数的方法是从获得更简单的化简结果着眼，并且确保这些无关项不允许出现或不会出现为前提的。但在实际应用中，如例 1-35 中，C 点传感器损坏会导致 110 组合出现，而化简逻辑函数时 110 被当成 1 处理，两个电动机都将启动，这个结果显然是错误的，所以实际应用中要注意这个问题。

【思考题】
① 卡诺图化简逻辑函数分几步进行？
② 代数化简法和卡诺图化简法各有什么优缺点？各适用于什么场合？
③ 逻辑函数的真值表和卡诺图是如何表示任意项的？
④ 卡诺图中的任意项一定要圈在圈中进行化简吗？为什么？

▶▶ 1.6　逻辑关系描述方法的相互转换 ●

常用的逻辑函数描述方法有真值表、逻辑函数式、逻辑图、波形图和卡诺图等，在逻辑分析与综合应用中会经常用到。

1.6.1　用波形图描述逻辑函数

将输入变量所有可能的取值与对应的输出按时间顺序依次排列起来的时间波形称为函数的波形图。波形图的特点是可以用实验仪器直接显示，便于用实验方法分析实际电路的逻辑功能。逻辑分析仪通常就是以波形的方式给出分析结果的。

【例 1-37】　画出 $F = AB + AC + BC$ 的波形图。

解 波形图如图 1-28 所示。

图 1-28　例 1-37 的波形图

1.6.2　逻辑函数描述方法间的转换

既然同一个逻辑函数可以用几种不同的方法描述，那么这几种方法之间必能互相转换。

1. 逻辑函数式与真值表之间的转换

若给出了逻辑函数式，则可以容易列出与之对应的真值表。方法很简单，只要把输入变量的所有各种取值的组合逐一代入逻辑式运算，求出函数的取值，然后列表，就得到了真值表。在 1.4.2 节用真值表证明逻辑代数的基本公式时，已经用过这种方法。

若给出了真值表，则可以从真值表写出相应的逻辑函数式。具体方法是：① 从真值表中找出所有使函数值等于 1 的输入变量取值的组合；② 每组输入变量取值的组合对应一个乘积项，其中取值为 1 的写成原变量，取值为 0 的写成反变量；③ 将这些乘积项相加，就得到了所求的逻辑函数式。

【例 1-38】 逻辑函数的真值表如表 1-23 所示，试写出它的逻辑函数式。

解 由表 1-23 可知，当 ABC 取值为 010、011、111 时，Y = 1。当 ABC 取值为 010 时，$\overline{A}B\overline{C} = 1$；当 ABC 取值为 011 时，$\overline{A}BC = 1$；当 ABC 取值为 111 时，$ABC = 1$。这三个乘积项中任何一个取值等于 1 时，F 都为 1，所以 F 是这三个乘积项的和，即 $F(A,B,C) = \overline{A}B\overline{C} + \overline{A}BC + ABC$。

表 1-23　例 1-38 的真值表

A	B	C	F	备　注
0	0	0	0	
0	0	1	0	
0	1	0	1	$\overline{A}B\overline{C} = 1$
0	1	1	1	$\overline{A}BC = 1$
1	0	0	0	
1	0	1	0	
1	1	0	0	
1	1	1	1	$ABC = 1$

2. 逻辑函数式与逻辑图之间的转换

若给出了逻辑函数式，则只要以逻辑符号代替逻辑函数式中的代数运算符号，并依照逻辑函数式中的逻辑优先顺序（先括号，再乘，然后加），将这些逻辑符号连接起来，就可以得到相应的逻辑图。

反之，若给出的是逻辑图，则从输入端到输出端逐级写出每个逻辑符号对应的逻辑函数式，就可以得到对应的逻辑函数式。

【例 1-39】 已知逻辑函数式为 $F = \overline{\overline{A} + B\overline{C}} + A\overline{B}\overline{C} + A$，画出对应的逻辑图。

解 将式中所有的与、或、非运算符号用逻辑符号代替，并依据逻辑优先顺序（先括号，再乘，然后加），把这些逻辑符号连接起来，就得到了如图 1-29 所示的逻辑图。

【例 1-40】 写出图 1-30 所示逻辑图的逻辑函数式。

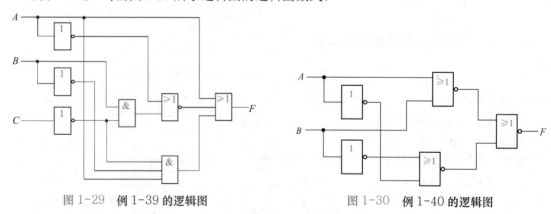

图 1-29　例 1-39 的逻辑图　　　　图 1-30　例 1-40 的逻辑图

解 从输入端向输出端逐级写出逻辑符号表示的代数式，得到 $F = \overline{\overline{A + B} + \overline{\overline{A} + \overline{B}}}$。将该式变换后，可得

$$F = \overline{\overline{A + B} + \overline{\overline{A} + \overline{B}}} = (A + B)(\overline{A} + \overline{B}) = A\overline{B} + \overline{A}B = A \oplus B$$

可见，输出 F 与输入 A、B 之间是异或逻辑关系。

3. 波形图与真值表之间的转换

1.6.1 节已介绍，将输入变量所有可能的取值与对应的输出按时间顺序依次排列起来，画成时间波形，就得到函数的波形图。因此，只要给出函数的真值表，就可以按定义的方法画出波形图了。输入变量取值的排列顺序对逻辑函数没有影响。

相反，若给出了函数的波形图，则只要将每个时间段的输入与输出的取值列表，就能得到所求的真值表。

【例 1-41】 逻辑函数的真值表如表 1-24 所示，用波形图表示该逻辑函数。

解 将 A、B、C 的取值顺序按表 1-24 中自上而下的顺序排列，即得到如图 1-31 所示的波形图。

【例 1-42】 已知逻辑函数的波形图如图 1-32 所示，试求与之对应的真值表。

解 将图 1-32 所示的波形图不同时间段中 A、B、C 与 F 的取值对应列表，得到如表 1-25 所示的真值表。

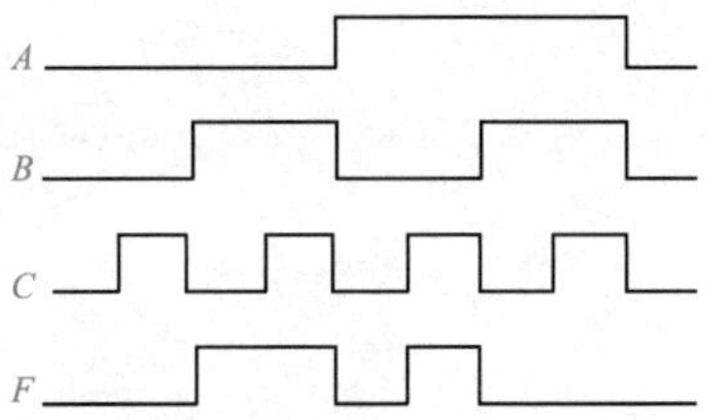

表 1-24　例 1-41 的真值表

A	B	C	F
0	0	0	0
0	0	1	0
0	1	0	1
0	1	1	1
1	0	0	0
1	0	1	1
1	1	0	0
1	1	1	0

表 1-25　例 1-42 的真值表

A	B	C	F
0	0	0	1
0	0	1	0
0	1	0	1
0	1	1	0
1	0	0	0
1	0	1	0
1	1	0	1
1	1	1	0

图 1-31　例 1-41 的波形图

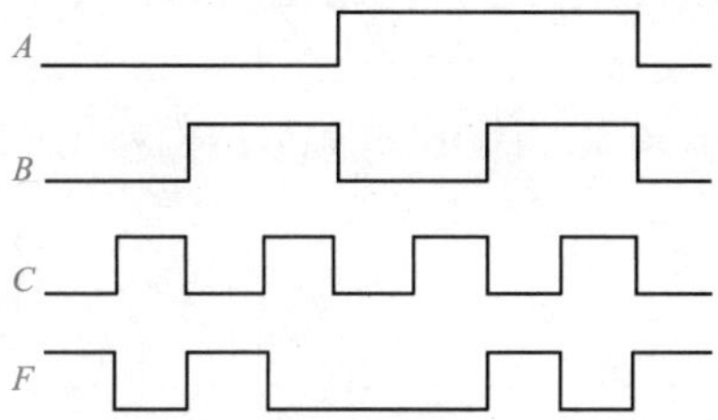

图 1-32　例 1-42 的波形图

逻辑函数式与卡诺图、真值表与卡诺图之间的转换在 1.5.3 节中已经介绍，此处不再赘述。

【思考题】

① 已知逻辑函数的波形图，怎样能画出对应的卡诺图？

② 逻辑图与卡诺图之间如何进行转换？

▶ 1.7　VHDL 简介

硬件描述语言（Hardware Description Language，HDL）是一种数字设计的软件工具，可以用文本形式来描述数字电路的逻辑图、逻辑函数式、真值表及逻辑功能、实时关系等，与可编程逻辑器件（Programmable Logic Controller，PLC）及电子设计自动化（Electronic Design Automation，EDA）软件配合，可方便地实现复杂数字系统的设计。

VHDL（VHSIC HDL）是目前最流行的硬件描述语言之一，诞生于 1982 年，为 IEEE Std-1076 标准。其中，VHSIC（Very High Speed Integrated Circuits）为超高速集成电路。VHDL 得到了许多 EDA 设计工具的支持，因此被广泛应用。VHDL 的主要特点如下。

① 具有很强的硬件描述能力，能从多个层次对数字系统进行建模和描述，从而大大简化了硬件设计任务，提高了设计效率和可靠性。

② 编程与工艺无关。设计者可以专心于其功能的实现，不需考虑与工艺有关的其他因素。

③ 语言标准、规范，易于共享；设计技术齐全、方法灵活，支持广泛。

1.7.1 VHDL 的基本结构

VHDL 可以描述任意规模的电路，小到一个门，大到一个包含 CPU 的系统，即 VHDL 程序可长可短。但 VHDL 程序有着比较固定的结构，描述的最小和基本的逻辑结构一般包含库和程序包的使用说明、实体、结构体和配置四部分，如图 1-33 所示。

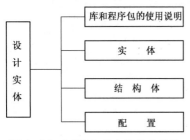

图 1-33　VHDL 程序的基本结构

库和程序包的使用说明用于打开（调用）本设计实体将要用到的库和程序包。程序包存放各设计模块共享的数据类型、常数和子程序等；库是专门存放预编译程序包的地方。实体用于描述所设计的系统的外部接口信号，是可视部分。结构体用于描述系统内部的结构和行为，建立输入与输出之间的关系，是不可视部分。一个实体可以包含一个或多个结构体，而每个结构体可以包含一个或多个进程以及其他语句。根据需要，实体还可以有配置说明语句。配置说明语句主要用于以层次化的方式对特定的设计实体进行元件例化，或为实体选定某特定的结构体。

半加器是指两个 1 位二进制数相加而无低位相加后送来进位的电路。下面通过一个半加器的设计实例，从整体上初步认识 VHDL 的基本结构和语句特点。

【例 1-43】　用 VHDL 描述半加器。

```
1   LIBRARY ieee;
2   USE ieee.std_logic_1164.all;
3   ENTITY half_add IS
4       PORT(a:IN  STD_LOGIC;
5            b:IN  STD_LOGIC;
6            so:OUT STD_LOGIC;
7            co:OUT STD_LOGIC);
8   END half_add;
9   ARCHITECTURE bdf_type OF half_add IS
10  BEGIN
11      co <= b AND a;
12      so <= a XOR b;
13  END;
```

上述 VHDL 程序只包含了库和程序包的使用说明、实体和结构体三部分。库和程序包的说明部分只使用了一个 IEEE 库和其中的一个程序包 STD_LOGIC_1164。第 3~8 行是实体部分，定义了电路与外部的接口方式：输入、输出及端口信号的方向和类型，本例中没有配置说明。实体部分指明了以下内容：电路的名字为 half_add，该电路有两个输入端 a、b 和两个输出端 so、co，同时指明 a、b、so、co 的数据类型为 STD_LOGIC。第 9~13 行是结构体部分，由于电路简单，本例中没有包括结构体说明部分，只有简单的功能描述。结构体部分说明了电路要完成的功能和电路的实现方式。可以看出，本例只有两个逻辑表达式语句：co <= b AND a 和 so <= a XOR b。

1. VHDL 的实体说明语句

实体（Entity）用于描述电路的外观，即输入、输出端的规格。实体的基本格式如下：

```
ENTITY 实体名 IS
    PORT(端口名称1:输入/输出状态    数据类型;
              端口名称2:输入/输出状态    数据类型;
              …
              端口名称N:输入/输出状态    数据类型);
END 实体名;
```

"端口名称"是赋予每个外部引脚的名字,通常用几个英文字母或英文字母+数字表示。

"输入/输出状态"说明端口信号通过该端口的方向,主要有4种:IN,输入端口,信号进入电路单元;OUT,输出端口,信号从电路单元输出;INOUT,双向端口,信号既可以进入电路单元,也可以从电路单元输出;BUFFER,实体的输出端口,但可以被实体本身再输入。

"数据类型"定义端口数据的类型。常用的端口数据的类型有位型(BIT)、位向量型(BIT_VECTOR)、标准逻辑位型(STD_LOGIC)和标准逻辑位向量型(STD_LOGIC_VECTOR)等。

2. VHDL 的结构体

结构体(Architecture)用于描述电路的具体功能,类似一个实际芯片的工作原理说明。结构体的基本格式如下:

```
ARCHITECTURE 结构体名 OF 实体名 IS
    说明语句
BEGIN
    电路描述语句
END 结构体名;
```

结构体说明语句是对结构体中用到的数据对象的数据类型、元件和子程序等加以说明的语句。电路描述语句用来描述电路的各种关系,常用的有信号赋值语句、条件赋值语句、进程语句、块语句和子程序调用语句等。

3. 库与程序包

库(Library)是经编译后的数据集合,其作用是使设计者共享编译过的设计结果,类似传统设计中的元器件库。库的说明要放在程序最前面。库的调用语句格式如下:

```
LIBRARY 库名;
```

每个库又包含多个程序包(Package)。程序包定义了一组标准的数据类型、子程序说明和函数说明等,可供其他设计单元调用。

VHDL 中的库主要有标准库 STD 和 IEEE、现行作业库 WORK、仿真库 VITAL 和用户定义库等。表1-26列出了常用库 STD 和 IEEE 包含的标准程序包。

表1-26   常用库 STD 和 IEEE 中包含的标准程序包

库名	程序包名称	定义的内容
STD	STANDAED	定义 VHDL 的数据类型,如 BIT、BIT_VECTOR 等
	TEXTIO	定义了对文本文件的读写控制数据类型和子程序等
IEEE	STD_LOGIC_1164	定义 STD_LOGIC、STD_LOGIC_VECTOR 等
	STD_LOGIC_ARITH	定义有符号与无符号数据类型,以及基于这些数据类型的算术运算符,如+、−、*、/、SHL、SHR 等
	STD_LOGIC_SIGNED	定义基于 STD_LOGIC 与 STD_LOGIC_VECTOR 数据类型的有符号的算术运算
	STD_LOGIC_UNSIGNED	定义基于 STD_LOGIC 与 STD_LOGIC_VECTOR 数据类型的无符号的算术运算

用户在用到标准程序包中的内容时，除了 STANDAED 程序包，都要在设计程序中加以说明。首先用 LIBRARY 语句说明程序包所在的库名，再用 USE 语句说明具体使用哪个程序包和具体的子程序名。

1.7.2　VHDL 的元素

1．标识符与保留字

标识符是 VHDL 中符号书写的一般规则，用来表示常量、变量、信号、子程序、结构体和实体等的名称。VHDL 中标识符组成的规则如下：

① 标识符由 26 个英文字母和 10 个数字 0～9 及下画线"_"组成。

② 标识符必须以英文字母开头，最长可以有 32 个字符。

③ 标识符中不能有两个连续的下画线，标识符的最后一个字符不能是下画线。

④ 标识符中的英文字母不区分大小写。

例如，CP、DAT1、wr1 和 counter_A 都是合法的标识符。

2．注释符

为了便于理解和阅读，程序中可以加上注释。注释符用"--"表示，注释语句以注释符开头，到行尾结束。注释可以加在语句结束符";"之后，也可以写在空行处。

3．数据对象

数据对象是数据类型的载体，包括信号、变量和常量三种类型，如表 1-27 所示。

表 1-27　数据对象

数据对象	含　义	使用场合	物理意义
SIGNAL	信号、全局量	结构体、块	类似实际电路的"端口"，可用于进程之间的通信
VARABLE	变量、全局量	进程、函数、过程	暂存某些信号，在运行过程中可以改变
CONSTANT	常量、全局量	结构体、进程、块、函数、过程	运行过程中不能改变，如电源、地、时间等

1）信号的格式

```
SIGNAL 信号名:数据类型[:=初值];
```

例如：

```
SIGNAL abc:std_logic;
SIGNAL s:std_logic_vector(1 DOWNTO 0):="10";
```

定义信号 abc 为标准逻辑位型，s 信号是标准的逻辑位矢量，初值为 10。

信号可以被赋值，赋值语句为：

```
信号名<=表达式
```

2）变量的格式

```
VARABLE 变量名:数据类型[:=初值];
```

例如：

```
VARABLE qq:bit_vector(0 TO 3);
VARABLE x:INTEGER:RANGE 15 DOWNTO 0:=15;
```

定义变量 qq 是标准的逻辑位矢量，x 为整数型，初值为 15。

变量也可以被赋值，赋值语句为：

```
变量名:=表达式
```

3）常量的格式

```
CONSTANT 常量名:数据类型[:=表达式];
```

例如：

```
CONSTANT delay:time:=10ns;
```

定义 delay 为时间常数 10ns。

4．数据类型

数据类型主要有标准数据类型、IEEE 预定义标准数据类型及用户自定义的数据类型等。

1）标准数据类型

标准数据类型如表 1-28 所示。

表 1-28　标准数据类型

数据类型	含　义
整数（INTEGER）	32 位带符号的整数，−2 147 483 647～2 147 483 647，即 −(2^31−1) ～ 2^31−1
自然数（NATURAL）和正整数（POSITIVE）	整数的一个子类型。自然数是指 0 及正整数，其取值范围为 0～2^31−1。正整数的取值范围为 1～2^31−1
实数（REAL）	带符号位的浮点数，范围为−1.0e+38～1.0e+38
位（BIT）	0 或 1
位矢量（BIT_VECTOR）	用 """" 括起来的一组二进制位数据，表示总线的状态等
布尔量（BOOLEAN）	逻辑值 true 或 false
字符（CHARACTER）	ASCII 字符。要用 "'" 括起来，如'A'、'b'、'3'等。字符类型区分大小写，如'A'和'a'不同
字符串（STRING）	用 """" 括起来的一个字符数组，如"10001"，常用于程序的提示和说明
时间（TIME）	表示时间的数据，其单位为 ps、ns、μs、ms、s、min 和 h
错误等级（SEVERITY LEVEL）	表示系统的状态，包括 note（注意）、warning（警告）、error（错误）和 failure（失败）四种

2）IEEE 预定义标准数据类型

在 IEEE 的程序包 STD_LOGIC_1164 中定义了两个非常重要的数据类型。

① STD_LOGIC：工业标准的逻辑位类型，取值'0'（强 0）、'1'（强 1）、'Z'（高阻态）、'X'（强未知的）、'W'（弱未知的）、'L'（弱 0）、'H'（弱 1）、'—'（忽略）、'U'（未初始化的）。

② STD_LOGIC_VECTOR：工业标准的逻辑位矢量类型，STD_LOGIC 的组合。

在使用这两种数据类型时，在程序中必须有库及程序包说明语句，即

```
LIBRARY IEEE;
USE IEEE. STD_LOGIC_1164.ALL;
```

3）用户定义的数据类型

用户可以自己定义新的数据类型和子类型,用户定义的数据类型和子类型通常在程序包集合中说明，以利于重复使用和多个设计共用。由用户定义的数据类型可以有枚举类型、整数类型、数组类型、记录类型、时间类型和实数类型等。

① 枚举类型：用来表示实际生活中的某些事物所具有的特定性质。定义格式为：

```
TYPE 数据类型名 IS(元素 1, 元素 2, …)
```

例如：

```
TYPE state_m IS(s0, s1, s2, s3, s4);
TYPE week IS(sun, mon, tue, wed, thu, fri, sat);
```

定义 state_m 数据类型，取值为 s0、s1、s2、s3、s4；定义 week 数据类型，表示星期日～星期六。

② 数据类型和实数类型：VHDL 中已经存在的标准数据类型的子集。定义格式为：

```
TYPE 数据名 IS 数据类型 RANGE 数据 TO 数值;
```

例如：

```
TYPE digit IS integer 0 TO 9;
TYPE signal_level IS real RANGE -10.00 TO +10.00;
```

定义 digit 为整数类型，取值范围为 0～9；signal_level 为实数类型，取值范围为-10.00～+10.00。

③ 数组类型：一系列具有相同的数据类型的元素集合在一起形成的新的数据类型。可以定义一维数组，也可以定义多维数组。定义格式为：

```
TYPE 数组名 IS ARRAY 范围 OF 数据类型;
```

例如：

```
TYPE a IS ARRAY(0 TO 3)OF bit;
TYPE rom IS ARRAY(0 TO 7,0 TO 7)OF bit;
```

定义 a 为一维数组，rom 为二维数组。

5. 运算符

VHDL 定义了 5 种运算符，即逻辑运算符、关系运算符、算术运算符、移位运算符和并置运算符。不同的运算符要使用相应数据类型的操作数，否则会在编译、综合时不予通过。运算符及其优先顺序如表 1-29 所示。

1.7.3 VHDL 的基本语句

VHDL 的基本语句分为并行语句和顺序语句。

1. 并行语句

VHDL 设计中的结构体，一般是由一个以上的并行语句构成的。所有并行语句在结构体中都是同时执行的，与它们在程序中排列的先后顺序无关。

1）并行赋值语句

并行赋值语句的功能是将一个数据或一个表达式的运算结果传送给一个数据对象，这个数据对象可以是内部信号，也可以是预定义的端口信号。其格式为：

```
赋值目标<=表达式;
```

如"co <= b AND a"和"so <= a XOR b"。

2）选择信号赋值语句 WITH-SELECT

其格式为：

```
WITH 选择信号 X SELECT
赋值目标<=表达式 1 WHEN 选择信号值 1,
         表达式 2 WHEN 选择信号值 2,
         ...
         表达式 N WHEN OTHERS;
```

表 1-29　运算符及其优先顺序

优先级顺序	运算符类型	运 算 符	运算符功能	操作数类型
最高	逻辑运算符	NOT	取非	BIT，BOOLEAN，STD_LOGIC
	算术运算符	ABS	取绝对值	整数
		**	乘方	
		REM	取余	
		MOD	求模	
		/	除法	整数、实数（包括浮点数）
		*	乘	
		−	负（减）	整数
		+	正（加）	
	并置运算符	&	并置	一维数组
	移位运算符	ROR	逻辑循环右移	BIT 或 BOOLEAN 型一维数组
		ROL	逻辑循环左移	
		SRA	算术右移	
		SRL	逻辑右移	
		SLA	算术左移	
		SLL	逻辑左移	
	关系运算符	>=	大于或等于	枚举和整数及对应的一维数组
		<=	小于或等于（赋值）	
		>	大于	
		<	小于	
		≠	不等于	任何类型
		=	等于	
最低	逻辑运算符	XOR	异或	BIT，BOOLEAN，STD_LOGIC
		NOR	或非	
		NAND	与非	
		OR	或	
		AND	与	

　　该语句通过选择信号 X 的值的变化来选择相应的操作。当选择信号 X 的值与选择信号值 1 相同时，将表达式 1 赋值给赋值目标；当选择信号 X 的值与选择信号值 2 相同时，将表达式 2 赋值给赋值目标；只有当选择信号 X 的值与所列的值都不相同时，才将表达式 N 赋值给赋值目标。注意，该语句不能在进程中应用。

3）进程语句 PROCESS

　　进程语句是结构体中常用的一种模块描述语句。结构体可以包含多个进程，各进程之间是同时执行的，所以进程语句本身属于并行语句。但进程主要是由一组顺序语句组成的。进程语句的重要特点在于，不仅可以描述组合逻辑电路，还可以描述时序逻辑电路。

　　进程语句的格式为：

```
[进程名称:] PROCESS(敏感信号表)
    [进程说明语句]
BEGIN
    顺序语句
```

```
END PROCESS[进程名称:];
```

注意，"敏感信号表"是进程语句所特有的，只有当表中所列的某个信号发生变化时，才能启动该进程的执行。执行完后，进入等待状态，直到下一次某个敏感信号变化的到来。

例如：

```
PROCESS(d, clk)
BEGIN
    IF (clk'EVENT AND clk='1') THEN
        q<=d;
    END IF;
END PROCESS;
```

2．顺序语句

顺序语句只能出现在进程和子程序（函数和过程）中。顺序语句类似一般的程序语言，按书写顺序一条一条地向下进行。

1）IF 语句

IF 语句用于实现两种及以上的条件判断，其格式如下：

```
IF 布尔表达式 1 THEN
    顺序语句 1
[ELSIF 布尔表达式 2 THEN
    顺序语句 2]
…
END IF;
```

例如：

```
IF (clk'EVENT AND clk='1') THEN
    q<=d;
END IF;
```

2）CASE 语句

CASE 语句用于两路或多路分支判断结构，以一个多值表达式为判断条件，依表达式的取值不同而实现多路分支。其格式如下：

```
CASE 表达式 IS
    WHEN 值 1=>顺序语句 1;
    WHEN 值 2=>顺序语句 2;
    …
    WHEN 值 N=>顺序语句 N;
    WHEN OTHERS=>顺序语句 N+1;
END CASE;
```

例如：

```
CASE a is
    WHEN "000"=>y<="11111110";
    WHEN "001"=>y<="11111101";
    WHEN OTHERS=>y<="01111111";
END CASE;
```

3）LOOP 语句

LOOP 语句用于循环控制，其语法格式如下：

```
[LOOP 标号:] FOR 循环变量 IN 循环次数范围 LOOP
    顺序语句;
END LOOP[LOOP 标号];
```

例如：

```
FOR i IN 0 TO 7 LOOP
    tmp:=tmp XOR a(i);
END LOOP;
```

除了以上介绍的这些基本语句，VHDL 中还有许多用于结构化和模块化设计的语句，如块语句、元件例化语句、生成语句、子程序与程序包等，读者可参阅有关文献。

【思考题】

① VHDL 基本结构包括哪几部分？

② VHDL 数据对象包括哪几种类型？

③ 用 VHDL 描述逻辑函数 $F = A\bar{B} + \bar{A}B$。

课程思政案例

胸怀祖国　科技报国——数字电子技术的发展

本章小结

本章首先介绍了数字电路的特点，讲述了数制和码制；然后介绍了逻辑代数的基本知识；最后重点介绍了两种化简逻辑函数的方法：公式法和卡诺图法。

（1）数字电路是传递和处理数字信号的电子电路，包括分立元件电路和集成电路两大类。数字集成电路发展很快，目前多采用中大规模以上的集成电路。数字电路的主要优点是便于高度集成化、工作可靠性高、抗干扰能力强和保密性好等。

（2）常用的计数制有十进制、二进制、八进制和十六进制。它们之间可以相互转换。编码是用数码的特定组合表示特定信息的过程。BCD 码是用以表示十进制数 0～9 十个数码的二进制代码。

（3）逻辑函数和逻辑变量的取值都只有两个，即 0 或 1。注意，逻辑代数中的 0 和 1 并不表示数量大小，仅用来表示两种截然不同的状态。注意区别逻辑代数和普通代数的不同点。

（4）基本逻辑运算有"与"运算（逻辑乘）、"或"运算（逻辑加）和"非"运算（逻辑非）

三种。常用复合逻辑运算有与非运算、或非运算、与或非运算、异或运算和同或运算。

（5）逻辑代数具有 0-1 律、重叠律、互补律、交换律、结合律、分配律、反演律和还原律八类基本公式，吸收律和对合律两类常用公式，还有代入规则、反演规则和对偶规则三个基本规则。

（6）逻辑函数常用的表示方法有真值表、逻辑函数式、卡诺图和逻辑图。不同表示方法各有特点，适合不同的应用。

真值表通常用于分析逻辑函数的功能，根据逻辑功能要求建立逻辑函数和证明逻辑等式等；逻辑函数式便于进行运算和变换。在分析电路逻辑功能时，通常先根据逻辑图写出逻辑函数式；卡诺图主要用于化简逻辑函数式；而设计逻辑电路时需要先写出逻辑函数式，才能画出逻辑图；逻辑图是分析和安装实际电路的依据。这几种表示方法之间可以进行相互转换。

（7）逻辑函数化简方法主要有代数法和卡诺图法。代数化简法可以化简任何复杂的逻辑函数，但需要一定的技巧和经验，而且不易判断结果是否为最简。卡诺图化简法直观简便，易判断结果是否最简，但一般用于 5 变量以下函数的化简。

（8）无关项是逻辑函数中的一个重要概念。在化简具有无关项的逻辑函数时，既可以把无关项写进逻辑函数式中，也可以不写入，合理地利用这些无关项，通常可以得到更简单的化简结果。

（9）VHDL 主要用于描述数字系统的结构、行为、功能和接口。除了含有许多具有硬件特征的语句，VHDL 的语言形式、描述风格和句法与一般的计算机高级语言十分类似。

随堂测验

1.1 填空题

1. $(35.75)_{10}=$(＿＿＿＿＿$)_2$ = (＿＿＿＿＿$)_{8421 码}$。
   $(30.25)_{10}$ =(＿＿＿＿＿$)_2$ =(＿＿＿＿＿$)_{16}$。
2. 1 位十六进制数可以用＿＿＿＿＿位二进制数来表示。
3. 当逻辑函数有 n 个变量时，共有＿＿＿＿＿个变量取值组合。
4. 逻辑函数的常用表示方法有＿＿＿＿＿、＿＿＿＿＿、逻辑图等。
5. 逻辑函数 $F = \overline{A} + B + \overline{C}D$ 的反函数为＿＿＿＿＿，对偶式为＿＿＿＿＿。
6. 已知函数的对偶式为 $\overline{AB} + \overline{CD} + BC$，则它的原函数为＿＿＿＿＿。
7. 逻辑函数的化简方法有＿＿＿＿＿和＿＿＿＿＿。
8. 化简逻辑函数 $L = \overline{ABCD} + A + B + C + D =$ ＿＿＿＿＿。

1.2 判断题（正确的画"√"，错误的画"×"）

1. 8421 码的 1001 比 0001 大。（　　）
2. 逻辑代数中的"0"和"1"是代表两种不同的逻辑状态，并不表示数量的大小。（　　）
3. 由三个开关并联起来控制一盏电灯时，电灯的亮与不亮同三个开关的闭合或断开之间的对应关系属于"与"逻辑关系。（　　）

1.3 选择题

1. 属于 8421 码的是（　　）。

A. 1010　　　　　B. 0101　　　　　C. 1100　　　　　D. 1101

2. 和逻辑式 $A + A\overline{B}\overline{C}$ 相等的是（　　　　）。

A. ABC 　　　　　　B. $1 + BC$ 　　　　　　C. A 　　　　　　D. $A + \overline{B}\overline{C}$

3. 二输入或非门，其输入为 A、B，输出端为 Y，则其表达式 $Y =$（　　　　）。

A. AB 　　　　　　B. $\overline{AB}$

C. $\overline{A + B}$ 　　　　D. $A + B$

1.4 常用逻辑门电路的真值表如表 T1-4 所示，分析 F_1、F_2 和 F_3 分别属于何种常用逻辑门。

1.5 列出函数 $L = AB + \overline{A}\overline{B}$ 的真值表。

1.6 用代数法化简逻辑函数 $L = \overline{AC + \overline{A}BC + \overline{B}C + AB\overline{C}}$ 。

1.7 用卡诺图表示逻辑函数 $Y = \overline{A}\overline{B}C + \overline{A}BC + AB\overline{C} + ABC$ 。

表 T1-4

A	B	F_1	F_2	F_3
0	0	1	1	0
0	1	0	1	1
1	0	0	1	1
1	1	1	0	1

习 题 1

1.1 试完成下列转换：

（1）$(0101001)_2 = ($ _____ $)_{10}$

（2）$(101101.111)_2 = ($ _____ $)_{10}$

（3）$(64)_{10} = ($ _____ $)_2 = ($ _____ $)_{16}$

（4）$(9.125)_{10} = ($ _____ $)_2 = ($ _____ $)_{16}$

（5）$(64)_{10} = ($ _____ $)_{8421\,码} = ($ _____ $)_{余\,3\,码}$

（6）$(19)_{10} = ($ _____ $)_{8421\,码} = ($ _____ $)_{余\,3\,码} = ($ _____ $)_{5421\,码}$

1.2 试完成下列运算：$(1000)_{5421\,码} + (1010)_{余\,3\,码} = ($ _____ $)_{8421\,码}$。

1.3 试判断一个 8 位二进制数 $A = A_7 A_6 A_5 A_4 A_3 A_2 A_1 A_0$ 对应的十进制数什么时候可以被十进制数 8 整除。

1.4 写出如图 P1-4 所示逻辑图的函数表达式。

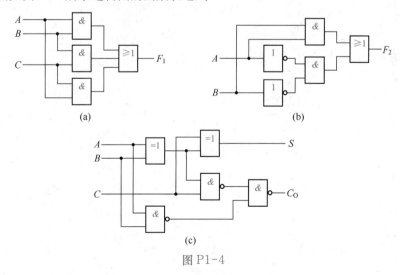

(a)　　　　　　　　(b)

(c)

图 P1-4

1.5 用真值表证明反演律：$\overline{AB} = \overline{A} + \overline{B}$ 。

1.6 求下列各逻辑函数 F 的反函数 $\overline{F}$ 及对偶式 F' 。

（1）$F_1 = \overline{CD + \overline{A}B}$ 　　　　　　　（2）$F_2 = \overline{A}B + A\overline{B}$

（3）$F_3 = \overline{A + B + \overline{C} + \overline{D + E}}$ 　　（4）$F_4 = AE + (A + B)C + \overline{A}D$

1.7 某逻辑电路有三个输入端 A、B、C，当输入信号中有奇数个 1 时，输出为 1，否则输出为 0，试列出此逻辑电路的真值表，写出其逻辑函数 F 的逻辑函数式。

1.8 用代数法化简下列逻辑函数为最简的与或式。

（1）$F_1 = A\bar{B} + B\bar{C} + \bar{B}C + \bar{A}B$

（2）$F_2 = AB + A\bar{C} + \bar{B}C + \bar{C}B + \bar{B}D + \bar{D}B + ADE(F+G)$

（3）$F_3 = A\bar{B}CD + ABD + A\bar{C}D$

（4）$F_4 = AC(\bar{C}D + \bar{A}B) + BC(\overline{\bar{B} + \overline{AD + CE}})$

（5）$F_5 = A\bar{B}(\bar{A}CD + \overline{AD + \bar{B}C})(\bar{A} + B)$

1.9 将逻辑函数 $L(A,B,C) = AB + \bar{A}C$ 转换为最小项表达式。

1.10 用卡诺图化简下列函数为最简与或式。

（1）$F_1(A,B,C,D) = \sum m(0,2,3,4,6,7,10,11,13,14,15)$

（2）$F_2(A,B,C) = \sum m(3,5,6,7)$

（3）$F_3(A,B,C,D) = \sum m(4,5,6,7,8,9,10,11,12,13)$

（4）$F_4(A,B,C,D) = \sum m(2,3,6,7,10,11,12,15)$

（5）$F_5(A,B,C,D) = \sum m(1,3,4,5,8,9,13,15)$

（6）$F_6(A,B,C,D) = \sum m(0,1,2,3,4,5,6,7,8,9,10,11,12,13,14,15)$

1.11 用卡诺图化简下列函数为最简的与或式，并用与非门实现。

（1）$F_1 = AD + A\bar{B}D + \overline{ABCD}$ （2）$F_2 = \bar{A}B + AC + BC$

（3）$F_3 = \bar{C}D + BCD + \bar{B}C\bar{D} + \bar{A}BC\bar{D}$ （4）$F_4 = A\bar{B}\bar{C} + B\bar{C} + \bar{B}C + \bar{A}B$

1.12 化简下列具有约束条件 $AB + AC = 0$ 的逻辑函数。

（1）$F_1 = \bar{A}B + \bar{A}C$ （2）$F_2 = \bar{A}B + \bar{A}C$

（3）$F_3 = \bar{A}\bar{B}C + \bar{A}BD + \bar{A}B\bar{D} + A\bar{B}CD$ （4）$F_4 = \bar{B}\bar{C}D + \bar{A}B\bar{C}D + \bar{A}B\bar{D} + \bar{A}B\bar{C}$

1.13 已知逻辑函数 $F = \bar{A}CD + AC\bar{D} + \bar{A}BCD + \bar{A}BC\bar{D}$，约束条件为 $\bar{A}BD + CD = 0$，请进行卡诺图化简。

1.14 化简下列具有约束项 $\sum d$ 的逻辑函数。

（1）$F_1 = \sum m(0,1,3,5,8) + \sum d(10,11,12,13,14,15)$

（2）$F_2 = \sum m(0,1,2,4,7,8,9) + \sum d(10,11,12,13,14,15)$

（3）$F_3 = \sum m(2,3,4,7,12,13,14) + \sum d(5,6,8,9,10,11)$

（4）$F_4 = \sum m(3,5,6,7) + \sum d(2,4)$

（5）$F_5 = \sum m(0,2,7,8,13,15) + \sum d(1,5,6,9,10,11,12)$

（6）$F_6 = \sum m(0,4,6,8,13) + \sum d(1,2,3,9,10,11)$

（7）$F_7 = \sum m(0,1,8,10) + \sum d(2,3,4,5,11)$

（8）$F_8 = \sum m(0,2,6,8,10,14) + \sum d(5,7,13,15)$

（9）$F_9 = \sum m(1,4,5,6,7,9) + \sum d(10,11,12,13,14,15)$

1.15 用 VHDL 描述习题 1.4 的逻辑函数式。

第2章 逻辑门电路

课程目标

- 通过查阅 TTL 和 CMOS 逻辑门芯片的数据手册,能够获得逻辑电平、输入输出电流、功耗、传输延迟时间、噪声容限等技术参数,并把握不同系列门电路参数的差异。
- 通过学习逻辑门电路的输入、输出等外部特性,能够正确使用逻辑门电路,包括普通门(推拉式输出)电路、集电极开路门(漏极开路门)电路和三态门电路等。
- 能够使用双向模拟开关。

内容提要

本章在介绍双极型三极管和场效应管的开关特性的基础上,重点介绍 TTL 集成逻辑门和 CMOS 集成逻辑门的工作原理、外部电气特性、主要参数及 TTL 集成逻辑门与 CMOS 集成逻辑门的接口电路,简单介绍发射极耦合逻辑(ECL)门和 Bi-CMOS 门电路。

主要问题

- 利用双极型三极管和场效应管如何实现开关功能?
- TTL 与非门、非门、或非门等集成门电路的工作原理是怎样的?具有怎样的电压传输特性、输入特性和输出特性等外部电气特性?主要参数有哪些?
- CMOS 非门、与非门、或非门等集成门电路的工作原理是怎样的?具有怎样的电压传输特性、输入特性和输出特性等外部电气特性?主要参数有哪些?
- 当需要将 TTL 门电路输出端并联时,应该采用什么样的输出结构?这种电路使用时需要注意什么?
- 三态门的输出有哪三种状态?这些状态是如何实现的?三态门有哪些方面的应用?
- CMOS 传输门和双向模拟开关的工作原理是怎样的?常用在什么场合?
- TTL 与 CMOS 集成门电路相比,各有哪些优缺点?使用时有哪些规则?
- TTL 与 CMOS 集成门电路相互驱动时,一般需要考虑哪几方面的问题?涉及哪些接口技术?

▶▶ 2.1 逻辑门电路概述

实现基本逻辑运算和复合逻辑运算的单元电路被称为门电路。门电路是数字逻辑电路中的基本逻辑单元。与第 1 章介绍的基本逻辑运算和常用复合逻辑运算相对应，常用的门电路有与门、或门、非门、与非门、或非门、与或非门、异或门等。

根据所用半导体器件类型和电路结构，门电路可分为分立元件门电路、双极型集成门电路、单极型集成门电路和双极型 CMOS 门电路几大类。

分立元件门电路主要指二极管 - 晶体管逻辑（Diode-Transistor Logic，DTL）门电路，即由二极管和晶体管构成的门电路。由于 DTL 门电路输出电平会发生偏移，DTL 的级数越多，偏移越大，且带负载能力差，因此在数字系统设计中已不再使用而成为历史。

双极型集成门电路包括晶体管 - 晶体管逻辑（Transistor-Transistor Logic，TTL）、发射极耦合逻辑（Emitter Coupled Logic，ECL）和集成注入逻辑（Integrated Injection Logic，I^2L）等逻辑门系列。TTL 门电路解决了 DTL 输出电平偏移的问题，具有输出电阻小、带负载能力强的特点，因此得到广泛应用，是长期用于数字系统的一个系列。ECL 在各种数字集成电路中的工作速度最高，多用于高速数字系统。I^2L 较好地解决了 TTL 和 ECL 门电路功耗比较大的问题，但电路复杂，无法实现大规模集成。

单极型集成门电路是继 TTL 门电路后开发出的另一类广为应用的数字集成电路，包括 NMOS（Negative Mental Oxide Semiconductor）、PMOS（Positive Mental Oxide Semiconductor）和 CMOS（Complementary Mental Oxide Semiconductor）等逻辑门系列。PMOS 集成电路问世较早，但因工作速度低、电源为负且电压较高、与其他集成电路配接不方便等原因，在民用中很少使用；NMOS 集成电路工作速度快，尺寸小，随着工艺水平的不断提高，目前在许多高速大规模集成电路产品中仍有一定采用；而 CMOS 集成电路功耗小、工作速度快，已成为主流的逻辑门电路系列。

双极型 CMOS 电路（Bipolar-CMOS，Bi-CMOS）的特点是逻辑部分采用 CMOS 结构，输出级采用双极型三极管，从而兼有 CMOS 电路的低驱动功耗、双极型电路的低导通压降和高驱动能力的优点，因此越来越得到用户的重视。

根据输出结构，集成门电路可分为普通门电路（推拉式输出）、集电极（漏极）开路门电路和三态门电路。

本章将重点介绍目前广泛应用的 TTL 和 CMOS 集成门电路，并简要介绍 ECL 和 Bi-CMOS 门电路。

▶▶ 2.2 TTL 集成逻辑门

TTL 集成逻辑门（简称 TTL 门）的输入级和输出级都采用双极型三极管（晶体管）构成，所以称为晶体管 - 晶体管逻辑门电路。国产 TTL 门有 CT74/54 通用系列、CT74H/54H 高速系列、CT74S/54S 肖特基系列和 CT74LS/54LS 低功耗肖特基系列等。它们的电路结构不同，所以输入电流、输出电流、功耗和传输时间等参数不尽相同，但外接引脚排列基本兼容。74 系列与 54 系列的差别主要是使用环境温度不同，54 系列为-55℃～+125℃，74 系列为 0℃～

+70℃。另外，二者的电源电压 V_{CC} 的允许变化范围也不同，54 系列为 ±10%，74 系列为 ±5%。

作为 TTL 门的基础，本节首先介绍双极型三极管的开关特性。

2.2.1 双极型三极管的开关特性

在数字电路中，用电压的高、低（高、低电平）表示逻辑状态 1 和 0。一个实际的数字信号如图 2-1 所示，可以看出，不但高低电平之间的变换都有一定的上升时间和下降时间，而且高、低电平也不是一个固定不变的数值，而是一个允许的范围（图 2-1 中虚线所示）。若用 1 代表高电平、0 代表低电平，则称为正逻辑；相反，则称为负逻辑，如图 2-2 所示。本书若无特殊说明，使用的都是正逻辑。

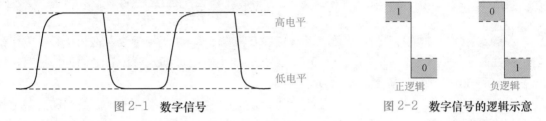

图 2-1　数字信号　　　　　　　　　图 2-2　数字信号的逻辑示意

不同系列的集成门电路有不同的高、低电平允许范围。常用的逻辑电平标准有 TTL、CMOS、LVTTL（Low Voltage TTL）、LVCMOS（Low Voltage CMOS）、ECL 等。以 TTL74 系列和 CMOS CC4000 系列为例，输入和输出的高、低电平允许范围如表 2-1 所示（T=25℃）。

表 2-1　TTL74 系列和 CMOS CC4000 系列的高、低电平允许范围

	电源电压	U_{ILmax}	U_{IHmin}	U_{OLmax}	U_{OHmin}
TTL74 系列	5V（V_{CC}）	0.8 V	2 V	0.4 V	2.4 V
CMOS CC4000 系列	5V（V_{DD}）	1.5 V（30%V_{DD}）	3.5 V（70%V_{DD}）	0.05 V（≈0）	4.95 V（≈V_{DD}）
	10V（V_{DD}）	3 V（30%V_{DD}）	7 V（70%V_{DD}）	0.05 V（≈0）	9.95 V（≈V_{DD}）

获得高、低电平的基本方法是利用半导体开关元器件的导通和截止（开和关）两种工作状态。数字电路在工作时只要求能可靠地分出高电平和低电平，因此无论是对元器件参数精度还是对供电电源稳定性的要求，都比模拟电路低。

1. 双极型三极管的开关特性及特点

三极管开关电路和输出特性如图 2-3 所示。设三极管为硅管，则输入 $u_I = U_{IL} < 0.7V$ 时，三极管因发射结电压小于其导通电压而截止，工作在输出特性曲线的截止区，三极管的集电极 C 和发射极 E 之间近似开路，相当于开关断开，$i_B \approx 0$，$i_C \approx 0$，$u_O = u_{CE} \approx V_{CC}$，等效电路如图 2-4(a) 所示。当输入电压增大到 $u_I > 0.7V$，即发射结电压大于其导通电压时，三极管开始导通，$i_B > 0$，三极管工作在输出特性曲线的放大区。此时

$$i_B = \frac{u_I - U_{BE}}{R_B} = \frac{u_I - U_{ON}}{R_B}$$

$$u_O = u_{CE} = V_{CC} - i_C R_C = V_{CC} - \beta i_B R_C$$

若输入电压 u_I 继续增大，则 i_B 随之增大，$i_C = \beta i_B$ 也随之增大，u_{CE} 则随之减小，当 u_{CE} 减小到与 u_{BE}（0.7V）相等时，三极管将进入饱和状态。通常认为，$u_{CE} = u_{BE}$ 的状态为临界饱和状态。临界饱和状态下三极管的基极电流、集电极电流和管压降分别为 I_{BS}、I_{CS} 和 U_{CES}，此时

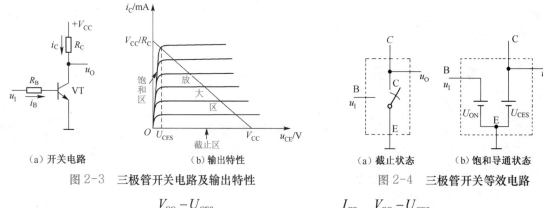

(a) 开关电路　　　　(b) 输出特性　　　　(a) 截止状态　　(b) 饱和导通状态

图 2-3　三极管开关电路及输出特性　　　　图 2-4　三极管开关等效电路

$$I_{CS} = \frac{V_{CC} - U_{CES}}{R_C} \qquad\qquad I_{BS} = \frac{I_{CS}}{\beta} = \frac{V_{CC} - U_{CES}}{\beta R_C}$$

若输入电压继续增大，则三极管的基极电流 i_B 将大于 I_{BS}，三极管进入饱和状态，工作在输出特性曲线的饱和区，$u_O = U_{CES} \approx 0.3\text{V}$，三极管的集电极 C 和发射极 E 之间近似短路，相当于开关闭合，等效电路如图 2-4(b) 所示。

在数字电路中，三极管不是工作在截止区，就是工作在饱和区，而放大区是饱和到截止和截止到饱和必须经过的一个区，实践中希望由饱和到截止和由截止到饱和的时间越短越好，这个过渡时间就是影响三极管开关速度的主要因素。

由上述分析可知，当输入为低电平时，输出为高电平，而输入为高电平时，输出为低电平，因此三极管的开关电路实际上是一个非门，又称反相器。

2. 动态特性

三极管在截止与饱和两种状态之间转换时，由于 PN 结存在结电容，其内部电荷的建立和消散都需要一定的时间，因此并不是瞬间完成的，而要经过一段时间，这将导致三极管集电极电流 i_C 和输出电压 u_O 的变化滞后于输入电压 u_I 的变化，如图 2-5 所示。从 u_I 正跳变到 i_C 上升到 $0.9 I_{CS}$ 所需的时间 t_{on} 被称为三极管的开通时间，而从 u_I 负跳变到 i_C 下降到 $0.1 I_{CS}$ 所需的时间 t_{off} 被称为三极管的关断时间，二者统称为三极管的开关时间。一般情况下，$t_{off} > t_{on}$。

三极管的开关时间限制了开关电路的工作速度。由于三极管由饱和到截止的时间 t_{off} 是影响开关时间的主要因素，因此要提高开关速度必须降低三极管的饱和深度，加速基区存储电荷的消散。为此可以采用具有抗饱和能力的肖特基三极管。肖特基三极管是由肖特基势垒二极管（Schottky Barrier Diode，SBD）和普通三极管组成的，如图 2-6 所示。

SBD 的正向导通压降只有 $0.3 \sim 0.4\text{V}$，若 U_B 为高电位，则导通，使 U_{BC} 钳位在 $0.3 \sim 0.4\text{V}$，并对 I_B 起分流作用，有效限制了饱和深度，提高了工作速度。

【例 2-1】 在图 2-3(a) 所示三极管开关电路中，$V_{CC} = 5\text{V}$，$R_B = 4\text{k}\Omega$，$\beta = 50$，$U_{BE} = 0.7\text{V}$，输入高电平 $U_{IH} = 5\text{V}$，输入低电平 $U_{IL} = 0.3\text{V}$。

（1）求 R_C 多大时，三极管可以工作在开关状态？

（2）若取 $R_C = 1\text{k}\Omega$，R_B 改为 $100\text{k}\Omega$，其他参数保持不变，则输入 $U_{IH} = 5\text{V}$、$U_{IL} = 0.3\text{V}$ 时，三极管工作于何种状态？

（3）若取 $R_C = 1\text{k}\Omega$，R_B 恢复为 $4\text{k}\Omega$，β 改为 100，其他参数保持不变，则输入 $U_{IH} = 5\text{V}$、$U_{IL} = 0.3\text{V}$ 时，三极管工作于何种状态？

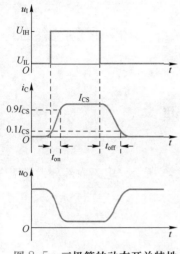

图 2-5 三极管的动态开关特性

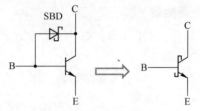

图 2-6 抗饱和三极管

解

（1）根据开关工作条件确定 R_C 取值：当 $u_I=U_{IL}=0.3V$ 时，由于 $U_{IL}<0.7V$，三极管截止，对电阻无要求；当 $u_I=U_{IH}=5V$ 时，为使三极管饱和，应满足 $i_B>I_{BS}$。因为

$$i_B=\frac{U_{IH}-U_{BE}}{R_B}=\frac{5-0.7}{4}\ \text{mA}=1.075\ \text{mA}$$

$$I_{BS}=\frac{V_{CC}-U_{CES}}{\beta R_C}\approx\frac{V_{CC}}{\beta R_C}=\frac{5}{50R_C}=\frac{1}{10R_C}$$

代入 $i_B>I_{BS}$，可以求得 $R_C>93\Omega$，留有一定余量，取标称值 $1\text{k}\Omega$。当然，若取 $R_C<93\Omega$，当 $u_I=U_{IH}=5V$ 时，由于 $i_B<I_{BS}$，因此三极管处于放大状态。

（2）当 $u_I=U_{IL}=0.3V$ 时，由于 $U_{IL}<0.7V$，三极管截止，改变 R_B 不会影响截止状态。

当 $u_I=U_{IH}=5V$ 时，改变 R_B 会影响 i_B 的大小，此时

$$i_B=\frac{U_{IH}-U_{BE}}{R_B}=\frac{5-0.7}{100}\ \text{mA}=0.043\ \text{mA}$$

$$I_{BS}=\frac{V_{CC}-U_{CES}}{\beta R_C}\approx\frac{V_{CC}}{\beta R_C}=\frac{5}{50\times1}=0.1\text{mA}$$

由于 $i_B<I_{BS}$，因此三极管处于放大状态。

（3）当 $u_I=U_{IL}=0.3V$ 时，由于 $U_{IL}<0.7V$，三极管截止，改变 β 不会影响截止状态。

当 $u_I=U_{IH}=5V$ 时，改变 β 会影响 I_{BS} 的大小，此时

$$i_B=\frac{U_{IH}-U_{BE}}{R_B}=\frac{5-0.7}{4}\ \text{mA}=1.075\ \text{mA}$$

$$I_{BS}=\frac{V_{CC}-U_{CES}}{\beta R_C}\approx\frac{V_{CC}}{\beta R_C}=\frac{5}{100\times1}=0.05\text{mA}$$

由于 $i_B>I_{BS}$，因此三极管处于饱和状态。

由本例可知，R_C、R_B、β 等参数都能决定三极管是否饱和。在 u_I 一定（要保证发射结正偏）和 V_{CC} 一定的条件下，R_C 越大、R_B 越小、β 越大，三极管越容易饱和。一般情况下，在数字电路中需要合理选择这些参数，使三极管导通时处于饱和状态。

【思考题】

① 三极管截止和饱和的条件是什么？三极管的截止状态和饱和状态分别采用什么形式的等效电路？

② 三极管导通时，如何区分它是处于放大状态还是饱和状态？

2.2.2　TTL 与非门的电路结构与工作原理

1. 电路组成

TTL 与非门 CT7400 的基本电路和逻辑符号如图 2-7 所示。电路内部分为以下 3 级。

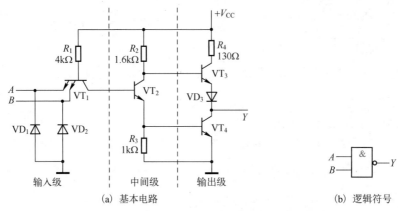

(a) 基本电路　　　　　　　　　　　　　　　(b) 逻辑符号

图 2-7　CT7400 的基本电路和逻辑符号

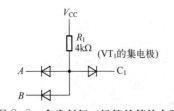

图 2-8　多发射极三极管的等效电路

① 输入级。由多发射极三极管 VT_1、二极管 VD_1、VD_2 和基极电阻 R_1 组成。多发射极三极管可以看成发射极各自独立、基极和集电极分别并联的三极管，其等效电路如图 2-8 所示，多个发射极作为门电路的输入端。二极管 VD_1、VD_2 为输入端保护二极管，是为抑制输入电压负向过低而设置的，电路正常工作时，它们均处于反向偏置而截止。

② 中间级。由三极管 VT_2 和电阻 R_2、R_3 组成。从 VT_2 的集电极和发射极输出两个相位相反的信号，分别作为三极管 VT_3 和 VT_4 的驱动信号。

③ 输出级。由三极管 VT_3、VT_4、二极管 VD_3 和电阻 R_4 组成。由于 VD_3、VT_3 导通时 VT_4 截止，VT_4 导通时 VD_3、VT_3 截止，因此这种电路形式称为推拉式结构，也称为图腾柱结构。

2. 工作原理

设电源电压 $V_{CC} = 5V$，输入信号的高、低电平分别为 $U_{IH} = 3.6V$，$U_{IL} = 0.3V$，PN 结的导通电压 $U_{ON} = 0.7V$，则有以下 3 种情况。

① 当两个输入均为低电平即 $U_A = U_B = 0.3V$ 时，两个发射结均正偏导通，使得 VT_1 的基极电位 $U_{B1} = 0.3V + 0.7V = 1V$。1 V 的电压无法使 VT_1 的集电结和 VT_2、VT_4 的发射结都导通，所以 VT_2、VT_4 截止，此时 VT_2 的集电极电位 $U_{C2} \approx V_{CC} = 5V$，电源 V_{CC} 经 R_2 向 VT_3 提供基极电流，使 VT_3、VD_3 导通，若忽略 R_2 的压降，则 $U_Y \approx V_{CC} - U_{BE3} - U_{D3} = 5V - 0.7V - 0.7V = 3.6V$，即电路输出为高电平。

② 当输入一个为低电平、一个为高电平时，低电平输入端相应的发射结正偏导通，则 VT_1 基极电位仍然为 1V。同样的原因，VT_2、VT_4 截止，VT_3 导通，$U_Y \approx 3.6 V$，输出为高电平。

③ 当输入 A、B 均为高电平即 $U_A = U_B = 3.6\,\text{V}$ 时，假设暂不考虑 VT_1 的集电极支路，则 VT_1 的所有发射结均应导通，使得 VT_1 的基极电位 $U_{B1} = 3.6\text{V} + 0.7\text{V} = 4.3\text{V}$。但在 VT_1 的集电极支路上，由于 V_{CC} 经 R_1 作用于 VT_1 的集电结、VT_2 和 VT_4 的发射结，使得 3 个 PN 结均导通，$U_{B1} = U_{BC1} + U_{BE2} + U_{BE4} = 0.7\text{V} + 0.7\text{V} + 0.7\text{V} = 2.1\text{V}$。这样，$VT_1$ 的基极电位 U_{B1} 将被钳位在较低的 2.1 V，这个电位低于此时的发射极电位，使得 VT_1 的发射结均反偏截止，此时 VT_1 处于倒置工作状态。VT_2 工作于饱和状态，其集电极电位为 $U_{C2} = U_{CES2} + U_{BE4} = 0.3\text{V} + 0.7\text{V} = 1\text{V}$，该电压加至 VT_3 基极，由于 VD_3 的存在，不足以使 VT_3 导通，因此 VT_3 截止。而 VT_4 与 VT_2 同处于饱和状态，使得 $U_Y = U_{CES4} \approx 0.3\text{V}$，即电路输出为低电平。

根据上述电路参数得出的各晶体管工作状态归纳于表 2-2 中。由此可见，当输入至少有一个为低电平时，输出为高电平；只有当输入全为高电平时，输出才为低电平。因此，该电路是一个与非门电路，其逻辑表达式为 $Y = \overline{AB}$。

表 2-2　TTL 与非门各晶体管的工作状态

输　入	VT_1	VT_2	VT_3	VT_4	输　出
至少有一个为低电平	饱和	截止	导通	截止	高电平
全为高电平	倒置	饱和	截止	深度饱和	低电平

当输出为高电平时，VT_3、VD_3 导通，VT_4 截止，能够向负载提供较大的驱动电流（拉电流负载）；而当输出为低电平时，VT_4 饱和，VT_3、VD_3 截止，可以接受较大的灌电流负载。因此，推拉式输出级输出电阻小，带负载能力强。

2.2.3　TTL 与非门的外部电气特性和主要参数

1. 电压传输特性与相关参数

1）电压传输特性

TTL 与非门的输出电压 u_O 随输入电压 u_I 的变化而变化的关系曲线称为电压传输特性。通过实验测试可得，电压传输特性如图 2-9 所示。特性曲线大致分为以下 4 个区段。

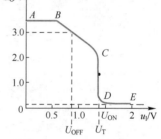

图 2-9　电压传输特性曲线

① AB 段。当 $u_I < 0.6\text{V}$ 时，设 $U_{CES1} = 0.1\text{V}$，则 $u_{C1} < 0.7\text{V}$，使得 VT_2、VT_4 截止，VT_3 导通，$u_O \approx 3.6\text{V}$，为高电平。AB 段称为特性曲线的截止区。

② BC 段。当 $0.6\text{V} \leqslant u_I < 1.3\text{V}$ 时，$0.7\text{V} \leqslant u_{C1} < 1.4\text{V}$，由于 VT_2 的发射极电阻 R_3 接地，故 VT_2 导通且进入放大区，但 VT_4 仍截止，VT_3 处于射极输出状态。在 BC 段，随 u_I 的增大，u_{B2} 也增大，由于 VT_2 工作在放大区，因此 u_{C2} 减小，并通过 VT_3 使 u_O 也减小。在 BC 段，因为 u_O 基本上随着 u_I 的增大而线性减小，故 BC 段被称为特性曲线的线性区。

③ CD 段。当 $1.3\text{V} \leqslant u_I \leqslant 1.4\text{V}$ 时，VT_4 开始导通，输出电压 u_O 急剧下降为低电平，所以 CD 段被称为特性曲线的转折区或过渡区。

④ DE 段。当 $u_I > 1.4\text{V}$ 时，VT_2 和 VT_4 饱和，VT_3 截止。u_I 继续增大时，u_O 基本不变，为低电平，DE 段称为特性曲线的饱和区。

2）相关参数

从电压传输特性曲线可以得到 TTL 与非门的如下重要参数。

① 输出高电平 U_{OH} 和输出低电平 U_{OL}。图 2-9 中，电压传输特性曲线截止区的输出电压称为输出高电平 U_{OH}，典型值是 3.6 V；饱和区的输出电压称为输出低电平 U_{OL}，典型值是 0.3 V。

一般产品规定，$U_{OH} \geqslant 2.4V$，$U_{OL} \leqslant 0.4V$。

② 输入开门电平 U_{ON} 和输入关门电平 U_{OFF}。图 2-9 中，保证输出电压达到额定低电平 U_{OL} 时，允许输入高电平的最小值称为开门电平 U_{ON}，也记为 U_{IHmin}，一般留有余量，取 $U_{ON} = 2V$。保证输出电压为额定高电平 U_{OH} 时，允许输入低电平的最大值称为关门电平 U_{OFF}，也记为 U_{ILmax}，一般 $U_{OFF} = 0.8V$。

③ 阈值电压 U_T。转折区中点对应的输入电压称为阈值电压或门槛电压，用 U_T 表示，其值介于 U_{OFF} 与 U_{ON} 之间。在近似分析和估算中可以认为，当 $u_I < U_T$ 时，与非门关闭，输出高电平；当 $u_I > U_T$ 时，与非门开启，输出低电平。

④ 输入端噪声容限 U_{NH} 和 U_{NL}。在实际应用中，外界干扰、电源波动等可能使输入电压 u_I 偏离规定值。从电压传输特性可以看到，当 u_I 偏离 0.3 V 而增大时，u_O 并不立即下降；当 u_I 偏离 3.6 V 而减少时，u_O 也不会立即上升。因此在数字电路中，只要输入偏离值在允许范围内，输出端的逻辑状态就不会受到影响。在保证输出高、低电平基本不变的条件下，输入电平的允许波动范围称为输入端噪声容限。显然，电路噪声容限越大，其抗干扰能力越强。

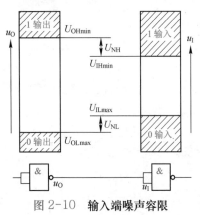

图 2-10 输入端噪声容限

输入端噪声容限如图 2-10 所示，设门电路的输出高电平下限为 U_{OHmin}、输出低电平上限为 U_{OLmax}、输入低电平上限为 U_{ILmax}（U_{OFF}）、输入高电平下限为 U_{IHmin}（U_{ON}）。在将许多门电路互相连接组成系统时，前级门电路的输出就是后级门电路的输入，后级输入高电平信号可能出现的最小值即 U_{OHmin}，它的输入允许的高电平最小值为 U_{IHmin}，两者的差值就是输入为高电平时的噪声容限，即

$$U_{NH} = U_{OHmin} - U_{IHmin}$$

同理可得，输入为低电平时的噪声容限为

$$U_{NL} = U_{ILmax} - U_{OLmax}$$

U_{NH} 反映了前级输出高电平为最小值时，允许叠加在其上的最大负向干扰（或噪声）电压。U_{NL} 反映了前级输出低电平为最大值时允许叠加在其上的最大正向干扰（或噪声）电压。74 通用系列门电路的标准参数为 $U_{OHmin} = 2.4V$，$U_{OLmax} = 0.4V$，$U_{IHmin} = 2.0V$，$U_{ILmax} = 0.8V$，因此

$$U_{NH} = U_{OHmin} - U_{IHmin} = 2.4V - 2.0V = 0.4V$$
$$U_{NL} = U_{ILmax} - U_{OLmax} = 0.8V - 0.4V = 0.4V$$

2. 输入特性与相关参数

1）输入伏安特性与相关参数

在 TTL 与非门输入端等效电路中，设 i_I 的参考方向如图 2-11 所示，输入电流 i_I 随输入电压 u_I 变化而变化的关系曲线称为输入伏安特性，通过实验测得的某与非门的输入伏安特性如图 2-12 所示。现分析如下。

① 当输入电压 $u_I < 0.6V$ 时，VT_2、VT_4 截止，此时 $i_I = -i_{R1} = -\dfrac{V_{CC} - U_{BE1} - u_I}{R_1}$。因此，随着 u_I 的增大，i_I 的数值随之略有减小。

当 $u_I = 0V$ 时，$i_I = I_{IS} = -\dfrac{V_{CC} - U_{BE1} - u_I}{R_1} = -\dfrac{5 - 0.7}{4} = -1.075$ mA。

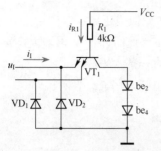

图 2-11　TTL 与非门的输入端等效电路

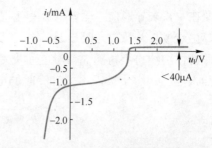

图 2-12　TTL 与非门的输入伏安特性

$u_1 = 0$V 时的输入电流被称为输入短路电流 I_{IS}，输入低电平时的输入电流被称为低电平输入电流 I_{IL}。显然，I_{IL} 的数值比 I_{IS} 的数值略小一些，近似分析时，可以用 I_{IS} 代替 I_{IL}。

当 $u_1 \leqslant -0.7$V 时，VD_1、VD_2 正向导通，而使 i_1 的数值急剧增大。

② 当 u_1 接近 0.7 V 时，u_{B1} 接近 1.4 V，VT_2 开始导通，但此时 VT_1 的集电极支路的分流作用仍很小，所以 i_1 的绝对值随 u_1 的增大还是减小的趋势。

③ 当 u_1 增大到阈值电压 U_T 时，VT_4 开始导通，i_1 的数值随 u_1 的增大而迅速减小，i_{R_1} 中的绝大部分经 VT_1 的集电结流入 VT_2 的基极。当 u_1 大于 U_T 后，i_1 转为正方向。当 $u_1 = U_{IH} = 3.6$V 时，输入电流称为高电平输入电流 I_{IH}，也称为输入漏电流。该电流实际上是 VT_1 发射结的反偏电流，其值很小，74 系列门电路中一般在 40 μA 以下。

上述分析是将与非门其他输入端悬空时的输入伏安特性情况。若两个输入端同时使用，则在不同工作状态时各输入端的电流如表 2-3 所示。

表 2-3　TTL 与非门在不同工作状态时各输入端电流

输　入		输入端电流	
$A=0$，$B=0$		$i_A=0.5I_{IL}$	$i_B=0.5I_{IL}$
$A=0$，$B=1$		$i_A=I_{IL}$	$i_B=I_{IH}$
$A=1$，$B=0$		$i_A=I_{IH}$	$i_B=I_{IL}$
$A=1$，$B=1$		$i_A=I_{IH}$	$i_B=I_{IH}$

2）输入负载特性与相关参数

在实际应用中，加在与非门输入端的信号源常常是有内阻的，有时可能需要在输入端和地之间接入电阻 R_I，如图 2-13 所示。R_I 两端的电压 u_1 随其阻值变化的曲线被称为输入负载特性，如图 2-14 所示。

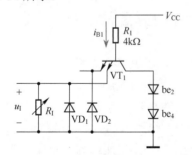

图 2-13　TTL 与非门的输入端经电阻接地

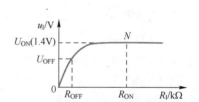

图 2-14　TTL 与非门的输入负载特性

当与非门输入端所接电阻 $R_I = 0$ 时，该支路中的电流即为 I_{IS}。当 R_I 稍有增大时，输入电压 u_1 也稍有增大。只要 R_I 使得 $u_1 < 0.6$V，VT_2、VT_4 截止状态不变，则 i_{R1} 全部经 VT_1 的发射结流入 R_I；当 u_1 随着 R_I 的增大达到 0.6V $\leqslant u_1 < 1.3$V 时，VT_2 开始导通，但此时 VT_1 的集电极支路的分流作用仍很小。所以在 VT_4 未导通前，可以写出如下近似关系式：

$$u_I = \frac{R_I}{R_1 + R_I}(V_{CC} - U_{BE1})$$

因此在 VT_4 未导通前，输入电流变化很小，因此 u_I 与 R_I 近似成正比；但当 u_I 上升到 1.4 V 左右时，由于 VT_2、VT_4 同时导通，将 u_{B1} 钳位在 2.1 V 左右，此时即使 R_I 再增大，u_I 也不再增大，即特性曲线将不再随 R_I 变化，而是趋近于 $u_I = 1.4\text{V}$ 的一条水平线。

使输入电压 u_I 等于关门电平 U_{OFF} 时的电阻 R_I 称为关门电阻，用 R_{OFF} 表示，即

$$u_I = \frac{R_I}{R_1 + R_I}(V_{CC} - U_{BE1}) = U_{OFF}$$

可得

$$R_{OFF} = \frac{U_{OFF}R_1}{V_{CC} - U_{BE1} - U_{OFF}} \tag{2.1}$$

若 $U_{OFF} = 0.8\text{V}$，$R_1 = 4\text{k}\Omega$，则 $R_{OFF} = 0.91\text{k}\Omega$。为使与非门稳定在截止状态，常取 R_{OFF} 为 $0.7\text{k}\Omega$，即只要 $R_I \leq 0.7\text{k}\Omega$，则 $u_I < U_{OFF}$，即输入为低电平，与非门就会截止，输出为高电平。

使输入电压 u_I 刚刚增大到开门电平 U_{ON} 时的电阻 R_I 被称为开门电阻，用 R_{ON} 表示。由图 2-13 可知，当 $u_I = U_{ON}$ 时，i_{R_I} 将有一部分流入 VT_2 的基极，由于与非门的状态刚刚由关态转为开态，因此分流到 VT_2 基极的电流还不算大。为了简化计算，可忽略 VT_2 基极的分流，近似计算出 R_{ON}，即

$$u_I = \frac{R_I}{R_1 + R_I}(V_{CC} - U_{BE1}) = U_{ON}$$

则

$$R_{ON} = \frac{U_{ON}R_1}{V_{CC} - U_{BE1} - U_{ON}} \tag{2.2}$$

若取 $U_{ON} = 1.4\text{V}$，$R_1 = 4\text{k}\Omega$，则 $R_{ON} = 1.93\text{k}\Omega$。为使与非门可靠地导通，常取 R_{ON} 为 $2.5\text{k}\Omega$，只要 $R_I \geq 2.5\text{k}\Omega$，则 $u_I > U_{ON}$，即输入为高电平，与非门就会工作在导通状态，输出为低电平。

注意： ① 当输入端悬空时，由于悬空相当于在输入与地之间接了一个无穷大的电阻，其值大于 R_{ON}，因此此时输入端相当于接高电平。

② 对于不同系列的逻辑门，由于 R_1 取值、三极管发射极导通电压不同，其开门电阻和关门电阻的具体数值可能相差很大，所以取以上计算的临界数值并不可靠，具体数值可以通过实验测试得到。

【例 2-2】 已知 $R_{OFF} = 0.7\text{k}\Omega$，$R_{ON} = 2.5\text{k}\Omega$，试分析图 2-15 所示的两个 CT74 系列 TTL 门的输出电压值各为多少？

解 对于 CT74 系列 TTL 与非门电路，若输入端通过电阻 R_I 接地，根据输入负载特性可知，当 $R_I < R_{OFF}$ 时构成低电平输入方式，当 $R_I > R_{ON}$ 时构成高电平输入方式。

对于图 2-15(a) 所示电路，$R_I = 100\Omega < R_{OFF}$，该输入端相当于低电平输入，再根据 TTL 与非门的逻辑功能，其输出电压约为 3.6 V。对于图 2-15(b) 所示电路，$R_I = 10\text{k}\Omega > R_{ON}$，该输入端相当于高电平输入，再根据 TTL 与非门的逻辑功能，其输出电压约为 0.3 V。

【例 2-3】 对于如图 2-16 所示 TTL 与非门电路，万用表使用 5 V 量程，内阻为 $20\text{k}\Omega/\text{V}$。试说明在下列情况下，用万用表测量 u_B 端得到的电压各为多少。

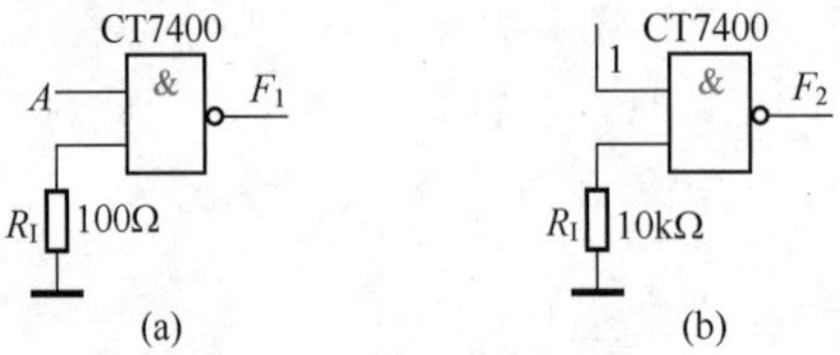

图 2-15 例 2-2 图 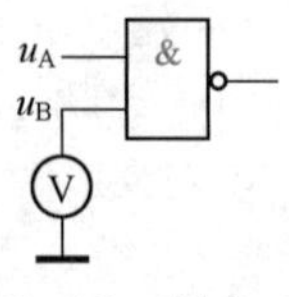   图 2-16 例 2-3 图

（1）u_A 为高电平 3.6 V   （2）u_A 悬空   （3）u_A 经 10 kΩ 电阻接地

（4）u_A 为低电平 0.3 V   （5）u_A 经 51 Ω 电阻接地

解 u_B 端接量程为 5 V、内阻为 20 kΩ/V 的万用表相当于经过一个 100 kΩ 的电阻接地。假定与非门输入端多发射极三极管每个发射结的导通压降均为 0.7 V，则：

（1）u_A 为高电平 3.6 V，TTL 与非门中 VT_1 的基极电压 u_{B1} 被钳位在 2.1 V，故 $u_B \approx 1.4\,V$。

（2）u_A 悬空，相当于 u_A 接高电平，故 $u_B \approx 1.4\,V$。

（3）u_A 经 10 kΩ 电阻接地，该阻值大于开门电阻，u_A 仍相当于接高电平，故 $u_B \approx 1.4\,V$。

（4）u_A 为低电平 0.3 V，VT_1 的基极电压 u_{B1} 被钳位在 1 V，故 $u_B \approx 0.3\,V$。

（5）u_A 经 51 Ω 电阻接地，$R_I < R_{OFF}$，u_A 相当于接低电平，可按

$$u_I = R_I / (R_4 + R_I) \times (V_{CC} - U_{BE1})$$

计算出具体数值，近似为 0，即 VT_1 的基极电压 u_{B1} 被钳位在 0.7 V，故 $u_B \approx 0\,V$。

3. 输出特性与相关参数

1）输出特性

输出特性是指输出电压 u_O 随输出电流 i_L 的变化而变化的关系曲线，反映了门电路的带负载能力。输出特性曲线可以通过实验测出。

① 高电平输出特性。当驱动门输入电压至少有一个为低电平时，VT_2、VT_4 截止，VT_3、VD_3 导通，输出为高电平 u_{OH}。设带有与非门负载，如图 2-17 所示，此时负载电流 i_L 从门电路流向负载，故称为拉电流负载。i_L 与负载门的个数和负载门的输入端数有关。由图 2-17 可得

$$u_{OH} = V_{CC} - u_{CE3} - U_{D3} - i_L R_4$$

从而得到输出特性如图 2-18 所示。i_L 较小时，VT_3 工作在射极输出状态。随着 i_L 增大，R_4 的压降随之加大，但 i_{B3} 也增大，使得 u_{CE3} 减小，根据上式可知输出电压略有减小。当 $i_L > 5$ mA 时，VT_3 已失去射极跟随功能而进入饱和状态，u_{CE3} 基本保持不变，u_{OH} 随着 i_L 增大而线性减小。

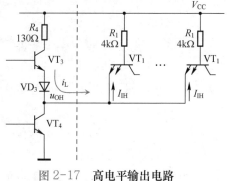

图 2-17   **高电平输出电路**

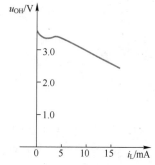

图 2-18   **高电平输出特性**

② 低电平输出特性。当驱动门输入电压均为高电平时，VT_2、VT_4 饱和导通，VT_3、VD_3 截止，输出为低电平 u_{OL}。设带有与非门负载，如图 2-19 所示，此时负载电流 i_L 从负载流入门电路，称为灌电流负载。由于 VT_4 深度饱和，其导通电阻 R_{CE} 很小，故输出低电平 $u_{OL} = R_{CE} i_L$，灌电流增加时，输出电压缓慢增大。其特性曲线如图 2-20 所示。

2）相关参数

根据驱动门的输出特性和负载门的输入伏安特性，可以得到 TTL 与非门的如下参数。

① 高电平输出电流 I_{OH} 和低电平输出电流 I_{OL}。驱动门的输出为高电平时，提供给外接负

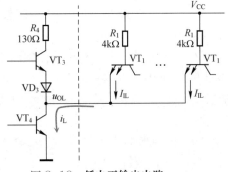

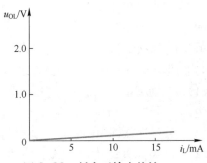

图 2-19　低电平输出电路　　　　　　　　　图 2-20　低电平输出特性

载的最大输出电流为 I_{OH}，超过此值会使输出高电平下降。I_{OH} 表示电路的拉电流负载能力，TTL 门的 I_{OH} 主要受芯片功耗限制，一般为 $0.4\,\mathrm{mA}$，具体数值可查阅手册。

驱动门的输出为低电平时，能够为外接负载提供的最大输出电流为 I_{OL}，超过此值会使输出低电平大于 U_{OLmax}。I_{OL} 表示电路的灌电流负载能力，TTL 门的 I_{OL} 一般可取 $16\,\mathrm{mA}$，具体数值可查阅手册。

② 扇出系数 N_O。N_O 是指一个门电路能带同类门的最大数目，表示门电路的带负载能力，分为灌电流负载 N_{OL}（如图 2-21 所示）和拉电流负载 N_{OH}（如图 2-22 所示）。

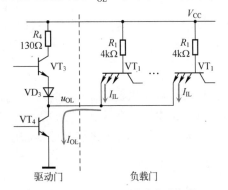

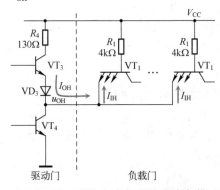

图 2-21　TTL 与非门的灌电流负载 N_{OL}　　　　图 2-22　TTL 与非门的拉电流负载 N_{OH}

二者的计算公式分别为

$$N_{OL} = I_{OL} / I_{IL}$$
$$N_{OH} = I_{OH} / mI_{IH}$$

(2.3)

其中，I_{OL} 和 I_{OH} 分别为驱动门的低电平输出电流和高电平输出电流，I_{IL} 和 I_{IH} 分别为负载门的低电平输入电流和高电平输入电流，m 为 TTL 与非门负载的输入端个数。

取 N_{OL} 和 N_{OH} 中较小的作为门电路的扇出系数 N_O，其值越大，门电路带负载能力越强。TTL 使用手册中并不给出扇出系数，需要计算求得，通常 $N_O \geqslant 8$，实际使用应留有一定余地。

【例2-4】三输入 TTL 与非门 CT7410 的 $I_{IL} = 1\,\mathrm{mA}$，$I_{IH} = 0.02\,\mathrm{mA}$，$I_{OL} = 12\,\mathrm{mA}$，$I_{OH} = 0.6\,\mathrm{mA}$，求其扇出系数 N_O。

解　根据式(2.3)，可以计算灌电流负载 N_{OL} 和拉电流负载 N_{OH} 分别为

$$N_{OL} = \frac{12}{1} = 12, \qquad\qquad N_{OH} = \frac{0.6}{3 \times 0.02} = 10$$

结合两种情况，可知扇出系数 $N_O = 10$。

4. TTL 与非门的其他参数

1）传输延迟时间 t_{pd}

由于门电路中的二极管、三极管的状态转换都需要一定的时间，且电路中有寄生电容的影响，因此门电路从接收信号到输出稳定相应地会有一定的延迟。图 2-23 为 TTL 与非门输入、输出的对应波形。从输入波形上升沿的中点到输出波形下降沿的中点之间的时间定义为导通延迟时间 t_{PHL}；从输入波形下降沿的中点到输出波形上升沿的中点之间的时间定义为截止延迟时间 t_{PLH}。通常 $t_{PLH} > t_{PHL}$，TTL 与非门的传输延迟时间 t_{pd} 定义为

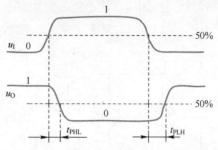

$$t_{pd} = (t_{PLH} + t_{PHL}) / 2$$

t_{pd} 是决定开关速度的重要参数，其值越小，则电路的开关速度越快。普通 TTL 与非门的 t_{pd} 为 6～15 ns。

图 2-23　TTL 与非门输入、输出的对应波形

2）功耗

功耗是门电路的重要参数之一。功耗有静态和动态之分。静态功耗是指电路无状态转换时的功耗，即门电路静态且空载时电源总电流 I_{CC} 与电源电压 V_{CC} 的乘积。静态平均功耗可以通过查阅器件手册中的 I_{CCL} 和 I_{CCH} 求出。输出为低电平时的功耗称为空载导通功耗 P_{ON}，输出为高电平时的功耗称为空载截止功耗 P_{OFF}。P_{ON} 总比 P_{OFF} 大。而动态功耗发生在状态转换的瞬间，或者在电路有电容性负载时。例如，TTL 门有约 5 pF 的输入电容，电容的充放电过程会增加电路的动态功耗。对于中低速 TTL 门来说，静态功耗是主要的。

3）延迟－功耗积

理想的数字电路或系统既要有高速度，又要有低功耗，这是一对矛盾。在工程实际中，要实现这种理想情况是较难的，高速数字电路往往需要以较大的功耗为代价，因此用功耗－延迟（Power-Delay，DP）积作为衡量门电路品质的综合性能指标，其定义为

$$DP = t_{pd} \cdot P_D \tag{2.4}$$

其中，P_D 为门电路的功耗，DP 的单位为焦耳（J）。一个逻辑门电路的 DP 值越小，表明它的综合性能越接近理想情况。

【思考题】

① TTL 与非门的输入端均经大电阻（如 51 kΩ）接地时，输出端是高电平还是低电平？经小电阻（如 51 Ω）接地时，输出又如何呢？

② TTL 与非门的输入端均悬空时，输出端是高电平还是低电平？为什么？

③ TTL 与非门的高电平输入电流和低电平输入电流在电流方向和数量大小上有何不同？

④ TTL 与非门的两个输入端并联使用时，总的高电平输入电流、低电平输入电流与只使用一个输入端（其他输入端悬空）时的是否相同？

⑤ 如何计算 TTL 与非门的扇出系数？

⑥ TTL 与非门有哪些重要的电气参数？它们的物理意义分别是什么？

⑦ 在 alldatasheetcn 网站查找 74LS00 的主要电气参数、极限参数。

2.2.4 TTL 与非门的改进系列

TTL 门电路速度和功耗是相互矛盾的两个参数。比如，为了降低功耗，就要把电路中的各电阻增大，一旦增大电阻，结电容的充放电时间就会延长，当然就会影响 TTL 门电路的工作速度。为了解决这对矛盾，就出现了不同系列的 TTL 门电路。这些改进措施总是围绕着降低功耗和提高速度这两个问题做文章。

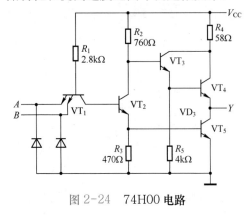

图 2-24　74H00 电路

1. 74H 系列（高速系列）

74H 系列与非门 74H00 电路如图 2-24 所示，与 74 系列相比，其改进如下。

① 将原电路输出级的 VT_3 和 VD_3 用 VT_3 和 VT_4 组成的复合管代替，即在输出级采用了达林顿结构，进一步减小了门电路输出高电平时的输出电阻，提高了对电容负载的充电速度。

② 将门电路中所有电阻的阻值普遍减少了 50%，缩短了电路中各节点电位的上升时间和下降时间，提高了三极管的开关速度。

74H 系列门电路提高了与非门的带负载能力和工作速度，但功耗增加了 1 倍以上，所以这类产品事实上已很少生产。

2. 74S 系列（肖特基系列）

74S 系列与非门 74S00 电路如图 2-25 所示，与 74H 系列相比，其改进如下。

① 门电路中可能工作在饱和区的三极管都采用了具有抗饱和能力的肖特基三极管（或称为抗饱和三极管），缩短了传输延迟时间。

② 用 VT_6 和 R_B、R_C 组成的有源泄放电路代替了 74H 系列中的电阻 R_3，缩短了 VT_5 在截止状态与饱和状态之间的开关时间，提高了工作速度。此外，有源泄放电路还改善了门电路的电压传输特性，提高了电路的抗干扰能力。74S 系列与非门的电压传输特性曲线的线性区变窄，曲线变陡，如图 2-26 所示。

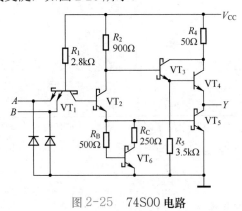

图 2-25　74S00 电路

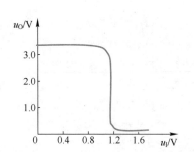

图 2-26　74S 系列与非门的电压传输特性

74S00 电路采用了抗饱和三极管和减小了电路中电阻的阻值，提高了速度，但增加了电路的功耗，输出低电平升高，最大值可达 0.5 V。

3. 74LS 系列（低功耗肖特基系列）

74LS 系列与非门 74LS00 的电路如图 2-27 所示，与 74S 系列相比，其改进如下。

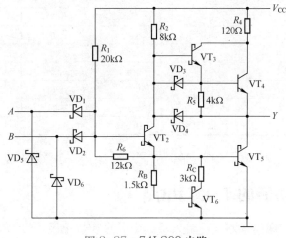

图 2-27　74LS00 电路

① 大幅提高了电路中各电阻的阻值，降低了功耗，同时将 R_5 原来接地的一端改接到输出端，以减小 VT_3 导通时 R_5 的功耗。

② 将输入端的多发射极三极管用 SBD 代替，因为这种二极管没有电荷存储效应，所以有利于提高工作速度。

③ 增加了 VD_3、VD_4 两个 SBD，当电路的输出端由高电平变为低电平时，VD_4 经 VT_2 的集电极和 VT_5 的基极为输出端的负载电容提供了另一条放电回路，加快了负载电容的放电速度和 VT_5 的导通过程。另外，VD_3 经 VT_2 的集电极为 VT_4 的基极提供了一条放电通路，加快了 VT_4 的截止过程，这也有利于缩短传输延迟时间。

74LS 系列门电路的电压传输特性也几乎没有线性区，且阈值电压比 74 系列小，$U_T \approx 1\text{ V}$，具有较小的延迟 - 功耗积和较佳的综合性能，是 TTL 门电路的主流，也是应用最广的系列。

4. 74AS、74ALS 和 74F 系列

74AS 系列是为了进一步缩短传输延迟时间而设计的改进系列，电路结构与 74LS 系列相似，但采用了很小的电阻阻值，从而提高了工作速度，但功耗较大。

74ALS 系列是为了获得更小的延迟 - 功耗积而设计的改进系列，采用较大的电阻阻值来降低功耗，电路结构也进行了局部改进，主要通过改进生产工艺缩小了内部各器件的尺寸，获得减小功耗、缩短延迟时间的双重效果。它的延迟 - 功耗积是 TTL 门电路系列中最小的。

74F 系列在功耗和速度上介于 74AS 和 74ALS 之间，正在逐步取代 74LS 系列而成为 TTL 门电路系列的主要产品，也许会成为高速系统设计中使用的主要系列。

表 2-4 给出了几种 TTL 系列的二输入与非门电路（74××00）的特性参数，以便比较。

表 2-4　几种 TTL 系列的二输入与非门电路（74××00）的特性参数

参　数	74 系列	74S 系列	74LS 系列	74AS 系列	74ALS 系列	74F 系列
U_{ILmax}/V	0.8	0.8	0.8	0.8	0.8	0.8
U_{OLmax}/V	0.4	0.5	0.5	0.5	0.5	0.5
U_{IHmin}/V	2.0	2.0	2.0	2.0	2.0	2.0

参　数	74 系列	74S 系列	74LS 系列	74AS 系列	74ALS 系列	74F 系列
U_{OHmin} /V	2.4	2.7	2.7	2.7	2.7	2.7
I_{ILmax} /mA	−1.0	−2.0	−0.4	−0.5	−0.2	−0.6
I_{OLmax} /mA	16.0	20.0	8.0	20.0	8.0	20.0
I_{IHmax} /μA	40.0	50.0	20.0	20.0	20.0	20.0
I_{OHmax} /mA	−0.4	−1.0	−0.4	−2.0	−0.4	−1.0
t_{Pd} / ns	9.0	3.0	9.5	1.7	4.0	3.0
每个门的功耗 / mW	10	19	2.0	8.0	1.2	4.0
DP / pJ	90.0	57.0	19.0	13.6	4.8	12.0

【思考题】 74H、74S、74LS、74AS、74ALS 和 74F 系列 TTL 门电路在电气性能上各有何特点？

2.2.5 其他逻辑功能的 TTL 门电路

其他逻辑功能的 TTL 门电路也由输入级、中间级和输出级三级构成，输入级和输出级的电路结构与 TTL 与非门基本相同，因此前文所述的与非门的输入特性（包括输入伏安特性和输入负载特性）和输出特性对这些门电路同样适用，带负载能力计算方法同样适用。

1. TTL 非门

TTL 非门 CT7404 的基本电路如图 2-28 所示，除了输入级 VT_1 由多发射极三极管改为单发射极三极管，其余部分与图 2-7(a) 所示的与非门完全相同。

当 $u_I = U_{IL} = 0.3V$ 时，VT_1 的基极电流 i_{B1} 流入其发射极，VT_2、VT_4 截止，而 VT_3、VD_2 导通，$u_O = 3.6V$，输出为高电平。当 $u_I = U_{IH} = 3.6V$ 时，VT_1 倒置，VT_1 的基极电流 i_{B1} 经过集电结流入 VT_2 的基极，使 VT_2、VT_4 饱和导通，而 VT_3、VD_2 截止，$u_O = U_{CES} = 0.3V$，输出低电平，即电路实现的是非逻辑功能，$Y = \overline{A}$。

由电路结构可以看出，TTL 非门与基本的 TTL 与非门的输出电路是相同的，所以输出特性相同。而输入特性与 TTL 与非门只使用一个输入端（其他输入端悬空）的情况相同，不同工作状态时输入端电流也不同：A=0 时，$i_A = I_{IL}$；A=1 时，$i_A = I_{IH}$。

2. TTL 或非门

TTL 或非门 CT7402 的基本电路如图 2-29 所示，R_1、VT_1、R_1'、VT_1' 构成输入级，并联的 VT_2、VT_2'、R_2、R_3 构成中间级，VT_3、VT_4、VD_2、R_4 构成输出级。

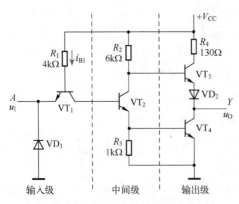

图 2-28　TTL 非门的基本电路

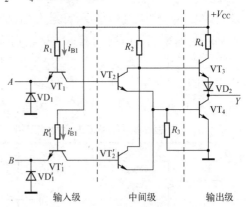

图 2-29　TTL 或非门的基本电路

当输入 A、B 同时为低电平时，VT_1、VT_1' 基极电流分别流入其发射极，VT_2、VT_2' 同时截止，VT_4 截止，VT_3、VD_2 导通，输出为高电平。输入 A、B 中只要有一个为高电平，则 VT_1 的基极电流就会经过集电结流入 VT_2 的基极，使 VT_2（或 VT_2'）、VT_4 饱和导通，输出低电平。当输入 A、B 均为高电平时，同样可以分析得到输出为低电平。可见，该电路实现的是或非逻辑功能，$Y = \overline{A+B}$。由于每个或输入端是分别接到各自的输入三极管上的，因此各输入端是相互独立的。不同工作状态时各输入端电流如表 2-5 所示。

表 2-5　TTL 或非门在不同工作状态时各输入端电流

输　入	输入电流	
$A=0$，$B=0$	$i_A = I_{IL}$	$i_B = I_{IL}$
$A=0$，$B=1$	$i_A = I_{IL}$	$i_B = I_{IH}$
$A=1$，$B=0$	$i_A = I_{IH}$	$i_B = I_{IL}$
$A=1$，$B=1$	$i_A = I_{IH}$	$i_B = I_{IH}$

3. TTL 与或非门

TTL 与或非门 CT7451 的基本电路如图 2-30 所示，图中仅是将图 2-29 所示或非门电路中的 VT_1、VT_1' 改为多发射极三极管。前面已介绍，多发射极三极管相当于"与"的关系，则将 AB 和 CD 分别代替或非门电路的 A 和 B，即可得到 $Y = \overline{AB + CD}$。

4. TTL 异或门

TTL 异或门的等效逻辑图及符号如图 2-31 所示。由图 2-31(a) 可以容易得到表达式

$$Y = \overline{\overline{AB} + \overline{A} + B} = \overline{AB}(A+B) = (\overline{A} + \overline{B})(A+B) = \overline{A}B + A\overline{B} = A \oplus B$$

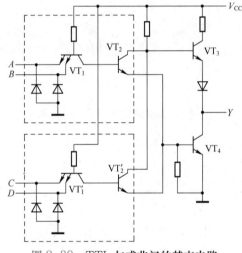

图 2-30　TTL 与或非门的基本电路

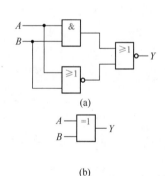

图 2-31　TTL 异或门的等效逻辑图及符号

同样，在一个与非门、或非门的输出端分别连接一个非门，就构成了与门、或门。

【思考题】

① TTL 非门与 TTL 与非门的输入特性、输出特性有何异同？

② TTL 或非门与 TTL 与非门的输入特性、输出特性有何异同？

2.2.6　TTL 集电极开路门和三态输出门

1. TTL 集电极开路门（OC 门）

在实际使用中，有时需要将两个或多个逻辑门的输出端并联，以实现与逻辑的功能，称为线与。然而前面介绍的 TTL 门电路的输出端不能并联使用，也无法实现线与功能，原因如下：

① 对于推拉式输出 TTL 门电路，若将两个（或多个）与非门的输出端直接相连，当门 G_1

输出为高电平、门 G_2 输出为低电平时，将有一个很大的电流从 V_{CC} 经 G_1 的 VT_3 到 G_2 导通的

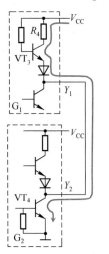

图 2-32　**两个 TTL 门电路输出端直接并联**

VT_4，如图 2-32 所示。这个电流不仅会使导通门的输出电平抬高而破坏电路的逻辑关系，还会因功耗过大而损坏器件。

② 电源确定后，输出高电平确定，无法满足不同高低电平的需要。

③ 不能驱动大电流、高电压的负载。

为解决上述问题，可以采用集电极开路门（Open Collector Gate，OC 门）电路。

1）OC 门的电路结构和工作原理

（1）电路结构

与非 OC 门的电路及逻辑符号如图 2-33 所示。与普通 TTL 与非门相比，输出管 VT_4 的集电极开路，去掉了图 2-7(a) 中的 R_4、三极管 VT_3 和二极管 VD_3。需要特别强调的是，只有输出端经外接电阻 R_L 接通电源后，OC 门才能正常工作，如图 2-33(a) 中虚线部分所示。

（2）工作原理

当 $u_A = u_B = U_{IH}$ 时，VT_4 饱和导通，$u_O = U_{CES} = 0.3V$；当两个输入中至少有一个为低电平 U_{IL} 时，VT_4 截止，输出电压通过外接电源和上拉电阻获得，$u_O \approx V'_{CC}$。

OC 与非门的线与逻辑如图 2-34 所示，可知 Y_1 与 A、B 之间实现与非逻辑，Y_2 与 C、D 之间也实现与非逻辑。将 Y_1、Y_2 输出端连在一起，只要 Y_1、Y_2 有一个是低电平，Y 就是低电平；只有 Y_1、Y_2 同时为高电平时，Y 才是高电平，从而实现线与逻辑。其表达式为 $Y = Y_1 Y_2 = \overline{AB} \cdot \overline{CD}$。只要 R_L 选得合适，当 Y_1、Y_2 为一高一低时，就不会因电流过大而烧坏芯片。因此，实际应用中必须合理选取上拉电阻的阻值。

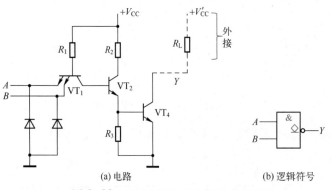

图 2-33　**与非 OC 门的电路及逻辑符号**

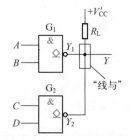

图 2-34　**OC 与非门的线与逻辑**

2）R_L 的选取

（1）R_{Lmax} 的计算

将 n 个 OC 门线与连接，假定所有 OC 门的输出电压均为高电平，负载是 TTL 与非门的 m 个输入端，如图 2-35 所示，各电流的实际方向如箭头所示。为保证输出高电平 U_{OH} 不低于规定值 U_{OHmin}，R_L 不能太大，即 R_L 应有上限值 R_{Lmax}。设 V'_{CC} 为外接电源电压，I_{OH} 为 OC 门输出三极管截止时的漏电流，I_{IH} 为负载门每个输入端的高电平输入电流，由图 2-35 可得

$$U_{\text{OH}} = V'_{\text{CC}} - I_{R_{\text{L}}} R_{\text{L}} = V'_{\text{CC}} - (N I_{\text{OH}} + m I_{\text{IH}}) R_{\text{L}}$$

则

$$R_{\text{Lmax}} = \frac{V'_{\text{CC}} - U_{\text{OHmin}}}{N I_{\text{OH}} + m I_{\text{IH}}} \tag{2.5}$$

（2）R_{Lmin} 的计算

当用 OC 门实现线与功能，并且输出为低电平时，如从电路工作最不利的情况考虑，即假定只有一个 OC 门导通，各电流的流向如图 2-36 所示，此时所有负载电流全部流入唯一的导通 OC 门（忽略截止 OC 门输出高电平的漏电流），为保证流入导通 OC 门的电流不超过允许的最大负载电流 I_{OLmax}，R_{L} 不能太小。

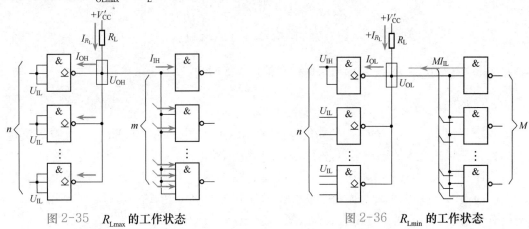

图 2-35　R_{Lmax} 的工作状态　　　　　图 2-36　R_{Lmin} 的工作状态

设 U_{OLmax} 为 OC 门线与输出低电平时所允许的最大值，M 为负载门的个数（若负载为或非门，则应为输入端数），由图 2-36 可得

$$I_{\text{OL}} = I_{R_{\text{L}}} + M I_{\text{IL}} = \frac{V'_{\text{CC}} - U_{\text{OL}}}{R_{\text{L}}} + M I_{\text{IL}}$$

则

$$R_{\text{Lmin}} = \frac{V'_{\text{CC}} - U_{\text{OLmax}}}{I_{\text{OLmax}} - M I_{\text{IL}}} \tag{2.6}$$

其中，I_{OLmax} 是 OC 门带灌电流负载时 VT_4 允许流入的最大电流值。

综合以上两种情况，R_{L} 的选取范围为 $(R_{\text{Lmin}}, R_{\text{Lmax}})$。$R_{\text{L}}$ 越小，电路的开关速度越快，功耗越大。若电路开关速度没有特殊要求，应将 R_{L} 取大些，以降低电路的功耗。

除了与非门，其他逻辑功能的门电路都可以做成集电极开路的输出结构，而且外接负载电阻的计算方法也相同。

集电极开路结构用来制作驱动高电压、大电流负载的门电路时，常被称为缓冲器或者驱动器。常见的型号有 74LS01（四输入与非门）、74LS05（六反相缓冲/驱动器）、74LS06（六反相缓冲/驱动器）和 74LS07（六缓冲/驱动器）等。

【例 2-5】用 3 个 OC 门组成线与输出，3 个 CT74 系列与非门电路作为负载，其电路连接如图 2-37 所示。设线与输出的最低高电平 $U_{\text{OHmin}} = 3\text{V}$，每个 OC 门截止时其驱动管 VT_4 流入的漏电流 $I_{\text{OH}} = 2\mu\text{A}$；在满足 $U_{\text{OL}} \leq 0.4\text{V}$ 的条件下，VT_4 饱和导通时允许流入的最大负载灌电流 $I_{\text{OLmanx}} = 16\text{mA}$。设与非门的

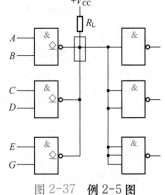

图 2-37　例 2-5 图

$I_{IH} = 40\mu A$，$I_{IL} = 1.6mA$，请计算线与输出时的负载电阻 R_L。

解 由式(2.5)得

$$R_{Lmax} = \frac{V'_{CC} - U_{OHmin}}{NI_{OH} + mI_{IH}}$$

$$= \frac{5 - 3}{3 \times 0.002 + 6 \times 0.04} \, k\Omega \approx 8.1 \, k\Omega$$

由式(2.6)得

$$R_{Lmin} = \frac{V'_{CC} - U_{OLmax}}{I_{OLmax} - MI_{IL}}$$

$$= \frac{5 - 0.4}{16 - 3 \times 1.6} \, k\Omega = 0.4 \, k\Omega$$

所以，$0.4 k\Omega < R_L < 8.1 k\Omega$，$R_L$ 选取某标称阻值，如 $5.6 \, k\Omega$。

3）应用

① 实现"线与"：OC 门可以实现多个门的线与功能。

② 实现电平转换：由 OC 门的功能分析可知，OC 门输出的低电平 $U_{OL} \approx 0.3V$，高电平 $U_{OH} \approx V'_{CC}$，所以改变电源电压可以方便地改变其输出高电平。只要 OC 门输出管的 $U_{(BR)CEO}$ 大于 V'_{CC}，即可把输出高电平抬高到 V'_{CC} 的值。例如，图 2-38 将上拉电阻接到 10 V 电源上，这样在 OC 门输入为 TTL 电平时，输出高电平就变为 10 V。OC 门的这一特性被广泛用于数字系统的接口电路，实现前级和后级的电平匹配。

③ 驱动显示器等负载：OC 门可用来驱动发光二极管、指示灯、继电器和脉冲变压器等。图 2-39 为 OC 门驱动大电流（如 30 mA）LED（发光二极管）的电路，当 OC 门输出 U_{OL} 时，LED 导通发光；当 OC 门输出 U_{OH} 时，LED 截止熄灭。

图 2-38　OC 门实现电平转换　　　　　图 2-39　OC 门驱动发光二极管

④ 实现"与或非"运算。利用反演律，有 $Y = \overline{AB} \cdot \overline{CD} = \overline{AB + CD}$，用 OC 门实现"与或非"运算要比用其他门的成本低。

2. TTL 三态输出门（TS 门）

三态输出（Three-State Output, TS）门（简称"三态门"）是为了适应计算机总线结构的需要而开发的一种器件。三态门是在普通门电路基础上附加控制电路而构成的，其逻辑门的输出除了有高、低电平两种状态，还有第三种状态，即高阻状态 Z（或称为禁止状态）。

1）电路结构和工作原理

图 2-40 是三态输出与非门的电路结构及逻辑符号，EN（$\overline{EN}$）为控制端，或称为使能端。图 2-40(a)电路在 EN=1 时处于正常的与非工作状态，故称为控制端高电平有效，逻辑符号的控制端没有小圆圈。图 2-40(b)电路在 $\overline{EN} = 0$ 时处于正常工作状态，故称为控制端低电平有效，逻辑符号的控制端用小圆圈表示低电平有效。

以图 2-40(a)所示电路为例，分析如下：

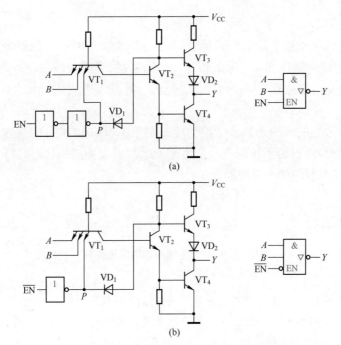

图 2-40　三态输出与非门的电路结构及逻辑符号

① 当 EN=1 即 P=1 时，二极管 VD_1 截止，电路中各三极管的工作状态取决于 A、B 输入端，TS 门与 TTL 门功能一样，实现 $Y = \overline{ABP} = \overline{AB}$ 。

② 当 EN=0 即 P=0 时，VT_1 对应 P 输入端的发射结正向导通，使得 VT_2、VT_4 截止，而导通的二极管 VD_1 使 VT_3 基极电位钳位在约 1 V 的电平上，使 VT_3、VD_2 截止。这样 VT_3、VT_4 都截止，输出端 Y 对电源 V_{CC} 和对地都是断开的，故呈现高阻状态。

可见，图 2-40(a)所示电路的输出端有三种状态：高电平、低电平和高阻状态，处于工作状态时实现的又是与非逻辑运算，所以称为三态与非门。

2）应用

① 构成单向总线。只需控制各三态门的控制端 EN_i $(i = 1, 2, \cdots, n)$，使得在任何时刻只有一个三态门处于工作状态，就可以把各门的输出信号在不同时刻传输到数据总线上，而各路数据之间互不干扰，如图 2-41 所示。

② 构成双向总线。当 EN=1 时，G_1 门工作，G_2 门为高阻态，数据 D_0 经 G_1 反相后送到总线上；当 EN = 0 时，G_2 门工作，G_1 门为高阻态，来自总线的数据经 G_2 反相后由 $\overline{D}_1$ 送出，从而实现数据的双向传输，如图 2-42 所示。

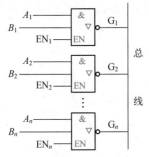

图 2-41　三态门构成总线结构

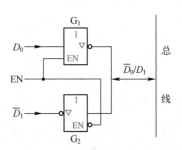

图 2-42　三态门实现数据的双向传输

3）三态缓冲器

缓冲器是具有较强电流驱动能力的功率门，通常其输出负载能力约为输入信号负载能力的10倍以上。标准的缓冲器具有一个输入端及一个输出端。按照输入电平与输出电平之间的关系，缓冲器可分为反相缓冲器与同相缓冲器。反相缓冲器实质上是一个功率非门，而同相缓冲器则是功率与门。

三态缓冲器比普通的缓冲器多一个控制端。当控制端所加的电平使缓冲器工作时，它与普通缓冲器的功能完全相同；而当控制端所加电平使缓冲器处于高阻状态时，则禁止缓冲器工作。图 2-43 给出了四种类型的三态缓冲器。

图 2-43　三态缓冲器的四种类型

【思考题】

① 什么输出结构的门电路可以将输出端并连接成"线与"结构？

② 将 TTL 三态门的输出与 TTL 非门的输入相连，当三态门输出为高阻态时，非门的输入相当于接高电平还是低电平？为什么？

2.2.7　TTL 门电路的使用规则

1．对电源的要求

TTL 门电路对电源的要求比较严格，当电源电压过大时，将损坏器件；当电源电压过小时，器件的逻辑功能将不正常。因此，在以 TTL 门电路为基本器件的系统中，电源电压应满足：54 系列 $5\,\mathrm{V}\pm10\%$，74 系列 $5\,\mathrm{V}\pm5\%$。

2．对输入端的要求

1）对输入端信号的要求

各输入端不能接高于 $5.5\,\mathrm{V}$ 和低于 $-0.5\,\mathrm{V}$ 的低内阻电源，以免因过流而烧坏电路。

2）多余输入端要妥善处理

TTL 门电路输入端悬空时相当于"1"，但通常多余端不能悬空，以防引入干扰信号，多余输入端的处理原则是保证电路正常的逻辑关系且工作稳定可靠，处理方法如下。

① 对于与非门及与门，多余输入端应接高电平，如直接接电源正端（如图 2-44(a) 所示），或通过一个上拉电阻（$1\sim3\,\mathrm{k}\Omega$）接电源正端（如图 2-44(b) 所示）；或通过大于开门电阻 R_{ON} 的电阻 R 接地（如图 2-44(c) 所示）；在前级驱动能力允许时，也可以与有用的输入端并联使用（如图 2-44(d) 所示）。

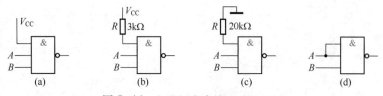

图 2-44　与非门多余输入端的处理

② 对于或非门及或门，多余输入端应接低电平，如直接接地（如图 2-45(a) 所示）；通过

小于关门电阻R_{OFF}的电阻R接地（如图 2-45(b)所示）；也可以与有用的输入端并联使用（如图 2-45(c)所示）。

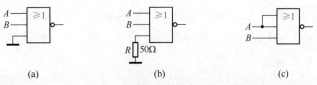

图 2-45　或非门多余输入端的处理

3. 对输出端的要求

① TTL 门电路的输出端不允许直接接地或接+5 V 电源，否则将导致器件损坏。

② TTL 门电路的输出端不允许并联使用（集电极开路门和三态门除外），否则将损坏器件。

【例 2-6】　TTL 门电路的 $R_{\text{ON}} = 2.1\text{k}\Omega$，$R_{\text{OFF}} = 700\Omega$，欲用图 2-46 所示的各 TTL 门电路实现非运算，请改正电路错误。

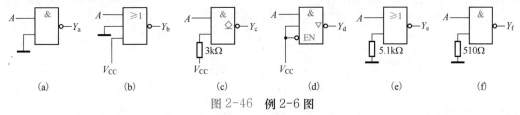

图 2-46　例 2-6 图

解

对于图 2-46(a)，与非门的多余输入端应该接高电平，所以第二个输入端应改为接高电平。

对于图 2-46(b)，或非门的多余输入端应该接低电平，所以第三个输入端应改为接低电平。

对于图 2-46(c)，多余输入端的接法是正确的，错在没有注意 OC 门使用时输出端需经外接电阻接通电源。

对于图 2-46(d)，多余输入端的接法是正确的，错在使能端 $\overline{\text{EN}}$ 接高电平输出为高阻状态，无法实现非运算，应将 $\overline{\text{EN}}$ 接低电平。

对于图 2-46(e)，$5.1\text{k}\Omega > R_{\text{ON}}$，根据输入负载特性，第二个输入端相当于接高电平，所以此端应改为接地或通过小于关门电阻 R_{OFF} 的电阻接地。

对于图 2-46(f)，$510\,\Omega < R_{\text{OFF}}$，根据输入负载特性，第二个输入端相当于接低电平，所以此端应改为接高电平或通过大于开门电阻 R_{ON} 的电阻接地。

改正后的电路如图 2-47 所示。

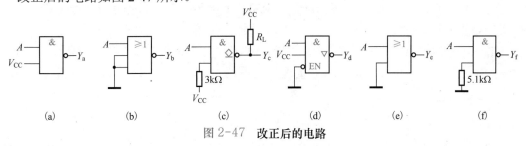

图 2-47　改正后的电路

【思考题】

① TTL 与非门、与门的多余输入端应如何处理？

② TTL 或非门、或门的多余输入端应如何处理？

发射极耦合逻辑（Emitter Coupled Logic，ECL）门是一种非饱和型的高速逻辑电路，基本门电路的平均传输延迟时间 $t_{pd} < 1\,ns$，是工作速度最快的数字集成电路，多用于高速数字系统。

1. 电路结构与工作原理

图 2-48 是 ECL 或/或非门的典型电路及逻辑符号。电路分为电流开关、基准电压源和射极输出器三部分（见图 2-48 中的虚线）。其中，$VT_1 \sim VT_4$ 组成多端输入，并与 VT_5 组成射极耦合电路；VT_6 组成一个简单的射极跟随器，为 VT_5 的基极提供参考电压 U_{REF}。为了补偿 U_{BE6} 的温度漂移，在 VT_6 的基极回路接了两个二极管 VD_1、VD_2。VT_7、VT_8 组成射极跟随器，起电平移动作用，u_{C1} 和 u_{C2} 通过射极跟随器后，使输出变为标准的 ECL 电平。另外，射极跟随器作为输出级有效地提高了 ECL 门的带负载能力。R_{L1}、R_{L2} 为外接负载电阻，V_{PU} 为牵引电源，可以取成 V_{EE}，也可以取不同于 V_{EE} 的数值。

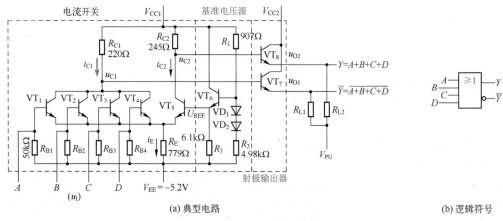

(a) 典型电路　　　　　　　　　　　　　　　　　　(b) 逻辑符号

图 2-48　ECL 或/或非门的典型电路及逻辑符号

正常工作时，取 $V_{EE} = -5.2V$，$V_{CC1} = V_{CC2} = 0V$，基准电压 $U_{REF} = -1.3V$，输入信号的高、低电平各为 $U_{IH} = -0.92V$，$U_{IL} = -1.75V$。

当输入全部接低电平时，$VT_1 \sim VT_4$ 的基极电平均为-1.75 V，而 VT_5 的基极电平更高（-1.3 V），故 VT_5 导通并将发射极电平钳位在-2 V，从而使 $VT_1 \sim VT_4$ 同时截止，u_{C1} 为高电平，而 u_{C2} 为低电平。

当输入端有一个（假定为 A）接至高电平时，VT_1 的基极电平为-0.92 V，高于 U_{REF}，所以 VT_1 优先导通并将发射极电平钳位在-1.62 V，从而使 VT_5 截止，u_{C1} 为低电平，而 u_{C2} 为高电平。

$VT_1 \sim VT_4$ 的输出回路并联在一起，因此只要其中一个输入接高电平，就能使 u_{C1} 为低电平而 u_{C2} 为高电平，从而 u_{C1} 与各输入端的逻辑关系是或非，u_{C2} 与各输入端的逻辑关系是或。

2. 主要特点

与 TTL 门电路相比，ECL 门电路的优点如下。

① ECL 门电路由于电路中的三极管都工作在截止区或放大区，集电极电位总高于基极电位，这就避免了三极管因工作在饱和状态而产生的存储电荷问题；同时，由于电路中电阻阻值取得很小，逻辑电平摆幅（高、低电平之差）低，从而有效地缩短了电路各节点电位的上升时

间和下降时间。目前，ECL 门的传输延迟时间已能缩短至 0.1 ns 以内。

② 同时具有"或"和"或非"两个互补输出，且采用射极开路的形式，允许多个输出端直接并联，使用方便、灵活。

③ 输出采用射极跟随器，所以输出阻抗低，带负载能力强，扇出系数可达 90 以上。

④ 在开关工作状态下的电源电流基本不变，所以电路内部的开关噪声很低。

ECL 门电路的主要缺点如下。

① 逻辑高电平是 $U_{\text{IH}} = -0.92\text{V}$，逻辑低电平 $U_{\text{IL}} = -1.75\text{V}$，逻辑摆幅小，噪声容限低，抗干扰能力较差。

② 电路功耗大，每个门的平均功耗可达 100 mW 以上。

【思考题】 ECL 门电路有什么突出的优点和缺点？

▶ 2.4 CMOS 逻辑门

我国早期生产的 CMOS 逻辑门电路为 CC4000 系列产品，随后发展为 CC4000B 系列产品。当前与 TTL 兼容的 CMOS 器件，如 CC74HCT 系列等产品，可以与 TTL 器件交换使用。本节将在 MOS 管开关特性的基础上介绍 CMOS 逻辑门电路的电路结构、工作原理和外部电气特性。

2.4.1 MOS 管的开关特性

绝缘栅场效应（Metal-Oxide-Semiconductor，MOS）管有 4 种：N 沟道增强型、P 沟道增强型、N 沟道耗尽型和 P 沟道耗尽型。数字电路中普遍采用增强型 MOS 管，因为作为开关器件，增强型 MOS 管的开关特性（工作于可变电阻区或截止区）更易于控制，如低电平能够直接使 N 沟道增强型 MOS 管截止，而 N 沟道耗尽型 MOS 管很可能还工作在恒流区。

1. N 沟道增强型 MOS 管的工作状态及条件

N 沟道增强型 MOS 管（简称 NMOS 管）共源接法如图 2-49 所示，其输出特性曲线如图 2-50 所示，分为 3 个区域。

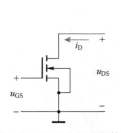
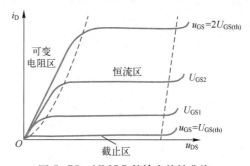

图 2-49 NMOS 管共源接法　　　图 2-50 NMOS 管输出特性曲线

① 截止区。当 $u_{\text{GS}} < U_{\text{GS(th)}}$（$U_{\text{GS(th)}}$ 为 NMOS 管的开启电压）时，D-S 间没有导电沟道，$i_{\text{D}} \approx 0$，这时 D-S 间的内阻极高，可达数百兆欧。

② 恒流区（饱和区）。当 $u_{\text{GS}} \geqslant U_{\text{GS(th)}}$ 且 $u_{\text{GD}} < U_{\text{GS(th)}}$（$u_{\text{DS}} > u_{\text{GS}} - U_{\text{GS(th)}}$）时，即特性曲线

的中间部分，有 i_D 产生，且 i_D 基本不随 u_{DS} 变化而变化，主要取决于 u_{GS}，特性曲线近似水平线。D-S 间可以看成一个受 u_{GS} 控制的电流源。

③ 可变电阻区。当 $u_{GS} \geqslant U_{GS(th)}$ 且 $u_{GD} > U_{GS(th)}$（$u_{DS} < u_{GS} - U_{GS(th)}$）时，即特性曲线最左侧部分，$i_D$ 随着 u_{DS} 的增加而直线上升，二者之间基本上是线性关系，此时 NMOS 管近似为一个线性电阻。u_{GS} 值越大，则曲线越陡，等效电阻越小。

2. P 沟道增强型 MOS 管的工作状态及条件

P 沟道增强型 MOS 管（简称 PMOS 管）共源接法如图 2-51 所示，其输出特性曲线如图 2-52 所示，也分为 3 个区域。

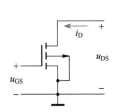

图 2-51　PMOS 管共源接法

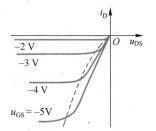

图 2-52　PMOS 管输出特性曲线

① 当 $\left| u_{GS} \right| < \left| U_{GS(th)} \right|$ 时，处于截止区。
② 当 $\left| u_{GS} \right| \geqslant \left| U_{GS(th)} \right|$ 且 $\left| u_{GD} \right| < \left| U_{GS(th)} \right|$ 时，处于恒流区（饱和区）。
③ 当 $\left| u_{GS} \right| \geqslant \left| U_{GS(th)} \right|$ 且 $\left| u_{GD} \right| > \left| U_{GS(th)} \right|$ 时，处于可变电阻区。

注意，无论是结构、符号还是输出特性曲线，PMOS 管与 NMOS 管有着明显的对偶关系，各工作区的 u_{GS}、u_{DS} 极性都与 NMOS 管的相反，开启电压 $U_{GS(th)}$ 也是负的。

在数字电路中，MOS 管不是工作在截止区就是工作在可变电阻区，恒流区只是一个过渡状态。

3. MOS 管的开关特性

NMOS 管和 PMOS 管的开关电路如图 2-53 所示。

MOS 管的开关特性与晶体三极管类似。以 NMOS 管开关电路为例，当 $u_{GS} < U_{GS(th)}$ 时，NMOS 管截止，D-S 间的等效电阻极高，此时 D-S 间相当于断开的开关，如图 2-54（a）所示，则输出高电平 U_{OH}，且 $U_{OH} \approx V_{DD}$。

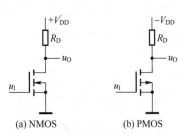

(a) NMOS　　　(b) PMOS

图 2-53　NMOS 管和 PMOS 管的开关电路

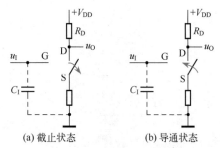

(a) 截止状态　　　(b) 导通状态

图 2-54　NMOS 管的开关等效电路

当 $u_{GS} \geqslant U_{GS(th)}$ 且 $u_{GD} > U_{GS(th)}$ 时，NMOS 管导通并工作在可变电阻区，D-S 间的等效电阻很小，此时 NMOS 管的 D-S 间相当于闭合的开关，如图 2-54（b）所示，则输出低电平 U_{OL}，且 $U_{OL} \approx 0\,V$。

【思考题】
① NMOS 管的截止和导通条件是什么?
② PMOS 管的截止和导通条件是什么?

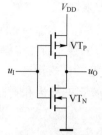

2.4.2 CMOS 反相器

1. CMOS 反相器的电路组成与工作原理

CMOS 反相器的基本电路如图 2-55 所示。VT_P 是 PMOS   图 2-55   CMOS 反相器的基本电路
管，VT_N 是 NMOS 管，它们的栅极连接起来作为输入端，漏极连接起来作为输出端，VT_P 的源极接电源 V_{DD}，VT_N 的源极接地。要求 $V_{DD} > U_{GS(th)N} + |U_{GS(th)P}|$ 且 $|U_{GS(th)P}| = U_{GS(th)N}$。

当输入为低电平即 $u_I = 0$ V 时，由于 $u_{GSN} = 0\text{V} < U_{GS(th)N}$，则 VT_N 截止；由于 $|u_{GSP}| = V_{DD} > |U_{GS(th)P}|$，则 VT_P 导通。故输出 $u_O \approx V_{DD}$，即 u_O 为高电平。

当输入为高电平即 $u_I = V_{DD}$ 时，由于 $u_{GSN} = V_{DD} > U_{GS(th)N}$，则 VT_N 导通；由于 $|u_{GSP}| = 0$ V $< |U_{GS(th)P}|$，则 VT_P 截止。故输出 $u_O \approx 0$ V，即 u_O 为低电平。可见，该电路实现了非逻辑。

由此可知，CMOS 反相器电源利用率高，输出电压幅度几乎与电源电压 V_{DD} 值相同；CMOS 反相器无论电路处于何种状态，VT_N、VT_P 中总有一个是截止的，所以它的静态功耗很低。

2. 静态电气特性

1）电压传输特性和电流传输特性

通过实验测试可得 CMOS 反相器的电压传输特性、电流传输特性，分别如图 2-56 和图 2-57 所示。电流传输特性描述的是漏极电流随输入电压变化而变化的关系曲线。

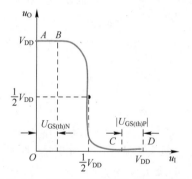 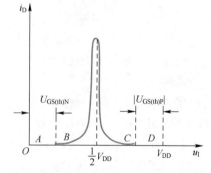

图 2-56   CMOS 反相器的电压传输特性   图 2-57   CMOS 反相器的电流传输特性

① AB 段。当输入电压 $u_I \leqslant U_{GS(th)N}$ 时，$u_{GSN} = u_I \leqslant U_{GS(th)N}$，而 $|u_{GSP}| = |u_I - V_{DD}| > |U_{GS(th)P}|$，$VT_N$ 截止，VT_P 导通，所以输出电压 $u_O \approx V_{DD}$，漏极电流 $i_D \approx 0$ A。

② BC 段。当 $U_{GS(th)N} \leqslant u_I \leqslant V_{DD} - |U_{GS(th)P}|$ 时，$u_{GSN} \geqslant U_{GS(th)N}$，$|u_{GSP}| > |U_{GS(th)P}|$，$VT_N$、$VT_P$ 同时导通，且导通电阻都较小，u_O 随 u_I 的改变而急剧变化。若参数完全对称，则 $u_I \approx 0.5V_{DD}$ 时两管的导通内阻相等，$u_O \approx 0.5V_{DD}$，即 CMOS 反相器工作于电压传输特性转折区的中点。此时 i_D 最大，功耗也最大。

③ CD 段。当输入电压 $u_I > V_{DD} - |U_{GS(th)P}|$ 时，$u_{GSN} > U_{GS(th)N}$，$|u_{GSP}| < |U_{GS(th)P}|$，$VT_N$ 导通，VT_P 截止，$u_O \approx 0$ V，$i_D \approx 0$ A。

由此可知，CMOS 反相器的阈值电压为 $U_T \approx 0.5V_{DD}$，因此 CMOS 反相器具有较大的输入端噪声容限，接近 $0.5V_{DD}$，但一般取输入高、低电平时的噪声容限 $U_{NH} = U_{NL} = 0.3V_{DD}$。当 V_{DD} =5V 时，$U_{NH} = U_{NL} = 1.5V$，相比 TTL 通用系列 0.4V 的噪声容限，显然 CMOS 反相器电路抗干扰能力更强，而且电源电压越大，抗干扰能力越强。

2）输入伏安特性

MOS 管的栅极和衬底之间存在着以 SiO_2 为介质的输入电容，而绝缘介质非常薄，极易被击穿，因此在输入端都设有输入保护电路。CC4000 系列 CMOS 器件多采用图 2-58 所示的输入保护电路。VD_1 为分布式二极管结构（用虚线和两个二极管表示），可通过较大的电流，VD_1、VD_2 的正向导通压降 $U_{DF} = 0.5 \sim 0.7V$，反向击穿电压为 30V 左右。C_1、C_2 分别表示 VT_P、VT_N 的栅极等效输入电容。电阻 R_S 与电容 C_1、C_2 组成积分网络，常取 R_S 为 1.5～2.5 kΩ。

正常工作时，$u_1 = 0 \sim V_{DD}$，保护二极管不起作用，输入电流 $i_1 = 0$ A；当 $u_1 > V_{DD} + U_{DF}$ 时，VD_1 导通，i_1 从输入端经 VD_1 流入 V_{DD}，i_1 将随着 u_1 的数值的增大而增大；当 $u_1 < -U_{DF}$ 时，VD_2 导通，i_1 经 VD_2 和 R_S 从输入端流出，i_1 的绝对值随 u_1 的绝对值的增大而增大，曲线的斜率为 $1/R_S$。CMOS 反相器的输入伏安特性曲线如图 2-59 所示。

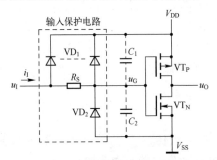 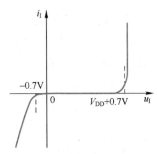

图 2-58　CMOS 反相器的输入保护电路　　　　图 2-59　CMOS 反相器的输入伏安特性曲线

注意：CMOS 门电路正常输入时，$i_1 = 0$，而 TTL 标准系列正常输入时，$i_{IL} = -1mA$，$i_{IH} = 40\mu A$；因为 $i_1 = 0$，所以 CMOS 门是无输入负载特性的，即输入端通过电阻 R 接地，无论 R 多大，该输入端都相当于接低电平。这与 TTL 门电路有很大差异。

3）输出特性

输出特性可分为以下两种情况。

① 低电平输出特性。当驱动门输入电压 $u_1 = U_{IH} = V_{DD}$ 时，VT_P 截止，VT_N 导通，输出低电平，带灌电流负载，负载电流 i_{OL} 从负载 R_L 流入 VT_N，等效电路如图 2-60 所示。当电源电压 V_{DD} 一定时，输出电压 u_{OL}（VT_N 的管压降）随着 i_{OL} 的增大而增大；在 i_{OL} 一定的情况下，当 V_{DD} 增大时，u_{GSN} 增大；相应地，VT_N 的导电沟道会变宽，导通电阻 R_{on} 减小，因而 u_{OL} 随之减小。其输出特性曲线如图 2-61 所示。

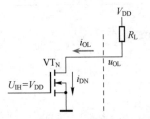 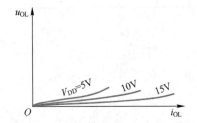

图 2-60　低电平输出时的等效电路　　　　图 2-61　低电平输出时的输出特性

② 高电平输出特性。当驱动门输入电压 $u_1 = U_{IL} = 0$ 时，VT_P 导通，VT_N 截止，输出高电

平，带拉电流负载，负载电流 i_{OL} 是从门电路的输出端向负载 R_L 流出的，与图 2-62 规定的负载电流参考方向相反。当电源电压 V_{DD} 一定时，随着输出电流的增大，VT_P 上的压降增大，输出电压 u_{OH} 随之减小；当 V_{DD} 增大时，u_{OH} 随之增大，更接近 V_{DD}。其输出特性如图 2-63 所示。

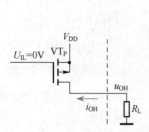

图 2-62　高电平输出时的等效电路

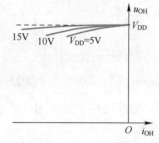

图 2-63　高电平输出时的输出特性

3. 动态特性

① 传输延迟时间。由于 MOS 管极间电容和负载电容的影响，输出电压的变化总是滞后于输入电压的变化，产生传输延迟，CMOS 非门的平均传输延迟时间约为 10 ns。

② 动态功耗（Dynamic Power）。动态功耗 P_D 是指 CMOS 反相器从一个稳定状态转到另一个稳定状态的过程中产生的功耗，包括 VT_P 和 VT_N 在转换过程中短时间同时导通产生的瞬时导通功耗 P_T 和对负载电容充放电所消耗的功率 P_C。

P_D 的大小与电源电压 V_{DD}、输入信号的频率和负载电容等因素有关，它们的数值越大，P_D 也越大。CMOS 反相器的静态功耗很小，在常温下只有几微瓦，常可忽略不计。

2.4.3　其他逻辑功能的 CMOS 门电路

除了反相器，CMOS 门电路常用的还有与非门、或非门、与门、或门、与或非门、异或门等。

1. CMOS 与非门

二输入的 CMOS 与非门电路如图 2-64 所示，两个 PMOS 管 VT_{P1}、VT_{P2} 并联，两个 NMOS 管 VT_{N1}、VT_{N2} 串联。当 A、B 两个输入中至少有一个为低电平时，VT_{N1} 和 VT_{N2} 中至少有一个截止，VT_{P1} 和 VT_{P2} 中至少有一个导通，则输出为高电平，即 $u_Y = V_{DD}$；当 A、B 两个输入均为高电平时，VT_{N1} 和 VT_{N2} 均导通，VT_{P1} 和 VT_{P2} 均截止，则输出为低电平，即 $u_Y = 0\,V$。

可见，电路实现了与非逻辑功能，即 $Y = \overline{AB}$。

2. CMOS 或非门

CMOS 或非门电路如图 2-65 所示，两个 PMOS 管 VT_{P1}、VT_{P2} 串联，两个 NMOS 管 VT_{N1}、VT_{N2} 并联。当 A、B 两个输入均为低电平时，VT_{N1} 和 VT_{N2} 截止，VT_{P1} 和 VT_{P2} 导通，输出 Y 为高电平；当 A、B 两个输入中至少有一个为高电平时，VT_{N1} 和 VT_{N2} 中至少有一个导通，VT_{P1} 和 VT_{P2} 中至少有一个截止，输出 Y 为低电平。可见，电路实现了或非逻辑功能，其逻辑表达式为 $Y = \overline{A+B}$。

3. 带缓冲级的 CMOS 门电路

上述 CMOS 与非门、或非门电路结构简单，但由于其结构不对称，因此电路的高低电平不稳定，其值会受到输入端数目的影响；电路的电压*传输*特性也会受到输入端工作状态的影响；电路的电压传输特性会发生偏移，阈值电压不再是 $0.5V_{DD}$，因此导致噪声容限下降。当输入端

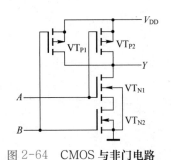

图 2-64 CMOS 与非门电路

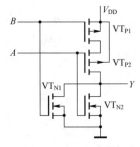

图 2-65 CMOS 或非门电路

数目增加时，电路结构不对称的程度会更大。为了解决以上问题，实际使用的门电路均采用带缓冲级的电路，即在基本门电路的每个输入、输出端各加一级反相器。

带缓冲级的 CMOS 与非门和或非门的电路分别如图 2-66 和图 2-67 所示，它们的输入、输出特性即为 CMOS 反相器的特性，这不仅改善了电路的电气特性，也给使用者带来了方便。

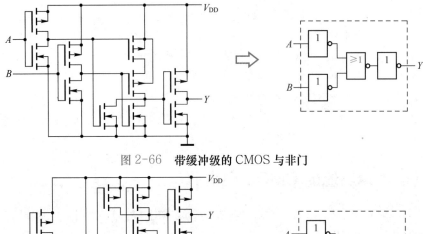

图 2-66 **带缓冲级的** CMOS 与非门

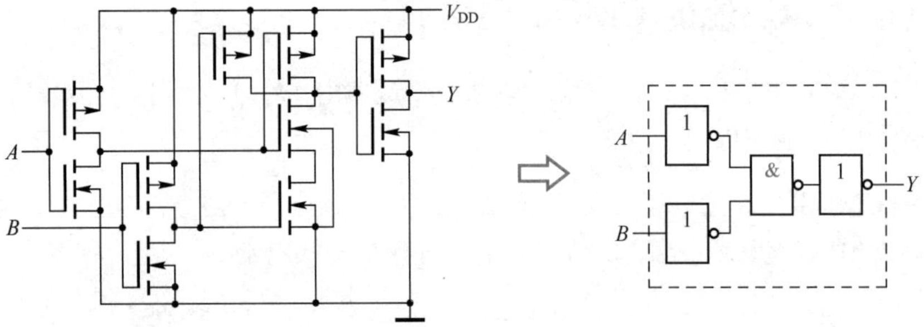

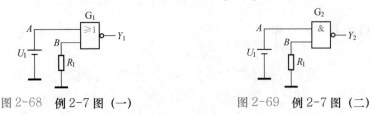

图 2-67 **带缓冲级的** CMOS 或非门

4. CMOS 与门、或门、与或非门、异或门

与前述 TTL 门电路一样，CMOS 与非门、或非门和反相器可组成 CMOS 与门、或门、与或非门、异或门等，它们的逻辑符号、逻辑表达式都与 TTL 门电路完全相同，只是 CMOS 门电路的结构和电气参数与 TTL 门的有所不同，在使用时要注意，此处不再赘述。

【例 2-7】CMOS 门电路如图 2-68 和图 2-69 所示，设电源电压 $V_{DD}=10\,V$，当 U_I 分别为 0 V 和 10 V，R_I 分别为 $100\,\Omega$ 和 $100\,k\Omega$ 时，试分析输出 Y_1 和 Y_2 的状态。

图 2-68 例 2-7 图（一）　　　　图 2-69 例 2-7 图（二）

解 根据 CMOS 门电路的输入特性可知，在正常工作状态下，输入电路 $i_{\mathrm{I}}=0$，因此电压 U_{R_1} 与 R_1 的取值大小无关。当 R_1 分别为 $100\,\Omega$ 和 $100\,\mathrm{k}\Omega$ 时，其两端的电压 U_{R_1} 均为 $0\,\mathrm{V}$（低电平），因此输出 Y_1 和 Y_2 的状态取决于输入 U_{I} 的情况。

对于图 2-68 所示的电路，根据或非门 G_1 的逻辑功能，当 U_{I} 分别取 $0\,\mathrm{V}$ 和 $10\,\mathrm{V}$ 时，输出 Y_1 分别为 $10\,\mathrm{V}$ 和 $0\,\mathrm{V}$；对于图 2-69 所示的电路，由于 U_{R_1} 为 $0\,\mathrm{V}$，根据与非门 G_2 的逻辑功能，无论 U_{I} 取 $0\,\mathrm{V}$ 还是 $10\,\mathrm{V}$，输出 Y_2 均为 $10\,\mathrm{V}$。

【思考题】
① 为什么要在 CMOS 门电路的输入端增加输入保护电路？
② 为什么在正常工作条件下，CMOS 门电路的高电平输入电流和低电平输入电流都很小？
③ CMOS 门电路在允许范围内所用电源电压越大，则其抗干扰能力是越强还是越弱？
④ 为什么 CMOS 门电路不具有输入负载特性？

2.4.4 CMOS 传输门

传输门（Transmission Gate，TG）与前面的推拉式输出的门电路、OC 门、三态门有很大的不同。推拉式输出的门电路、OC 门、三态门是单向的，而 CMOS 传输门是双向的；推拉式输出的门电路、OC 门、三态门只能用来传输 0、1 信号，而传输门可以传输 $0\sim V_{\mathrm{DD}}$ 之间的任何信号，既可传输数字信号也可传输模拟信号。

1. CMOS 传输门的组成

CMOS 传输门利用 PMOS 管和 NMOS 管的互补性，将两管并联，其电路和符号如图 2-70 所示，$\mathrm{VT_P}$ 和 $\mathrm{VT_N}$ 分别是 PMOS 管和 NMOS 管，其结构和参数均对称，两管的源极和漏极分别相连作为传输门的输入端和输出端，两管的栅极引出端分别接一对互补的控制信号 $\bar{C}$、C。

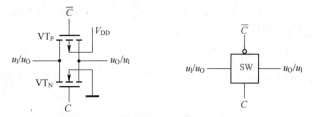

图 2-70 CMOS 传输门的电路和符号

2. CMOS 传输门的工作原理

设两个 MOS 管的开启电压 $\left|U_{\mathrm{GS(th)P}}\right|=U_{\mathrm{GS(th)N}}$，且 $V_{\mathrm{DD}}>U_{\mathrm{GS(th)N}}+\left|U_{\mathrm{GS(th)P}}\right|$，输入信号 u_{I} 在 $0\sim V_{\mathrm{DD}}$ 之间变化，控制信号 $\bar{C}$ 和 C 的高、低电平分别为 V_{DD} 和 $0\,\mathrm{V}$，则：

① 当 $C=1$ 且 $\bar{C}=0$ 时，若 $0<u_{\mathrm{I}}<V_{\mathrm{DD}}-U_{\mathrm{GS(th)N}}$，则 $\mathrm{VT_N}$ 导通；若 $\left|U_{\mathrm{GS(th)P}}\right|<u_{\mathrm{I}}<V_{\mathrm{DD}}$，则 $\mathrm{VT_P}$ 导通。因此，u_{I} 在 $0\sim V_{\mathrm{DD}}$ 之间变化时，$\mathrm{VT_P}$ 或 $\mathrm{VT_N}$ 至少有一个是导通的，输入与输出之间呈低阻状态，传输门的输入与输出之间相当于接通的开关。

② 当 $C=0$ 且 $\bar{C}=1$ 时，由于 C 端接低电平 $0\,\mathrm{V}$，u_{I} 取 $0\sim V_{\mathrm{DD}}$ 范围内的任何值，$\mathrm{VT_N}$ 均不导通；同时，$\bar{C}$ 端接高电平 V_{DD}，$\mathrm{VT_P}$ 也不导通，传输门的输入与输出之间相当于断开的开关。

注意： 由于 CMOS 传输门的 MOS 管的结构是对称的，源极和漏极可以互换使用，因此 CMOS 传输门是双向的，输入与输出可以互换使用。

3. CMOS 传输门构成双向模拟开关

用 CMOS 传输门和 CMOS 反相器构成的双向模拟开关如图 2-71 所示。当控制端 C 加高电平时，开关导通，输入信号 u_I 便可由输入端传输到输出端，$u_O \approx u_I$；当控制端 C 加低电平时，开关断开，输入与输出端被阻断，呈高阻状态。

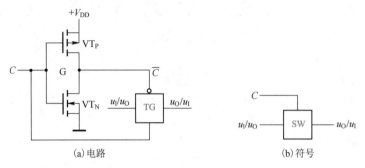

图 2-71　CMOS 双向模拟开关

常用的模拟开关型号有 CD4066（4 个 1 到 1 模拟开关）、CD4016（4 个 1 到 1 模拟开关）、CD4067（16 选 1 模拟开关）、CD4051（8 选 1 模拟开关）和 CD4052（双 4 选 1 模拟开关）等。其中，n 选 1 模拟开关内部是由译码器和模拟开关组成的。

下面为模拟开关的工程应用实例。假设有压力传感器、温度传感器、流量传感器和液位传感器测得的 4 个模拟信号，需要经过模数转换器（Analog to Digital Converter，ADC）转换为数字信号，然后由 CPU 进一步处理。如果实时性要求苛刻，可以采用图 2-72 所示的并行处理系统，但由于每个传感器都需要配备一路 ADC 和 CPU，因此这种方案硬件成本高。在实时性要求不高的场合，完全可以利用模拟开关，采用如图 2-73 所示的测量方案。当 $C_1 = 1$ 和 $C_2 = C_3 = C_4 = 0$ 时，SW_1 接通，SW_2、SW_3 和 SW_4 断开，压力传感器测得的模拟信号传给 ADC，经转化后由 CPU 进一步处理。同理，当 $C_2 = 1$ 和 $C_1 = C_3 = C_4 = 0$ 时，SW_2 接通，SW_1、SW_3 和 SW_4 断开，温度传感器测得的模拟信号传给 ADC 和 CPU 进一步处理，以此类推。因此，只要满足只有一个控制信号有效，其他控制信号无效且控制信号依次有效，就可以使四路信号分时共用一路 ADC 和 CPU，大大减少了 ADC 和 CPU 的数目，从而使成本大大降低。

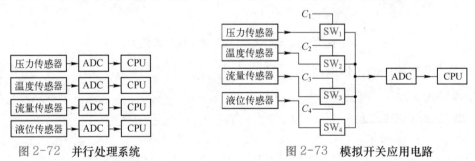

图 2-72　并行处理系统　　　　　　图 2-73　模拟开关应用电路

2.4.5　CMOS 漏极开路门与 CMOS 三态输出门

1. CMOS 漏极开路门

将 CMOS 门电路的输出结构做成漏极开路的形式，称为 OD（Open Drain）门。OD 门与 TTL 的集电极开路门（OC 门）对应，其特点是可以实现线与，可以进行逻辑电平变换，具有较强的带负载能力等。

CC40107 的逻辑图如图 2-74 所示，它的输出电路是一只漏极开路的 NMOS 管，其逻辑符号与四二输入与非 OC 门完全相同。使用时注意，必须外接电阻 R_L 和电源，R_L 的选择原则同 OC 门。

2. CMOS 三态输出门

与 TTL 三态输出门一样，CMOS 也可以实现三态输出，且电路结构比 TTL 三态输出门简单，常用的有如下 3 种。

① 在 CMOS 反相器的基础上附加一个 NMOS 驱动管 VT_N' 和 PMOS 负载管 VT_P'，便构成了 CMOS 三态门，如图 2-75 所示。

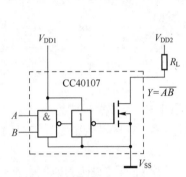

图 2-74　漏极开路与非门

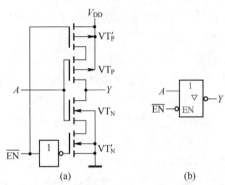

图 2-75　CMOS 三态门电路结构一

❖ 当 $\overline{EN}=0$ 时，VT_P'、VT_N' 同时导通，反相器正常工作，$Y=\overline{A}$。

❖ 当 $\overline{EN}=1$ 时，VT_P'、VT_N' 同时截止，输出呈高阻态。

② 在 CMOS 反相器的输出端串接一个 CMOS 双向模拟开关，也可以实现三态输出，如图 2-76(a) 所示，图 2-76(b) 为其逻辑符号。

❖ 当 $\overline{EN}=0$ 时，双向模拟开关 TG 导通，反相器的输出通过 TG 传送到输出端，实现逻辑非运算，故 $Y=\overline{A}$。

❖ 当 $\overline{EN}=1$ 时，双向模拟开关 TG 截止，输出为高阻态。

③ 增加 MOS 管和 CMOS 门电路组成 CMOS 三态门。其中的一种电路结构如图 2-77(a) 所示，是用控制管 VT_P' 和或非门实现三态控制的，图 2-77(b) 为其逻辑符号。

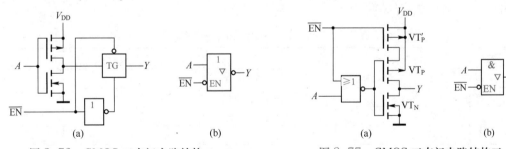

图 2-76　CMOS 三态门电路结构二　　　　图 2-77　CMOS 三态门电路结构三

❖ 当 $\overline{EN}=1$ 时，VT_P' 截止，这时或非门的输出为 0，VT_N' 也截止，故输出为高阻态。

❖ 当 $\overline{EN}=0$ 时，VT_P' 导通，门电路正常工作，输入信号经或非门和反相器两次反相后，输出为 $Y=A$，实现了三态缓冲功能。

2.4.6　各种 CMOS 数字集成电路的比较

目前，CMOS 数字集成电路有 4000 系列、HC/HCT（High-Speed CMOS Logic）系列、AHC/AHCT（Advanced High-Speed CMOS Logic）系列、LVC（Low-Voltage CMOS Logic）系列、ALVC（Advanced Low-Voltage CMOS Logic）系列等定型产品。其中，4000 系列是最早投放市场的 CMOS 数字集成电路定型产品。受当时生产工艺水平的限制，虽然工作电压范围比较宽（3～18 V），但存在传输延迟时间长、带负载能力弱的缺点。例如，工作在 5 V 电源电压时，允许的高、低电平输出电流最大值只有 0.5 mA。因此，4000 系列产品现在已经很少使用。

经过改进制造工艺生产的 HC/HCT 系列产品大大缩短了传输延迟时间，也提高了带负载能力。当电源电压为 5 V 时，HC/HCT 系列的传输延迟时间约为 10 ns，几乎是 4000 系列的 1/10；输出高、低电平的最大负载电流可达 4 mA。

与 HCT 系列不同，HC 系列的工作电压范围宽（2～6 V），但它的输入、输出电平和带负载能力不能与 TTL 门电路完全兼容，所以适用于单纯由 CMOS 器件组成的系统。而 HCT 系列一般仅工作在 5 V 电源电压下，输入、输出电平和带负载能力均可与 TTL 门电路兼容，所以适用于 CMOS 与 TTL 器件混合的系统。

AHC/AHCT 系列的传输延迟时间约为 HC/HCT 系列的 1/3，而带负载能力提高了 1 倍。它工作在 3.3 V 电压下时，允许输入电压范围可达 5 V，这就为将 5 V 逻辑电平信号转换为 3.3 V 逻辑电平信号提供了方便的途径。

LVC 系列不仅能在很低的电源电压（1.65～3.6 V）下工作，而且传输延迟时间非常短（在 5 V 的极限电源电压下仅 3.8 ns），还可提供高达 24 mA 的输出驱动电流。此外，LVC 系列提供了多种用于 5～3.3 V 逻辑电平转换的器件。

ALVC 系列在电气性能上比 LVC 系列更加优越。LVC 和 ALVC 系列可以满足当今一些先进的、高性能数字系统设计的要求。

在 CMOS 数字产品中，只要产品型号最后的数字相同，它们的逻辑功能就是一样的。例如，74/54HC00、74/54HCT00、74/54AHC00、74/54AHCT00、74/54LVC00 和 74/54ALVC00 的逻辑功能是一样的，它们都是四二输入与非门（内部有 4 个二输入端的与非门），但它们的电气性能和参数就不相同了。54HC00 和 74HC00 仅在允许的工作环境温度范围上有所区别，其他方面（逻辑功能、主要电气参数、外形封装、引脚排列）完全相同。54HC 系列的工作环境温度范围为-55℃～125℃，而 74HC 系列的工作环境温度范围为-40℃～85℃。表 2-6 列出了几种系列 CMOS 电路的特性参数。

表 2-6　几种系列 CMOS 电路的特性参数

参　数	4000 系列	74HC 系列	74HCT 系列	74AHC 系列	74AHCT 系列	74LVC 系列	74ALVC 系列
$U_{\text{IL(max)}}$ / V	1.5	1.35	0.8	1.35	0.8	0.8	0.8
$U_{\text{OL(max)}}$ / V	0.05	0.1	0.1	0.1	0.1	0.55	0.55
$U_{\text{IH(min)}}$ / V	3.5	3.15	2.0	3.15	2.0	2.0	2.0
$U_{\text{OH(min)}}$ / V	4.95	4.4	4.4	4.4	4.4	2.2	2.0
$I_{\text{IL(max)}}$ / μA	−0.1	−0.1	−0.1	−0.1	−0.1	−5	-5
$I_{\text{OL(max)}}$ / mA	0.5	4	4	8	8	24	24
$I_{\text{IH(max)}}$ / μA	0.1	0.1	0.1	0.1	0.1	5	5
$I_{\text{OH(max)}}$ / mA	0.5	−4	−4	−8	−8	−24	-24

参　数	4000 系列	74HC 系列	74HCT 系列	74AHC 系列	74AHCT 系列	74LVC 系列	74ALVC 系列
t_{pd}/ns	45	9	11	5.2	4.8	3.8	2

注：其中，74LVC 和 74ALVC 系列是 $V_{DD}=3$ V 时的参数，其他系列是 $v_{DD}=5$ V 时的参数。

【思考题】 查阅 CMOS 或非门 CD4001 和 74HC02 的主要电气参数，并说明主要参数差异。

2.4.7　CMOS 门电路的使用规则

与 TTL 门电路相比，CMOS 门电路的功耗低、抗干扰能力强、电源电压适用范围宽，在使用时，应根据电路的要求及不同系列门电路的特点进行选用。

CMOS 门电路在使用时常遵循以下使用规则。

1．对电源的要求

① CMOS 门电路可以在很宽的电源电压范围内提供正常的逻辑功能，如 CC4000 系列为 3～18 V，HC 系列为 2～6 V。

② V_{DD} 与 V_{SS}（接地端）绝对不能接反，否则保护电路和内部电路都可能因过流而损坏。

2．对输入端的要求

① 为保护输入级 MOS 管的氧化层不被击穿，一般 CMOS 电路输入端都有二极管保护网络，这就给电路的应用带来一些限制。输入信号必须在 V_{SS}～V_{DD} 之间取值，以防二极管因正偏电流过大而烧坏。一般，$V_{SS} \leqslant U_{IL} \leqslant 0.3V_{DD}$，$0.7V_{DD} \leqslant U_{IH} \leqslant V_{DD}$，$u_I$ 的极限值为 $V_{SS}-0.5$V 和 $V_{DD}+0.5$V。

② 由于 MOS 管具有很大的输入阻抗，更容易接收干扰信号，在外接有静电干扰时还会在悬空的输入端积累成高电压，造成栅极击穿。所以，CMOS 门电路的多余输入端是绝对不允许悬空的，应根据逻辑要求或接电源 V_{DD}（对与非门、与门），或接地（对或非门、或门），或与其他输入端连接。

注意：当 CMOS 门电路的输入端通过电阻接地时，不论该电阻有多大，该输入端都相当于接低电平。

3．对输出端的要求

除了漏极开路门和三态门，不同门的输出端不能并联起来使用，也不能将输出端与电源或地短路，否则容易造成输出级的 MOS 管因过流或过损耗而损坏。

【思考题】 为什么 CMOS 门电路的多余输入端不允许悬空？

▶▶ 2.5　Bi-CMOS 门电路

由于 CMOS 门电路内部的组成元件场效应管属于电压驱动型元件，即只需电压不需电流来传递信号，因此 CMOS 门电路具有输入电流很小、易驱动的优点。而双极型三极管具有 MOS 管不具备的低导通压降和高驱动能力的优点。Bi-CMOS 门电路将二者结合起来，逻辑部分采用 CMOS 结构，输出级则采用双极型三极管，因此兼有 CMOS 门电路的低驱动功耗和双极型电路的低导通压降和高驱动能力的优点。Bi-CMOS 电路主要用在需要输出大驱动电流的场合，如计算机的总线接口、数字系统输出端的缓冲器、驱动器和锁存器、无线通信设备的终端等。

结构最简单的 Bi-CMOS 反相器如图 2-78 所示，VT_1 和 VT_2 是驱动管，VT_3 和 VT_4 是双极型输出管，R_1 和 R_2 分别是 VT_3 和 VT_4 的基极下拉电阻，C_L 为负载电容。① 当 $u_I = U_{IH}$ 时，VT_2、VT_4 导通，VT_1、VT_3 截止，因此 $u_O = U_{OL}$。② 当 $u_I = U_{IL}$ 时，VT_1、VT_3 导通，VT_2、VT_4 截止，因此 $u_O = U_{OH}$。可见，输入与输出之间实现了非逻辑。

为了加快 VT_3 和 VT_4 的截止过程，提高开关速度，要求 R_1 和 R_2 的阻值尽量小；而为了降低功耗，要求 R_1 和 R_2 的阻值尽量大。解决这些矛盾的有效方法是用有源器件代替 R_1 和 R_2，如图 2-79 所示，以 VT_2 和 VT_4 取代图 2-78 中的 R_1 和 R_2，形成有源下拉式结构。

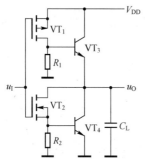

图 2-78　**最简单的 Bi-CMOS 反相器**　　　　图 2-79　**常用的 Bi-CMOS 反相器**

① 当 $u_I = U_{IH}$ 时，VT_2、VT_3 和 VT_6 导通，VT_1、VT_4 和 VT_5 截止，因此 $u_O = U_{OL}$。
② 当 $u_I = U_{IL}$ 时，VT_1、VT_4 和 VT_5 导通，VT_2、VT_3 和 VT_6 截止，因此 $u_O = U_{OH}$。

由于 VT_5 和 VT_6 的导通内阻很小，因此 C_L 的充、放电时间很短，从而有效缩短了电路的传输延迟时间。目前，Bi-CMOS 反相器的传输延迟时间可以缩短到 1 ns 以下。

【思考题】　为什么说 Bi-CMOS 门电路兼有 CMOS 门电路和 TTL 门电路两者的优点？

▶▶ 2.6　TTL 门与 CMOS 门的接口电路

在数字电路或系统的设计中，由于工作速度或者功耗等指标要求，往往需要将多种逻辑器件混合使用，如 TTL 和 CMOS 器件同时使用。由于 TTL 和 CMOS 各器件的电压和电流参数各不相同，因而需要考虑驱动门与负载门之间能否完全兼容，若不能兼容，则要采用接口电路。一般需要考虑的是驱动门的输出电平是否在负载门认可的输入电平范围，驱动门的输出电流是否足以满足负载门的需求，即必须同时满足下列各式：

$$\text{驱动门} \qquad \text{负载门}$$

$$U_{OHmin} \geqslant U_{IHmin} \tag{2.7}$$

$$U_{OLmax} \leqslant U_{ILmax} \tag{2.8}$$

$$|I_{OHmax}| \geqslant nI_{IHmax} \tag{2.9}$$

$$I_{OLmax} \geqslant m|I_{ILmax}| \tag{2.10}$$

其中，n 和 m 分别为负载电流中 I_{IH}、I_{IL} 的数量。

另外，接口电路可以用于驱动门电路本身驱动不了的大电流及大功率负载。

2.6.1　TTL 驱动 CMOS

与 TTL 门兼容的 CMOS 门（如 74HCT×× 和 74AHCT×× 系列 CMOS 门）的负载门可以与

TTL 的输出端直接连接，不必外加元器件。

若用 TTL 电路驱动 74HC 和 AHC 系列 CMOS 门电路且电源电压 V_{DD} 取 5 V，根据表 2-4 和表 2-6，则 TTL 电路的高电平最大输出电流都在 0.4 mA 以上，低电平最大输出电流在 8 mA 以上，而 74HC 和 AHC 系列 CMOS 门电路的高、低电平输入电流都在 1 μA 以下，因此 TTL 带 CMOS 负载能力非常强大。TTL 低电平输出也在 CMOS 输入认可的低电平范围内，但 TTL 门的输出高电平的最小值是 2.0 V，而 74HC CMOS 认可的输入高电平最小值是 3.15 V，因此 需要根据 TTL 门输出高电平的情况区别对待。若 TTL 门的实际输出高电平高于 3.15 V 时，则 TTL 门可以直接驱动 CMOS 门，否则需要设法将 TTL 门输出的高电平提升到 3.15 V 以上。最 简单的解决办法是在 TTL 门的输出端和 V_{DD} 之间接入上拉电阻 R_1，以提高 TTL 门的输出高电 平。如图 2-80(a) 所示，当 TTL 与非门有一个输入端接低电平时，流过 R_1 的电流很小，使其输 出高电平接近 V_{DD}，满足 CMOS 门高电平的要求。R_1 的取值方法和 OC 门的上拉电阻的取值 方法相同（几百欧到几千欧）。

当 $V_{DD} \gg V_{CC}$ 时，上述方法不再适用，否则会使 TTL 所承受反压（约为 V_{DD}）超过其耐压 极限而损坏。解决方法之一是在 TTL 门与 CMOS 门之间插入一级 OC 门，如图 2-80(b) 所示 （OC 门的输出管均采用高反压管，有些型号耐压可高达 30 V 以上）。另一种方法是采用专用于 TTL 门和 CMOS 门之间的电平移动器，如 CC40109，实际上是一个带电平偏移电路的 CMOS 门电路。CC40109 有两个供电端 V_{CC} 和 V_{DD}。若把 V_{CC} 端接 TTL 的电源，把 V_{DD} 端接 CMOS 的 电源，则它能接收 TTL 的输出电平，而向后级 CMOS 门输出合适的 U_{IH} 和 U_{IL}。应用电路如图 2-80(c) 所示。

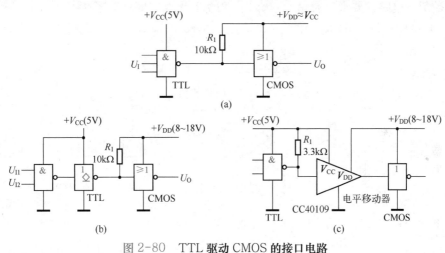

图 2-80　TTL 驱动 CMOS 的接口电路

2.6.2　CMOS 驱动 TTL

由表 2-6 可知，在同样 5 V 电源电压下，74HC/74HCT 系列的 I_{OHmax} 和 I_{OLmax} 均为 4 mA， 74AHC/74AHCT 的 I_{OHmax} 和 I_{OLmax} 均为 8 mA。而由表 2-4 可知，所有 TTL 电路的 I_{IHmax} 和 I_{ILmax} 都在 2 mA 以下，所以无论用 74HC/74HCT 系列还是用 74AHC/74AHCT 系列 CMOS 电路驱动 任何系列的 TTL 电路，都能在一定数目的 n、m 范围内满足式 (2.9) 和式 (2.10) 的要求。同时， 由表 2-4 和表 2-6 可知，用 74HC/74HCT 系列或 74AHC/74AHCT 系列 CMOS 电路驱动任何系 列的 TTL 电路时都能满足式 (2.7) 和式 (2.8) 的要求。因此，无论用 74HC/74HCT 系列还是用

74AHC/74AHCT 系列的 CMOS 电路，都可以直接驱动任何系列的 TTL 电路。能够驱动负载门的个数可以由式(2.9)和式(2.10)求出。

当驱动电路的最大输出电流不足以满足负载电路的要求时，即不能满足式(2.9)和式(2.10)时，需要在驱动电路和负载电路之间接入接口电路，将驱动电路的输出电流扩展至负载电路要求的数值，实现方法如下。

① 采用电流较大的缓冲/驱动器。在驱动电路和负载电路之间加入缓冲/驱动器 74HCT125 或 74ABT240A，电路如图 2-81(a)所示。74HCT125 是作为接口电路而设计的 CMOS 门电路，包含 4 个具有三态控制的同相输出缓冲/驱动电路，可提供 25 mA 的驱动电流。74ABT240A 也是作为接口电路而设计的 Bi-CMOS 缓冲/驱动器，高电平输出电流最大值为 32 mA，低电平输出电流最大值可达 64 mA。

② 采用三极管构成的电流放大电路，如图 2-81(b)所示。只要放大电路的参数选择合适，就可做到当 CMOS 门输出电流不够时，通过电流放大作用来满足驱动 TTL 负载的需要。

当驱动门 V_{DD} 太高或使用低压（电源电压为 3.3 V、2.5 V、1.8 V 或 1.2 V）时，也需要解决不同等级逻辑电平之间的接口问题，实现方法如下。

① 利用具有漏极开路（OD）输出的缓冲/驱动器，将驱动电路给出的逻辑电平信号转换为负载电路所需要的逻辑电平信号。图 2-82 是用低压逻辑电平信号驱动高压逻辑电平负载的例子。驱动电路 74ALVC00 工作在 1.8 V 的电源电压下，输出高电平的最大值在 1.8 V 以下。由于负载电路为 74LS 系列电路，输入高电平的最小值为 2 V，因此 74ALVC00 的输出逻辑电平不能满足负载电路的要求，因此在驱动电路与负载电路之间接入了 74LVC1G07 作为接口电路。74LVC1G07 是具有 OD 输出的缓冲/驱动器，能够将输入的 1.8 V 逻辑电平信号转换为 5 V 逻辑电平的输出信号。

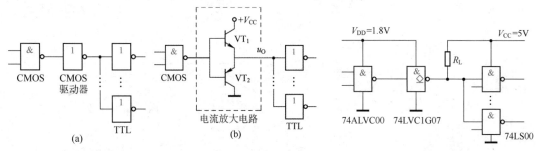

图 2-81　CMOS 驱动 TTL 的接口电路　　　　图 2-82　实现逻辑电平转换

在用高压逻辑电平信号驱动低压逻辑电平的负载时，也可以采用具有 OD 输出的缓冲/驱动器作为接口电路。如果驱动电路的输出端本身就是 OD 输出结构，而且能够承受符合要求的电压和输出电流，这时就不需接入接口电路了。

② 采用专用的 CMOS→TTL 电平转换器，如 74HC4049（六反相器）或 74HC4050（六缓冲器）。它们的输入保护电路特殊，因而允许输入电压高于电源电压 V_{DD}。例如，当 V_{DD}=5V 时，其输入端所允许的最高输入电压为 15 V，而其输出电平在 TTL 的 U_{IH} 和 U_{IL} 的允许范围内，电路如图 2-83 所示。

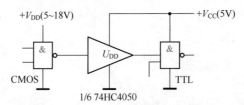

图 2-83　采用 CMOS→TTL 电平转换器实现逻辑电平转换

2.6.3　TTL、CMOS 门与大电流负载的接口

大电流负载通常对输入电平的要求很宽松，但要求有足够大的驱动电流。最常见的大电流负载有继电器、脉冲变压器、指示灯、可关断可控硅等。普通门电路很难驱动这类负载。常用的方法如下。

① 在普通门电路和大电流负载间，接入与普通门电路类型相同的功率门（也叫驱动门）。例如，某机电系统需要几百毫安的大电流，显然门电路不能直接驱动，这时在门电路与机电系统之间接入驱动门 ULN2003A 即可。ULN2003A 的输入与各种类型的逻辑电路（TTL、CMOS 和 ECL 等）兼容，输出端可直接驱动机电系统。

② OC 门或 OD 门作为接口。把 OC 门或 OD 门的输入端与普通门的输出端相连，把大电流负载接在上拉电阻的位置上。

③ 双极型三极管或 MOS 管作为接口电路来实现电流扩展。为充分发挥前级门的潜力，应将拉电流负载变成灌电流负载，因为大多数逻辑门的灌电流负载能力比拉电流负载能力强。例如，TTL 门 74×× 系列的 $I_{OH}=0.4\text{mA}$，$I_{OL}=16\text{mA}$。图 2-84 是一个用普通 TTL 门接入三极管来驱动大电流负载的电路。

【例 2-8】　计算图 2-85 电路中接口电路输出端 u_C 的高、低电平，判断接口电路参数的选择是否合理。CMOS 或非门的电源电压 $V_{DD}=10\text{V}$，空载输出的高、低电平分别为 $U_{OH}=9.95\text{V}$、$U_{OL}=0.05\text{V}$，门电路的输出电阻小于 200Ω；TTL 与非门的高电平输入电流 $I_{IH}=20\mu\text{A}$，低电平输入电流 $I_{IL}=-0.4\text{mA}$。

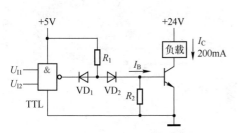

图 2-84　用三极管实现电流扩展

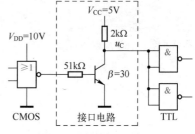

图 2-85　例 2-8 电路

解　CMOS 或非门输出为高电平时，由图 2-85 可得

$$I_B=\frac{U_{OH}-U_{BE}}{51}=\frac{9.95-0.7}{51}\text{mA}=0.18\text{mA}$$

三极管基极临界饱和电流为

$$I_{BS}=\frac{1}{\beta}\left(\frac{V_{CC}-U_{CES}}{R_C}+2I_{IL}\right)=\frac{1}{30}\left(\frac{5-0.3}{2}+2\times0.4\right)\text{mA}=0.11\text{mA}$$

可见，$I_B>I_{BS}$，故三极管处于饱和状态，$u_C\approx0.3\text{V}$。

CMOS 或非门输出为低电平时，三极管截止，因此

$$u_C = V_{CC} - 4I_{IH}R_C = (5 - 4 \times 0.02 \times 2)\,\mathrm{V} = 4.84\mathrm{V}$$

由此可知，接口电路的参数选择合理。

▶️ 2.7 门电路的 VHDL 描述

门电路的 VHDL 描述示例如下。

① 用赋值语句描述二输入与非门如下。

```
LIBRARY ieee;
USE ieee.std_logic_1164.all;
ENTITY nand_2 IS
    PORT(a,b:IN STD_LOGIC;
         y:OUT STD_LOGIC);
END nand_2;
ARCHITECTURE behave OF nand_2 IS
BEGIN
    y<=b nand a;
END behave;
```

将语句"y<=b nand a"中的"nand"修改为 and、or、nor、xor，即可得到二输入端的与门、或门、或非门、异或门的 VHDL 程序。

② 低电平有效的三态与非门描述如下。

```
LIBRARY ieee;
USE ieee.std_logic_1164.ALL;
ENTITY ts IS
    PORT(a,b,en:IN STD_LOGIC;
         l: OUT STD_LOGIC);
END ts;
ARCHITECTURE ex9 OF ts IS
BEGIN
    l<=a nand b  WHEN en='0' ELSE 'Z';
END ex9;
```

课程思政案例

千里之行 始于足下

——双极型三极管的开关特性

揭示表象 看清本质

——TTL 门电路的输入负载特性

本章小结

（1）在数字电路中，三极管一般都工作在开关状态，即工作于导通（饱和）和截止两个对立的状态，用来表示逻辑 1 和逻辑 0。影响它们开关速度的主要因素是三极管内部电荷存储和消散的时间。

（2）普遍使用的集成门电路主要有两大类：一类由双极型三极管组成，简称 TTL 门电路；另一类由 MOS 管构成，简称 CMOS 门电路。集成门电路除了实现各种基本逻辑关系的产品，还有输出开路门（OC 门、OD 门）、三态门和传输门等。

（3）与 TTL 门电路相比，CMOS 门电路具有功耗低、扇出系数大（指带同类门负载）、噪声容限大等优点，已成为数字集成电路的发展方向。

（4）为了更好地使用数字集成芯片，应熟悉 TTL 和 CMOS 各系列产品的外部电气特性及主要参数，正确处理多余输入端和抗干扰问题。

随堂测验

2.1 判断题（正确的画"√"，错误的画"×"）

1. TTL 与非门的多余输入端可以接高电平。（　　）
2. TTL 与非门的输入端悬空时，相当于输入为逻辑"1"。（　　）
3. CMOS 门电路的输入端悬空时，相当于输入为逻辑"1"。（　　）
4. 普通的逻辑门电路的输出端不可以并联在一起，否则可能损坏器件。（　　）
5. 二输入与非门器件 74LS00 与 7400 的逻辑功能完全相同。（　　）
6. CMOS 或非门与 TTL 或非门的逻辑功能完全相同。（　　）
7. 三态门的三种状态分别为：高电平、低电平、不高不低的电压。（　　）
8. TTL 集电极开路门输出为 1 时，由外接电源和电阻提供输出电流。（　　）
9. 一般，TTL 门电路的输出端可以直接相连，实现线与。（　　）
10. OD 门的输出端可以直接相连，实现线与。（　　）

2.2 选择题

1. 三态门输出高阻态时，（　　）是正确的说法。
   A. 用电压表测量指针不动   B. 相当于悬空
   C. 电压不高不低   D. 测量电阻指针不动
2. 以下电路中可以实现"线与"功能的有（　　）。
   A. 与非门   B. 三态输出门   C. OC 门   D. 漏极开路门
3. 以下电路中常用于总线应用的有（　　）。
   A. TS 门   B. OC 门   C. 漏极开路门   D. CMOS 与非门
4. TTL 与非门的输入端不属于逻辑"0"的接法是（　　）。
   A. 输入端接地   B. 输入端接 1 V 的电源
   C. 输入端接同类与非门的输出低电压 0.3 V   D. 输入端通过 200 Ω 的电阻接地
5. 以下 CMOS 电路输入接法中，（　　）相当于输入逻辑"1"。
   A. 悬空   B. 通过 2.7 kΩ 的电阻接电源
   C. 通过 2.7 kΩ 的电阻接地   D. 通过 510 Ω 的电阻接地

6. 对于 TTL 与非门多余输入端的处理，可以（   ）。

A. 接电源 　　　　　　　　　　　　 B. 通过 3 kΩ 的电阻接电源

C. 接地 　　　　　　　　　　　　　 D. 与有用输入端并联

7. 要使 TTL 与非门工作在转折区，可使输入端对地外接电阻 R_I（   ）。

A. $> R_{ON}$ 　　　 B. $< R_{OFF}$ 　　　 C. $R_{OFF} < R_I < R_{ON}$ 　　　 D. $> R_{OFF}$

8. 三极管作为开关使用时，要提高开关速度，可以（   ）。

A. 降低饱和深度 　　　　　　　　　 B. 增加饱和深度

C. 采用有源泄放回路 　　　　　　　 D. 采用抗饱和三极管

9. CMOS 数字集成电路与 TTL 数字集成电路相比突出的优点是（   ）。

A. 微功耗 　　　 B. 高速度 　　　 C. 高抗干扰能力 　　　 D. 电源范围宽

10. 能实现分时传数据逻辑功能的是（   ）。

A. TTL 与非门 　　　 B. 三态逻辑门 　　　 C. 集电极开路门 　　　 D. CMOS 逻辑门

习 题 2

2.1　二极管门电路如图 P2.1 所示，试写出 Y_1 的表达式。

2.2　试分析图 P2.2 中各电路中的三极管（硅管）工作于什么状态，并求电路的输出电压 U_O。

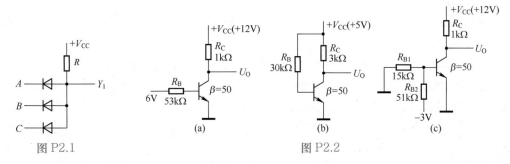

图 P2.1　　　　　　　　　　　　　　　　图 P2.2

2.3　二输入 TTL 与非门的电路参数为 $I_{IH} = 20\mu A$，$I_{IL} = 1.6mA$，$I_{OH} = 0.4mA$，$I_{OL} = 16mA$，试求该门电路的扇出系数 N_O。

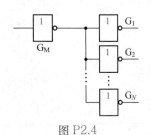

图 P2.4

2.4　图 P2.4 所示电路中的反相器 G_M 能驱动多少同样的反相器？要求 G_M 输出的高、低电平符合 $U_{OH} \geqslant 3.2V$，$U_{OL} \leqslant 0.25V$。已知所有的反相器均为 74LS 系列 TTL 电路，输入电流 $I_{IH} = 20\mu A$，$I_{IL} = 0.4mA$，$I_{OHmax} = 0.4mA$，$I_{OLmax} = 8mA$。

2.5　在例 2-3 中，若将图 2-16 中的门电路改为 TTL 或非门，试问在 5 种情况下测得的 u_B 各为多少？

2.6　写出图 P2.6 所示 TTL 门电路的输出 $Y_1 \sim Y_4$ 的逻辑表达式。

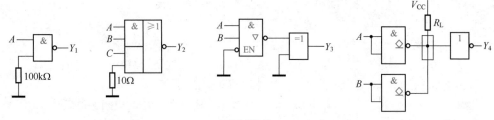

图 P2.6

2.7 如图 P2.7 所示电路，2 个 OC 门驱动 3 个 TTL 与非门，已知 $V'_{CC}=5\,V$，与非门的低电平输入电流 $I_{IL}=1\,mA$，高电平输入电流 $I_{IH}=40\,\mu A$；OC 门截止时的漏电流 $I_{OH}=200\,\mu A$，导通时允许的最大负载电流 $I_{Lmax}=16\,mA$；要求 OC 门输出的高电平 $U_{OH} \geqslant 3V$，低电平 $U_{OL} \leqslant 0.4V$。试求电路中外接负载电阻 R_L 的取值范围。

2.8 如图 P2.8 所示电路，G_1、G_2 为 TTL 与非 OC 门，G_3 为 TTL 普通与非门。设与非门输出高电平 $U_{OH}=3.6\,V$，低电平 $U_{OL}=0.3\,V$，电压表 V_1、V_2 的内阻为 $20\,k\Omega$，试求下列 3 种情况下电压表 V_1、V_2 的读数。

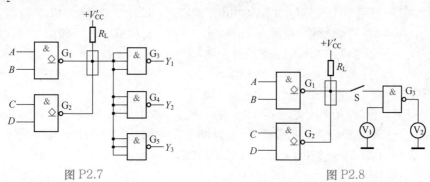

图 P2.7   图 P2.8

（1）S 断开。

（2）S 闭合且 G_1、G_2 输出为高电平。

（3）S 闭合且 G_1、G_2 任一输出为低电平。

2.9 在图 P2.9 中，G_1 为 TTL 三态与非门，G_2 为 TTL 普通与非门，电压表内阻为 $100\,k\Omega$。试求下列 4 种情况下的电压表读数和 G_2 输出电压 u_O 值。

（1）$B=0.3\,V$，开关 K 打开   （2）$B=0.3\,V$，开关 K 闭合

（3）$B=3.6\,V$，开关 K 打开   （4）$B=3.6\,V$，开关 K 闭合

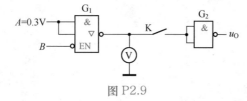

图 P2.9

2.10 在图 P2.10 中，CMOS 门的输入端 1、2、3 为多余端，试分析在图示电路的接法中，哪一个是正确的？哪一个是错误的？为什么？

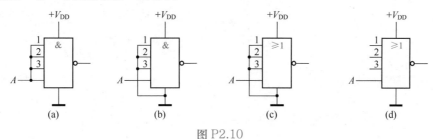

图 P2.10

2.11 在例 2-3 中，若将图 2-16 所示的门电路改为 CMOS 与非门，试问在①、③、④、⑤这 4 种情况下测得的 u_B 各为多少？

2.12 请查出 7400、74H00、74S00、74LS00、74AS00、74ALS00 的技术参数，并进行比较，

说明相同之处和不同之处。

2.13 请查出 7404（六反相器）、7405（集电极开路六反相器）、7406（集电极开路六反相高压驱动器）和 7407（集电极开路六正相高压驱动器）的技术资料，并进行比较。

2.14 请查出 74125（TTL 三态输出高有效四总线缓冲门）和 74126（TTL 三态输出低有效四总线缓冲门）的技术资料，并进行比较。

2.15 请查出 CC74HC 高速系列 CMOS 门电路和 CT74 通用系列 TTL 逻辑门电路的技术参数，并比较这两种系列门电路产品的优缺点。

2.16 图 P2.16 是用 TTL 电路驱动 CMOS 电路的实例，试计算上拉电阻 R_L 的取值范围。TTL 与非门在 $U_{OL} \leqslant 0.3\text{V}$ 时的最大输出电流为 $8\,\text{mA}$，输出端的 VT_4 管截止时有 $50\,\mu\text{A}$ 的漏电流。CMOS 或非门的输入电流可以忽略，加到 CMOS 或非门输入端的电压满足 $U_{IH} \geqslant 4\text{V}$，$U_{IL} \leqslant 0.3\text{V}$，给定电源电压 V_{DD}=5V。

2.17 图 P2.17 是一个继电器线圈驱动电路。要求在 $u_1 = U_{IH}$ 时三极管 VT 截止，而 $u_1 = 0$ 时三极管 VT 饱和导通。已知 OC 门输出管截止时的漏电流 $I_{OH} \leqslant 100\,\mu\text{A}$，导通时允许流过的最大电流 I_{Lmax}=10mA，管压降小于 0.1 V。三极管 β=50，继电器线圈内阻为 $240\,\Omega$，电源电压 V_{CC}=12V，$V_{EE} = -8\text{V}$，R_2=3.2kΩ，R_3=18kΩ，试求 R_1 的阻值范围。

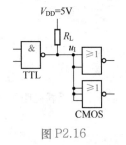

图 P2.16

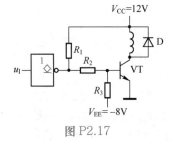

图 P2.17

第3章　组合逻辑电路

内容提要

　　本章重点阐述组合逻辑电路的分析和设计方法、常用的中规模组合逻辑器件及其应用，并简要介绍竞争 - 冒险现象。

主要问题

⊞ 什么是组合逻辑电路？

⊞ 基于门电路的组合逻辑电路分析和设计的步骤是什么？

⊞ 编码器、译码器、数据选择器、数值比较器、加法器等几种常用的组合逻辑电路的功能、工作原理和主要用途是什么？

⊞ 竞争 - 冒险的现象是什么？产生竞争 - 冒险现象的原因是什么？如何消除？

➤ 3.1 组合逻辑电路概述 _____

数字逻辑电路是指对数字信号进行算术运算或逻辑运算的电路，也称为数字电路。按逻辑功能，数字电路可以分为两类：组合逻辑电路（简称组合电路）和时序逻辑电路（简称时序电路）。比较复杂的数字系统中常常既包含组合逻辑电路，又包含时序逻辑电路。本章讨论组合逻辑电路分析和设计的方法，介绍中规模集成组合逻辑电路的应用。

组合逻辑电路是指在任何时刻逻辑电路的输出状态只取决于输入信号的组合，而与电路原有的状态无关，一旦输入发生变化，输出将立即做出响应。组合逻辑电路的结构框图如图 3-1 所示。不同形式与不同结构的组合逻辑电路都可以用图 3-1 来表示，可以看出，组合逻辑电路具有如下特点：① 电路中不存在从输出端到输入端的反馈通道；② 电路中不包含存储信号的记忆元件，一般由各种门电路组合而成。

根据以上特点不难看出，第 2 章介绍的各种门电路实际上是最简单的组合逻辑电路。

在图 3-1 中，$A_1, A_2, \cdots, A_m$ 表示 m 个输入变量，$L_1, L_2, \cdots, L_n$ 表示 n 个输出变量。每个输出变量是部分或全部输入变量的函数，它们之间的函数关系表示为

$$L_1 = f_1(A_1, A_2, \cdots, A_m)$$
$$L_2 = f_2(A_1, A_2, \cdots, A_m)$$
$$\vdots$$
$$L_n = f_n(A_1, A_2, \cdots, A_m)$$

图 3-1　**组合逻辑电路**

➤ 3.2 基于门电路的组合逻辑电路的分析与设计 _____

所谓组合逻辑电路的分析，就是根据已知的逻辑电路，写出其逻辑函数表达式或列出其真值表，从而确定电路的逻辑功能。而组合逻辑电路的设计就是根据给出的实际逻辑问题，得到实现该逻辑功能的最简单的逻辑电路。

随着微电子技术和电子设计自动化（Electronic Design Automatic，EDA）技术的不断发展，单片芯片的集成度越来越高。一般，小规模集成电路只是器件的集成，如各种逻辑门电路；中规模集成电路已是逻辑部件的集成，如计数器、译码器和全加器等；大规模、超大规模和特大规模集成电路已是一个数字子系统或数字系统的集成，如存储器、微处理器和可编程逻辑器件。

虽然中规模集成电路（Medium-Scale Integration，MSI）的应用已经相当广泛，但是作为组合逻辑电路分析和设计方法的基础，基于门电路的组合逻辑电路的分析和设计方法有着重要的意义。所以，本节首先介绍基于门电路的组合逻辑电路的分析和设计方法。

3.2.1 基于门电路的组合逻辑电路的分析

基于门电路的组合逻辑电路分析的步骤如图 3-2 所示。

逻辑电路图 ➡ 逻辑表达式 ➡ 化简和变换 ➡ 逻辑真值表 ➡ 逻辑功能说明

图 3-2　**基于门电路的组合逻辑电路分析的步骤**

分析组合逻辑电路的一般步骤如下：

① 根据组合逻辑电路图，写出输出逻辑函数表达式（一般从输入到输出逐级写出）。

② 根据需要，对表达式进行必要的化简和变换，列出真值表。若步骤①中写出的逻辑表达式比较简单，则可省略步骤②。

③ 根据表达式或真值表确定电路的逻辑功能。

下面通过具体实例详细介绍组合逻辑电路的分析过程。

【例 3-1】 分析如图 3-3 所示的组合逻辑电路，试说明该电路的功能。

解 （1）写出输出逻辑函数表达式：

$$P_1 = \overline{AB}$$

$$P_2 = \overline{AP_1}$$

$$P_3 = \overline{BP_1}$$

$$S = \overline{P_2P_3} = \overline{\overline{AP_1}\ \overline{BP_1}} = \overline{\overline{A\overline{AB}}\ \overline{B\overline{AB}}}$$

$$C = \overline{\overline{P_1}\overline{P_1}} = \overline{P_1}$$

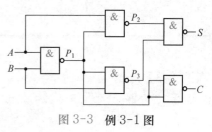

图 3-3 例 3-1 图

（2）化简并变换逻辑函数表达式：

$$S = \overline{A}\overline{AB} + \overline{B}\overline{AB} = A\overline{B} + \overline{A}B$$

$$C = AB$$

列出组合逻辑电路的真值表，如表 3-1 所示。

（3）确定逻辑功能。通过分析表 3-1 可知，图 3-3 所示的组合逻辑电路完成输入变量 A、B 的 1 位二进制数的加法，S 是两个二进制数的和，C 是向高位的进位，因此该电路是 1 位半加器。

表 3-1 例 3-1 的真值表

A	B	S	C
0	0	0	0
0	1	1	0
1	0	1	0
1	1	0	1

3.2.2 基于门电路的组合逻辑电路的设计

基于门电路的组合逻辑电路设计的步骤如图 3-4 所示。

逻辑问题 → 逻辑真值表 → 逻辑函数表达式 → 化简和变换 → 逻辑电路图

图 3-4 基于门电路的组合逻辑电路设计的步骤

基于门电路设计组合逻辑电路的一般步骤如下：

① 根据逻辑功能要求，进行逻辑抽象，列出真值表。

② 根据真值表写出逻辑函数表达式，或者直接画出卡诺图。

③ 将逻辑函数表达式进行化简，如有需要，对最简表达式进行变换，得到需要的表达式。

④ 按照最简表达式或变换后的表达式，画出逻辑电路图。

【例 3-2】 设计一个供 A、B、C 三人使用的简单表决电路。若多数人同意，则提案通过，指示灯亮；否则提案不通过，指示灯灭。约定 A、B、C 同意为 1，反对为 0；提案通过，则输出 F 为 1（指示灯亮），否则输出 F 为 0（指示灯灭）。要求用 TTL 与非门实现，画出逻辑电路图。

解 （1）根据题意列出真值表，如表 3-2 所示。

（2）根据真值表，写出逻辑表达式为

$$F = \overline{A}BC + A\overline{B}C + AB\overline{C} + ABC$$

（3）用卡诺图对逻辑函数进行化简，并根据题目要求，将化简后的逻辑表达式变换成与非

- 与非形式，即

$$F = AB + AC + BC = \overline{\overline{AB} \cdot \overline{AC} \cdot \overline{BC}}$$

（4）根据化简和变换后的与非－与非表达式，画出其逻辑电路图，如图 3-5 所示。

表 3-2　例 3-2 的真值表

A	B	C	F	A	B	C	F
0	0	0	0	1	0	0	0
0	0	1	0	1	0	1	1
0	1	0	0	1	1	0	1
0	1	1	1	1	1	1	1

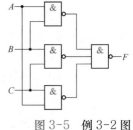

图 3-5　例 3-2 图

【例 3-3】 已知某房间供暖控制系统的功能为：白天，室温低于 20℃ 时启动供暖；晚间，室温低于 17℃ 时启动供暖。试用与或非门设计一个逻辑电路实现该供暖系统的控制功能，要求其输出 F 仅在需要供暖时为高电平信号。

解 （1）逻辑抽象，列真值表。

根据电路的功能描述，设以变量 $A=0$ 表示白天，$A=1$ 表示晚上；用变量 B、C 表示 2 个温度阈值：当室温高于 20℃ 时，B 为 1，否则 B 为 0；当室温高于 17℃ 时，C 为 1，否则 C 为 0；供暖系统供暖时输出高电平，用 $F=1$ 表示。根据题意列真值表，如表 3-3 所示（×表示任意态）。

（2）根据真值表，通过化简得到最简逻辑式，并转换为与或非式。

由于该例要求用与或非门实现，完全可以像上例先通过卡诺图圈"1"得到最简的与或式，再将与或式转换为与或非式，但两种表达式形式的转换过程比较复杂。其实，还有一种更简单的方法，即卡诺图化简时不是圈"1"，而是通过圈"0"先得到 $\overline{F}$ 的最简与或式，然后容易得到 F 的与或非式。具体步骤如下：如图 3-6(a) 所示，通过卡诺图圈"0"得到 $\overline{F}$ 的最简与或式为 $\overline{F} = B + A\overline{C}$，两边求反，可得 $F = \overline{B + A\overline{C}}$。

（3）画逻辑电路图，如图 3-6(b) 所示。

表 3-3　例 3-3 的真值表

A	B	C	F
0	0	0	1
0	0	1	1
0	1	0	×
0	1	1	0
1	0	0	1
1	0	1	0
1	1	0	×
1	1	1	0

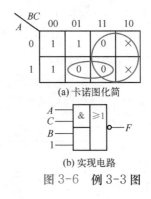

(a) 卡诺图化简

(b) 实现电路

图 3-6　例 3-3 图

【例 3-4】 设计一组合逻辑电路，比较两个 1 位二进制数值；对不同的比较结果，用相应的输出来指示。

解 （1）逻辑抽象，列真值表。

本例中有两个逻辑变量，分别用 A 和 B 表示。两个数比较有 3 种结果（大于、等于和小于），即有 3 个逻辑函数，分别用 $F_{A>B}$、$F_{A=B}$、$F_{A<B}$ 表示。逻辑函数用"1"表示"是"，用"0"表示"否"。

（2）列出真值表，如表 3-4 所示。

（3）写出逻辑表达式：$F_{A<B} = \overline{A}B$，$F_{A>B} = A\overline{B}$，$F_{A=B} = \overline{A}\,\overline{B} + AB$。它们已是最简式，不需化简，但从工程设计的角度，基于门电路的组合逻辑电路的设计，希望使用门电路的类型最少、个数最少和外部连线最少的最简设计。为了使总体电路最简，可以对 $F_{A=B}$ 进行变换，使 $F_{A=B}$ 尽量与 $F_{A<B}$ 和 $F_{A>B}$ 共用一些因子，即 $F_{A=B} = \overline{A}\,\overline{B} + AB = \overline{\overline{A}B + A\overline{B}}$。

（4）画出电路图，如图 3-7 所示。

表 3-4　例 3-4 的真值表

A	B	$F_{A>B}$	$F_{A=B}$	$F_{A<B}$
0	0	0	1	0
0	1	0	0	1
1	0	1	0	0
1	1	0	1	0

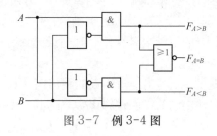

图 3-7　例 3-4 图

由图 3-7 可知，对 $F_{A=B}$ 进行变换后的实现电路只需要 5 个门电路，节省了 2 个门电路。可见，对于多输出的组合逻辑电路，输出表达式尽量共用一些因子，可以使总体实现电路更简单。

基于门电路的组合逻辑电路通常用于较为简单的电路设计。复杂数字系统可能是由百万门电路构成的非常复杂的数字系统，其设计大多采用层次式设计方法，即将复杂数字系统分解为实现一定功能的逻辑单元。

【思考题】　组合逻辑电路在逻辑功能上和电路结构上有何特点？

▶▶ 3.3　常用集成中规模组合逻辑电路

随着数字集成电路生产工艺的不断成熟，具有通用性的功能电路在各类数字系统中经常出现，这种通用性的功能电路已被制成标准化、系列化中大规模的单片商品集成电路芯片。常用的集成中规模组合逻辑电路包括编码器、译码器、数据选择器、数值比较器和加法器等。

3.3.1　编码器

数字系统常常需要将某信息（输入）变换为某特定的代码（输出）。把二进制代码按一定的规律编排，如 8421 码、格雷码等，使每组代码具有特定的含义（代表某数字或控制信号）的过程称为编码。具有编码功能的逻辑电路称为编码器。例如，计算机中的键盘输入电路就是将键盘输入的字母（A、B、…）、数字（0、1、…）、运算符（+、−、…）的按键开关信号，变成 16 位二进制信息输出的编码器。

对信息进行编码主要为了节约计算机或 CPU 的 I/O。

编码器是一类多输入、多输出的组合逻辑电路，如图 3-8 所示，有 M 个输入端，每个输入的信息转换成一组 N 位二进制编码输出，M 和 N 的关系为 $2^N \geq M$。

图 3-8　编码器

按照编码方式，编码器可分为普通编码器和优先编码器；按照输出代码种类，编码器可分为二进制编码器和非二进制编码器。

1. 二进制编码器

所谓二进制编码器，是指逻辑变量 M 和逻辑函数 N 满足关系式 $2^N = M$ 的编码器，如 4 线－2 线编码器，8 线－3 线编码器。对于二进制编码器，按输出二进制位数也称为 N 位二进制编码器，如 4 线－2 线编码器也称为 2 位二进制编码器。下面以 4 线－2 线编码器为例来了解二进制编码器的工作原理。

4 线－2 线编码器有 4 个逻辑变量，用 A_3、A_2、A_1、A_0 表示，出现某事件以该逻辑变量为"1"来表示；该编码器有 2 个逻辑函数，用 2 位二进制代码 Y_1、Y_0 表示，其真值表如表 3-5 所示。普通编码器的逻辑变量在任一时刻只允许有一个输入有效，故逻辑变量只有 4 种取值，其余 12 种取值都是无关项，在表 3-5 中不必列出。

根据表 3-5 写出逻辑函数的输出表达式，利用 12 个约束项对逻辑函数进行化简，便可得到编码器输出的最简的逻辑函数表达式，即

$$Y_0 = A_1 + A_3 = \overline{\overline{A_1}\,\overline{A_3}}, \qquad Y_1 = A_2 + A_3 = \overline{\overline{A_2}\,\overline{A_3}}$$

根据输出表达式，画出 4 线－2 线编码器的逻辑电路如图 3-9 所示。

表 3-5　4 线－2 线编码器的真值表

A_3	A_2	A_1	A_0	Y_1	Y_0
0	0	0	1	0	0
0	0	1	0	0	1
0	1	0	0	1	0
1	0	0	0	1	1

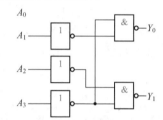

图 3-9　4 线－2 线编码器的逻辑电路

普通编码器在多个输入有效时会出现逻辑错误。另外，在无输入即输入 $A_3A_2A_1A_0 = 0000$ 时，输出 $Y_1Y_0 = 00$，与输入 $A_3A_2A_1A_0 = 0001$ 时相同。也就是说，当 $Y_1Y_0 = 00$ 时，无法判断是 A_0 有效还是无输入。优先编码器可以解决上述问题。

2. 优先编码器

所谓优先编码器，就是在任何时刻允许同时输入两个以上的编码信号，编码器只按预先约定的优先级别对其中一个优先级别最高的输入信号进行编码的编码器。

8 线－3 线优先编码器的真值表如表 3-6 所示，有 8 个信号输入端，3 位二进制码输出端。输入是低电平有效，输出是二进制反码输出。$\overline{I_7}$ 的优先权最高，$\overline{I_0}$ 的优先权最低。当 $\overline{I_7} = 0$ 时，无论其他输入端有无输入信号（表中以×表示），输出端仅给出 $\overline{I_7}$ 的编码，即 $\overline{Y_2}\,\overline{Y_1}\,\overline{Y_0} = 000$。当 $\overline{I_7} = 1$，$\overline{I_6} = 0$ 时，无论其余输入端有无输入信号，只对 $\overline{I_6}$ 编码，输出为 $\overline{Y_2}\,\overline{Y_1}\,\overline{Y_0} = 001$。

其余输入状态请读者自行分析。

常用的 8 线－3 线二进制优先编码器有 74148、CD4532B 和 74348 等。其中 74348 是具有三态输出功能的 8 线-3 线优先编码器，其他功能与 74148 相同。除了 8 线－3 线优先编码器，还有 10 线－4 线 BCD 优先编码器中规模集成产品，如 74147 和 CD40147B 等。

下面介绍 74148 的功能。集成 8 线－3 线优先编码器 74148 如图 3-10 所示。如果不考虑由门 G_1、G_2 和 G_3 构成的附加控制电路，那么编码器电路只有图中虚线框以内的部分，包括 8 个信号输入端、3 个二进制码输出端。

表 3-6　8线－3线优先编码器真值表

输　入								输　出		
$\overline{I_0}$	$\overline{I_1}$	$\overline{I_2}$	$\overline{I_3}$	$\overline{I_4}$	$\overline{I_5}$	$\overline{I_6}$	$\overline{I_7}$	$\overline{Y_2}$	$\overline{Y_1}$	$\overline{Y_0}$
×	×	×	×	×	×	×	0	0	0	0
×	×	×	×	×	×	0	1	0	0	1
×	×	×	×	×	0	1	1	0	1	0
×	×	×	×	0	1	1	1	0	1	1
×	×	×	0	1	1	1	1	1	0	0
×	×	0	1	1	1	1	1	1	0	1
×	0	1	1	1	1	1	1	1	1	0
0	1	1	1	1	1	1	1	1	1	1

注：×表示任意状态。

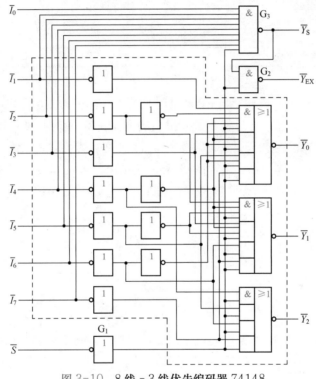

图 3-10　8线－3线优先编码器 74148

为了扩展电路的功能和增加使用的灵活性，74148 的逻辑电路中附加了由门 G_1、G_2 和 G_3 组成的控制电路，其中 $\overline{S}$ 为选通输入端，只有在 $\overline{S}=0$ 的条件下，编码器才能正常工作。而在 $\overline{S}=1$ 时，所有输出端均被封锁在高电平。选通输出端 $\overline{Y_S}$ 和扩展端 $\overline{Y_{EX}}$ 用于扩展编码功能。

由图 3-10 可知，$\overline{Y_S}=\overline{\overline{I_0}\,\overline{I_1}\,\overline{I_2}\,\overline{I_3}\,\overline{I_4}\,\overline{I_5}\,\overline{I_6}\,\overline{I_7}\,\overline{S}}$，表明只有当所有的编码输入端都是高电平（没有编码输入）且 $\overline{S}=0$ 时，$\overline{Y_S}$ 才是低电平。因此，$\overline{Y_S}$ 低电平输出信号表示"电路工作，但无编码输入"。

根据图 3-10 还可以写出 $\overline{Y_{EX}}=\overline{\overline{Y_S}\,\overline{\overline{S}}}$，表明只要任何一个编码输入端有低电平信号输入且 $\overline{S}=0$ 时，$\overline{Y_{EX}}$ 即低电平。因此，

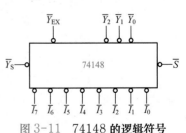

图 3-11　74148 **的逻辑符号**

$\overline{Y}_{EX}$ 的低电平输出信号表示"电路工作，而且有编码输入"。

8 线－3 线优先编码器 74148 的逻辑符号如图 3-11 所示，其功能如表 3-7 所示。

表 3-7 8 线－3 线优先编码器 74148 的功能表

输　入									输　出				
$\overline{S}$	$\overline{I}_0$	$\overline{I}_1$	$\overline{I}_2$	$\overline{I}_3$	$\overline{I}_4$	$\overline{I}_5$	$\overline{I}_6$	$\overline{I}_7$	$\overline{Y}_2$	$\overline{Y}_1$	$\overline{Y}_0$	$\overline{Y}_{EX}$	$\overline{Y}_S$
1	×	×	×	×	×	×	×	×	1	1	1	1	1
0	1	1	1	1	1	1	1	1	1	1	1	1	0
0	×	×	×	×	×	×	×	0	0	0	0	0	1
0	×	×	×	×	×	×	0	1	0	0	1	0	1
0	×	×	×	×	×	0	1	1	0	1	0	0	1
0	×	×	×	×	0	1	1	1	0	1	1	0	1
0	×	×	×	0	1	1	1	1	1	0	0	0	1
0	×	×	0	1	1	1	1	1	1	0	1	0	1
0	×	0	1	1	1	1	1	1	1	1	0	0	1
0	0	1	1	1	1	1	1	1	1	1	1	0	1

注：×表示任意状态。

表 3-7 中出现的 $\overline{Y}_2\overline{Y}_1\overline{Y}_0 = 111$ 三种情况可以用 $\overline{Y}_S$ 和 $\overline{Y}_{EX}$ 的不同状态加以区分。

优先编码器非常适合管理计算机中不同级别的硬件设备。首先把硬件设备分为不同的级别，然后把硬件设备按优先级连接到优先编码器上。当某设备需要工作时，该设备发送一个信号到优先编码器的输入端。计算机根据 Y_2、Y_1、Y_0 输出端的编码，便知道哪个设备需要工作。

【例 3-5】 用两片 74148 组成的 16 线－4 线优先编码器如图 3-12 所示，分析其工作原理。

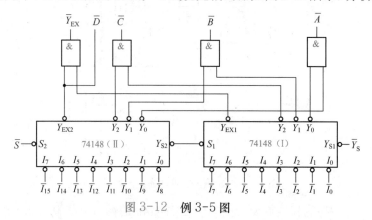

图 3-12 例 3-5 图

解 根据表 3-7 对逻辑图进行分析，可以得到：

（1）当 $\overline{S} = 1$ 时，$\overline{Y}_{S2} = 1$，即 $\overline{S}_1 = 1$，这时 74148(Ⅰ)、(Ⅱ)均工作在禁止编码的状态，它们的输出端 $\overline{Y}_2\overline{Y}_1\overline{Y}_0$ 都是 111。由图 3-12 可知，$\overline{Y}_{EX} = \overline{Y}_{EX1} \cdot \overline{Y}_{EX2} = 1$，此时整个电路的代码输出端 $\overline{D}\,\overline{C}\,\overline{B}\,\overline{A} = 1111$，是非编码输出。

（2）当 $\overline{S} = 0$ 时，高位片(Ⅱ)允许编码，若 $\overline{I}_{15} \sim \overline{I}_8$ 都是高电平，即均无编码请求，则 $\overline{Y}_{S2} = 0$，从而 $\overline{S}_1 = 0$，允许低位片(Ⅰ)编码。输出代码为 1111～1000。例如，输入线 $\overline{I}_5 = 0$，则高位片的 $\overline{Y}_{EX2} = 1$，低位片 $\overline{Y}_2\overline{Y}_1\overline{Y}_0 = 010$，因此总的输出为 $\overline{D}\,\overline{C}\,\overline{B}\,\overline{A} = 1010$，这是十进制数 5 的反码。

（3）当 $\overline{S} = 0$ 且 $\overline{I}_{15} \sim \overline{I}_8$ 中有编码请求（至少有一个为低电平）时，输出代码为 0111～0000。

例如，输入线 $\overline{I}_{12} = 0$，则高位片的 $\overline{Y}_{EX2} = 0$，$\overline{Y}_2\overline{Y}_1\overline{Y}_0 = 011$，因此总的输出为 $\overline{D}\,\overline{C}\,\overline{B}\,\overline{A} = 0011$，这是十进制数 12 的反码。

所以，整个电路实现了 16 线 - 4 线优先编码器的功能，其中 $\overline{I}_{15}$ 具有最高的优先级别，优先级别从 $\overline{I}_{15}$ 到 $\overline{I}_0$ 依次递减。两片的工作标志位相"与"，作为总的工作标志端，高位片的 $\overline{S}$ 作为总的使能输入端，低位片的 $\overline{Y}_S$ 作为总的使能输出端。

3.3.2 译码器

将已赋予特定含义的一组代码的原意"翻译"出来称为译码。能够完成译码功能的电路称为译码器。常见的译码器有二进制译码器、二 - 十进制译码器和显示译码器。

与编码的作用相同，译码也是为了节约计算机或 CPU 的资源。

译码器是一种多输入、多输出的组合逻辑电路，如图 3-13 所示。译码器有 N 个输入，最多有 M 个输出端，它的输入是一组二进制代码，输出则是高、低电平信号。对应每组代码，只有一个输出端为有效电平，其余输出端为无效电平。其中，M 和 N 的关系是 $2^N \geqslant M$。

图 3-13　译码器

1. 二进制译码器

具有特定含义的一组二进制代码，按其原意翻译为相对应的输出信号的电路，被称为二进制译码器。常用的二进制译码器有 2 线 - 4 线译码器 74139、3 线 - 8 线译码器 74138、4 线 - 16 线译码器 74154 等。译码器输入不限于自然二进制码，还可以输入其他代码，如 8421 码。例如，7442 为 4 线 - 10 线的 BCD 译码器。

3 线 - 8 线译码器有 3 个地址输入端 A_2、A_1、A_0 和 8 个译码输出线 $\overline{Y}_7 \sim \overline{Y}_0$，其真值表如表 3-8 所示。该二进制译码器的输入是原码输入，输出是低电平有效，如当地址 $A_2A_1A_0 = 000$ 时，仅选中一个对应的输出端 $\overline{Y}_0 = 0$，其余输出均为 1。

表 3-8　3 线 - 8 线译码器的真值表

A_2	A_1	A_0	$\overline{Y}_7$	$\overline{Y}_6$	$\overline{Y}_5$	$\overline{Y}_4$	$\overline{Y}_3$	$\overline{Y}_2$	$\overline{Y}_1$	$\overline{Y}_0$
0	0	0	1	1	1	1	1	1	1	0
0	0	1	1	1	1	1	1	1	0	1
0	1	0	1	1	1	1	1	0	1	1
0	1	1	1	1	1	1	0	1	1	1
1	0	0	1	1	1	0	1	1	1	1
1	0	1	1	1	0	1	1	1	1	1
1	1	0	1	0	1	1	1	1	1	1
1	1	1	0	1	1	1	1	1	1	1

根据表 3-8，输出 $\overline{Y}_7 \sim \overline{Y}_0$ 的表达式如下：

$$\overline{Y}_0 = \overline{\overline{A}_2\overline{A}_1\overline{A}_0} = \overline{m}_0, \qquad \overline{Y}_1 = \overline{\overline{A}_2\overline{A}_1 A_0} = \overline{m}_1$$

$$\overline{Y}_2 = \overline{\overline{A}_2 A_1\overline{A}_0} = \overline{m}_2, \qquad \overline{Y}_3 = \overline{\overline{A}_2 A_1 A_0} = \overline{m}_3$$

$$\overline{Y}_4 = \overline{A_2\overline{A}_1\overline{A}_0} = \overline{m}_4, \qquad \overline{Y}_5 = \overline{A_2\overline{A}_1 A_0} = \overline{m}_5$$

$$\overline{Y_6} = \overline{A_2 A_1 \overline{A_0}} = \overline{m_6}, \qquad \overline{Y_7} = \overline{A_2 A_1 A_0} = \overline{m_7}$$

由此可知，$\overline{Y_7} \sim \overline{Y_0}$ 是 A_2、A_1、A_0 的最小项，因此能够方便地实现任意 3 变量的逻辑函数。

3 线 - 8 线译码器的逻辑符号如图 3-14 所示。集成 3 线 - 8 线译码器 74138 的逻辑符号如图 3-15 所示，功能如表 3-9 所示，包括：3 个地址输入端 A_2、A_1、A_0，3 个控制输入端（选通输入端）$\mathrm{ST_A}$、$\overline{\mathrm{ST_B}}$ 和 $\overline{\mathrm{ST_C}}$，8 个译码输出线 $\overline{Y_7} \sim \overline{Y_0}$。$\mathrm{ST_A}$、$\overline{\mathrm{ST_B}}$ 和 $\overline{\mathrm{ST_C}}$ 是选通输入端，当 $\mathrm{ST_A} = 0$ 或 $\overline{\mathrm{ST_B}} + \overline{\mathrm{ST_C}} = 1$ 时，译码器的输出 $\overline{Y_7} \sim \overline{Y_0}$ 全为无效状态，即全为 1；只有当 $\mathrm{ST_A} = 1$ 且 $\overline{\mathrm{ST_B}} + \overline{\mathrm{ST_C}} = 0$ 时，该译码器才允许译码。这 3 个控制端也称为"片选"输入端，利用片选的作用可以将多片连接起来以扩展译码器。

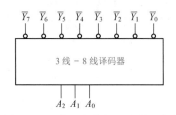

图 3-14 3 线 - 8 线译码器的逻辑符号

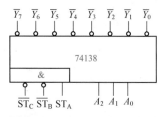

图 3-15 74138 的逻辑符号

表 3-9 3 线 - 8 线译码器 74138 的功能表

输 入						输 出							
$\mathrm{ST_A}$	$\overline{\mathrm{ST_B}}$	$\overline{\mathrm{ST_C}}$	A_2	A_1	A_0	$\overline{Y_7}$	$\overline{Y_6}$	$\overline{Y_5}$	$\overline{Y_4}$	$\overline{Y_3}$	$\overline{Y_2}$	$\overline{Y_1}$	$\overline{Y_0}$
×	1	×	×	×	×	1	1	1	1	1	1	1	1
×	×	1	×	×	×	1	1	1	1	1	1	1	1
0	×	×	×	×	×	1	1	1	1	1	1	1	1
1	0	0	0	0	0	1	1	1	1	1	1	1	0
1	0	0	0	0	1	1	1	1	1	1	1	0	1
1	0	0	0	1	0	1	1	1	1	1	0	1	1
1	0	0	0	1	1	1	1	1	1	0	1	1	1
1	0	0	1	0	0	1	1	1	0	1	1	1	1
1	0	0	1	0	1	1	1	0	1	1	1	1	1
1	0	0	1	1	0	1	0	1	1	1	1	1	1
1	0	0	1	1	1	0	1	1	1	1	1	1	1

注：×表示任意状态。

2. 二 - 十进制译码器

二 - 十进制译码器的功能是将 10 个 8421 码 0000～1001 翻译为 10 个高电平或低电平输出信号，也称为 BCD 码译码器或 4 线 - 10 线译码器。需要指出的是，8421 码译码器存在 6 个伪码 1010～1111，设计中有两种处理方法：完全译码方式和部分译码方式。当译码器输入伪码时，$\overline{Y_9} \sim \overline{Y_0}$ 均封锁为高电平，译码器拒绝"翻译"，这样得到的电路称为拒伪码译码器或完全译码方式。当译码器输入伪码时，把伪码当作无关项处理，输出可任意，根据这种方案设计的电路称为不拒伪码译码器或部分译码方式。常用的 BCD 码译码器是 7442，属于拒伪码译码器。7442 的逻辑符号如图 3-16 所示，真值表如表 3-10 所示。

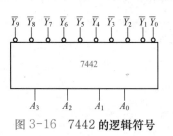

图 3-16 7442 的逻辑符号

由真值表 3-10 写出输出表达式：

$$\overline{Y}_0 = \overline{\overline{A_3}\,\overline{A_2}\,\overline{A_1}\,\overline{A_0}} = \overline{m}_0, \qquad \overline{Y}_1 = \overline{\overline{A_3}\,\overline{A_2}\,\overline{A_1}A_0} = \overline{m}_1$$

$$\overline{Y}_2 = \overline{\overline{A_3}\,\overline{A_2}A_1\overline{A_0}} = \overline{m}_2, \qquad \overline{Y}_3 = \overline{\overline{A_3}\,\overline{A_2}A_1A_0} = \overline{m}_3$$

$$\overline{Y}_4 = \overline{\overline{A_3}A_2\overline{A_1}\,\overline{A_0}} = \overline{m}_4, \qquad \overline{Y}_5 = \overline{\overline{A_3}A_2\overline{A_1}A_0} = \overline{m}_5$$

$$\overline{Y}_6 = \overline{\overline{A_3}A_2A_1\overline{A_0}} = \overline{m}_6, \qquad \overline{Y}_7 = \overline{\overline{A_3}A_2A_1A_0} = \overline{m}_7$$

$$\overline{Y}_8 = \overline{A_3\overline{A_2}\,\overline{A_1}\,\overline{A_0}} = \overline{m}_8, \qquad \overline{Y}_9 = \overline{A_3\overline{A_2}\,\overline{A_1}A_0} = \overline{m}_9$$

表 3-10　二 – 十进制译码器 7442 的真值表

序号	输入				输出									
	A_3	A_2	A_1	A_0	$\overline{Y}_9$	$\overline{Y}_8$	$\overline{Y}_7$	$\overline{Y}_6$	$\overline{Y}_5$	$\overline{Y}_4$	$\overline{Y}_3$	$\overline{Y}_2$	$\overline{Y}_1$	$\overline{Y}_0$
0	0	0	0	0	1	1	1	1	1	1	1	1	1	0
1	0	0	0	1	1	1	1	1	1	1	1	1	0	1
2	0	0	1	0	1	1	1	1	1	1	1	0	1	1
3	0	0	1	1	1	1	1	1	1	1	0	1	1	1
4	0	1	0	0	1	1	1	1	1	0	1	1	1	1
5	0	1	0	1	1	1	1	1	0	1	1	1	1	1
6	0	1	1	0	1	1	1	0	1	1	1	1	1	1
7	0	1	1	1	1	1	0	1	1	1	1	1	1	1
8	1	0	0	0	1	0	1	1	1	1	1	1	1	1
9	1	0	0	1	0	1	1	1	1	1	1	1	1	1
伪码	1	0	1	0	1	1	1	1	1	1	1	1	1	1
	1	0	1	1	1	1	1	1	1	1	1	1	1	1
	1	1	0	0	1	1	1	1	1	1	1	1	1	1
	1	1	0	1	1	1	1	1	1	1	1	1	1	1
	1	1	1	0	1	1	1	1	1	1	1	1	1	1
	1	1	1	1	1	1	1	1	1	1	1	1	1	1

3. 显示译码器

数字系统中使用的是二进制数，但在数字测量仪表和各种显示系统中，为了便于表示测量和运算的结果以及对系统的运行情况进行检测，常需将数字量用人们习惯的十进制字符直观地显示出来，这就需要数字显示电路。数字显示电路就是用译码电路把二进制译成十进制字符，再通过驱动电路由数字显示器来显示数字。数字显示电路由计数器、译码器、驱动器和显示器组成，如图 3-17 所示。下面介绍译码器、驱动器和显示器，计数器将在第 5 章介绍。

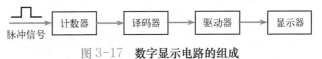

脉冲信号

图 3-17　数字显示电路的组成

1）显示器

常用的数字显示器有多种类型。按显示方式，分为字符重叠式、点阵式、分段式等；按发光物质，分为半导体（又称为发光二极管，Light Emitting Diode，LED）显示器、荧光显示器、液晶显示器（Liquid Crystal Display，LCD）和气体放电管显示器等。

LED 管的工作电压较低（1.5～3 V），工作电流只有十几毫安，可以直接用 TTL 集成器件驱动，因而在数字显示系统中得到广泛的应用。

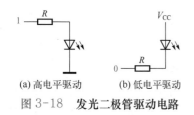

图 3-18　**发光二极管驱动电路**

发光二极管是用砷化镓、磷化镓等材料制造的特殊的二极管。在发光二极管正向导通时，电子和空穴大量复合，把多余能量以光子形式释放出来，根据材料不同发出不同波长的光。发光二极管既可以用高电平驱动，也可以用低电平驱动，其驱动电路如图 3-18 所示。其中的电阻被称为限流电阻，一般为几百到几千欧姆，由发光亮度（电流）决定。

　　7 个发光二极管（加小数点为 8 个）被封装在一起，每个发光二极管作为字符的一个段，就是所谓"七段 LED"字符显示器。

　　根据内部连接的不同，LED 显示器有共阴极和共阳极之分。共阴极是将 7 个发光管的阴极连在一起，接低电平，发光管阳极接高电平就发光。共阳极是指 7 个发光管的阳极连在一起，接高电平，发光管阴极接低电平就发光。共阴极数码管 BS201A、共阳极数码管 BS201B 分别如图 3-19 和图 3-20 所示。

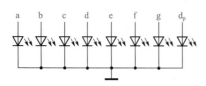

图 3-19　**共阴极数码管 BS201A**

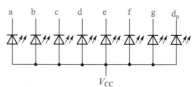

图 3-20　**共阳极数码管 BS201B**

　　当给数码显示器的某些段加一定的驱动电压或电流时，这些段的二极管就会发光，从而组合显示出阿拉伯数字。例如，a、b、c、d、e、f 段的二极管都发光就可以显示数字"0"。同理，LED 显示器可以显示 0～9 等阿拉伯数字，如图 3-21 所示。

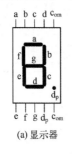

(a) 显示器

(b) 发光组合图

图 3-21　**七段显示器及发光段组合**

2）7448 七段显示译码器

　　为了把计数器中 BCD 码用七段显示器以十进制数显示，在计数器与七段显示器之间必须有一个逻辑电路，即七段显示译码器。例如，8421 码的"0011"对应十进制数 3，那么七段显示译码器的输出电平应当把七段显示器中的 a、b、c、d 和 g 段点亮，显示十进制数"3"。

　　常用的七段显示译码器有 7447 和 7448。7447 七段显示译码器的输出是低电平有效，用于驱动共阳极显示器；7448 七段显示译码器的输出是高电平有效，用于驱动共阴极显示器。下面以七段显示译码器 7448 为例来说明显示译码器的工作原理。

　　显示译码器 7448 的逻辑符号如图 3-22 所示，4 个输入信号 $A_3 \sim A_0$ 是 8421 码，7 个输出信号为 $Y_a \sim Y_g$，这 7 个输出端可以驱动显示器工作。显示

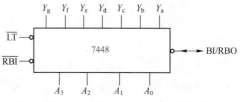

图 3-22　**显示译码器 7448 的逻辑符号**

译码器 7448 的功能如表 3-11 所示，除了列出了 8421 码的 10 个状态与 $Y_a \sim Y_g$ 状态的对应关系，还规定了输入为 1010～1111 状态下的输出。

表 3-11　显示译码器 7448 的功能表

十进制数	输入						输入/输出	输出						
	$\overline{LT}$	$\overline{RBI}$	A_3	A_2	A_1	A_0	$\overline{BI}/\overline{RBO}$	Y_a	Y_b	Y_c	Y_d	Y_e	Y_f	Y_g
0	1	1	0	0	0	0	1	1	1	1	1	1	1	0
1	1	×	0	0	0	1	1	0	1	1	0	0	0	0
2	1	×	0	0	1	0	1	1	1	0	1	1	0	1
3	1	×	0	0	1	1	1	1	1	1	1	0	0	1
4	1	×	0	1	0	0	1	0	1	1	0	0	1	1
5	1	×	0	1	0	1	1	1	0	1	1	0	1	1
6	1	×	0	1	1	0	1	0	0	1	1	1	1	1
7	1	×	0	1	1	1	1	1	1	1	0	0	0	0
8	1	×	1	0	0	0	1	1	1	1	1	1	1	1
9	1	×	1	0	0	1	1	1	1	1	0	0	1	1
10	1	×	1	0	1	0	1	0	0	0	1	1	0	1
11	1	×	1	0	1	1	1	0	0	1	1	0	0	1
12	1	×	1	1	0	0	1	0	1	0	0	0	1	1
13	1	×	1	1	0	1	1	1	0	0	1	0	1	1
14	1	×	1	1	1	0	1	0	0	0	1	1	1	1
15	1	×	1	1	1	1	1	0	0	0	0	0	0	0
灭灯	×	×	×	×	×	×	0	0	0	0	0	0	0	0
灭零	1	0	0	0	0	0	0	0	0	0	0	0	0	0
试灯	0	×	×	×	×	×	1	1	1	1	1	1	1	1

注意：7448 输入的是 8421 码，输出的是 7 位数码，不像基本译码器只有一个输出端为有效的译码信号。严格地说，这种电路称为代码变换器更确切，但习惯上仍称为 BCD‑七段显示译码器。

为了增强器件功能，7448 增加了 $\overline{LT}$、$\overline{RBI}$、$\overline{BI}/\overline{RBO}$ 辅助控制信号。

① 试灯输入 $\overline{LT}$：常用来检测 7448 本身及显示器的好坏，正常工作的时候应置 $\overline{LT}=1$。当 $\overline{LT}=0$ 时，无论其他输入端是什么状态，所有段的输出 $Y_a \sim Y_g$ 均为 1，显示字型 "8"，此时 $\overline{BI}/\overline{RBO}=1$。

② 动态灭零输入 $\overline{RBI}$：常用来熄灭不需要显示的 0。$\overline{LT}$ 的优先权高于 $\overline{RBI}$，即 $\overline{LT}=1$，且 $\overline{RBI}=0$，当输入 $A_3A_2A_1A_0=0000$ 时，数码管不显示（或称为全灭），此时 $\overline{BI}/\overline{RBO}=0$。

③ 双功能端 $\overline{BI}/\overline{RBO}$：既有输入功能，又有输出功能。消隐输入端 $\overline{BI}$ 主要用于多显示器的动态显示，在所有的输入端中具有最高的优先权。当 $\overline{BI}=0$ 时，无论其他输入端是什么状态，所有各段的输出 $Y_a \sim Y_g$ 均为 0，数码管不显示。动态灭零输出端 $\overline{RBO}$ 主要用于显示多位数字时多个译码器之间的连接。当 $\overline{LT}=1$ 且 $\overline{RBI}=0$、输入 $A_3A_2A_1A_0=0000$ 时，$\overline{BI}/\overline{RBO}=0$，数码管不显示这个 "0"。

用多个七段显示器显示字符时，通常不希望显示高位的 "0"。例如，4 位十进制数显示时，数 28 应显示为 "28" 而不是 "0028"，即把高位的两个 "0" 消隐掉。具有此功能的译码器显示电路如图 3-23 所示，把高位动态灭零的输出端作为低位动态灭零的输入端。由于最高位动

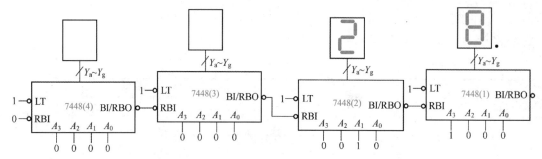

图 3-23　高位"0"消隐的 4 位译码器显示电路

态灭零输入端接低电平，7448(4)输入 0000，显示熄灭，同时 7448(4)灭零 $\overline{RBO}=0$，使 7448(3)处于动态灭零状态，7448(3)的输入 0000，显示也熄灭。虽然 7448(2)动态灭零的输入也是低电平，但输入 0010，所以显示字符"2"，且动态灭零输出端为高电平；7448(1)的 $\overline{RBI}=1$，显示字符"8"，若 7448(1)输入 0000，则可以显示这个"0"。同理，可以设计出让小数点后的低位"0"消隐的 4 位译码器显示电路，如图 3-24 所示，把低位的动态灭零的输出端当作高位的动态灭零的输入端，最低位的动态灭零的输入端为低电平，显示的结果为".04"，而不是".0400"。另外，对比图 3-23 和图 3-24 可知，这两个电路实现的功能是：在显示数字时，小数点前高位的 0 可实现消隐；而小数点后的 0，若其后有非 0 数字，则会显示 0，不会消隐。

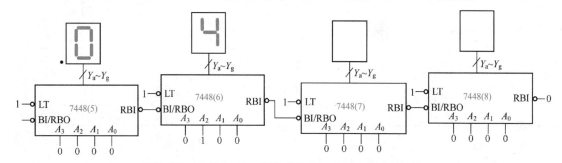

图 3-24　小数点后的"0"消隐的 4 位译码器显示电路

3.3.3　数据选择器

数据选择器，又称为多路选择器或多路开关，其基本功能是：在 n 个选择输入信号的控制下，从 2^n 个数据输入信号中选择一个作为输出，究竟选择哪一路数据由地址码决定。数据选择器的特点是输入有多路、输出只有一路。

1．4 选 1 数据选择器

4 选 1 数据选择器通过给定不同的地址代码，即可从 4 个输入信号 $D_3 \sim D_0$ 中选出所要的一个，并送至输出端 Y。4 选 1 数据选择器的逻辑符号如图 3-25 所示，其真值表如表 3-12 所示。当使能端 $\overline{S}=1$ 时，数据选择器禁止工作，输入数据和地址均无效；当使能端 $\overline{S}=0$ 时，数据选择器可以工作在数据选择的状态，此时输出 Y 的逻辑函数表达式为

$$Y = \overline{A_1}\,\overline{A_0}D_0 + \overline{A_1}A_0D_1 + A_1\overline{A_0}D_2 + A_1A_0D_3 = \sum_{i=0}^{3} m_i D_i$$

集成双 4 选 1 数据选择器 74153 的逻辑图如图 3-26 所示，包含两个完全相同的 4 选 1 数据选择器。两个数据选择器有公共的地址输入端，而数据输入端和输出端是各自独立的。

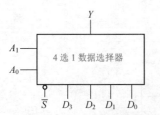

图 3-25 4选1数据选择器的逻辑符号

表 3-12 4选1数据选择器的真值表

输 入			输 出
使能输入	地址输入		
$\overline{S}$	A_1	A_0	Y
1	×	×	0
0	0	0	D_0
0	0	1	D_1
0	1	0	D_2
0	1	1	D_3

图 3-26 中的 $\overline{S}_1$ 和 $\overline{S}_2$ 是附加控制端,用于控制电路工作状态和扩展功能。74153 的逻辑符号如图 3-27 所示。

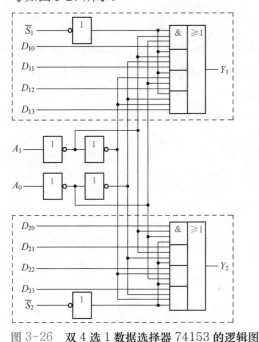

图 3-26 双 4选 1 数据选择器 74153 的逻辑图

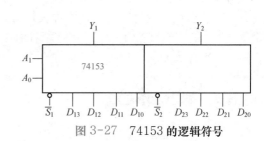

图 3-27 74153 的逻辑符号

2.8选1数据选择器 74151

74151 是集成 8 选 1 数据选择器,具有 8 个数据输入端 $D_7 \sim D_0$、3 个地址输入端 $A_2 \sim A_0$、1 个片选控制端 $\overline{S}$ 和 1 个输出端 Y。74151 的逻辑符号如图 3-28 所示,其功能如表 3-13 所示。

当使能端 $\overline{S}$ 为 0 时,输出的逻辑函数表达式为

$$Y = \overline{A}_2\overline{A}_1\overline{A}_0 D_0 + \overline{A}_2\overline{A}_1 A_0 D_1 + \overline{A}_2 A_1 \overline{A}_0 D_2 + \overline{A}_2 A_1 A_0 D_3 +$$
$$A_2\overline{A}_1\overline{A}_0 D_4 + A_2\overline{A}_1 A_0 D_5 + A_2 A_1 \overline{A}_0 D_6 + A_2 A_1 A_0 D_7$$
$$= \sum_{i=0}^{7} m_i D_i$$

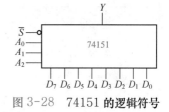

图 3-28 74151 的逻辑符号

【例 3-6】 试分析图 3-29 所示电路的逻辑功能。

解 若 $A_2 = 0$,则 S_1 对应的 4 选 1 数据选择器工作,通过给定 A_1 和 A_0 的状态,可从 $D_3 \sim D_0$ 中选中某数据,并经过门 G_2 送到输出端 Y。若 $A_2 = 1$,则 S_2 对应的 4 选 1 数据选择器工作,通过给定 A_1 和 A_0 的状态,便能从 $D_7 \sim D_4$ 中选择一个数据,再经过门 G_2 送到输出端 Y。

表 3-13　74151 的功能表

输　入				输　出
使能输入	地址输入			
$\overline{S}$	A_2	A_1	A_0	Y
1	×	×	×	0
0	0	0	0	D_0
0	0	0	1	D_1
0	0	1	0	D_2
0	0	1	1	D_3
0	1	0	0	D_4
0	1	0	1	D_5
0	1	1	0	D_6
0	1	1	1	D_7

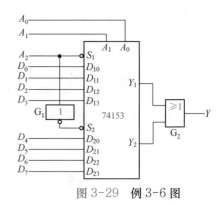

图 3-29　例 3-6 图

若用逻辑函数式表示图 3-29 所示电路的输出与输入间的逻辑关系，则可以得到

$$Y = \overline{A_2}\,\overline{A_1}\,\overline{A_0}D_0 + \overline{A_2}\,\overline{A_1}A_0D_1 + \overline{A_2}A_1\overline{A_0}D_2 + \overline{A_2}A_1A_0D_3 + A_2\overline{A_1}\,\overline{A_0}D_4 + A_2\overline{A_1}A_0D_5 + A_2A_1\overline{A_0}D_6 + A_2A_1A_0D_7$$

由上可知，该电路的逻辑功能是 8 选 1 数据选择器。

常用的双 4 选 1 数据选择器的型号有 74253、74153 和 MC14539B 等；常用的 8 选 1 数据选择器有 TTL 系列的 74151、74152、74251 和 CMOS 系列的 CD4512B、74HC151 等；常用的 16 选 1 数据选择器有 74HC4067、MC14067B 等。

当使用中规模逻辑器件时，要特别注意控制端的作用和连接。同一功能的 MSI 器件，不同型号的 MSI，其控制端个数及其有效电平可能有所不同；控制信号使器件禁止工作时，其输出端的状态也可能有所不同，因而使用芯片时，要下载数据手册查看详细资料。比如，74153 和 74253 都是双 4 选 1 数据选择器，控制信号使器件停止工作时，74153 的输出为 0，而 74253 的输出为高阻状态。

3.3.4　数值比较器

数值比较器是一种能将两个 n 位二进制数 A、B 进行比较，并判别其大小的组合逻辑电路。常用的数值比较器有 1 位数值比较器、多位数值比较器等多种类型。

1. 1 位数值比较器

表 3-14　1 位数值比较器的真值表

A	B	$F_{A>B}$	$F_{A=B}$	$F_{A<B}$
0	0	0	1	0
0	1	0	0	1
1	0	1	0	0
1	1	0	1	0

1 位数值比较器作为组合逻辑电路的一般设计方法的例子已在例 3-4 中给出。为了便于与多位数值比较器进行比较，这里重新列出其真值表 3-14 和逻辑表达式。从逻辑表达式可知，"大于"和"小于"输出函数都是一个最小项，"等于"输出函数则是异或非（也称为同或）的逻辑函数表达式。根据真值表，写出逻辑函数表达式：

$$F_{A>B} = A\overline{B}, \quad F_{A=B} = \overline{A}\,\overline{B} + AB, \quad F_{A<B} = \overline{A}B$$

2. 4 位数值比较器 7485

4 位数值比较器 7485 的逻辑符号如图 3-30 所示，其中 $A_3 \sim A_0$ 和 $B_3 \sim B_0$ 是相比较的两组

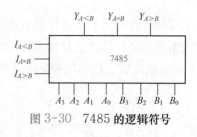

图 3-30 7485 的逻辑符号

4 位二进制数的输入端，$Y_{A<B}$、$Y_{A=B}$、$Y_{A>B}$ 是比较结果输出端，$I_{A<B}$、$I_{A=B}$、$I_{A>B}$ 是级联输入端。4 位数值比较器 7485 的功能如表 3-15 所示。

根据功能表 3-15，可知 7485 的逻辑功能如下：

① 若数码输入 A（$A_3 A_2 A_1 A_0$）$>B$（$B_3 B_2 B_1 B_0$），则不管级联输入 $I_{A<B}$、$I_{A=B}$、$I_{A>B}$ 是什么状态，输出为 $Y_{A<B}=0$、$Y_{A=B}=0$、$Y_{A>B}=1$，表示判断结果为 $A>B$。

表 3-15 4 位数值比较器 7485 的功能表

输入							输出		
数码输入				级联输入			输出		
$A_3\ B_3$	$A_2\ B_2$	$A_1\ B_1$	$A_0\ B_0$	$I_{A>B}$	$I_{A=B}$	$I_{A<B}$	$Y_{A>B}$	$Y_{A=B}$	$Y_{A<B}$
$A_3>B_3$	×	×	×	×	×	×	1	0	0
$A_3<B_3$	×	×	×	×	×	×	0	0	1
$A_3=B_3$	$A_2>B_2$	×	×	×	×	×	1	0	0
	$A_2<B_2$	×	×	×	×	×	0	0	1
	$A_2=B_2$	$A_1>B_1$	×	×	×	×	1	0	0
		$A_1<B_1$	×	×	×	×	0	0	1
		$A_1=B_1$	$A_0>B_0$	×	×	×	1	0	0
			$A_0<B_0$	×	×	×	0	0	1
			$A_0=B_0$	1	0	0	1	0	0
				0	1	0	0	1	0
				×	×	1	0	0	1
				1	1	0	0	0	1
				0	0	0	1	1	0

② 若数码输入 A（$A_3 A_2 A_1 A_0$）$<B$（$B_3 B_2 B_1 B_0$），则不管级联输入 $I_{A<B}$、$I_{A=B}$、$I_{A>B}$ 是什么状态，输出为 $Y_{A<B}=1$、$Y_{A=B}=0$、$Y_{A>B}=0$，表示判断结果为 $A<B$。

③ 若数码输入 A（$A_3 A_2 A_1 A_0$）$=B$（$B_3 B_2 B_1 B_0$），则输出变量的取值取决于级联输入状态，即：

❖ 若 $I_{A<B}=0$、$I_{A=B}=0$、$I_{A>B}=1$，则输出为 $Y_{A<B}=0$、$Y_{A=B}=0$、$Y_{A>B}=1$，表示判断结果为 $A>B$。

❖ 若 $I_{A<B}=1$、$I_{A=B}=0$、$I_{A>B}=0$，则输出为 $Y_{A<B}=1$、$Y_{A=B}=0$、$Y_{A>B}=0$，表示判断结果为 $A<B$。

❖ 若 $I_{A<B}=0$、$I_{A=B}=1$、$I_{A>B}=0$，则输出为 $Y_{A<B}=0$、$Y_{A=B}=1$、$Y_{A>B}=0$，表示判断结果为 $A=B$。

由上可知，在所有的输入端中，数码输入的优先权高于级联输入的优先权。因此，如果只比较两个 4 位二进制数的大小，用 1 片 7485 就足够了，方法是令级联输入端 $I_{A<B}=0$、$I_{A=B}=1$、$I_{A>B}=0$。用 7485 组成 2 个 4 位二进制数比较的电路如图 3-31 所示，如果稍微改进，就可以实现两个 3 位二进制数的比较，方法很简单：令 $A_3=B_3=1$（或等于 0），就可实现 2 个 3 位二进制数的比较了。

要比较多于 4 位的 2 个二进制数的大小，可以利用多片数值比较器 7485 来完成。连接方式有两种：串联连接和并联连接。用串联连接的方式组成 8 位数值比较器的方法为：将最低位芯片的级联输入与单片使用时接法相同，即 $I_{A<B}=0$、$I_{A=B}=1$、$I_{A>B}=0$，然后把低位芯片的输出端和高位片的级联输入端对应相接，最终的输出结果从高位芯片的输出端输出即可。2 个 8 位二进制数比较的电路如图 3-32 所示。

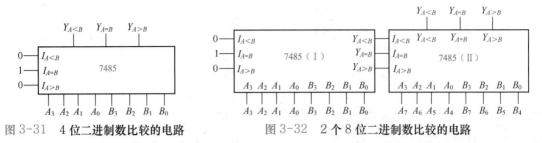

图 3-31　4 位二进制数比较的电路　　　　图 3-32　2 个 8 位二进制数比较的电路

中规模集成 4 位数值比较器常用的型号还有 CD4063B、5485/7485 等，8 位数值比较器有 74682 等。

3.3.5　加法器

数字系统不仅要传送信息，还要处理数据信息，如计算机要对数据进行算术运算和逻辑运算，逻辑运算从广义上来看也是算术运算。算术运算和逻辑运算是 CPU 的基本功能，由称为全加器的组合逻辑电路完成。全加器的基础是半加器。本节首先介绍能完成 1 位二进制数相加的半加器和全加器，然后介绍多位数加法器。

1．1 位半加器和 1 位全加器

两个 1 位二进制数相加，只考虑两个加数本身而没有考虑由低位来的进位的运算称为半加，而实现半加运算的逻辑电路称为半加器。半加器的逻辑关系（包括半加器的真值表、表达式）在例 3-1 中已介绍，这里不再重复。半加器的逻辑符号如图 3-33 所示，其中 A、B 为两个 1 位加数，S 是 A、B 的和，C 是 A、B 的进位。

2 个多位二进制数相加时，除了最低位，每位都应考虑来自低位的进位，即将 2 个对应位的加数和来自低位的进位 3 个数相加，这种运算称为全加，实现全加运算的电路称为全加器。全加器的逻辑符号如图 3-34 所示。

根据全加器的功能，全加器的真值表如表 3-16 所示。其中，A 和 B 分别是加数和被加数，C_i 是来自相邻低位的进位数，S 为全加器的和，C_o 是向相邻高位的进位数。

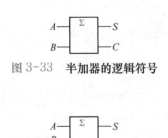

图 3-33　半加器的逻辑符号

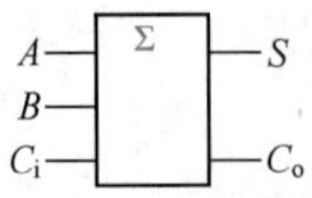

图 3-34　全加器的逻辑符号

表 3-16　全加器的真值表

A	B	C_i	S	C_o
0	0	0	0	0
0	0	1	1	0
0	1	0	1	0
0	1	1	0	1
1	0	0	1	0
1	0	1	0	1
1	1	0	0	1
1	1	1	1	1

根据真值表，可列出逻辑函数表达式为：

$$S = \overline{A}\overline{B}C_i + \overline{A}B\overline{C_i} + A\overline{B}\overline{C_i} + ABC_i = A \oplus B \oplus C_i$$

$$C_o = \overline{A}BC_i + A\overline{B}C_i + AB\overline{C_i} + ABC_i = AB + (A \oplus B) \cdot C_i$$

2. 超前进位集成 4 位加法器 74283

1）串行进位全加器

为了实现 n 位二进制数的加法，可采用 n 位全加器并行处理。进位的处理有两种，其中一种是将低位的进位输出接到高位的输入端，即逐位进位，或称为"串行进位"。串行进位全加器的电路结构简单，4 位串行进位全加器的电路如图 3-35 所示。可以看出，每位的进位信号送给下一位作为输入信号，因此各位的加法运算必须在低一位的运算完成后才能进行。这种进位处理方式的运算结果要经过 4 位全加器运算完成后才能确定，因此它的运算速度不高。为了克服这个缺点，可以采用超前进位的方式。

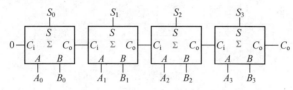

图 3-35　4 位串行进位全加器的电路

2）超前进位全加器

首先，用逻辑推理的方法来阐述超前进位全加器输出函数（S_3、S_2、S_1、S_0 和进位 C_o）的产生过程。以 2 个 4 位二进制数 $A_3 \sim A_0$ 和 $B_3 \sim B_0$ 相加为例来说明。

$$
\begin{array}{r}
\ A_3 \qquad A_2 \qquad A_1 \qquad A_0 \\
(+)\ B_3 \qquad B_2 \qquad B_1 \qquad B_0 \\
\hline
C_oS_3 \quad C_3S_2 \quad C_2S_1 \quad C_1S_0
\end{array}
$$

其中，$S_3 \sim S_0$ 为和，C_o 和 $C_3 \sim C_1$ 为相应位的进位信号。

根据 1 位二进制全加器的表达式，可以写出 $S_3 \sim S_0$、C_o 和 $C_3 \sim C_1$ 的逻辑表达式为

$$S_0 = A_0 \oplus B_0, \qquad C_1 = A_0 B_0$$
$$S_1 = A_1 \oplus B_1 \oplus C_1, \qquad C_2 = A_1 B_1 + (A_1 \oplus B_1)C_1$$
$$S_2 = A_2 \oplus B_2 \oplus C_2, \qquad C_3 = A_2 B_2 + (A_2 \oplus B_2)C_2$$
$$S_3 = A_3 \oplus B_3 \oplus C_3, \qquad C_o = A_3 B_3 + (A_3 \oplus B_3)C_3$$

经代入后进行整理，可得

$$S_0 = A_0 \oplus B_0$$
$$S_1 = A_1 \oplus B_1 \oplus (A_0 B_0)$$
$$S_2 = A_2 \oplus B_2 \oplus [A_1 B_1 + (A_1 \oplus B_1) \cdot A_0 B_0]$$
$$S_3 = A_3 \oplus B_3 \oplus \{A_2 B_2 + (A_2 \oplus B_2) \cdot [A_1 B_1 + (A_1 \oplus B_1)A_0 B_0]\}$$
$$C_1 = A_0 B_0$$
$$C_2 = A_1 B_1 + (A_1 \oplus B_1) \cdot C_1 = A_1 B_1 + (A_1 \oplus B_1) \cdot A_0 B_0$$
$$C_3 = A_2 B_2 + (A_2 \oplus B_2) \cdot C_2 = A_2 B_2 + (A_2 \oplus B_2) \cdot [A_1 B_1 + (A_1 \oplus B_1) \cdot A_0 B_0]$$
$$C_o = A_3 B_3 + (A_3 \oplus B_3) \cdot \{A_2 B_2 + (A_2 \oplus B_2) \cdot [A_1 B_1 + (A_1 \oplus B_1)A_0 B_0]\}$$

可见，输出函数 S_3、C_o 的逻辑表达式是 $A_3 \sim A_0$ 和 $B_3 \sim B_0$ 的函数；S_2、C_3 的逻辑表达

式是 $A_2 \sim A_0$ 和 $B_2 \sim B_0$ 的函数……这样，在进行计算的时候既可以同时计算各进位的值，也可以同时计算 $S_3 \sim S_0$ 的值，而不用逐级计算，大大提高了运算速度。但是，S_3 和 C_0 的复杂程度明显增加。当位数较高时，复杂程度会更高，因而通常采用折中的办法：n 位二进制数分为若干组，组内采用超前进位，组和组之间采用串联进位的方法。

利用上述思想，就可以在加法运算过程中，各级进位信号同时送到各位全加器的进位输入端，不用逐级传递向高位产生进位。这种进位方式称为超前进位。4 位超前进位加法器的原理如图 3-36 所示。

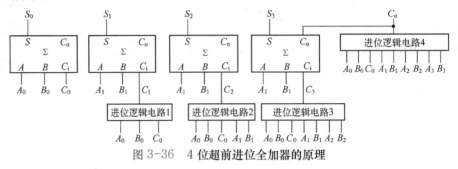

图 3-36 4 位超前进位全加器的原理

3）集成超前进位全加器 74283

超前进位全加器有多种集成电路，74283 就是其中之一，它是 4 位二进制全加器，其逻辑符号如图 3-37 所示。其中，$A_3 \sim A_0$ 和 $B_3 \sim B_0$ 是 2 个 4 位二进制加数，C_i 是进位的输入端，$S_3 \sim S_0$ 是 2 个 4 位二进制加数的和，C_0 是进位的输出端。

【例 3-7】 分析图 3-38 所示的功能，其中 $DCBA$ 是 8421 码，输出 $Y_3 \sim Y_0$ 是什么码制？

图 3-37 74283 的逻辑符号   图 3-38 例 3-7 图

解 根据 74283 的工作原理，可以得到输出表达式为 $Y_3Y_2Y_1Y_0 = DCBA + 0011$，其真值表如表 3-17 所示，可知输出 $Y_3 \sim Y_0$ 是余 3 码。

表 3-17 例 3-7 的真值表

输 入				输 出			
D	C	B	A	Y_3	Y_2	Y_1	Y_0
0	0	0	0	0	0	1	1
0	0	0	1	0	1	0	0
0	0	1	0	0	1	0	1
0	0	1	1	0	1	1	0
0	1	0	0	0	1	1	1
0	1	0	1	1	0	0	0
0	1	1	0	1	0	0	1
0	1	1	1	1	0	1	0
1	0	0	0	1	0	1	1
1	0	0	1	1	1	0	0

【思考题】

① 要区分 24 个不同信号，或者说给 24 个输入信号编码，需要几位二进制代码？若区分 64 个信号呢？

② 在中规模集成译码器 74LS138 中，若 ST_A 管脚从根部折断，该器件是否能用？为什么？如 $\overline{ST}_B$、$\overline{ST}_C$ 从根部折断，该器件还是否能用？为什么？

③ 数据选择器具有什么功能？

④ 若有共阳极显示器 LED，应选用何种输出电平的显示译码电路？

▶▶ 3.4　中规模组合逻辑电路的应用

采用中规模集成器件实现组合逻辑电路往往可取得事半功倍的效果，不仅省去烦琐的设计，还具有体积小、连线少的优点，可以大大提高电路的可靠性。

采用中规模集成器件实现组合逻辑函数的基本方法是逻辑函数对照法。所谓逻辑函数对照法，是指将要实现的逻辑函数表达式进行变换，尽可能变换成与某些中规模集成器件的逻辑函数表达式类似的形式。如果需要实现的逻辑函数表达式与某种中规模集成器件的逻辑函数表达式在形式上完全一致，那么使用这种器件最方便。如果需要实现的逻辑函数是某种中规模集成器件的逻辑函数表达式的一部分，如变量数少，那么只需对中规模集成器件的多余输入端进行适当的处理（固定为 1 或 0），也可以方便地实现需要的逻辑函数。如果需实现的逻辑函数的变量数比中规模集成器件的输入变量多，那么可以通过扩展的方法来实现。

一般，数据选择器适于实现单输出的函数，译码器适于实现多输出函数，全加器也可以实现一些特定的组合逻辑电路。

3.4.1　译码器的应用

1. 用译码器实现组合逻辑函数

一个 n 变量二进制译码器的输出包含了 n 个变量的所有最小项，因此应用 n 变量译码器实现逻辑函数时，首先将逻辑函数变换成最小项之和的表达式，并在译码器输出端连接适当的门作为输出级（若译码器输出低电平有效，采用与非门或与门；若译码器输出高电平有效，采用或门），就能获得任何形式的输入变量不大于 n 的组合逻辑函数。

【例 3-8】　利用 74138 实现一个多输出的组合逻辑电路。输出的逻辑函数式为

$$\begin{cases} Z_1 = A\overline{C} + \overline{A}BC + A\overline{B}C \\ Z_2 = \overline{A}\,\overline{B}\,\overline{C} + \overline{B}\,\overline{C} + AB\overline{C} \end{cases}$$

解　将给定的逻辑函数式化为最小项之和的形式，得

$$\begin{cases} Z_1 = A\overline{C} + \overline{A}BC + A\overline{B}C = m_3 + m_4 + m_5 + m_6 \\ Z_2 = \overline{A}\,\overline{B}\,\overline{C} + \overline{B}\,\overline{C} + AB\overline{C} = m_0 + m_2 + m_4 + m_6 \end{cases}$$

由 74138 的输出表达式可知，74138 的输出是以最小项的反函数的形式给出的，所以还应该把 Z_1 和 Z_2 变换成最小项的反函数形式，即

$$\begin{cases} Z_1 = \overline{\overline{m_3 + m_4 + m_5 + m_6}} = \overline{\overline{m_3}\,\overline{m_4}\,\overline{m_5}\,\overline{m_6}} \\ Z_2 = \overline{\overline{m_0 + m_2 + m_4 + m_6}} = \overline{\overline{m_0}\,\overline{m_2}\,\overline{m_4}\,\overline{m_6}} \end{cases}$$

根据上式可知，只需在 74138 的输出端附加 2 个与非门，即可得到 Z_1 和 Z_2 的逻辑电路，其接法如图 3-39 所示。另外，该电路可以用与门实现，如图 3-40 所示。

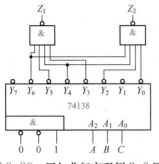 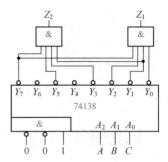

图 3-39 用与非门实现例 3-8 图 　　　　　 图 3-40 用与门实现例 3-8 图

【例 3-9】 为燃油蒸汽锅炉设计一个过热报警装置。要求用 3 个数字传感器分别监视燃油喷嘴的开关状态、锅炉中的水温和压力是否超标。当喷嘴打开且压力或水温过高时，应发出报警信号。

解 将喷嘴开关、锅炉水温和压力作为逻辑变量，分别用 A、B 和 C 表示。A 为 1 表示喷嘴打开，A 为 0 表示喷嘴关闭；B 和 C 为 1 分别表示温度和压力过高，为 0 分别表示温度和压力正常。报警信号作为逻辑函数，用 L 表示。L 为 0 表示正常，L 为 1 报警。根据题意，列真值表如表 3-18 所示。

根据真值表，写出逻辑函数表达式，并转换为与非 - 与非形式：

$$L = A\overline{B}C + AB\overline{C} + ABC = \overline{\overline{A\overline{B}C} \cdot \overline{AB\overline{C}} \cdot \overline{ABC}}$$

用 74138 实现的电路如图 3-41 所示。

2. 用译码器构成数据分配器

在数据传送中，有时需要将数据分配到不同的数据通道上，实现这种功能的电路称为数据分配器，也称为多路分配器。数据分配器的功能相当于多输出的单刀多掷开关，有一个输入端和多个输出端，输入数据分配到哪个输出端上，则是由通道选择信号（地址选择信号）决定的，其功能如图 3-42 所示（以 8 路数据分配器为例）。表 3-19 是 n（地址输入端的个数）= 3 时数据分配器的功能表。

表 3-18 例 3-8 的真值表

A	B	C	L
0	0	0	0
0	0	1	0
0	1	0	0
0	1	1	0
1	0	0	0
1	0	1	1
1	1	0	1
1	1	1	1

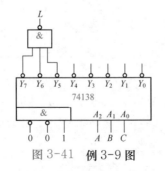

图 3-41 例 3-9 图

图 3-42 数据分配器的功能

二进制译码器的一个重要的应用是构成数据分配器，因此市场上没有集成的数据分配器产品。当需要数据分配器时，可以用二进制译码器改接。

表 3-19　$n = 3$ 时数据分配器的功能表

地址选择信号			输　出	地址选择信号			输　出
A_2	A_1	A_0		A_2	A_1	A_0	
0	0	0	$D_0 = D$	1	0	0	$D_4 = D$
0	0	1	$D_1 = D$	1	0	1	$D_5 = D$
0	1	0	$D_2 = D$	1	1	0	$D_6 = D$
0	1	1	$D_3 = D$	1	1	1	$D_7 = D$

下面以 74138 为例，介绍用二进制译码器构成数据分配器的方法。74138 构成数据分配器的电路有两种方案：一种方案是数据从 ST_A 端输入，如图 3-43 所示，输出为反码输出；另一种方案是数据从 $\overline{\mathrm{ST}_B}$ 或 $\overline{\mathrm{ST}_C}$ 端输入，如图 3-44 所示，输出为原码输出。

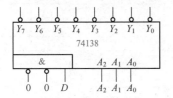

图 3-43　用 74138 构成的数据分配器（一）

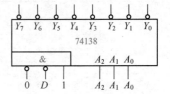

图 3-44　用 74138 构成的数据分配器（二）

数据分配器的用途比较多，如用它将一台计算机与多台外部设备连接，将计算机的数据分送到外部设备中；用它与数据选择器连接组成分时数据传送系统；它还可以与计数器结合组成脉冲分配器。用数据选择器与数据分配器组成的多路信号分时数据传送系统如图 3-45 所示。

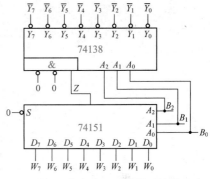

图 3-45　多路信号分时数据传送系统

下面以 8 路信号分时传送为例进行说明。例如，将 8 路信号从发送端同时传送到接收端，若用常规方法，需要 9 根线（包括 8 根信号 1 根地线），而用多路信号分时传送的思路则为：除地线外，共用 1 根信号线，但在发送端和接收端各有一个多位开关，而且两者的位置始终相互对应。实际配置是在发送端使用 8 选 1 数据选择器 74151，接收端使用由 74138 组成的分配器，采用共同的选择输入信号 B_2、B_1、B_0，共用 5 根传输线，接法见图 3-45。当选择输入信号 $B_2B_1B_0 = 000$ 时，就数据选择器而言，是 W_0 传送到 Z，就数据分配器而言，是 $\overline{Y_0}$ 接收到了信号 $\overline{Z}$，这就实现了信号 W_0 经取反后传送到 $\overline{Y_0}$；其余类推。这样可在不同时间设置不同的 B_2、B_1、B_0 值，以实现某路 W_i 经取反后传送到 $\overline{Y_i}$。各路信号不再是同时传送，但传输线从 9 根减少到 5 根。当路数增多时，节省更显著。例如，对 16 路信号的传送，常规的同时传送（并行传送）方式需 17 根线（16 根信号线和 1 根地线），而分时传送（串行传送）方式只需 6 根线（1 根信号线、1 根地线和 4 根选择线）。

3. 地址译码器

译码器在微型计算机系统中常被用于地址译码器。

【例 3-10】　应用 74138 和其他逻辑门设计一个地址译码器，要求寻址范围为 00H～1FH。

解　00H～1FH 是十六进制数，转换成二进制数为 00000～11111，共 32 个地址。每片 74138 有 8 个输出端，因此需要 4 片 74138 来提供 32 个地址输出，寻址范围如表 3-20 所示。

表 3-20　4 个译码器的寻址范围

译码器的序号	寻址范围	对应二进制代码 $A_4 \sim A_0$	译码器的序号	寻址范围	对应二进制代码 $A_4 \sim A_0$
0	00H~07H	00000~00111	2	10H~17H	10000~10111
1	08H~0FH	01000~01111	3	18H~1FH	11000~11111

　　根据表 3-20，可以设计出两种方案。第一种方案是用 4 片 74138，利用这 4 片 74138 的使能端作为 A_4、A_3 两个地址端，具体连接电路如图 3-46 所示。

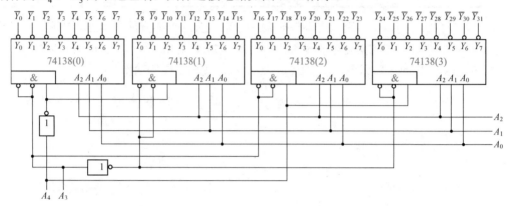

图 3-46　寻址范围为 00H~1FH 的地址译码器（方案一）

　　第二种方案是用 4 片 74138 外加 1 片 2-4 译码器 74139(1/2) 作为片选芯片。这片 74139 的输出分别控制 4 片 74138 的使能端，A_4、A_3 由这个片选芯片的地址端提供，具体连接电路如图 3-47 所示。

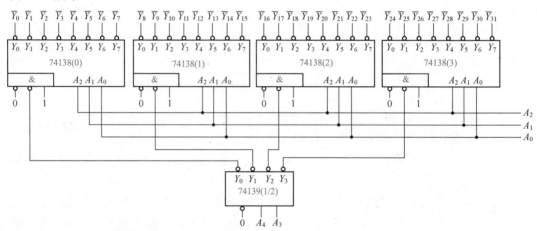

图 3-47　寻址范围为 00H~1FH 的地址译码器（方案二）

　　第一种方案虽然用的芯片少，但是分析过程复杂，所以提倡用第二种方案。第二种方案还可用译码器控制其他芯片，以达到芯片扩展的目的，尤其是芯片比较多的时候，优势十分明显。

3.4.2　数据选择器的应用

　　根据 3.3.3 节对数据选择器分析的结果，当使能端有效时，数据选择器的输出函数表达式为

$$Y = \sum_{i=0}^{2^n-1} m_i D_i$$

其中，$n=3$ 时为 8 选 1 数据选择器的输出表达式，即

$$Y = \sum_{i=0}^{2^3-1} m_i D_i = m_0 D_0 + m_1 D_1 + m_2 D_2 + m_3 D_3 + m_4 D_4 + m_5 D_5 + m_6 D_6 + m_7 D_7$$

其中，m_i 为地址码变量 $A_2 A_1 A_0$ 的最小项。对于 8 选 1 数据选择器的输出也可以表示为

$$Y = \overline{A_2}\,\overline{A_1}\,\overline{A_0} D_0 + \overline{A_2}\,\overline{A_1} A_0 D_1 + \overline{A_2} A_1 \overline{A_0} D_2 + \overline{A_2} A_1 A_0 D_3 + A_2 \overline{A_1}\,\overline{A_0} D_4 + A_2 \overline{A_1} A_0 D_5 + A_2 A_1 \overline{A_0} D_6 + A_2 A_1 A_0 D_7$$

可见，若将 A_2、A_1、A_0 作为 3 个逻辑变量，同时令 $D_0 \sim D_7$ 为适当的状态（包括 0 或 1），就可以在 8 选 1 数据选择器的输出端形成任意形式的 3 变量组合逻辑函数。同理，若将 A_2、A_1、A_0 作为 3 个输入变量，同时令 $D_0 \sim D_7$ 为第 4 个输入变量的适当的状态（包括原变量、反变量、0 或 1），就可以在 8 选 1 数据选择器的输出端形成任意形式的 4 变量组合逻辑函数。因此，用具有 n 位地址输入的数据选择器，可以产生任何形式输入变量数不大于 $n+1$ 的组合逻辑函数。另外注意，数据选择器适于实现单输出的逻辑函数。

【例 3-11】 试用 8 选 1 数据选择器 74151 实现 3 变量逻辑函数：

$$Y = AB + AC + BC$$

解 将要实现的函数转换为最小项的形式，这 3 个变量要与 74151 的 3 个地址端对应，整理后的式子为

$$Y = AB + AC + BC = \overline{A}BC + A\overline{B}C + AB\overline{C} + ABC$$

将本例要实现的组合逻辑函数与 74151 的输出表达式进行比较。输入变量 A、B、C 将接至数据选择器的输入端 A_2、A_1、A_0；输出变量接至数据选择器的输出端；将逻辑函数 Y 的最小项表达式与 74151 的输出表达式相比较，Y 中没有出现的最小项对应的数据输入端应接 0，则

$$D_0 = D_1 = D_2 = D_4 = 0, \quad D_3 = D_5 = D_6 = D_7 = 1$$

用 74151 实现的电路如图 3-48 所示。

【例 3-12】 试用 8 选 1 数据选择器 74151 实现 4 变量组合逻辑函数：$L = ABCD + BC\overline{D} + AC$。

解 将要实现的函数转换为 3 变量最小项的形式，这 3 个变量要与 74151 的 3 个地址端对应，不妨取 A、B、C 这 3 个变量，整理后的式子为

$$L = ABCD + (ABC + \overline{A}BC)\overline{D} + A(B + \overline{B})C$$

$$= ABCD + ABC\overline{D} + ABC + \overline{A}BC\overline{D} + A\overline{B}C = \overline{A}BC\overline{D} + A\overline{B}C + ABC = m_3\overline{D} + m_5 + m_7$$

将本例要实现的组合逻辑函数与 74151 的输出表达式进行比较。输入变量 A、B、C 接至数据选择器的输入端 A_2、A_1、A_0；数据选择器的输出端作为输出变量；将逻辑函数 L 的最小项表达式与 74151 的输出表达式相比较，L 中没有出现的最小项对应的数据输入端应接 0，可得

$$D_0 = D_1 = D_2 = D_4 = D_6 = 0, \quad D_5 = D_7 = 1, \quad D_3 = \overline{D}$$

用 74151 实现的电路如图 3-49 所示。

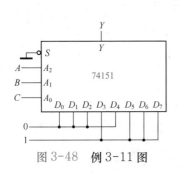

图 3-48　例 3-11 图

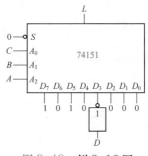

图 3-49　例 3-12 图

【例 3-13】 试用 1 片 74153 来设计一个 1 位全减器的逻辑电路。

解 设 A 为被减数，B 为减数，C_i 为借位输入端；X 为差，C_o 为借位输出端。根据全减器的逻辑关系，列出真值表如表 3-21 所示。

根据真值表，写出输出变量 X 和 C_o 的表达式。因为 74153 是双 4 选 1 数据选择器，所以在写表达式的时候，写成两变量最小项的形式。取 A、B 这两个变量作为 74153 的地址输入端。

表 3-21　1 位全减器的真值表

输		入	输	出	输		入	输	出
A	B	C_i	X	C_o	A	B	C_i	X	C_o
0	0	0	0	0	0	0	1	1	1
0	1	0	1	1	0	1	1	0	1
1	0	0	1	0	1	0	1	0	0
1	1	0	0	0	1	1	1	1	1

输出表达式为

$$X = \overline{C_i}(m_1 + m_2) + C_i(m_0 + m_3) = m_0 C_i + m_1 \overline{C_i} + m_2 \overline{C_i} + m_3 C_i$$

$$C_o = \overline{C_i} m_1 + C_i(m_0 + m_1 + m_3) = C_i(m_0 + m_3) + m_1 = m_0 C_i + m_1 + m_3 C_i$$

把 X 和 C_o 表达式与 4 选 1 数据选择器的输出表达式进行比较。输入变量 A、B 接至数据选择器的输入端 A_1、A_0；数据选择器的输出端作为输出；X 和 C_o 表达式中没有出现的最小项对应的数据输入端应接 0，可得 $D_{10} = D_{13} = C_i$，$D_{11} = D_{12} = \overline{C_i}$，$D_{20} = D_{23} = C_i$，$D_{21} = 1$，$D_{22} = 0$。所连接电路如图 3-50 所示。

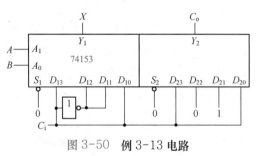

图 3-50　例 3-13 电路

3.4.3　全加器的应用

在组合逻辑电路设计中，加法器的作用有限，但要实现输出恰好等于输入代码加上某常数或某组代码时，用加法器往往会非常简单。用全加器可以实现某些 BCD 码之间的转换。在用全加器组成某两种 BCD 码之间的转换电路前，首先分析两种 BCD 码的关系，找出它们之间的转换规律。如 8421 码与余 3 码之间的转换。因为 8421 码加上 3 等于相应的余 3 码，所以将 8421 码与 0011 相加，便可得到余 3 码，其具体电路如例 3-7 中的图 3-38 所示，这里不再重复。

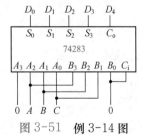

图 3-51　例 3-14 图

【例 3-14】 图 3-51 中的 74283 为 4 位加法器，输入 3 位二进制数 ABC，输出 $D_4 \sim D_0$，试分析其逻辑功能。

解 根据图 3-51 列出其真值表，如表 3-22 所示。可以看出，输出值是输入值的 3 倍，所以这是一个乘 3 电路。

表 3-22　例 3-14 真值表

输入			输出					十进制数	十进制数	输入			输出					十进制数
十进制数	A	B	C	D_4	D_3	D_2	D_1	D_0			A	B	C	D_4	D_3	D_2	D_1	D_0	
0	0	0	0	0	0	0	0	0	0	4	1	0	0	0	1	1	0	0	12
1	0	0	1	0	0	0	1	1	3	5	1	0	1	0	1	1	1	1	15
2	0	1	0	0	0	1	1	0	6	6	1	1	0	1	0	0	1	0	18
3	0	1	1	0	1	0	0	1	9	7	1	1	1	1	0	1	0	1	21

3.4.4　其他应用举例

数值比较器用于实现组合逻辑电路设计时非常受限，不如译码器和数据选择器灵活方便。但在某些特殊情况下（如需要与二进制数码比较）却特别简单，可以大大简化电路设计。

【例 3-15】　设计一个检测输入的 4 位二进制数据是否为 8421 码并进行四舍五入的电路。

解　将逻辑问题划分为两个功能块。一块的功能是检测 8421 码，输出为 L_1，当输入的数码小于等于 1001 时，输出 L_1 为 1，否则为 0；另一块的功能是四舍五入，输出为 L_2，当输入的数码大于 0100 时，输出 L_2 为 1，否则为 0。

两个功能块电路都用于比较两个 4 位二值数码的大小，故可以选用中规模 4 位数值比较器 CC14585。将要检测的 4 位二进制数据 $A_3 \sim A_0$ 接入 2 片的 CC14585 的输入端 $A_3 \sim A_0$，另一组输入端 $B_3 \sim B_0$ 分别接 1001 和 0100；将比较器(1)的输出端 $Y_{A>B}$ 作为 8421 码检测输出端 L_1；将比较器(2)的输出端 $Y_{A>B}$ 作为四舍五入输出端 L_2，即可实现设计要求。

具体电路如图 3-52 所示。

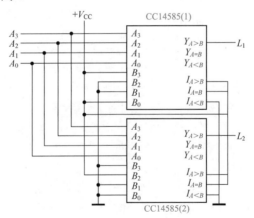

图 3-52　例 3-15 图

【例 3-16】　图 3-53 中 COMP 为 4 位数值比较器 7485，其功能表如表 3-23 所示。输入 $X = X_3X_2X_1X_0$ 为一个 4 位二进制数，$F_3 \sim F_1$ 为输出。试分析该电路的功能。

解　4 位数值比较器 7485 有 2 组 4 位数据输入端 $A_3 \sim A_0$ 和 $B_3 \sim B_0$，用来接收待比较的两个 4 位二进制数，并有 3 个级联输入端 $I_{A<B}$、$I_{A=B}$、$I_{A>B}$，用来接收低位比较的结果。器件有 3 个输出端，分别给出 3 种比较结果，即 $Y_{A<B}$、$Y_{A=B}$、$Y_{A>B}$。根据 7485 逻辑功能可分析得出该电路功能。本例电路实际上是由 2 个 7485 组成的 3 个 4 位二进制的比较电路。第 1 片用于比较 $X = X_3X_2X_1X_0$ 与二进制数 0011 的大小，而第 2 片用于比较 $X = X_3X_2X_1X_0$ 与二进制数 1000 的大小，两片比较器的输出经门电路组合出 3 种比较结果，即 $F_3 \sim F_1$。

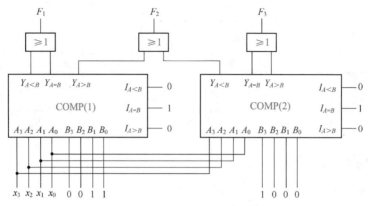

图 3-53 例 3-16 电路图

表 3-23 四位数码比较器功能表

比较输入				级联输入			输 出		
$A_3\ B_3$	$A_2\ B_2$	$A_1\ B_1$	$A_0\ B_0$	$I_{A>B}$	$I_{A<B}$	$I_{A=B}$	$Y_{A>B}$	$Y_{A<B}$	$Y_{A=B}$
$A_3 > B_3$	×	×	×	×	×	×	1	0	0
$A_3 < B_3$	×	×	×	×	×	×	0	1	0
$A_3 = B_3$	$A_2 > B_2$	×	×	×	×	×	1	0	0
	$A_2 < B_2$	×	×	×	×	×	0	1	0
	$A_2 = B_2$	$A_1 > B_1$	×	×	×	×	1	0	0
		$A_1 < B_1$	×	×	×	×	0	1	0
		$A_1 = B_1$	$A_0 > B_0$	×	×	×	1	0	0
			$A_0 < B_0$	×	×	×	0	1	0
			$A_0 = B_0$	1	0	0	1	0	0
				0	1	0	0	1	0
				0	0	1	0	0	1

分析给定电路可知：当 $X \leqslant 3$ 时，$F_1 = 1$；当 $3 < X < 8$ 时，$F_2 = 1$；当 $X \geqslant 8$ 时，$F_3 = 1$。

【例 3-17】 要求用数据选择器分时传送 4 位 8421 码，并实现动态显示。

解 一般，一个数码管需要一个七段显示译码器，但是利用数据选择器的分时传送功能，若干数码管可共用一片七段显示译码器。

将 4 位 8421 码与 4 片 4 选 1 数据选择器连接如下：4 位 8421 码的个位、十位、百位和千位分别送至 4 片数据选择器的 $D_0 \sim D_3$ 端。当地址码 $A_1 A_0 = 00$ 时，数据选择器传送的是 8421 码的个位；当地址码 $A_1 A_0$ 分别为 01、10 和 11 时，数据选择器传送的分别是 8421 码的十位、百位和千位。传来的 8421 码经七段显示译码器分别得到个位、十位、百位和千位的七段输出。哪一个数码管亮，受地址码经 2 - 4 译码器的输出控制。连接电路如图 3-54 所示。

例如，分时传送的 4 位 8421 码为 0011000001111001，则将 1001 由高到低接到 4 片数据选择器的 D_0 端，将 0111 由高到低接到 4 片数据选择器的 D_1 端，将 0000、0011 分别接到 4 片数据选择器的 D_2 和 D_3 端。因此，当 $A_1 A_0 = 00$ 时，译码器的 $\overline{Y}_0 = 0$，个位数码管显示 9；当 $A_1 A_0 = 01$ 时，译码器的 $\overline{Y}_1 = 0$，十位数码管显示 7；同理，当 $A_1 A_0 = 10$ 时，百位数码管显示 0，而当 $A_1 A_0 = 11$ 时，千位数码管显示 3。只要地址译码器的地址变量的变化周期大于 25 次/秒，人的眼睛就无明显的闪烁感，达到动态显示的目的。

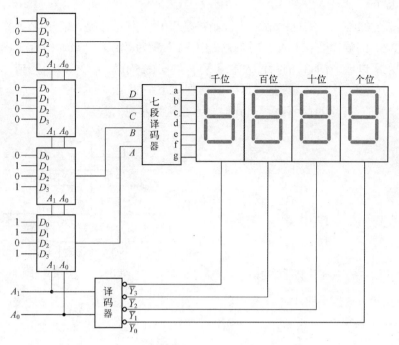

图 3-54　数据选择器分时传输组成动态显示

【思考题】

① 可否将 4 线 - 16 线译码器用作 3 线 - 8 线译码器？如果可以，应如何连接？

② 用二 - 十进制译码器能否产生四变量的全部最小项？

③ 用 2 片 8 线 - 3 线优先编码器 74148 能否组成 12 线 - 4 线优先编码器？如果可以，电路应如何连接？

④ 16 选 1 数据选择器应当有几位地址输入？

⑤ 串行进位加法器和超前进位加法器各有何优缺点？

⑥ 能否用 7485 接成 5 位的二进制数值比较器？如果可以，电路应如何连接？

▶▶ 3.5　竞争 - 冒险

　　竞争 - 冒险是数字电路中存在的一种现象。本节将说明组合逻辑电路中竞争 - 冒险的基本概念以及确定和消除竞争 - 冒险现象的一些基本方法。

3.5.1　竞争 - 冒险的基本概念

　　当一个门的输入有两个或两个以上的变量发生改变时，由于这些变量是经过不同路径产生的，使得它们的状态改变的时刻有先有后，这种时差引起的现象称为竞争。由于竞争而引起电路输出产生干扰脉冲的现象称为冒险。竞争的结果不一定都产生冒险，只是有可能产生冒险。

　　在讨论组合逻辑电路的分析和设计时，我们通常将所有的逻辑门看成理想的，忽略信号通过门的传输时间，即将信号通过门的传输时间视为 0。实际上，逻辑门都存在一定的传输延迟时间，因此输入到同一门的一组信号到达的时间也不同，这样就有可能产生干扰脉冲。图 3-55 所示电路的逻辑表达式为 $P_4 = \overline{\overline{A+B}+A} = (A+B) \cdot \overline{A}$，当 $B=0$ 时，可以写成 $P_4 = A\overline{A}$。

可见，当 $B = 0$ 时，P_4 的稳定输出应该始终是"0"，不会出现"1"的状态。设图 3-55 中的 A、B 按图 3-56 的规律变化。在某时刻，A 由"1"变为"0"，因或非门 G_3 的延迟作用，P_3 仍然等于"0"，所以或非门 G_4 的两输入端 A 及 P_3 同时为"0"，故 $P_4 = 1$。当或非门 G_3 的输出变为"1"时，P_4 则变为"0"，于是在这瞬间出现一个窄的正向干扰信号，违背了真值表的规定。这是产生竞争 - 冒险的原因之一，其他原因在这里不进行详述。

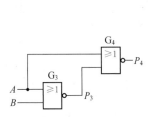

图 3-55 存在正向干扰脉冲的电路

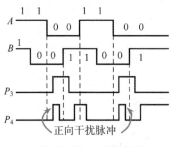

图 3-56 工作波形

由以上分析可知，当电路中存在反相器产生的互补信号，且互补信号的状态发生变化时可能出现竞争 - 冒险现象。

3.5.2 竞争 - 冒险的判断方法

判断一个数字电路是否存在竞争 - 冒险现象有两种方法：代数法和卡诺图法。

1. 代数法

判断一个电路是否可能出现竞争 - 冒险现象的简单方法是：判断一个门电路是否存在互补输入信号，只要输出函数中出现互补信号，就存在竞争 - 冒险的可能性。

当逻辑函数在一定的条件下可以简化为 $F = A + \overline{A}$ 时，产生负向干扰脉冲；当简化为 $F = A\overline{A}$ 时，产生正向干扰脉冲。

【例 3-18】 组合逻辑电路的逻辑表达为 $F = AB + \overline{A}C + \overline{C}D$，试判断该电路是否可能存在竞争 - 冒险现象。

解 从电路的逻辑表达式可知，变量 A、C 都同时以原变量和反变量的形式出现，因此要分别讨论。

（1）判断变量 A 是否产生竞争 - 冒险

$BCD = 000, 001, 010, 011, 100, 101$ 时，没有出现 $F = A + \overline{A}$。

$BCD = 110, 111$ 时，出现 $F = A + \overline{A}$，说明变量 A 的变化可能产生负向干扰脉冲。

（2）判断变量 C 是否产生竞争 - 冒险

$ABD = 000, 010, 100, 101, 110, 111$ 时，没有出现 $F = C + \overline{C}$。

$ABD = 001, 011$ 时，出现 $F = C + \overline{C}$，说明变量 C 的变化可能产生负向干扰脉冲。

【例 3-19】 组合逻辑电路的逻辑表达式为 $Y = (A + \overline{B}) \cdot (\overline{A} + C) \cdot (B + \overline{C})$，试判断该电路是否可能存在竞争 - 冒险现象。

解 当 $B = 1, C = 0$ 时，$Y = A\overline{A}$；当 $A = 0, C = 1$ 时，$Y = B\overline{B}$；当 $A = 1, B = 0$ 时，$Y = C\overline{C}$。所以，该电路可能产生正向干扰脉冲。

2. 卡诺图法

除了上面的代数法判断方法,还可以用卡诺图判断一个数字电路是否可能存在竞争-冒险现象。利用卡诺图法进行判断的规则为:观察卡诺图中是否有两个圈相切但不相交的情况,如有,则存在竞争-冒险现象。这里的相切是指两个相邻最小项分别属于不同的卡诺图,却没有一个卡诺图将这两个相邻最小项圈在一起。

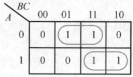

图 3-57   例 3-20 题图

【例 3-20】 设组合逻辑电路的逻辑表达式为 $Y = AB + \overline{A}C$,试判断该电路是否可能存在竞争-冒险现象。

解   根据逻辑表达式画出卡诺图,如图 3-57 所示。两个最小项 m_3 与 m_7 相切,因此电路可能存在竞争-冒险现象。这个结论用代数法也可以得到。

实际上,若逻辑电路级数多、输入变量多,判断竞争-冒险现象是非常复杂的事情。随着计算机仿真技术和测量技术的发展,目前广泛采用的方法是,通过仿真和实际测量逻辑电路观察是否出现竞争-冒险现象。

3.5.3   竞争-冒险的消除方法

当组合电路的某部分存在竞争-冒险现象时,可能危及电路的正常工作,因此必须设法消除竞争-冒险现象,以提高电路的可靠性。消除竞争-冒险现象的方法很多,下面分别介绍。

1. 接入滤波电容

如果逻辑电路在较慢的速度下工作,为了消去竞争-冒险现象,可以在输出端并联一个电容器,其容量为 $4 \sim 20 \, \text{pF}$,如图 3-58 所示。显然,这时在输出端不会出现逻辑错误。该方法只能用于对波形和延迟时间要求不严格的情况。

2. 引入选通信号

在输入信号变化并有可能出现竞争-冒险现象时,用一个选通信号将输出门封锁,等到所有输入信号都变为稳态的后,再去掉封锁输出信号。这样就避免了电路输出端出现瞬时干扰脉冲,如图 3-59 所示。

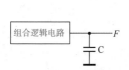

图 3-58   接入滤波电容消除竞争-冒险

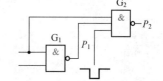

图 3-59   引入选通信号消除竞争-冒险

3. 更改逻辑设计

适当在逻辑表达式中增加一些冗余项,它们的增加不改变逻辑功能,但是可以消除互补信号产生的竞争-冒险现象。例如,在表达式 $Y = AB + \overline{A}C$ 中,当 $B = C = 1$ 时,有竞争-冒险现象,但是增加冗余项 BC ,使 $Y = AB + \overline{A}C + BC$ 就可以消除竞争-冒险,因为当 $B = C = 1$ 时,无论 A 如何变化,输出都是 1。

4. 信号延时法

因为干扰脉冲最终是由于延迟造成的,所以可以找出产生延迟的支路,对于延迟相对小的支路，加上干扰脉冲宽度的延迟，就可以消除干扰脉冲。当需要对某信号增加一段延时时，初学者往往在此信号后串接一些非门或其他门电路，此方法在分立电路中是可行的。但在 FPGA 中，开发软件在综合设计时会将这些门当作冗余逻辑去掉，达不到延时的效果。可以用高频时钟来驱动移位寄存器，将延时信号作为数据输入，按所需延时正确设置移位寄存器的级数，移位寄存器的输出即为延时后的信号。

【思考题】

① 当门电路的两个输入端同时向相反的逻辑状态转换时，输出是否一定有干扰脉冲产生？

② 竞争 - 冒险产生的原因是什么？

③ 怎样判断电路中是否可能存在竞争 - 冒险现象？

▶ 3.6 组合逻辑电路的 VHDL 描述

1. 编码器的 VHDL 描述

8 线 - 3 线普通编码器：输入信号为 I[7..0]，输出信号为 A[2..0]。

编码器的 VHDL 程序如下：

```
LIBRARY IEEE;
USE IEEE.STD_LOGIC_1164.ALL;
ENTITY decoder2 IS
    PORT(i:IN BIT_VECTOR(7 DOWNTO 0);        --信号输入端
         a:OUT BIT_VECTOR(2 DOWNTO 0));      --信号输出端
END decoder2;
ARCHITECTURE beh OF decoder2 IS
BEGIN
    PROCESS (i)
    BEGIN
        CASE i IS
            WHEN "00000001"=>a<="000";
            WHEN "00000010"=>a<="001";
            WHEN "00000100"=>a<="010";
            WHEN "00001000"=>a<="011";
            WHEN "00010000"=>a<="100";
            WHEN "00100000"=>a<="101";
            WHEN "01000000"=>a<="110";
            WHEN "10000000"=>a<="111";
            WHEN OTHERS=>a<="000";
        END CASE;
    END PROCESS;
END beh;
```

2. 译码器的 VHDL 描述

用 VHDL 描述的 3 线 - 8 线译码器 74138 的程序如下：

```
LIBRARY IEEE;
USE IEEE.STD_LOGIC_1164.ALL;
ENTITY yima1 IS
```

```
      PORT(a:IN STD_LOGIC_VECTOR(2 DOWNTO 0);
          g1,g2a, g2b:IN  STD_LOGIC;
          y:OUT STD_LOGIC_VECTOR(7 DOWNTO 0));
END yima1;
ARCHITECTURE beh OF yima1 IS
BEGIN
   PROCESS (a, g1, g2a, g2b)
   BEGIN
      IF g1='1' AND g2a='0' AND g2b='0' THEN
         CASE a is
            WHEN "000"=>y<="11111110";
            WHEN "001"=>y<="11111101";
            WHEN "010"=>y<="11111011";
            WHEN "011"=>y<="11110111";
            WHEN "100"=>y<="11101111";
            WHEN "101"=>y<="11011111";
            WHEN "110"=>y<="10111111";
            WHEN "111"=>y<="01111111";
            WHEN OTHERS=>y<="11111111";
         END CASE;
      ELSE
         y<="11111111";
      END IF;
   END PROCESS;
END beh;
```

3. 4 选 1 数据选择器的 VHDL 描述

用 VHDL 描述的 4 选 1 数据选择器的程序如下：

```
LIBRARY IEEE;
USE IEEE.STD_LOGIC_1164.ALL;
ENTITY xuanze1 IS
   PORT (a:IN STD_LOGIC_VECTOR(1 DOWNTO 0);
         s,d0,d1,d2,d3:IN  STD_LOGIC;
         y:OUT STD_LOGIC);
END xuanze1;
ARCHITECTURE beh OF xuanze1 IS
BEGIN
   PROCESS (a,s,d0,d1,d2,d3)
   BEGIN
      IF s='1' THEN y<='0';
      ELSE
         CASE a is
            WHEN "00"=>y<=d0;
            WHEN "01"=>y<=d1;
            WHEN "10"=>y<=d2;
            WHEN "11"=>y<=d3;
            WHEN OTHERS=>NULL;
         END CASE;
```

```
        END IF;
      END PROCESS;
  END beh;
```

▶▶ *3.7 过程考核模块：洗衣机控制器组合逻辑电路模块的设计

1. 设计要求

（1）洗涤时间控制电路的设计。用门电路或中规模组合逻辑器件设计洗涤时间控制电路，根据洗涤类别输出相应的8421码。当洗涤类别为"标准""大物""快速""内衣"时，分别输出00100101、00110000、00010101、00010000。

（2）洗涤时间显示电路的设计。用中规模组合逻辑器件设计洗涤时间显示电路，用两位数码管显示洗涤时间，设两位洗涤时间输入均为8421码。

2. 要求完成的任务

（1）说明设计原理，并画出设计电路图。

（2）选择Multisim、Quartus II等软件对设计电路进行仿真，并优化设计。

（3）调试所设计的电路，使之达到设计要求。

（4）分析测试结果，写出该模块设计报告。

本章小结

（1）组合逻辑电路的特点是：电路任一时刻的输出状态只决定于该时刻各输入状态的组合，而与电路的原状态无关。

（2）基于门电路的组合逻辑电路的分析步骤为：写出各输出端的逻辑表达式 → 化简和变换逻辑表达式 → 列出真值表 → 确定组合逻辑电路的功能。

（3）基于门电路的组合逻辑电路的设计步骤为：根据设计要求列出真值表 → 写出逻辑表达式 → 逻辑化简和变换 → 画出逻辑图。

（4）常用的集成中规模组合逻辑电路有编码器、译码器、数据选择器、加法器等。

（5）上述集成中规模组合逻辑电路除了具有其基本功能，还可以用来设计组合逻辑电路。用数据选择器适于实现多输入、单输出的逻辑函数；用译码器适于实现多输入、多输出的逻辑函数。

随堂测验

3.1 判断题（正确的画"√"，错误的画"×"）

1. 优先编码器的编码信号是相互排斥的，不允许多个编码信号同时有效。（   ）

2. 编码与译码是互逆的过程。（   ）

3. 二进制译码器相当于是一个最小项发生器，便于实现组合逻辑电路。（   ）

4. 组合逻辑电路可以用逻辑函数表达式、真值表、逻辑电路图和卡诺图来表示。（   ）

5. BS201A是共阳极数码管。（   ）

6. 数据选择器和数据分配器的功能正好相反，互为逆过程。（　　　）

7. 输出高电平有效的七段显示译码器可用来驱动共阳极显示器。（　　　）

8. 组合逻辑电路中产生竞争-冒险的主要原因是输入信号受到干扰脉冲的影响。（　　　）

3.2　选择题

1. 下列表达式中不存在竞争－冒险现象的有（　　　）。

A. $Y = \bar{B} + AB$
B. $Y = AB + \bar{B}C$

C. $Y = AB\bar{C} + AB + AB$
D. $Y = (A + \bar{B}) \cdot A\bar{D}$

2. 若在编码器中有 50 个编码对象，则要求输出二进制代码位数为（　　　）位。

A. 5
B. 6
C. 10
D. 50

3. 一个 16 选 1 数据选择器，其地址输入（选择控制输入）端有（　　　）个。

A. 1
B. 2
C. 4
D. 16

4. 下列各逻辑函数中无竞争－冒险现象的函数式有（　　　）。

A. $F = \bar{B}C + AC + \bar{A}B$
B. $F = \bar{A}C + BC + A\bar{B}$

C. $F = \bar{A}C + BC + A\bar{B} + \bar{A}B$
D. $F = \bar{B}C + AC + \bar{A}B + BC + A\bar{B} + \bar{A}C$

E. $F = \bar{B}C + AC + \bar{A}B + A\bar{B}$

5. 函数 $F = \bar{A}C + AB + \bar{B}C$，当变量的取值为（　　　）时，将可能出现竞争－冒险现象。

A. $B = C = 1$
B. $B = C = 0$
C. $A = 1, C = 0$
D. $A = 0, B = 0$

6. 4 选 1 数据选择器的数据输出 Y 与数据输入 X_i 和地址码 A_i 之间的逻辑表达式为（　　　）。

A. $Y = \bar{A_1}\bar{A_0}X_0 + \bar{A_1}A_0X_1 + A_1\bar{A_0}X_2 + A_1A_0X_3$
B. $\bar{A_1}\bar{A_0}X_0$

C. $\bar{A_1}A_0X_1$
D. $A_1A_0X_3$

7. 一个 8 选 1 数据选择器的数据输入端有（　　　）个。

A. 1
B. 2
C. 3
D. 4
E. 8

8. 在下列逻辑电路中，不是组合逻辑电路的有（　　　）。

A. 译码器
B. 编码器
C. 全加器
D. 寄存器

9. 8 路数据分配器，其地址输入端有（　　　）个。

A. 1
B. 2
C. 3
D. 4
E. 8

10. 无法消除组合逻辑电路的竞争－冒险现象的是（　　　）。

A. 修改逻辑设计
B. 在输出端接入滤波电容

C. 后级加缓冲电路
D. 屏蔽输入信号的尖峰干扰

11. 101 键盘的编码器输出是（　　　）位二进制代码。

A. 2
B. 6
C. 7
D. 8

12. 用 3 线－8 线译码器 74138 实现反码输出的 8 路数据分配器，应使（　　　）。

A. $ST_A = 1, \overline{ST_B} = D, \overline{ST_C} = 0$
B. $ST_A = 1, \overline{ST_B} = D, \overline{ST_C} = D$

C. $ST_A = 1, \overline{ST_B} = 0, \overline{ST_C} = D$
D. $ST_A = D, \overline{ST_B} = 0, \overline{ST_C} = 0$

13. 在以下电路中，加以适当的辅助门电路，（　　　）适于实现多输出组合逻辑电路。

A. 二进制译码器
B. 数据选择器

C. 数值比较器
D. 七段显示译码器

14. 用 4 选 1 数据选择器实现函数 $Y = A_1A_0 + \bar{A_1}A_0$，应使（　　　）。

A. $D_0 = D_2 = 0, D_1 = D_3 = 1$
B. $D_0 = D_2 = 1, D_1 = D_3 = 0$

C. $D_0 = D_1 = 0, D_2 = D_3 = 1$
D. $D_0 = D_1 = 1, D_2 = D_3 = 0$

15. 用 3 线－8 线译码器 74138 和辅助门电路实现逻辑函数 $Y = A_2 + \bar{A_2}A_1$，应使用（　　　）。

A. 与非门，$Y = \overline{\overline{Y_0}\,\overline{Y_1}\,\overline{Y_4}\,\overline{Y_5}\,\overline{Y_6}\,\overline{Y_7}}$　　　　　　B. 与门，$Y = \overline{Y_2}\,\overline{Y_3}$

C. 或门，$Y = \overline{Y_2} + \overline{Y_3}$　　　　　　　　D. 或门，$Y = \overline{Y_0} + \overline{Y_1} + \overline{Y_4} + \overline{Y_5} + \overline{Y_6} + \overline{Y_7}$

3.3　填空题

1. 对于共阳接法的发光二极管数码显示器，应采用_____电平驱动的七段显示译码器。

2. 消除竞争－冒险的方法有_____、_____、_____等。

习 题 3

3.1　写出图 P3.1 所示电路的输出函数逻辑表达式，列出真值表，并指出其逻辑功能。

3.2　写出图 P3.2 所示电路的逻辑函数表达式，其中 $S_3 \sim S_0$ 为控制信号，A、B 作为输入变量，列出真值表，说明输出 Y 和 $S_3 \sim S_0$ 作用下的 A、B 的关系。

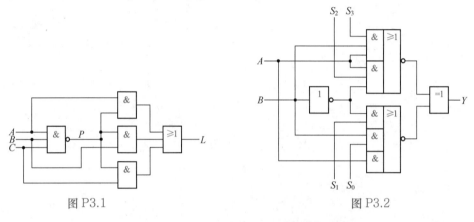

图 P3.1　　　　　　　　　　　　　　　　　　图 P3.2

3.3　写出图 P3.3 所示电路的逻辑函数表达式，并分析其逻辑功能。

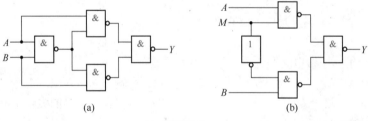

(a)　　　　　　　　　　　　　　　(b)

图 P3.3

3.4　组合电路有 4 个输入 A、B、C、D 和一个输出 F。当下面 3 个条件中任意一个成立时，输出 F 都等于 1：（1）所有输入等于 1；（2）没有一个输入等于 1；（3）奇数个输入等于 1。试设计该组合电路，并用与非门实现。

3.5　已知 $X = AB$ 为一个 2 位二进制数，设计满足如下要求的逻辑电路，用与非门实现：

（1）$Y = X^2$　　　　　　　　　　　（2）$Y = X^3$

3.6　用 3 线－8 线译码器和与非门实现下列多输出函数，画出逻辑电路图。

$$\begin{cases} F_1 = AB + \overline{A}\,\overline{B}\,\overline{C} \\ F_2 = A + B + \overline{C} \\ F_3 = \overline{A}B + A\overline{B} \end{cases}$$

3.7　用 3 线－8 线译码器和与非门实现下列函数。

（1）$F_1 = \sum m(0, 2, 5, 6, 7)$ 　　　　　　（2）$\begin{cases} F_1 = \overline{A}\overline{B}C + A\overline{B}CD + ACD \\ F_2 = A\overline{B}C + A\overline{B}CD + ABC \end{cases}$

3.8 用 8 选 1 数据选择器实现下列函数。

（1）$F = \sum m(1, 2, 4, 7)$ 　　　　　　（2）$F = \sum m(0, 1, 2, 3, 8, 9, 10, 11)$

3.9 某图书馆上午 8 时至 12 时、下午 2 时至 6 时开馆，在开馆时间内图书馆门前的指示灯亮，试设计一个时钟控制指示灯亮灭的逻辑电路，允许输入端有反变量出现。具体设计要求如下：（1）用与非门来实现最简的逻辑电路；（2）用 74151 实现，画出其逻辑电路图。

提示：设输入信号 A、B、C、D 为钟点变量，设 T 为区分午前、午后的标志变量，$T = 0$ 表示 1~12 点，$T = 1$ 表示 13~24 点，输出函数为 F。

3.10 用数据选择器组成的电路如图 P3.10 所示，试分别写出电路的输出表达式。

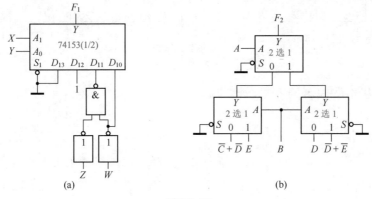

图 P3.10

3.11 设计一个三变量的多数表决电路。当输入变量中有两个或两个以上同意时，提议被通过；否则，提议不被通过。具体设计要求如下：（1）用与非门来实现最简的逻辑电路；（2）用 74138 来实现，画出逻辑电路图。

3.12 设计一个代码转换电路，将余 3 码转换成 8421 码。具体设计要求如下：（1）用门电路来实现最简的逻辑电路；（2）用 74283 附加必要的门电路来实现，画出逻辑电路图。

3.13 已知某多功能逻辑运算电路的功能如表 P3.13 所示，试用 1 片 8 选 1 数据选择器并附加必要的门电路实现该电路。

3.14 用 4 选 1 数据选择器和 3 线－8 线译码器组成 20 选 1 数据选择器。

3.15 画出用 3 片数值比较器组成 12 位数值比较器的接线图。

3.16 图 P3.16 是 3 线－8 线译码器 74138 和 74151 器件组成的电路，试分析整个电路的逻辑功能。

表 P3.13

L_1	L_0	F
0	0	AB
0	1	$\overline{AB}$
1	0	$A + B$
1	1	$A \oplus B$

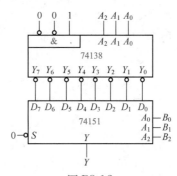

图 P3.16

3.17 图 P3.17 电路是由一片 4 位二进制超前进位全加器 74283、比较器 7485 与七段显示译码电路 7448 及显示块 LED 组成的电路，试分析该电路的逻辑功能。

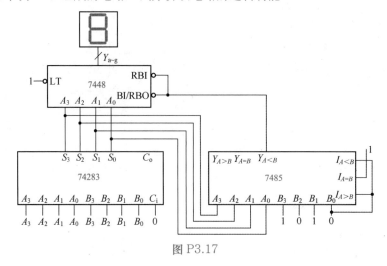

图 P3.17

3.18 分析电路图 P3.18 的逻辑功能。

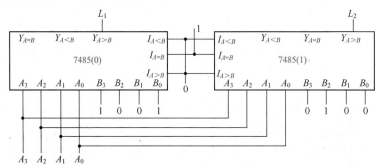

图 P3.18

3.19 设计一个输血指示器，其输入是一对要求"输送 - 接受"的血型，当符合下述规则时，电路输出为 1：在人类的 4 种基本血型中，O 型血可输给任意血型的人，而他自己只能接受 O 型；AB 型可接受任意血型，却只能输给 AB 型；A 型能输给 A 型或 AB 型，可接受 O 型和 A 型；B 型能输给 B 型或 AB 型，可接受 B 型和 O 型。

提示：为了区分 4 种不同血型，需要用 2 位二进制数表示，假定表示方法为：O 型—00，AB 型—11，A 型—01，B 型—10。这样要设计的输血指示器就需要 4 个输入变量来表示输送 - 接受血型对，设输入变量为 A、B、C、D，其中 A、B 代表输送血型，C、D 代表接受血型。

3.20 用 74138 实现一个能对 32 个地址译码的译码电路。

3.21 用 74138、74151 和少量与非门实现组合逻辑电路。其中，控制变量如下。

$$C_2C_1C_0 = 000, F = 0$$
$$C_2C_1C_0 = 001, F = ABC$$
$$C_2C_1C_0 = 010, F = A + B + C$$
$$C_2C_1C_0 = 011, F = \overline{ABC}$$
$$C_2C_1C_0 = 100, F = \overline{A + B + C}$$
$$C_2C_1C_0 = 101, F = A \oplus B \oplus C$$

$$C_2C_1C_0 = 110, F = AB + AC + BC$$
$$C_2C_1C_0 = 111, F = 1$$

3.22　8 选 1 数据选择器 CC4512 的逻辑功能如表 P3.22 所示,用 1 片 CC4512 和 1 个反相器实现逻辑函数 F 的电路如图 P3.22 所示,求 F 的最小项表达式。

表 P3.22　**CC4512 功能表**

DIS	INH	A_2	A_1	A_0	Y
0	0	0	0	0	D_0
0	0	0	0	1	D_1
0	0	0	1	0	D_2
0	0	0	1	1	D_3
0	0	1	0	0	D_4
0	0	1	0	1	D_5
0	0	1	1	0	D_6
0	0	1	1	1	D_7
0	1	×	×	×	0
1	×	×	×	×	高阻

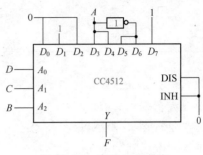

图 P3.22　**实现 F 的电路**

3.23　某组合逻辑电路的仿真时序图如图 P3.23 所示,已知输入为 s、a 和 b,输出为 y,试分析该电路的功能。

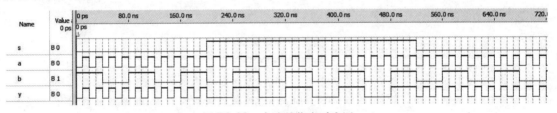

图 P3.23　**电路的仿真时序图**

3.24　判断下列函数构成的逻辑电路中有无竞争－冒险现象。若有,则设法消除之。

（1）$F = AB + A\bar{B}C$　　　　　（2）$F = \overline{ABCC} + \overline{A\,ABC}$

（3）$F = A\bar{B} + \bar{A}B$　　　　　（4）$F = \overline{ACD} + B\bar{D}$

（5）$F = (\bar{A} + C)(A + C)$

第 4 章 触 发 器

课程目标

- 根据触发器的逻辑符号，能够获得触发器的逻辑功能和触发方式，并画出已知输入下的触发器输出波形。
- 根据设计要求，能够选择合适的触发器。
- 能够对触发器的不同逻辑功能进行相互转换。
- 能够正确分析触发器应用电路的工作原理。

内容提要

　　本章以触发器的结构为主线，介绍各种触发器的电路结构、工作原理及动作特点。在同一种电路结构中，从逻辑功能的角度介绍具有不同逻辑功能的触发器，同时给出一些触发器的应用实例。

主要问题

- 触发器的特点是什么？
- 基本 RS 触发器的工作原理是什么？
- 同步触发器是如何构成的？其工作原理是什么？为什么会有空翻现象？
- 主从触发器是如何构成的？其工作原理是什么？主从 JK 触发器为什么会有一次变化问题？
- 边沿触发器从结构和功能上来说有什么样的特点？

➡ 4.1　触发器概述 _____ •

　　触发器（Flip-Flop）是能够存储一位二值信息的基本逻辑器件，是构成时序逻辑电路必不可少的基本部件。门电路构成的电路在某时刻的输出完全决定于该时刻的输入，与电路原来的状态无关，没有记忆作用。但在工程中，要连续进行各种复杂的运算和控制，必须将曾经输入过的信号和运算的结果暂时保存起来，以便与新的输入信号进一步运算，共同确定电路新的输出状态，触发器就是实现该功能的基本逻辑单元。

　　1. 触发器的特点

　　从功能上，触发器的特点如下。

　　① 有两个稳定状态——0 状态和 1 状态，能存储一位二进制信息。

　　② 当外加输入信号为有效电平时，触发器将发生状态转换，即可以从一个稳态翻转到另一个稳态。

　　③ 在输入信号的有效电平消失后，触发器能保持新的稳态。因此说触发器具有记忆功能，是存储信息的基本单元。

　　从结构上，触发器有一个或多个输入端，有两个互补输出端，分别用 Q 和 $\overline{Q}$ 来表示，通常规定，触发器 Q 端的输出状态为触发器的状态。当 $Q=1, \overline{Q}=0$ 时，称为触发器的 1 状态，记为 $Q=1$；当 $Q=0, \overline{Q}=1$ 时，称为触发器的 0 状态，记为 $Q=0$。这两个状态和二进制数码的两个数值对应。

　　2. 触发器的分类

　　触发器的种类很多，根据逻辑功能，可以分为 RS 触发器、D 触发器、JK 触发器、T 触发器和 T′ 触发器；根据结构，可以分为基本触发器、同步触发器、主从触发器和边沿触发器；根据触发方式，可以分为电平触发型和边沿触发型触发器。

【思考题】
　　① 触发器的基本特点是什么？
　　② 按照电路结构、功能和触发方式，触发器如何分类？

➡ 4.2　基本 RS 触发器 _____ •

　　基本 RS 触发器是电路结构最简单的一种触发器，是许多复杂电路结构触发器的基本组成部分。

4.2.1　与非门组成的基本 RS 触发器

　　1. 电路结构

　　在如图 4-1(a)所示的电路中，考察输入 $\overline{S}_D$ 对门电路输出 Q、$\overline{Q}$ 的影响，设门 G_1、G_2 均为 TTL 门。若无反馈连线（见图 4-1(a)中的虚线），设门 G_1 的第一个输入端为高电平，当 $\overline{S}_D=0$ 和 $\overline{R}_D=1$ 时，$Q=1$，$\overline{Q}=0$；当 $\overline{S}_D$ 由 0 变成 1 时，$Q=0$，$\overline{Q}=1$，输出状态随之发生了变化，

这说明该电路对原来输入的低电平信号没有"记住"。即输入信号消失，输出信号也随之消失。

若从 $\bar{Q}$ 端引入反馈连线（见图 4-1(a) 中的虚线）到 G_1 的第一个输入端，则当 $\bar{S}_D = 0$ 和 $\bar{R}_D = 1$ 时，$Q = 1$，$\bar{Q} = 0$，但 $\bar{S}_D$ 由 0 变成 1 时，由于 $\bar{Q}$ 的反馈作用，此时输出端 Q、$\bar{Q}$ 没有发生变化，电路能够保持原来的输出状态，这说明加了反馈后电路具有了记忆功能。

将图 4-1(a) 所示的电路改画成图 4-1(b)，即把两个与非门输入、输出端采用交叉耦合反馈连接方式，就构成了基本 RS 触发器。其中，$\bar{S}_D$ 和 $\bar{R}_D$ 是低电平有效的两个输入端，其输入信号也称为触发信号，Q 和 $\bar{Q}$ 是两个互补输出端，其输出信号相反，逻辑符号如图 4-1(c) 所示，图中 $\bar{S}_D$、$\bar{R}_D$ 端的"。"表示低电平有效。

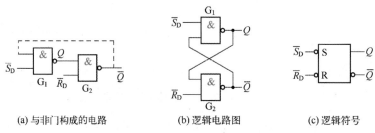

(a) 与非门构成的电路　　　　(b) 逻辑电路图　　　　(c) 逻辑符号

图 4-1　与非门组成的基本 RS 触发器

2. 工作原理

当输入信号变化时，触发器可以从一个稳定状态转换到另一个稳定状态。为了便于描述，把触发器原来所处的稳态用 Q^n 表示，称为现态；而将输入信号作用后新的稳态用 Q^{n+1} 表示，称为次态。分析触发器的逻辑功能，主要就是分析当输入信号 $\bar{S}_D$、$\bar{R}_D$ 及现态 Q^n 为某种取值组合时，输出信号的次态 Q^{n+1} 的值。

对图 4-1(b) 进行分析，可得到触发器的逻辑功能。

1）置 0 功能

当 $\bar{R}_D = 0$，$\bar{S}_D = 1$ 时，门 G_2 的输出 $\bar{Q} = 1$，因此 G_1 门的输入全为 1，则 $Q = 0$，触发器为 0 态，即 $Q^{n+1} = 0$，且与原来状态无关。这种功能称为触发器置 0，又称为复位。由于置 0 是触发信号 $\bar{R}_D$ 为有效低电平的结果，因此 $\bar{R}_D$ 端称为置 0 端，又称为"复位端"。

2）置 1 功能

当 $\bar{R}_D = 1$，$\bar{S}_D = 0$ 时，门 G_1 的输出 $Q = 1$，因此门 G_2 的两个输入均为 1，则 $\bar{Q} = 0$，触发器为 1 状态，即 $Q^{n+1} = 1$，同样与原状态无关。这种功能称为触发器置 1，又称为置位。由于置 1 是触发信号 $\bar{S}_D$ 为有效低电平的结果，因此 $\bar{S}_D$ 端称为置 1 端，又称为"置位端"。

3）"保持"功能

当 $\bar{R}_D = 1$，$\bar{S}_D = 1$ 时，输入信号均为无效电平，由图 4-1(b) 不难分析，此时触发器将保持原来的状态不变，即 $Q^{n+1} = Q^n$。

4）状态不定

当 $\bar{R}_D = 0$，$\bar{S}_D = 0$ 时，输入信号均为有效电平，这种情况是不允许的。原因有二：其一，两个门输出 $Q = 1$，$\bar{Q} = 1$ 破坏了 Q 和 $\bar{Q}$ 互补的约定；其二，当触发信号 $\bar{S}_D$ 和 $\bar{R}_D$ 同时由 0 变为 1 时，由于门的延迟时间不一致，其输出可能是 0 态，也可能是 1 态，Q 和 $\bar{Q}$ 的状态将是不确定的。例如，当 $\bar{R}_D$ 由 0 变 1 时，$\bar{S}_D$ 仍为 0，这时触发器被置 1；反之，触发器被置 0。因此把 $\bar{R}_D = 0$ 且 $\bar{S}_D = 0$ 的触发器的状态称为"不定状态"，这种状态在使用中禁止出现。

3. 逻辑功能描述

触发器的逻辑功能通常可以通过特性表、特性方程、状态转换图、工作波形图等方法来描述。结合以上对基本 RS 触发器逻辑功能的分析结果，下面分别用以上方法描述其功能。

1）特性表

通过前面的分析可以看出，触发器的次态 Q^{n+1} 不仅与触发信号 $\overline{S}_\mathrm{D}$ 和 $\overline{R}_\mathrm{D}$ 有关，还与现态 Q^n 有关，这体现了触发器的记忆功能。因此，Q^{n+1} 与 Q^n、$\overline{S}_\mathrm{D}$ 和 $\overline{R}_\mathrm{D}$ 的关系可以用含有状态变量 Q^n 的真值表即特性表来表示，如表 4-1 所示，表中×表示触发器输出状态不定。

2）特性方程

根据基本 RS 触发器特性表 4-1，可以画出如图 4-2 所示的卡诺图。合并最小项，得到基本 RS 触发器的特性方程为

$$\begin{cases} Q^{n+1} = S_\mathrm{D} + \overline{R}_\mathrm{D} Q^n \\ \overline{S}_\mathrm{D} + \overline{R}_\mathrm{D} = 1 \end{cases} \tag{4.1}$$

其中，$\overline{S}_\mathrm{D} + \overline{R}_\mathrm{D} = 1$ 表示两个输入信号之间必须满足的约束条件。

表 4-1　与非门组成的基本 RS 触发器特性表

$\overline{R}_\mathrm{D}$	$\overline{S}_\mathrm{D}$	Q^n	Q^{n+1}	说　明
0	1	0	0	置0
0	1	1	0	
1	0	0	1	置1
1	0	1	1	
1	1	0	0	保持
1	1	1	1	
0	0	0	×	不定状态
0	0	1	×	

3）状态转换图

基本 RS 触发器的状态转换关系也可以用状态转换图来表示，如图 4-3 所示。两个大圆圈分别表示触发器的两个稳定状态，箭头表示触发器状态转换的方向，箭头旁边的标注表示状态转换的输入条件。

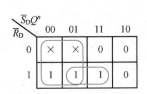

图 4-2　基本 RS 触发器的卡诺图

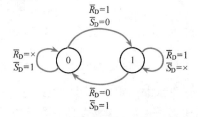

图 4-3　基本 RS 触发器的状态转换图

4）波形图

触发器的状态也可用工作波形图来表示。

【例 4-1】　根据图 4-4 中 $\overline{S}_\mathrm{D}$ 和 $\overline{R}_\mathrm{D}$ 的波形，画出基本 RS 触发器 Q 和 $\overline{Q}$ 端的波形，设初始状态 $Q^n = 0$。

解　根据与非门组成的基本 RS 触发器的特性表 4-1，画出波形图如图 4-4 所示。但是需要注意的是，当 $\overline{S}_\mathrm{D} = \overline{R}_\mathrm{D} = 0$ 时，$Q = \overline{Q} = 1$；当 $\overline{S}_\mathrm{D}$ 和 $\overline{R}_\mathrm{D}$ 同时由低电平变成高电平时，触发器的状态是 1 还是 0 无法确定，因此是不定状态。为了区别于 1 态和 0 态，在波形图上用阴影表示。

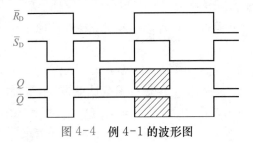

图 4-4　例 4-1 的波形图

5）动作特点

由以上分析可知，基本 RS 触发器的动作特点是：在输入信号 $\overline{S}_D$ 和 $\overline{R}_D$ 的全部作用时间内，都能直接改变输出 Q 和 $\overline{Q}$ 的状态。

4.2.2 或非门组成的基本 RS 触发器

基本 RS 触发器也可由或非门构成，其逻辑电路图如图 4-5（a）所示。可以看出，此电路是输入高电平有效，所以用 S_D 和 R_D 表示，因此逻辑符号的输入端没有小圆圈。同样用 Q 和 $\overline{Q}$ 作为输出端，该触发器的特性表如表 4-2 所示。

表 4-2　或非门组成的基本 RS 触发器的特性表

S_D	R_D	Q^n	Q^{n+1}	说　明	S_D	R_D	Q^n	Q^{n+1}	说　明
0	1	0	0	置 0	0	0	0	0	保持
0	1	1	0		0	0	1	1	
1	0	0	1	置 1	1	1	0	×	不定状态
1	0	1	1		1	1	1	×	

【例 4-2】 已知由或非门组成的基本 RS 触发器的 S_D 和 R_D 的波形如图 4-6 所示，画出 Q 和 $\overline{Q}$ 端的波形。设触发器的初始状态 $Q^n = 0$。

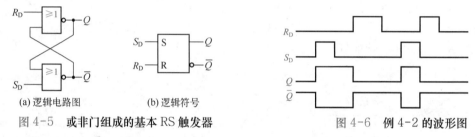

(a) 逻辑电路图　　　　(b) 逻辑符号　　　　　　　　图 4-6　例 4-2 的波形图

图 4-5　**或非门组成的基本 RS 触发器**

解 根据或非门组成的基本 RS 触发器的特性表 4-2，画出波形图如图 4-6 所示。

综上所述，基本 RS 触发器具有置 0（也称为复位）、置 1（也称为置位）和保持原状态三种功能。复位输入端和置位输入端可以是低电平有效，也可以是高电平有效，取决于触发器的结构。

4.2.3 应用举例

在数字系统中经常用机械式开关的闭合、断开状态作为控制输入信号，由于人工操作和机械式开关触点的特点，在开关触点常发生抖动，使开关输入的电压或电流波形产生"毛刺"干扰，如图 4-7 所示。这种干扰信号会导致电路产生误动作。利用如图 4-8 所示的由与非门组成的基本 RS 触发器构成的消抖动单脉冲发生器可以消除这种干扰。

它的工作情况分析如下：开关与触发器的连接如图 4-8（a）所示。设单刀开关 K 原来与 $\overline{R}_D$ 端接通，这时触发器的状态为 $Q = 0$。当开关 K 由 $\overline{R}_D$ 端扳向 $\overline{S}_D$ 端时，有一短暂的悬空时间，这时触发器的两个输入均为高电平 1，输出保持不变，即 $Q = 0$。当开关 K 与 $\overline{S}_D$ 接触时，该端的电位由于振动而产生毛刺。但是由于 $\overline{S}_D$ 端已变成低电平，触发器的状态便翻转为 1，即使 $\overline{S}_D$ 端再出现高电平，触发器的状态也不会改变，所以 Q 端的电压波形不会出现"毛刺"现象。也就是说，每按动一次开关 K，触发器只输出一个正脉冲。波形图如图 4-8（b）所示。

图 4-7　机械开关的工作情况

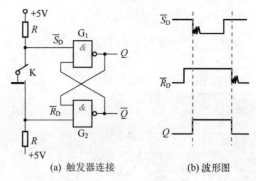

(a) 触发器连接　　(b) 波形图

图 4-8　利用基本 RS 触发器消除机械开关振动的影响

【思考题】

① 由与非门组成和或非门组成的基本 RS 触发器的约束条件有何不同？

② 如何避免触发器的不定状态出现？

▶▶ 4.3　同步触发器

同步触发器是能够实现在同一信号的控制下,在控制信号有效电平期间发生状态变化的触发器。该控制信号称为同步控制信号或时钟脉冲（Clock Pulse）,简称时钟,用 CP 表示。

4.3.1　同步 RS 触发器

1. 电路结构

图 4-9 是由与非门组成的同步 RS 触发器的逻辑电路,与非门 G_1 和 G_2 构成基本 RS 触发器,门 G_3 和 G_4 组成控制电路。输入信号 R、S 通过控制门进行传送,CP 为时钟脉冲。$\overline{R}_D$、$\overline{S}_D$ 分别为异步复位端和异步置位端,不用时应使 $\overline{R}_D = \overline{S}_D = 1$。其逻辑符号如图 4-10 所示。

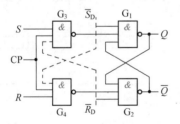

图 4-9　同步 RS 触发器的逻辑电路

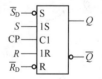

图 4-10　同步 RS 触发器的逻辑符号

2. 工作原理

图 4-9 是在基本 RS 触发器的基础上演变而来的,因此在分析同步 RS 触发器的逻辑功能时,可利用前面的结论。

当 CP = 0 时,控制门 G_3 和 G_4 被封锁,无论 R、S 如何变化,G_3 和 G_4 均输出高电平 1。根据基本 RS 触发器的逻辑功能,此时同步 RS 触发器应保持原来状态不变,即 $Q^{n+1} = Q^n$。

当 CP = 1 时,控制门 G_3 和 G_4 打开,R、S 的输入信号通过这两个门使基本 RS 触发器的状态翻转。输出状态仍由 R 和 S 的输入信号和电路原来的状态 Q^n 决定。

当 $R = 0$、$S = 0$ 时,门 G_3 和 G_4 输出均为 1,触发器保持原来状态,$Q^{n+1} = Q^n$。

当 $R=0$、$S=1$ 时，门 G_3 输出 0，从而使 $Q=1$，触发器被置 1。

当 $R=1$、$S=0$ 时，门 G_4 输出 0，从而使 $Q=0$，触发器被置 0。

当 $R=1$、$S=1$ 时，门 G_3 和 G_4 输出均为 0，此时触发器状态不定，因此在使用中应避免这种状态。

3. 逻辑功能特性

1）特性表

上面的分析结果可用如表 4-3 所示的特性表描述（CP = 1）。

表 4-3　同步 RS 触发器的特性表

R	S	Q^n	Q^{n+1}	说　明
0	0	0	0	触发器保持不变
0	0	1	1	
0	1	0	1	触发器置 1
0	1	1	1	
1	0	0	0	触发器置 0
1	0	1	0	
1	1	0	×	触发器状态不定
1	1	1	×	

2）特性方程

根据表 4-3 可以得到同步 RS 触发器的特性方程（CP = 1 时）为

$$\begin{cases} Q^{n+1} = S + \overline{R}Q^n \\ RS = 0 \end{cases} \tag{4.2}$$

其中，$RS = 0$ 是同步 RS 触发器输入信号 R、S 之间的约束条件，避免发生 $R=1$ 且 $S=1$ 状态。

3）状态转换图

根据逻辑转换关系，可以得到如图 4-11 所示的状态转换图。当 CP = 1 时，同步 RS 触发器的状态转换关系仍由 R 和 S 的输入状态决定。

4）波形图

按照给出的时钟脉冲 CP 和输入信号 R、S 的状态，可以画出同步 RS 触发器的波形。

【**例 4-3**】　根据图 4-12 中 CP、R、S 的波形，画出同步 RS 触发器 Q 和 $\overline{Q}$ 端的波形。

解　设触发器初始状态为 0。根据同步 RS 触发器的特性表，可以画出 Q 和 $\overline{Q}$ 端的波形，如图 4-12 所示。

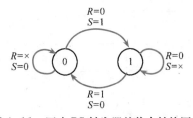

图 4-11　同步 RS 触发器的状态转换图

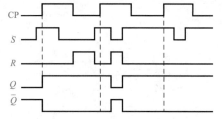

图 4-12　例 4-3 中同步 RS 触发器的波形

4. 同步 RS 触发器的动作特点和触发方式

在 CP = 1 期间，输入信号 R、S 均能通过门 G_3 和 G_4 加到基本 RS 触发器上，所以 S 和 R 的变化都将引起触发器输出端的相应改变。这是同步 RS 触发器的动作特点。这种触发方式称为电平触发方式。

5. 触发器初始状态的预置

在实际应用中，有时必须把触发器预置成某初始状态，为此，在时钟触发器电路中一般会设置直接置位端 $\overline{S}_D$ 和直接复位端 $\overline{R}_D$，如图 4-9 所示。不论 CP 为何种状态，当 $\overline{R}_D = 0$ 且 $\overline{S}_D = 1$ 时，$Q=0$，$\overline{Q}=1$，触发器被置 0；当 $\overline{S}_D = 0$ 且 $\overline{R}_D = 1$ 时，$Q=1$，$\overline{Q}=0$，触发器被置 1。故称 $\overline{S}_D$ 和 $\overline{R}_D$ 为异步置位端和异步复位端。初始状态预置完毕后，$\overline{S}_D$ 和 $\overline{R}_D$ 均应处于高电平。

4.3.2　同步 D 触发器

1. 电路结构及逻辑符号

为了解决同步 RS 触发器在 $R=1$ 且 $S=1$ 时触发器状态不定这个约束问题，可以在 R 和 S 之间接入一个非门 G_5，并以 D 为输入信号，从而构成同步 D 触发器。同步 D 触发器又称为 D 锁存器，简称锁存器。

同步 D 触发器的电路结构如图 4-13 所示，其逻辑符号如图 4-14 所示。显然，在 CP = 1 期间，电路总有 $R \neq S$ 成立，从而克服了输入信号存在约束的问题。

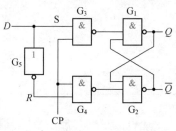

图 4-13　同步 D 触发器的逻辑电路

图 4-14　同步 D 触发器的逻辑符号

2. 逻辑功能分析及描述

当 CP = 0 时，门 G_3 和 G_4 被封锁，触发器保持原来状态。当 CP = 1 时，门 G_3 和 G_4 打开，则 $D=0$，门 G_3 输出高电平，门 G_4 输出低电平，触发器被置 0；若 $D=1$，则门 G_3 输出低电平，门 G_4 输出高电平，触发器被置 1。也就是说，D 是什么状态，触发器就被置成什么状态。

1）特性表

D 触发器在 CP = 1 时的特性表如表 4-4 所示。可见，D 触发器只有置 0 和置 1 两个功能。

2）特性方程

$$Q^{n+1} = D \quad （CP = 1 \text{ 期间有效}） \qquad (4.3)$$

表 4-4　同步 D 触发器的特性表

D	Q^n	Q^{n+1}	说　明
0	0	0	
0	1	0	输出与
1	0	1	D 相同
1	1	1	

3）状态转换图

同步 D 触发器的状态转换图如图 4-15 所示。

4）波形图

【例 4-4】　图 4-16 中已给出 CP 和 D 信号的波形，试画出图 4-13 所示同步 D 触发器 Q 端的波形。

解　设触发器初始状态为 0。根据同步 D 触发器的特性表，画出 Q 端的波形如图 4-16 所示。

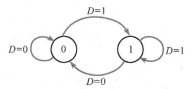

图 4-15　D 触发器的状态转换图

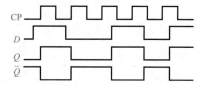

图 4-16　例 4-4 中同步 D 触发器的波形

4.3.3　同步触发器的空翻现象

在 CP 为高电平期间，如果同步触发器的输入信号发生多次变化，其输出状态也会发生多次变化,这种现象称为"空翻"。这种情况在许多时序逻辑电路中是不允许的,而同步RS、D触发器的输出在CP=1期间可以随着输入变化而变化。在图4-12的CP的第二个高电平期间,由于输入信号R、S改变了多次,输出信号Q也随之改变了多次,即产生了空翻。但是在计数器、寄存器等时序逻辑电路中,一个时钟信号周期内只允许输出状态改变一次,且输出状态的改变只能发生在时钟信号的跳变沿,因此同步触发器的空翻现象使它只能用于数据锁存,而不能用作计数器、移位寄存器等。74373是典型的锁存器芯片,是三态输出的8位锁存器,芯片内含有8个D触发器,常用于微处理器的地址或状态信号锁存。

【思考题】
① 同步D触发器与同步RS触发器相比有什么优点?
② 空翻现象会对电路产生什么影响?

▶ 4.4 主从触发器

为了防止空翻现象的产生,提高电路的抗干扰能力,通过改进同步触发器的结构,形成了主从结构的触发器。

4.4.1 主从 RS 触发器

1. 电路结构及逻辑符号

主从RS触发器由两个同步RS触发器和一个反相器G组成,如图4-17所示。同步RS触发器FF_1称为主触发器,主触发器接收并存储输入信号,是触发器的导引电路。同步RS触发器FF_2称为从触发器,从触发器的状态是整个触发器的状态。反相器门G用于产生$\overline{CP}$,$\overline{CP}$作为从触发器的脉冲信号,实现主从触发器工作在同一时钟的不同时段,将接收输入信号和改变输出状态从时间上分开。主从RS触发器的逻辑符号如图4-18所示。

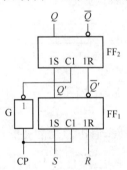

图 4-17 主从 RS 触发器的逻辑电路

图 4-18 主从 RS 触发器的逻辑符号

2. 逻辑功能分析

当CP=1时,主触发器FF_1打开,从触发器FF_2被封锁。故主触发器根据R和S的状态翻转,而从触发器保持原来的状态不变。

CP由1变0后,主触发器FF_1被封锁,不论输入信号R和S如何变化,主触发器维持已制成的状态不变。与此同时,从触发器FF_2接收主触发器的状态信号,按照与主触发器相同的状态翻转。也就是说,CP由1变0后,主触发器的状态维持不变,从触发器接收主触发器存

储的信息。如上过程可以表示为

$$Q^{n+1} = S + \overline{R}Q^n = Q^{n'} + \overline{\overline{Q}^{n'}}Q^n = Q^{n'} \tag{4.4}$$

综上所述，主从触发器的工作方式是分两拍进行的。第一拍是 CP 由 0 变 1 后，主触发器接收 R、S 信号，其状态随 R、S 的变化而变化，但整个触发器状态保持不变；第二拍是 CP 由 1 变为 0，即 CP 下降沿到来时，主触发器存放的信息送入从触发器，可使整个触发器的状态随之改变，而这时主触发器不接收外来信号，故主从触发器在一个时钟信号周期内只可能翻转一次，不会有空翻。

3. 逻辑功能描述

由上述讨论可知，主从 RS 触发器和同步 RS 触发器的特性表、特性方程和状态转换图都相同，但工作时序图不同。主从 RS 触发器在 CP 由 1 变 0（下降沿）后根据 CP = 1 期间 S、R 的状态而改变状态。这体现在逻辑符号框的延迟输出符号"⌐"，它表示触发器的输出状态的变化滞后于主触发器接收 R、S 信号的时刻。逻辑符号中 C1 端的"。"表示下降沿触发。

4. 存在的问题

主从 RS 触发器虽然克服了空翻现象，但其主触发器本身仍是同步 RS 触发器，在 CP = 1 期间，Q' 和 $\overline{Q}'$ 的状态仍会随 S、R 状态的变化而变化，属电平触发，易受干扰影响，因此它要求触发器的输入信号应在 CP = 1 之前建立，并在 CP = 1 期间保持不变。同时，输入信号应遵守约束条件 $RS = 0$，即主从 RS 触发器仍有"不定"状态。

4.4.2 主从 JK 触发器

1. 电路结构及逻辑符号

为了使用方便，希望即使出现 $S = R = 1$ 的情况，触发器的状态也是确定的，因而需要进一步改进触发器的电路结构。如果把主从 RS 触发器的 Q 和 $\overline{Q}$ 端作为一对附加的控制信号接回到输入端，构成如图 4-19 所示的结构，就可以达到上述要求。为了表示与主从 RS 触发器在功能上的区别，以 J 和 K 表示两个输入端，并称为 JK 触发器。其逻辑符号如图 4-20 所示。

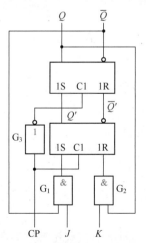

图 4-19　主从 JK 触发器的逻辑电路

图 4-20　主从 JK 触发器的逻辑符号

与主从 RS 触发器比较，主从 JK 触发器的触发信号的关系为 $S = J\overline{Q}^n$ 和 $R = KQ^n$。Q^n 和 $\overline{Q}^n$

在正常工作时是互补的，所以无论 J 和 K 的状态如何，R 和 S 都不会同时为 1，也就是取消了约束条件，消除了"不定"状态。

2. 逻辑功能分析

主从 JK 触发器的逻辑功能与前面介绍的主从 RS 触发器的逻辑功能基本一致，不同的是 JK 触发器没有约束条件。在 $J = K = 1$ 时，每输入一个时钟脉冲，触发器向相反的状态翻转一次，即 JK 触发器实现的是翻转的功能。假定 J、K 在 CP = 1 期间保持不变，下面针对 J、K 输入的四种情况进行分析。

1）置 1 功能

当 $J = 1$, $K = 0$ 时，若触发器原状态为 0，即 $Q^n = 0$，$\overline{Q}^n = 1$，当 CP = 1 时，相当于主触发器的 $S = J\overline{Q}^n = 1$，$R = KQ^n = 0$，则主触发器的 $Q'^{n+1} = 1$；当 CP 由 1 变 0 即下降沿到来后，从触发器也被置 1，$Q^{n+1} = 1$；若触发器原状态为 1，即 $Q^n = 1$，$\overline{Q}^n = 0$，在 CP = 1 时，$S = J\overline{Q}^n = 0$，$R = KQ^n = 0$，门 G_1 和 G_2 被封锁，主触发器保持 $Q'^{n+1} = 1$ 不变，当 CP 由 1 变 0 即下降沿到来后，主触发器存放的信息送到从触发器中，$Q^{n+1} = 1$。

可见，当 $J = 1$, $K = 0$ 时，不论触发器原来是什么状态，在 CP 由 1 变 0 后，触发器都是 1 态，即 $Q^{n+1} = 1$，完成置 1 功能。

2）置 0 功能

当 $J = 0$, $K = 1$ 时，用同样的分析方法可知，当 CP 由 1 变 0，即下降沿到来后，触发器翻转到 0 态，即 $Q^{n+1} = 0$，完成置 0 功能。

3）保持功能

当 $J = 0$, $K = 0$ 时，门 G_1 和 G_2 被封锁，CP 脉冲到来后，触发器的状态不翻转，保持原来的状态，即 $Q^{n+1} = Q^n$。

4）翻转功能

当 $J = 1$, $K = 1$ 时，若触发器的现态为 $Q^n = 0$，当 CP = 1 时，$S = J\overline{Q}^n = 1$，$R = KQ^n = 0$，主触发器的 $Q'^{n+1} = 1$；当 CP 由 1 变 0 即下降沿到来后，从触发器被置 1，$Q^{n+1} = 1$。若触发器的原状态为 $Q^n = 1$，当 CP = 1 时，$S = J\overline{Q}^n = 0$，$R = KQ^n = 1$，主触发器被置 0，$Q'^{n+1} = 0$；当 CP 由 1 变为 0 即下降沿到来后，从触发器被置 0，$Q^{n+1} = 0$。

由以上分析可知，当 $J = 1$, $K = 1$ 时，无论 Q^n 是 0 还是 1，其次态方程均可以表示为 $Q^{n+1} = \overline{Q}^n$，即当 CP 下降沿到来时，触发器总翻转到与现态相反的状态。

表 4-5　主从 JK 触发器的特性表

CP	J	K	Q^n	Q^{n+1}	说明
⊓	×	×	×	Q^n	保持
	0	0	0	0	保持
	0	0	1	1	
	1	0	0	1	置 1
	1	0	1	1	
⊓	0	1	0	0	置 0
	0	1	1	0	
	1	1	0	1	翻转
	1	1	1	0	

3. 逻辑功能描述

1）特性表

主从 JK 触发器的特性表如表 4-5 所示（CP = 1 期间 J、K 保持不变的情况）。

2）特性方程

$$Q^{n+1} = J\overline{Q}^n + \overline{K}Q^n \qquad (4.5)$$

3）状态转换图

主从 JK 触发器的状态转换图如图 4-21 所示。

4）波形图

【例 4-5】 根据图 4-22 所示的 CP、J、K 信

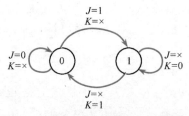

图 4-21　主从 JK 触发器的状态转换图

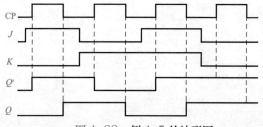

图 4-22　例 4-5 的波形图

号波形，画出主从 JK 触发器输出信号 Q 的波形。设触发器的初始状态为 0。

解　Q 的波形如图 4-22 所示。画图时应注意以下两方面问题：

① 触发器的触发翻转发生在时钟脉冲 CP 的下降沿。

② 如果在 CP = 1 期间，输入信号的状态没有发生改变，可以根据时钟脉冲下降沿前一瞬间输入端的状态来决定输出，否则 Q 的状态由 CP = 1 整个期间的输入信号所决定。

4．主从触发器的动作特点和触发方式

通过上述分析，可以总结出主从结构的触发器具有以下动作特点。

① 触发器的动作分为两步。第一步，在 CP = 1 期间，主触发器接收输入信号，被置成相应的状态，而从触发器保持不变；第二步，当 CP 下降沿到来时，从触发器按照主触发器的状态翻转。

② 由于主触发器本身是一个同步 RS 触发器，因此在 CP = 1 期间输入信号的变化会引起主触发器输出 Q' 和 $\bar{Q}'$ 的变化。

所以，在使用主从结构的触发器时经常会遇到这样一种情况：在 CP = 1 期间输入信号发生变化后，CP 下降沿到达时从触发器的状态不一定能按此刻输入信号的状态来确定，必须考虑整个 CP = 1 期间输入信号的变化过程，才能确定触发器的状态。根据其动作特点，不难看出，主从触发器的触发方式仍属于电平触发方式。

5．一次变化现象

主从 JK 触发器是一种使用灵活、应用广泛的触发器，但其缺点是存在一次变化现象。所谓一次变化现象，是指在 CP = 1 期间，主触发器最多翻转一次的现象。如果这次变化由干扰引起，那么从触发器在 CP 下降沿到来时的结果也由干扰引起。

产生一次变化现象的原因在于：状态互补的 Q 和 $\bar{Q}$ 分别引回到了输入端，由于 Q 和 $\bar{Q}$ 在正常工作时是互补的，使两个控制门 G_1 和 G_2 中总有一个是被封锁的，J 和 K 中总有一个不起作用。具体来讲，当 $Q^n = 0$ 时，门 G_2 被封锁，输入 K 不起作用，只接收输入 J。即只要 $J=1$，无论 K 为 1 还是 0，都使得 $Q^{n+1} = 1$；只要 $J=0$，无论 K 为 1 还是 0，都使得主触发器完成保持功能。当 $Q^n = 1$ 时，门 G_1 被封锁，输入 J 不起作用，只接收输入 K。即只要 $K=1$，无论 J 为 1 还是 0，都使得 $Q^{n+1} = 0$；只要 $K=0$，无论 J 为 1 还是 0，都使得主触发器完成保持功能。这样，即使 J 和 K 在 CP = 1 期间多次改变，主触发器也最多翻转一次。一次变化问题不仅限制了主从 JK 触发器的使用，还降低了它的抗干扰能力。因此，为保证触发器可靠工作，J 和 K 信号在 CP 脉冲持续期间（CP = 1 时）应保持不变。

不难理解，CP 的脉冲越窄，触发器受干扰的可能性越小，因此使用脉宽较小的窄脉冲作控制信号，有利于提高触发器的抗干扰能力。

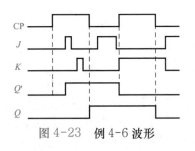

图 4-23　例 4-6 波形

【**例 4-6**】　已知主从 JK 触发器输入端 J 和 K 的波形如图 4-23 所示，画出输出端 Q 的波形图。设触发器初始状态为 $Q^n = 0$。

解　画出输出波形如图 4-23 所示。

由于在第一个 CP = 1 期间，输入 J、K 多次发生变化，因此，不能直接根据第一个 CP 脉冲下降沿到达时 $J = K = 0$，就得到触发器保持 0 状态不变的结论，必须考虑整个 CP = 1 期间输入信号的变化过程。具体分析如下：

第一个 CP 上升沿到来时，$Q^n = 0$，门 G_2 被封锁，输入 K 不起作用，只接收输入 J。在 CP = 1 期间，起先 $J = K = 0$，主触发器完成保持功能，$Q' = 0$；接着 $J = 1$，$K = 0$，主触发器被置成了 1 态，$Q' = 1$；然后 $J = 0$，$K = 1$，主触发器完成保持功能，保持前面置成的 1 态，$Q' = 1$；继续 $J = 0$，$K = 1$，注意由于门 G_2 被封锁使得输入 K 不起作用，主触发器并不完成置 0 功能，而是保持功能，使得主触发器的输出仍然为 $Q' = 1$；最后 $J = K = 0$，主触发器完成保持功能，保持前面的 1 态，即 $Q' = 1$。当下降沿到来后，从触发器就翻转到了 1 态。可见，若第一个 CP = 1 期间，如果输入 J 的高电平是由于干扰引起的，那么 J 端的正向干扰会引起触发器的错误动作。

在第二个 CP = 1 期间，J 和 K 始终没有发生变化，即 $J = 0$，$K = 1$，CP 下降沿到达后，触发器按照 CP 下降沿时刻前 J、K 的状态置 0。

由此可以看出，主从 JK 触发器在 CP = 1 期间，主触发器只变化（翻转）一次。同样，若现态 $Q^n = 1$，门 G_2 打开，在 $J = K = 0$ 期间，K 端的正向干扰也可以引起触发器的错误动作。

4.4.3　其他主从结构的触发器

1. T 触发器

在某些应用场合下，需要这样一种逻辑功能的触发器，当控制信号 $T = 1$ 时，每来一次脉冲信号，它的状态就翻转一次；而当 $T = 0$ 时，CP 信号到达后它的状态保持不变。具有这种逻辑功能的触发器被称为 T 触发器。

在 JK 触发器中，如果使 $J = K = T$，就构成了 T 触发器，如图 4-24 所示。

1）T 触发器的特性方程

$$Q^{n+1} = T\bar{Q}^n + \bar{T}Q^n \tag{4.6}$$

2）T 触发器的特性表

T 触发器的特性表如表 4-6 所示。当 CP = 0 时，T 输入端被封锁，触发器保持不变。当 CP = 1 时，若 $T = 0$，则 $Q^{n+1} = Q^n$，T 触发器保持不变；若 $T = 1$，则 $Q^{n+1} = \bar{Q}^n$，T 触发器翻转。

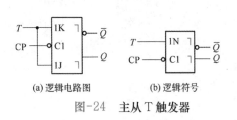

(a) 逻辑电路图　　　(b) 逻辑符号

图-24　主从 T 触发器

表 4-6　T 触发器特性表

T	Q^n	Q^{n+1}	功能说明
0	0	0	保持功能
0	1	1	
1	0	1	翻转功能
1	1	0	

2. T′ 触发器

在 CP 脉冲的作用下,只具有翻转功能的触发器称为 T′ 触发器,有时又称为计数触发器。在 T 触发器中, 当 T 始终为 1 时, 就构成了 T′ 触发器,如图 4-25 所示。

T′ 触发器的特性方程为

$$Q^{n+1} = \overline{Q}^n \qquad (4.7)$$

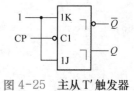

图 4-25　主从 T′ 触发器

【思考题】

① 主从触发器在结构上有何特点?如何克服同步触发器的空翻现象?

② 对于下降沿触发的主从触发器,输入信号应在时钟脉冲的什么时刻加入?

③ 什么是一次变化现象?

▶▶ 4.5　边沿触发器

为了进一步提高触发器的抗干扰能力,希望触发器状态的转换仅取决于时钟脉冲 CP 的上升沿或下降沿到来时输入信号的状态,而在此之前或之后输入状态的任何变化对触发器的次态没有任何影响,这种触发器被称为边沿触发器。边沿触发器的具体电路结构形式很多,但边沿触发或控制的特点却是相同的。下面以边沿 D 触发器和边沿 JK 触发器为例,说明电路的工作原理和主要特点。

4.5.1　维持－阻塞边沿 D 触发器

1. 电路结构及逻辑符号

维持－阻塞边沿 D 触发器的逻辑电路如图 4-26 所示,逻辑符号如图 4-27 所示。该触发器由 6 个与非门组成,其中门 G_1、G_2 构成基本 RS 触发器,门 $G_3 \sim G_6$ 组成维持－阻塞电路,引入多根反馈线,不但解决了状态不定和空翻问题,而且触发器只在 CP 的上升沿翻转,其状态取决于 CP 上升沿到来时刻 D 信号的状态;CP = 1 或 0 期间,D 的变化对触发器没有影响。

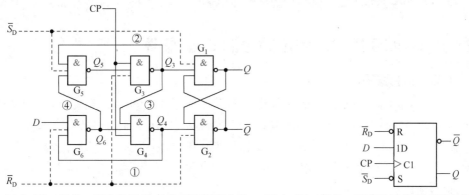

图 4-26　维持－阻塞边沿 D 触发器的逻辑电路　图 4-27　维持－阻塞边沿 D 触发器的逻辑符号

2. 逻辑功能分析

在图 4-26 中, $\overline{R}_D$、$\overline{S}_D$ 分别为直接置 0 端、置 1 端,由于其操作不受 CP 的控制,因此也称为异步置 0 端、置 1 端。

当 $\overline{S}_D = 0$，$\overline{R}_D = 1$ 时，无论 CP 和输入信号 D 处于什么状态，都能保证触发器可靠置 1。同理，当 $\overline{S}_D = 1$，$\overline{R}_D = 0$ 时，无论 CP 和输入信号 D 处于什么状态，都能保证触发器可靠置 0。

当 $\overline{S}_D = 1$，$\overline{R}_D = 1$ 时，门 G_5 和 G_6 被打开，可以接收输入信号 D。所以在分析触发器的工作原理时，设 $\overline{R}_D$、$\overline{S}_D$ 已加入高电平。

① 当 CP = 0 时，门 G_3 和 G_4 被封锁，其输出 $Q_3 = Q_4 = 1$，所以门 G_1 和 G_2 组成的基本 RS 触发器保持原态不变。同时，由于 Q_3、Q_4 反馈信号将门 G_5 和 G_6 打开，因此可接收输入信号 D，使 $Q_6 = \overline{D}$，$Q_5 = D$。

② 当 CP 由 0 变 1，即上升沿到来时，门 G_3 和 G_4 打开，它们的输出由门 G_5 和 G_6 的输出状态决定，$Q_3 = \overline{CP \cdot Q_5 \cdot \overline{R}_D} = \overline{D}$，$Q_4 = \overline{CP \cdot Q_6 \cdot Q_3} = D$。由基本 RS 触发器的逻辑功能可知，$Q = D$。

③ 在 CP = 1 时，门 G_3 和 G_4 开通，可知它们的输出状态 Q_3 和 Q_4 是互补的，即必定有一个是 0。若 $Q_4 = 0$（$Q = 0, \overline{Q} = 1$），G_4 输出端至 G_6 输入端的反馈线①封锁了门 G_6，起到了使触发器维持在 0 状态和阻止触发器变为 1 状态的作用，称为置 0 维持线，同时反馈线④保证使 G_5 输出 $Q_5 = 0$，$Q_3 = 1$，从而保证 $Q = 0, \overline{Q} = 1$，称为置 1 阻塞线。若 $Q_3 = 0$（$Q = 1, \overline{Q} = 0$），则经 G_3 输出端至 G_5 输入端的反馈线②将 G_5 封锁，即封锁了 D 通往基本 RS 触发器的路径。该反馈线起到了使触发器维持在 1 状态的作用，故称为置 1 维持线；G_3 输出至 G_4 输入端的反馈线③起到阻止触发器变为 0 状态的作用，故该反馈线称为置 0 阻塞线。因此，该触发器常称为维持-阻塞触发器。

总之，该触发器是在 CP 上升沿到来前接收信号，CP 上升沿到来时刻翻转，上升沿结束后输入即被封锁，这三步都是在上升沿前后完成的，所以有边沿触发器之称。

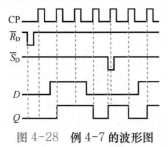

图 4-28　例 4-7 的波形图

【例 4-7】 根据图 4-28 给出的边沿 D 触发器的 CP、$\overline{R}_D$、$\overline{S}_D$ 和 D 的波形，画出输出端 Q 的波形。假设触发器的初始状态为 0。

解　Q 端的波形如图 4-28 所示。

画波形图时应注意：① 异步置位及异步复位信号具有优先权；② 该触发器为 CP 上升沿触发。对应每个 CP 上升沿触发器如何翻转取决于 CP 上升沿到来前一时刻的输入信号 D。

4.5.2　用 CMOS 传输门组成的边沿 D 触发器

1. 电路结构和逻辑符号

用 CMOS 逻辑门和传输门构成的边沿 D 触发器如图 4-29 所示，其逻辑符号如图 4-30 所示。TG_1、TG_2 传输门和 G_1、G_2 反相器组成主触发器，TG_3、TG_4 传输门和 G_3、G_4 反相器组成从触发器。TG_1 和 TG_3 分别为主触发器和从触发器的输入控制门。CP 和 $\overline{CP}$ 为互补时钟脉冲。由于引入了传输门，该电路虽为主从结构，却没有一次翻转现象，具有边沿触发器的特点。

2. 逻辑功能分析

当 CP = 1，$\overline{CP} = 0$ 时，TG_1 导通，TG_2 截止，D 端的输入信号送入主触发器中，使 $Q' = D$。同时，由于 TG_3 截止，TG_4 导通，主、从触发器之间的联系被 TG_3 切断，因此从触发器维持原状态不变。当 CP 下降沿到达（CP 跳变为 0，$\overline{CP}$ 跳变为 1）时，TG_1 截止，TG_2 导通，由于门 G_1 的输入电容存储效应，G_1 输入端的电压不会立刻消失，因此在 TG_1 切断前的状态被保存

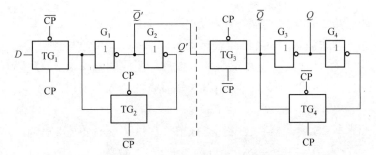

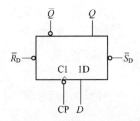

图 4-29　边沿 D 触发器的逻辑电路　　　　　图 4-30　边沿 D 触发器的逻辑符号

同时，TG_3 导通，TG_4 截止，主触发器的状态通过 TG_3 和 G_3 送到了输出端，$Q^{n+1} = Q' = D$。

翻转后，当 $CP = 0$ 时，输入信号被封锁，从触发器维持原状态不变。

4.5.3　利用传输延迟时间的边沿 JK 触发器

1. 电路结构及逻辑符号

边沿 JK 触发器的逻辑电路如图 4-31 所示，其逻辑符号如图 4-32 所示。该电路包括由与或非门 G_1、G_2 构成的基本 RS 触发器和与非门 G_3、G_4 构成的输入控制门，并保证门 G_3、G_4 的延迟时间比基本 RS 触发器的翻转时间长。

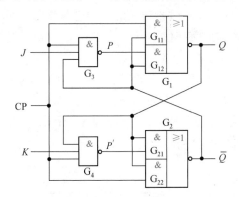

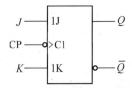

图 4-31　边沿 JK 触发器的逻辑电路　　　　　图 4-32　边沿 JK 触发器的逻辑符号

2. 逻辑功能分析

① 当 $CP = 0$ 时，门 G_3 和 G_4 同时被 CP 的低电平封锁。不论 J、K 为何种状态，P、P' 均为 1，同时与门 G_{11} 和 G_{22} 被封锁，故基本 RS 触发器的状态保持不变。

② 当 CP 由 0 跳变至 1 时，有两个通道影响触发器的输出状态。一是门 G_{11} 和 G_{22} 开通，直接影响触发器的输出；二是门 G_3 和 G_4 开通，再经与非门延迟时间 t_{pd} 后，由门 G_{12} 和 G_{21} 影响触发器的输出。

当 $t < t_{pd}$ 时，$P = P' = 1$，且

$$\begin{cases} Q^{n+1} = \overline{\overline{Q^n}CP + \overline{Q^n}P} = Q^n \\ \overline{Q}^{n+1} = \overline{Q^n CP + Q^n P'} = \overline{Q}^n \end{cases} \tag{4.8}$$

触发器保持原状态不变。

当 $t > t_{pd}$ 时，J、K 的信号通过门 G_3 和 G_4 送到 P 和 P'，且 $P = \overline{J\overline{Q^n}}$，$P' = \overline{KQ^n}$，由于 CP

已经变为高电平，仍然有式(4.8)的结果，即触发器保持原状态不变。

③ 当 CP 由 1 跳变至 0 时，由于与非门 G_3 和 G_4 的传输延迟时间比基本 RS 触发器长（制造工艺保证），因此 CP=0 首先封锁了 G_{11} 和 G_{22}，这样原来的与或非门组成的基本 RS 触发器变成了与非门组成的基本 RS 触发器，且 P 和 P' 变成了基本 RS 触发器的输入。所以

$$Q^{n+1} = S_D + \overline{R}_D Q^n = \overline{P} + P' Q^n \tag{4.9}$$

由于传输延迟时间的关系，在基本 RS 触发器状态变化完成前，P 和 P' 保持不变，因此

$$Q^{n+1} = S_D + \overline{R}_D Q^n = \overline{P} + P' Q^n = \overline{\overline{J\overline{Q^n}}} + \overline{\overline{KQ^n}} Q^n = J\overline{Q^n} + \overline{K}Q^n \tag{4.10}$$

显然，式(4.10)准确地表达了图 4-31 所示边沿 JK 触发器的次态 Q^{n+1} 和现态 Q^n 与输入 J、K 之间的逻辑关系。

由以上分析可知，CP = 1 时，J、K 信号可以进入输入与非门，但仍被拒于触发器之外。只有在 CP 由 1 变为 0 之后的短暂时刻，由于与非门对信号的延迟，在 CP = 0 前进入与非门的 J、K 信号仍起作用，而此时触发器解除了"自锁"，使得 J、K 信号可以进入触发器，并引起触发器状态改变。因此，只在时钟下降沿时的 J、K 值才能对触发器起作用，从而实现了边沿触发的功能。

3. 边沿触发器的动作特点和触发方式

通过对上述 3 种边沿触发器工作过程的分析，可以看出它们具有以下动作特点：

① 触发器的次态仅取决于 CP 信号的上升沿或下降沿时刻输入信号的逻辑状态，而在此前或此后，输入信号的变化对边沿触发器的输出状态没有任何影响。

② 在 CP 一个周期的其他时间内输出状态与输入信号无关。

在边沿触发器逻辑符号中，时钟输入端 1C 旁加上了动态符号 ">"，表示其为边沿触发；框外时钟端有 "。"，表示下降沿触发，没有 "。" 表示上升沿触发。

【例 4-8】 边沿 JK 触发器和维持 – 阻塞式 D 触发器的逻辑电路如图 4-33 所示，其输入波形如图 4-34 所示，分别画出 Q_1、Q_2 端的波形。设电路的初始状态 $Q^n = 0$。

解 Q_1、Q_2 端的波形如图 4-34 所示。

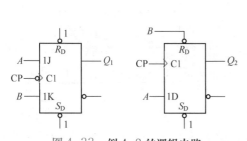

图 4-33 例 4-8 的逻辑电路

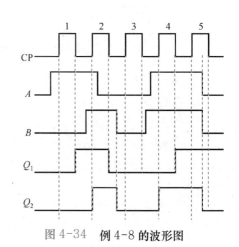

图 4-34 例 4-8 的波形图

【思考题】

① 边沿触发器为什么能够克服主从触发器的一次翻转现象？

② 从触发方式上，边沿触发器的优点是什么？

▶▶ 4.6　触发器的电路结构和逻辑功能的关系

前面从电路结构的角度介绍了触发器,同时分析了每种电路结构触发器的逻辑功能。需要指出,触发器的逻辑功能与电路结构形式是两个不同的概念。

所谓逻辑功能,是指触发器的次态和现态及输入信号之间在稳态下的逻辑关系,可以用特性表、特性方程或状态转换图给出。按照逻辑功能的不同,触发器可以分为 RS 触发器、JK 触发器、D 触发器、T 触发器和 T′ 触发器等类型。

基本触发器、同步触发器、主从触发器、边沿触发器等是指电路结构的不同形式。不同的电路结构带来了不同的动作特点。同一种逻辑功能的触发器可以用不同的电路结构来实现。如 RS 触发器有基本 RS 触发器、同步 RS 触发器等结构。反之,同一种电路结构可以构成不同逻辑功能的触发器,如边沿触发器有边沿 JK 触发器、边沿 D 触发器、边沿 T 触发器等。

比较 JK、RS 和 T 触发器的特性表不难看出,JK 触发器的功能最强,包含了 RS 触发器和 T 触发器的所有逻辑功能。因此,在使用 RS 触发器和 T 触发器的场合完全可以用 JK 触发器来代替。例如在需要 RS 触发器时,只要将 JK 触发器的 J、K 端当作 S、R 端使用,就可以实现 RS 触发器的功能;在需要 T 触发器时,只要将 J 和 K 连在一起当作 T 端用,就可以实现 T 触发器的功能。

▶▶ 4.7　集成触发器简介及其应用举例

1. 集成触发器简介

集成触发器与其他数字集成电路相同,可以分为 TTL 电路和 CMOS 电路两种。通过查阅数字集成电路的有关手册,可以得到各种类型集成触发器的详细资料。读者学习触发器,熟悉集成触发器的外引线排列和各引线端的功能,是十分必要的。

表 4-7 和表 4-8 分别为常用 TTL 和 CMOS 集成触发器的型号、名称及其功能。

2. 触发器的应用举例

1）利用触发器组成分频电路

分频器是把时钟脉冲频率按特定要求降低的电路。

表 4-7　常用 TTL 集成触发器的型号、名称及其功能

型　号	触发器名称	功　能
7470,74LS70	边沿 JK 触发器	有复位、置位端,上升沿触发
7472,74H72	主从 JK 触发器	有复位、置位端,下降沿触发
7473,74LS73	双时钟边沿 JK 触发器	有复位端,下降沿触发
74H74,74S74,74LS74 74HC74,74HCT74	双边沿 D 触发器	有复位、置位端,上升沿触发
7476,74LS76	双 JK 主从触发器	有复位、置位端,上升沿触发
74111	双 JK 主从触发器	有复位、置位端,有数据锁定功能
74175,74S175,74LS175	四上升沿 D 触发器	互补输出,有公共复位端
74110	与门输入主从 JK 触发器	有复位、置位端,有数据锁定功能;下降沿触发 $J = J_1 J_2 J_3$,$K = K_1 K_2 K_3$
74276	四 JK 边沿触发器	公用复位端、置 1 端

表 4-8　常用 CMOS 集成触发器的型号、名称及其功能

型　号	触发器名称	功　能
CC4043，CC4044	四基本 R-S 触发器	置位，复位，保持
CC4013	双主从 D 型触发器	置位，复位，保持，上升沿触发
CC4042	四 D 触发器	置位，复位，保持，上升沿触发
CC4027	双边沿 JK 触发器	置位，复位，保持，翻转，上升沿触发

【例 4-9】 图 4-35 为分频器电路，设触发器初态为 0，画出 Q_1、Q_2 端的波形并求其频率。

解　FF_1 和 FF_2 均接成 T' 触发器，据此画出 Q_1、Q_2 端的波形，如图 4-36 所示。

$$f_{Q_1} = \frac{f_{CP}}{2} = 2\ \text{MHz}$$

$$f_{Q_2} = \frac{f_{Q_1}}{2} = \frac{f_{CP}}{4} = 1\ \text{MHz}$$

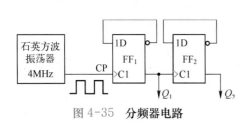

图 4-35　分频器电路　　　　图 4-36　分频器的波形图

2）单脉冲发生器

单脉冲发生器常作为调测信号源，在数字设备中应用很广泛。图 4-37 是由两个 JK 触发器组成的单脉冲发生器。其输入 u_1 为时钟脉冲的连续序列，输出由手动开关 S_1 控制，每按一次，就输出一个脉冲。输出脉冲的宽度仅决定于输入时钟脉冲的周期。

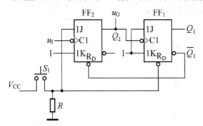

图 4-37　单脉冲发生器的电路

由图 4-37 可见，FF_1 和 FF_2 均为 CP 下降沿触发，但 FF_1 的 CP 由 Q_2 提供，而 Q_2 的状态除了受 J_2、K_2 和 u_1 控制，还受 $\overline{R}_D = \overline{Q}_1$ 的控制，即两个触发器的状态是互相制约的，因此其波形图的 CP 要分别画出。对于 FF_2，因 $K_2 = 1$，故 $Q_2^{n+1} = J_2\overline{Q}_2^n + \overline{K}_2Q_2^n = J_2\overline{Q}_2^n$，$\overline{R}_D = \overline{Q}_1^n$。对于 FF_1，因 $J_1 = K_1 = 1$，故 $Q_1^{n+1} = J_1\overline{Q}_1^n + \overline{K}_1Q_1^n = \overline{Q}_1^n$，$\overline{R}_D = J_2$。

开始由于 $J_2 = 0$（手动开关 S_1 未按下），使 FF_1 的 $\overline{R}_D = 0$，故 $Q_1 = 0$，$\overline{Q}_1 = 1$，而 FF_2 的 $\overline{R}_D = 1$，$Q_2^{n+1} = J_2\overline{Q}_2^n = 0$，因此第一个 CP 来到后 $Q_2 = 0$。

$J_2 = 1$（手动开关 S_1 按下）时，对 Q_1 和 $\overline{Q}_1$ 没有影响，而 $Q_2^{n+1} = J_2\overline{Q}_2^n = \overline{Q}_2^n$，这时输入脉冲 u_1 的下降沿到达时 Q_2 将按照状态方程翻转。但当第三个 CP 来到后，Q_2 的下降沿去触发 FF_1，使 Q_1 由 0→1，$\overline{Q}_1$ 由 1→0。由于 FF_2 的 $\overline{R}_D = \overline{Q}_1$，因此一旦 $\overline{Q}_1 = 0$，则又使 FF_2 的输出置 0，输出一个单脉冲，其脉冲宽度为输入脉冲的周期。

$J_2 = 0$ 后，又恢复到开始的状态。$\overline{Q}_1 = 1$，FF_2 解除置 0 封锁，如果再按下 S_1（$J_2 = 1$），u_O 就能产生第二个单脉冲，整个波形如图 4-38 所示。

单脉冲发生器通常也可以用其他触发器实现。

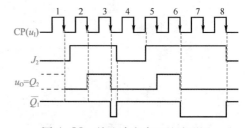

图 4-38　单脉冲发生器的波形图

3）三人抢答电路

【例 4-10】 设计一个三人抢答电路，要求 A、B、C 三个人各控制一个按键开关 K_A、K_B、K_C 和发光二极管 VD_A、VD_B、VD_C。谁先按下开关，谁的发光二极管亮，同时使其他人的抢答信号无效。

解 用门电路组成的三人抢答电路如图 4-39 所示。抢答前，按键开关 K_A、K_B、K_C 均不按下，A、B、C 信号都为 0，门 G_A、G_B、G_C 输出都为 1，3 个发光二极管均不亮。开始抢答后，若 K_A 第一个被按下，则 $A=1$，门 G_A 的输出变为 $Y_{OA}=0$，点亮发光二极管 VD_A，同时 Y_{OA} 的 0 信号封锁门 G_B 和 G_C，此时 K_B 和 K_C 再按下无效。

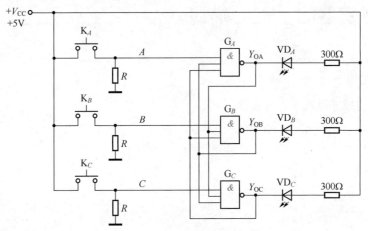

图 4-39　用门电路组成的三人抢答电路

但该电路存在以下问题：① 要保持发光二极管亮，抢答者需要一直按键；② 不能统一设定抢答的起始时间、持续时间和结束时间。

用基本 RS 触发器组成的三人抢答电路如图 4-40 所示。其中 K_R 为复位键，由裁判控制。

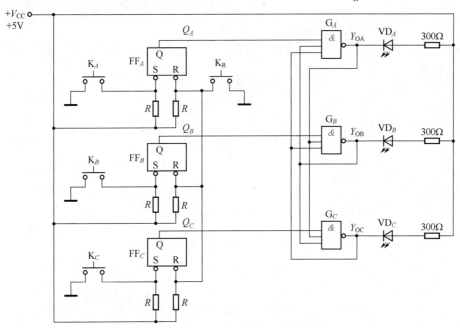

图 4-40　用基本 RS 触发器组成的三人抢答电路

抢答前，先按复位键 K_R，即 3 个触发器的 $\bar{R}$ 信号都为 0，使 Q_A、Q_B、Q_C 均为 0，3 个发光二极管均不亮。抢答后，若 K_A 第一个被按下，则 FF_A 的 $\bar{S}=0$，使 Q_A 置 1，门 G_A 的输出变为 $Y_{OA}=0$，点亮发光二极管 VD_A，同时 Y_{OA} 的 0 信号封锁了门 G_B 和 G_C，则 K_B 和 K_C 再按下无效。

该电路使用了触发器，按键开关只要被按下，触发器就能记忆这个信号，如 K_A 第一个被按下，则 FF_A 的 $\bar{S}=0$，使 Q_A 置 1，然后松开 K_A，此时 FF_A 的 $\bar{S}=\bar{R}=1$，触发器保持原态，$Q_A=1$。由此可见，图 4-40 所示的电路由于触发器的记忆功能和裁判预置键 K_R 的引入，选手按键只要按一下，其相应发光二极管就点亮。直到裁判重新按下 K_R 键，新一轮抢答开始。

▶ 4.8 触发器的 VHDL 描述

与非门构成的基本 RS 触发器、上升沿触发的边沿 D 触发器和下降沿触发的边沿 JK 触发器的 VHDL 描述如下。

1. 与非门构成的基本 RS 触发器

基本 RS 触发器有反馈，用 VHDL 描述时，把 Q 和 $\bar{Q}$ 定义为 BUFFER。

```
LIBRARY IEEE;
USE IEEE.STD_LOGIC_1164.ALL;
ENTITY rssc IS
    PORT(s,r:IN bit;
         q,qn: BUFFER bit);        -- q,qn 作为缓冲端口，可以被实体再输入
END rssc;
ARCHITECTURE ex15 OF rssc IS
BEGIN
    q<=NOT (s AND qn);
    qn<=NOT (r AND q);
END ex15;
```

2. 上升沿触发的边沿 D 触发器

具有异步复位/置位控制端的上升沿触发的边沿 D 触发器的 VHDL 程序如下：

```
LIBRARY IEEE;
USE IEEE.STD_LOGIC_1164.ALL;
ENTITY dff1 is
  PORT (d,cp,r,s:IN STD_LOGIC;
        q,qn:OUT STD_LOGIC);
END dff1;
ARCHITECTURE beh OF dff1 IS
 BEGIN
    PROCESS (d,cp,r,s)                    -- 把时钟放在进程的敏感列表中
      BEGIN
        IF(r='0' AND S='1') THEN
            q<='0';    qn<='1';
          ELSIF (r='1' AND S='0') THEN
            q<='1';    qn<='0';
          ELSIF (cp'EVENT AND cp='1') THEN   -- 时钟上升沿的描述
           q<=d;    qn<=not d;
        END IF;
```

```
        END PROCESS;
END beh;
```

3. 下降沿触发的边沿 JK 触发器

具有同步复位/置位控制端的下降沿触发的边沿 JK 触发器的 VHDL 程序如下：

```
LIBRARY IEEE;
USE IEEE.STD_LOGIC_1164.ALL;
ENTITY jkff1 is
    PORT(j,k,cp,r,s:IN STD_LOGIC;
         q,qn:OUT STD_LOGIC);
END jkff1;
ARCHITECTURE beh OF jkff1 IS
    SIGNAL jk:STD_LOGIC_VECTOR(1 DOWNTO 0);
    SIGNAL qa,qb:STD_LOGIC;
BEGIN
    PROCESS(j,k,cp,r,s)
    BEGIN
        jk<=j&k;
        IF (cp'EVENT AND cp='0') THEN
            IF (r='0' AND s='1') THEN
                qa<='0';    qb<='1';
            ELSIF (r='1' AND S='0') THEN
                qa<='1';    qb<='0';
            ELSE
                CASE jk IS
                    WHEN "00"=>qa<=qa;  qb<=qb;
                    WHEN "01"=>qa<='0';  qb<='1';
                    WHEN "10"=>qa<='1';  qb<='0';
                    WHEN "11"=>qa<=not qa;  qb<=not qb;
                    WHEN OTHERS=>null;
                END CASE;
            END IF;
        END IF;
    END PROCESS;
    q<=qa;
    qn<=qb;
END beh;
```

课程思政案例

精益求精　大国工匠——边沿触发器

本章小结

（1）触发器是数字电路中的一种基本逻辑单元，有 0 和 1 两个稳态。触发器从一种稳态转换成另一种稳态不仅取决于输入信号，还与触发器的初始状态有关。触发器输入信号去掉后，这个信号对触发器造成的影响却会保留，所以称触发器是具有记忆功能的单元电路。

（2）触发器的种类很多，通常有两种分类方法：一是从触发器逻辑功能上分类，有 RS 触发器、D 触发器、JK 触发器、T 触发器和 T′触发器；二是从结构上分类，有基本触发器、同步触发器、主从触发器和边沿触发器。

（3）触发器的逻辑功能和结构形式是两个不同的概念。所谓逻辑功能，是指触发器次态输出和现态以及输入信号的逻辑关系。同一功能的触发器可以用不同电路结构形式来实现；反之，同一种电路结构形式也可以构成具有不同逻辑功能的触发器。

（4）分析触发器的逻辑功能，常用的分析方法有特性表、特性方程、状态转换图、工作波形图（时序图）。这些方法各有特点，它们之间可以互相转换。

（5）不同触发器之间可以相互转换，JK 触发器或 D 触发器一般可转换成其他触发器。

随堂测验

4.1 判断题（正确的画"√"，错误的画"×"）

1．门电路和触发器都具有记忆功能。（　　　）

2．D 触发器的特性方程为 $Q^{n+1} = D$，与 Q^n 无关，所以它没有记忆功能。（　　　）

3．RS 触发器的约束条件 $RS = 0$ 表示，不允许出现 $R = S = 1$ 的输入。（　　　）

4．同步触发器存在空翻现象，而边沿触发器和主从触发器克服了空翻。（　　　）

5．主从 JK 触发器、边沿 JK 触发器和同步 JK 触发器的逻辑功能相同。（　　　）

6．T 触发器实际上就是一个二分频器。（　　　）

7．由两个 TTL 或非门构成的基本 RS 触发器，当 $R = S = 0$ 时，触发器的状态为不定。（　　　）

8．边沿 JK 触发器，在 CP 为高电平期间，当 $J = K = 1$ 时，状态翻转一次。（　　　）

9．触发器的两个输出端 Q 和 $\bar{Q}$ 分别表示触发器的两种不同的状态。（　　　）

10．在门电路基础上组成的触发器，输入信号对触发器状态的影响随输入信号的消失而消失。（　　　）

4.2 选择题

1．D 触发器的特性方程是（　　　）。

A．$Q^{n+1} = D$　　　　　　　B．$Q^{n+1} = DQ^n$　　　　　　　C．$Q^{n+1} = D \oplus \bar{Q}^n$

2．仅具有"置 0"和"置 1"功能的触发器称为（　　　）。

A．JK 触发器　　　　　　　B．RS 触发器　　　　　　　C．D 触发器

3．仅具有"翻转"功能的触发器称为（　　　）。

A．JK 触发器　　　　　　　B．T′触发器　　　　　　　C．D 触发器

4．JK 触发器用作 T′触发器时，控制端 J、K 的正确接法是（　　　）。

A．$J = Q^n$，$K = Q^n$　　　　B．$J = K = 1$　　　　　　C．$J = K = \bar{Q}^n$

5．触发器由门电路组成，但它不同于门电路的功能，其主要特点是（　　　）。

A．与门电路功能一样　　　　B．具有记忆功能　　　　　C．没有记忆功能

6. TTL 型和 CMOS 型触发器使用过程中方法正确的是（　　）。

A. 电源电压一样时，可以兼容；但 TTL 型不用的控制端可以悬空为"1"；CMOS 型不用的控制端不可悬空，必须通过电阻接电源为"1"

B. 只要电源电压一致可随意使用

C. 电源电压不同也可以互换使用

7. 为防止空翻，应采用（　　）结构触发器。

A. CMOS　　　　　　　　B. 主从或边沿　　　　　　　　C. TTL

8. 在下列触发器中，有约束条件的是（　　）。（多选）

A. 主从 JK 触发器　　　　　　　　B. 主从 RS 触发器

C. 同步 RS 触发器　　　　　　　　D. 边沿 D 触发器

9. 一个触发器可记忆一位二进制代码，它有（　　）个稳态。

A. 0　　　　　　　B. 1　　　　　　　C. 2　　　　　　　D. 3

10. 存储 8 位二进制信息要（　　）个触发器。

A. 2　　　　　　　B. 4　　　　　　　C. 6　　　　　　　D. 8

11. 对于 T 触发器，若初始状态 $Q^n = 0$，欲使次态 $Q^{n+1} = 1$，应使输入 $T = $（　　）。（多选）

A. 0　　　　　　　B. 1　　　　　　　C. $\bar{Q}$　　　　　　　D. Q

12. 对于 JK 触发器，若 $J = K$，则可完成（　　）触发器的逻辑功能。

A. RS　　　　　　　B. D　　　　　　　C. T　　　　　　　D. T'

13. 欲使 D 触发器按 $Q^{n+1} = Q^n$ 工作，应使输入 $D = $（　　）。

A. 0　　　　　　　B. 1　　　　　　　C. Q　　　　　　　D. $\bar{Q}$

14. 在下列触发器中，没有约束条件的是（　　）。

A. 基本 RS 触发器　　　　　　　　B. 主从 RS 触发器

C. 同步 RS 触发器　　　　　　　　D. 边沿 D 触发器

15. 边沿 D 触发器是一种（　　）稳态电路。

A. 单　　　　　　　B. 双　　　　　　　C. 多

16. 为实现将 JK 触发器转换为 D 触发器，应使（　　）。

A. $J = \bar{D}, K = D$　　B. $K = \bar{D}, J = D$　　　　C. $J = K = \bar{D}$　　　　D. $J = K = D$

17. 描述触发器的逻辑功能的方法有（　　）。（多选）

A. 状态转换真值表　　　　　　　　B. 特性方程

C. 状态转换图　　　　　　　　　　D. 卡诺图

18. 在下列触发器中，克服了空翻现象的有（　　）。（多选）

A. 边沿 D 触发器　　　　　　　　B. 主从 RS 触发器

C. 同步 RS 触发器　　　　　　　　D. 主从 JK 触发器

19. 欲使 JK 触发器按 $Q^{n+1} = 0$ 工作，可使 JK 触发器的输入端（　　）。（多选）

A. $J = K = 1$　　　　　　　　　　B. $J = Q, K = Q$

C. $J = Q, K = 1$　　　　　　　　　D. $J = 0, K = 1$

4.3　填空题

1. 按逻辑功能，触发器可分为＿＿＿＿触发器、＿＿＿＿触发器、＿＿＿＿触发器、＿＿＿＿触发器和＿＿＿＿触发器等。

2. 按电路结构，触发器可分为＿＿＿＿触发器、＿＿＿＿触发器、＿＿＿＿触发器、＿＿＿＿触发器等。

3．描述触发器功能的方法有_____、_____、_____、_____。

4．基本 RS 触发器在正常工作时，它的约束条件是 $\overline{S}_D + \overline{R}_D = 1$，则它不允许输入 $\overline{S}_D =$ _____ 且 $\overline{R}_D =$ _____ 的信号。

5．触发器有_____个稳定状态，触发器有两个互补的输出端 Q 和 $\overline{Q}$，定义触发器的 1 状态为 $Q =$ _____，0 状态为_____。可见，触发器的状态指的是_____端的状态。

6．在一个 CP 脉冲作用下，引起触发器两次或多次翻转的现象称为触发器的_____，触发方式为_____的触发器不会出现这种现象。

7．触发器是一种由门电路构成并具有两个稳定状态的电路，两个稳定状态分别用来表示和寄存二进制数码_____与_____。

8．电路在没有外加信息触发时保持某状态不变，而这种状态称为_____。

9．防止空翻的触发器结构有_____。

10．从结构上，同步 RS 触发器是在基本 RS 触发器的基础上增加了_____构成的。

11．TTL 集成 JK 触发器正常工作时，其 $\overline{S}_D$ 和 $\overline{R}_D$ 端应接_____电平。

12．JK 触发器的特性方程是_____，具有_____、_____、_____和_____功能。

习 题 4

4.1 基本 RS 触发器 Q 端的初始状态为"0"，根据图 P4.1 给出的 $\overline{S}_D$ 和 $\overline{R}_D$ 的波形，试画出 Q 端的波形。

4.2 同步 RS 触发器的逻辑符号和输入波形如图 P4.2 所示，设初始状态 $Q = 0$，画出 Q 端的波形。

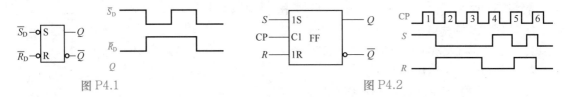

图 P4.1　　　　　　　　　　　　　　　图 P4.2

4.3 图 P4.3(a)所示的电路为一个防抖动输出的开关电路。当拨动开关 K 时，由于开关接通瞬间发生震颤，$\overline{S}_D$ 和 $\overline{R}_D$ 的电压波形如图 P4.3(b)所示，试画出 Q 和 $\overline{Q}$ 端对应的电压波形。

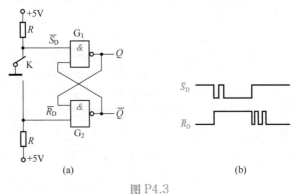

(a)　　　　　　　　　　　　(b)

图 P4.3

4.4 主从 JK 触发器组成如图 P4.4(a)所示的电路，已知电路的输入波形如图 P4.4(b)所示，画出 Q_1 和 Q_2 端的波形。设初始状态 $Q = 0$。

4.5 下降沿触发的边沿 JK 触发器的输入波形如图 P4.5 所示，试画出输出 Q 端的波形。

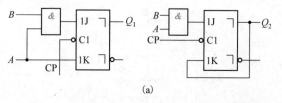

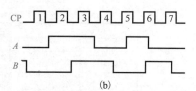

图 P4.4

4.6 维持－阻塞 D 触发器的输入波形如图 P4.6 所示，试画出 Q 端波形。

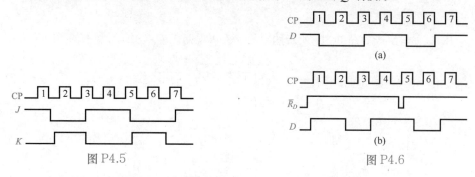

图 P4.5

图 P4.6

4.7 写出图 P4.7 所示逻辑图中各电路输出端 Q_i（$i = 1, 2, \cdots, 6$）的表达式。

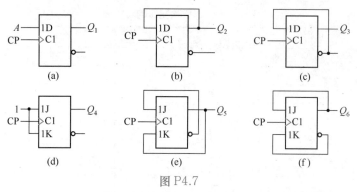

图 P4.7

4.8 TTL 边沿触发器组成的电路分别如图 P4.8(a) 和 (b) 所示，其输入波形如图 P4.8(c) 所示，试分别画出 Q_1 和 Q_2 端的波形。设各电路的初始状态均为 0。

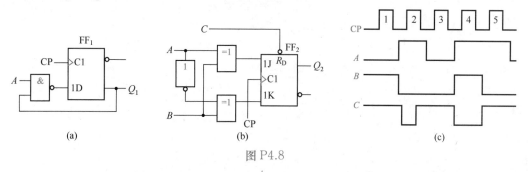

图 P4.8

4.9 TTL 边沿触发器电路如图 P4.9 所示，写出 Q_1 和 Q_2 的表达式。设初始状态为 0，并根据 CP 的波形画出 Q_1 和 Q_2 端的波形。

4.10 边沿触发器电路如图 P4.10 所示，写出 Q_1 和 Q_2 的表达式。设初始状态为 0，试根据 CP 和 D 的波形画出 Q_1 和 Q_2 端的波形。

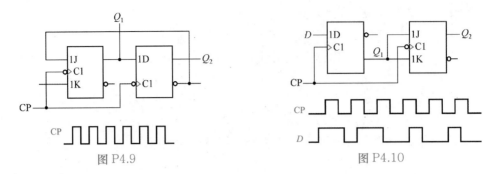

图 P4.9   图 P4.10

4.11 JK 触发器组成如图 P4.11 所示的电路。分析电路功能，画出状态转换图。

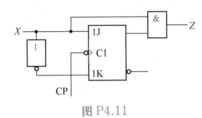

图 P4.11

4.12 XY 触发器的功能表如表 P4.12 所示，试画出此触发器的状态转换图。

表 P4.12 　XY 触发器的功能表

Q^n	X	Y	Q^{n+1}
0	0	0	0
0	0	1	1
0	1	0	0
0	1	1	1
1	0	0	0
1	0	1	0
1	1	0	1
1	1	1	1

第5章 时序逻辑电路

➡ 5.1　时序逻辑电路概述 ────────────────────────●

5.1.1　时序逻辑电路的特点

　　组合逻辑电路的特点是任意时刻的输出信号仅取决于该时刻的输入信号,与电路之前所处的状态无关。而时序逻辑电路的特点是,任意时刻的输出不仅取决于该时刻的输入信号,还取决于电路原来的状态,或者说,还与以前的输入有关,即电路的输出状态与时间顺序有关,因此被称为时序逻辑电路,简称时序电路。

　　由于时序电路在任意时刻的输出信号不仅与该时刻的输入信号有关,还与电路原来的状态有关,因此时序电路中必须含有存储电路,由它保存某时刻之前的电路状态。存储电路可用延迟元件组成,也可用触发器构成。本章只讨论由触发器构成存储电路的时序电路。

　　时序电路如图 5-1 所示,由组合逻辑电路和存储电路两部分组成。其中, $X(X_1, X_2, \cdots, X_i)$ 是时序逻辑电路的输入信号, $Z(Z_1, Z_2, \cdots, Z_j)$ 是时序逻辑电路的输出信号, $Q(Q_1, Q_2, \cdots, Q_r)$ 是存储电路的输出信号, $Y(Y_1, Y_2, \cdots, Y_k)$ 是存储电路的输入信号。 Q 被反馈到组合逻辑电路的输入端,与输入信号 X 共同决定时序逻辑电路的输出状态。它们之间的逻辑关系可以表示为

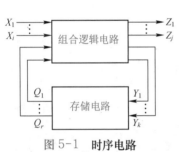

图 5-1　时序电路

$$Z = F_1(X, Q^n) \tag{5.1}$$

$$Y = F_2(X, Q^n) \tag{5.2}$$

$$Q^{n+1} = F_3(Y, Q^n) \tag{5.3}$$

　　其中, 式 (5.1) 为输出方程, 式 (5.2) 为存储电路的驱动方程, 式 (5.3) 为存储电路的状态方程。由于本章所用存储电路由触发器构成,即 $Q_1, Q_2, \cdots, Q_r$ 表示的是构成存储电路的各触发器的状态,因此式 (5.3) 也是时序逻辑电路的状态方程, Q^{n+1} 是次态, Q^n 是现态。

　　综上所述,时序电路具有以下特点:

　　① 时序电路由组合逻辑电路和存储电路组成。存储电路是必需的,组合逻辑电路则不是。

　　② 时序电路中存在反馈,电路的工作状态与时间因素相关,即时序逻辑电路的输出由电路的输入和电路原来的状态共同决定。

5.1.2　时序逻辑电路的分类

　　按照存储电路状态变化的特点,时序逻辑电路可以分为同步时序逻辑电路和异步时序逻辑电路两大类。同步时序逻辑电路的工作特点是,所有触发器状态的变化都在同一时钟信号作用下同时发生。而在异步时序逻辑电路中,各触发器状态的变化不是同时发生的,而是有先有后。在异步时序逻辑电路中,根据电路的输入是脉冲信号还是电平信号,又可以分为脉冲异步时序逻辑电路和电平异步时序逻辑电路。本章只讨论同步时序逻辑电路和脉冲异步时序逻辑电路。

　　按照输出信号的特点,时序逻辑电路还可分为摩尔（Moore）型和米里（Mealy）型两大类。摩尔型电路的输出状态只与存储电路的状态有关,与电路输入无关。而米里型电路的输出状态不仅与存储电路的状态有关,还与电路的输入有关。摩尔型电路和米里型电路如图 5-2 所示。

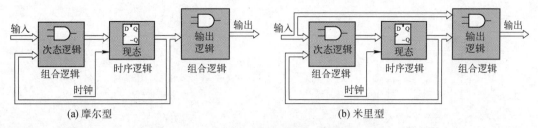

图 5-2　摩尔型电路和米里型电路

可以看出，摩尔型电路的输出只是当前状态的函数，输入只有在时钟到来后才能影响输出，而米里型电路的输出是当前状态和输入的函数。

鉴于时序逻辑电路在工作时是在电路的有限个状态间按一定的规律转换的，所以又被称为状态机（State Machine，SM）、有限状态机（Finite State Machine，FSM）或算法状态机（Algorithmic State Machine，ASM）。

在分析时序逻辑电路时，只要把状态变量和输入信号一样当作逻辑函数的输入变量处理，那么分析组合逻辑电路的一些方法仍然可以使用。不过，由于任意时刻状态变量的取值都与电路的历史情况有关，因此分析起来要比组合逻辑电路复杂。为了便于描述存储电路的状态及其转换规律，还需引入一些新的表示方法，即状态转换表、状态转换图和时序波形图等方法。

时序逻辑电路的设计方法则更复杂，在完成时序逻辑电路的分析后再详细介绍。

5.1.3　时序逻辑电路的表示方法

虽然由驱动方程、状态方程和输出方程可以完整描述一个时序逻辑电路的逻辑功能，但不能直观地反映电路状态的转换过程。为了更清楚地展现时序逻辑电路状态和输出在时钟作用下的整个变化过程，还必须用状态转换表、状态转换图和时序波形图来描述电路的逻辑功能。

1．状态转换表

状态转换表是用表格的形式展现时序逻辑电路次态、输出与输入和现态的关系，输入和现态是逻辑变量，输出和次态是逻辑函数，类似组合逻辑电路的真值表，它的行数由该电路的输入个数和状态个数确定，应遍历所有可能性，列数由输入个数、状态个数、输出个数来确定。把一组输入变量和现态代入状态方程和输出方程，就可以得到次态和输出。状态转换表的填写方法有两种：一种是按照现态递增或者递减的顺序列出，另一种是按照实际的状态循环列出，就是把上次的次态作为本次的现态，如此反复，就可以得到完整的状态转换表。

2．状态转换图

状态转换图是状态转换表的图形表示方式。状态转换图的节点表示状态，连接节点的带箭头的线段表示状态之间的转换方向，引起状态转换的输入用输入组合来标明，并标注在带箭头线段的上面。摩尔型电路和米里型电路的状态转换图分别如图 5-3 和图 5-4 所示。摩尔型电路的输出变量 Z 的值只与现态有关，应以 S_n/Z 的形式放在圆圈中。对于米里型电路，箭头旁注明当前状态时的输入变量 X 和输出变量 Z 的值，常以 X/Z 的形式表示。本书若不做特殊强调，带输入变量的电路都按米里型电路设计。

3．时序波形图

时序波形图简称时序图，就是反映时序逻辑电路的输入信号、时钟信号、输出信号和电路的状态转换等在时间上的对应关系的工作波形图。

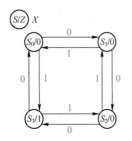

图 5-3 摩尔型电路的状态转换图

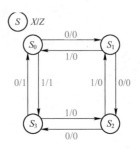

图 5-4 米里型电路的状态转换图

【思考题】 从结构上看,时序逻辑电路有什么特点?

➤➤ 5.2 基于触发器的时序逻辑电路的分析

时序逻辑电路中的基本单元是触发器。基于触发器的时序逻辑电路的分析是时序逻辑电路分析的基础。

5.2.1 时序逻辑电路的分析方法

分析一个基于触发器的时序逻辑电路就是根据给定的逻辑电路图,找出电路的状态及输出的变化规律,从而确定电路的逻辑功能。基于触发器的时序逻辑电路分析流程图如图 5-5 所示。

图 5-5 基于触发器的时序逻辑电路分析流程图

分析时序逻辑电路一般按如下步骤进行。

① 根据给定的逻辑电路图,写出每个触发器的时钟方程(各触发器时钟信号 CP 的逻辑表达式)、驱动方程(各触发器输入信号的逻辑表达式)和电路的输出方程。

② 求得电路的状态方程。将驱动方程分别代入相应触发器的特性方程,求得状态方程。

③ 列出完整的状态转换真值表,画出状态转换图和时序图。具体方法是:依次假定初态并代入电路的状态方程和输出方程,求出次态和输出;把输入、CP 脉冲和初态列在真值表的左边,把次态和输出列在真值表的右边,得到的表格即状态转换真值表(简称状态转换表),注意要把所有输入及状态的组合遍历一遍;根据状态转换真值表画出状态转换图和时序图。

④ 确定电路的逻辑功能。检查自启动能力,根据状态转换真值表、状态转换图和时序图,确定电路的逻辑功能。

稍微复杂的时序逻辑电路都要按上述步骤才能得到最终的结果,如本章将介绍的双向移位寄存器和计数器;而简单的时序逻辑电路不必完全按照上述步骤进行,如寄存器、单向移位寄存器等。

5.2.2 同步时序逻辑电路的分析

【例 5-1】 分析图 5-6 所示时序逻辑电路的逻辑功能。

解

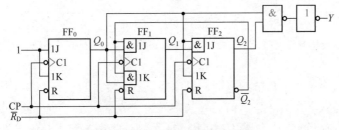

图 5-6　例 5-1 的时序逻辑电路

（1）写出时钟方程、驱动方程和输出方程。

时钟方程：

$$CP_0 = CP_1 = CP_2 = CP$$

驱动方程：

$$\begin{cases} J_0 = K_0 = 1 \\ J_1 = K_1 = \overline{Q}_2^n Q_0^n \\ J_2 = Q_1^n Q_0^n, \qquad K_2 = Q_0^n \end{cases}$$

输出方程：

$$Y = Q_2^n Q_0^n$$

（2）求电路的状态方程。

$$\begin{cases} Q_0^{n+1} = J_0 \overline{Q}_0^n + \overline{K}_0 Q_0^n = 1\overline{Q}_0^n + \overline{1} Q_0^n = \overline{Q}_0^n \\ Q_1^{n+1} = J_1 \overline{Q}_1^n + \overline{K}_1 Q_1^n = (\overline{Q}_2^n Q_0^n) \oplus Q_1^n \\ Q_2^{n+1} = J_2 \overline{Q}_2^n + \overline{K}_2 Q_2^n = Q_1^n Q_0^n \overline{Q}_2^n + \overline{Q}_0^n Q_2^n \end{cases}$$

（3）列出状态转换表，画出状态转换图和时序波形图。

本例的状态转换表中，逻辑变量为 Q_2^n、Q_1^n 和 Q_0^n，逻辑函数为 Q_2^{n+1}、Q_1^{n+1}、Q_0^{n+1} 和 Y，可以得到状态转换表，如表 5-1 所示。

表 5-1　例 5-1 的状态转换表

现　态			次　态			输　出
Q_2^n	Q_1^n	Q_0^n	Q_2^{n+1}	Q_1^{n+1}	Q_0^{n+1}	Y
0	0	0	0	0	1	0
0	0	1	0	1	0	0
0	1	0	0	1	1	0
0	1	1	1	0	0	0
1	0	0	1	0	1	0
1	0	1	0	0	0	1
1	1	1	1	1	1	0
1	1	1	0	1	0	1

具体转换过程如下：

① 假定初始状态为 $Q_2^n Q_1^n Q_0^n = 000$，把 $Q_2^n Q_1^n Q_0^n = 000$ 代入上述状态方程和输出方程，分别得到次态和输出：$Q_0^{n+1} = 1$，$Q_1^{n+1} = 0$，$Q_2^{n+1} = 0$，$Y = 0$。因为是同步时序逻辑电路，状态的改变是同时的，所以计算次态的先后顺序没有关系。

② 得到的次态作为新的现态 $Q_2^n Q_1^n Q_0^n = 001$ 继续代入状态方程和输出方程，得到 $Q_0^{n+1} = 0$，

$Q_1^{n+1} = 1$，$Q_2^{n+1} = 0$，$Y = 0$。

③ 将 $Q_2^n Q_1^n Q_0^n = 010$ 作为新的现态代入状态方程和输出方程，得到新的次态和输出。

④ 以此类推。

可以看出，当第 6 个 CP 脉冲下降沿到来后，101 转换回初态 000，形成了一个循环圈，表明有效循环已列完毕。但注意，该循环圈中只包含 6 个状态，并不包含状态 110 和 111，为了遍历 $Q_2^n Q_1^n Q_0^n$ 的所有组合，需要将 110 和 111 分别作为现态代入状态方程和输出方程中得到次态和输出，这样一个完整的状态转换表就完成了。

根据状态转换表，可以画出状态转换图和时序波形图，分别如图 5-7 和图 5-8 所示。注意，状态转换图中要包含所有状态，而时序波形图只需包含有效循环圈中的状态即可，但至少包含一个循环周期。

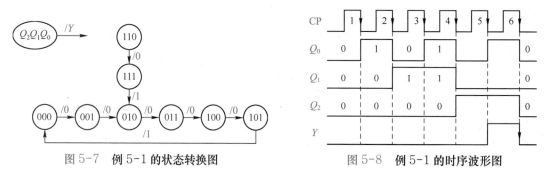

图 5-7　例 5-1 的状态转换图　　　　图 5-8　例 5-1 的时序波形图

（4）检查自启动能力，确定逻辑功能

本电路从状态 000 开始，经过 6 个时钟脉冲，状态又回到 000，同时 Y 端给出下降沿，到此完成一个循环，具有这样功能的时序逻辑电路被称为六进制计数器。由于本例电路中所有触发器的时钟都连接在一起，能够保证所有触发器状态的变化都在同一时钟信号作用下同时发生，因此该电路被称为同步六进制计数器。

确定逻辑功能时，需要检查自启动能力，那么如何判断电路能否自启动呢？自启动能力是指电路正常工作时即使由于干扰的影响，使电路进入无效状态，经过几个脉冲后仍然能回到有效状态的能力。下面介绍一些概念：有效状态和无效状态，有效循环和无效循环。

n 个触发器构成的时序逻辑电路可以有 2^n 个状态，凡是使用了的状态被称为有效状态，没有使用的状态被称为无效状态。在 CP 脉冲作用下，由有效状态形成的循环被称为有效循环，由无效状态形成的循环被称为无效循环。

由于电源和干扰信号的存在，电路有可能进入无效状态，在 CP 脉冲的作用下，经过几个 CP 脉冲后能够自动返回到有效循环的电路被称为能自启动电路，否则为不能自启动电路。显然，有无效状态时才有可能出现无效循环，才有必要讨论能否自启动问题。只有形成无效循环的电路才是不能自启动电路。

自启动能力是保证电路稳定工作的必要条件，电路能自启动，说明电路的抗干扰能力强，才有实用价值。后面介绍的所有中规模计数器芯片都具有自启动能力。

本例有 3 个触发器，构成的时序逻辑电路可以有 8 个状态，有效状态有 6 个，无效状态有 2 个，分别为 110 和 111。由表 5-1 可知，110 和 111 的次态分别为 111 和 010，而 010 为有效状态，所以该电路能够自启动。

由表 5-1、图 5-7 或者图 5-8 可知，这个电路的有效状态变化是有规律的，除了首尾，其余状态依次为二进制数递增的规律，即加法规律。因此，该电路为能自启动的同步六进制加法计数器。

5.2.3 异步时序逻辑电路的分析

【例 5-2】 试分析图 5-9 所示时序逻辑电路的逻辑功能。

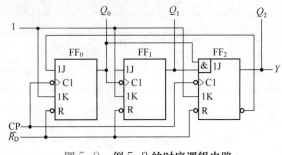

图 5-9 例 5-2 的时序逻辑电路

解

（1）写出时钟方程、驱动方程和输出方程。

时钟方程：

$$\begin{cases} CP_0 = CP_2 = CP \\ CP_1 = Q_0 \end{cases}$$

驱动方程：

$$\begin{cases} J_0 = \overline{Q}_2^n, & K_0 = 1 \\ J_1 = 1, & K_1 = 1 \\ J_2 = Q_1^n Q_0^n, & K_2 = 1 \end{cases}$$

输出方程：

$$Y = Q_2^n$$

（2）求电路的状态方程。

$$\begin{cases} Q_0^{n+1} = J_0 \overline{Q}_0^n + \overline{K}_0 Q_0^n = \overline{Q}_2^n \overline{Q}_0^n + \overline{1} Q_0^n = \overline{Q}_2^n \overline{Q}_0^n \\ Q_1^{n+1} = J_1 \overline{Q}_1^n + \overline{K}_1 Q_1^n = 1 \overline{Q}_1^n + \overline{1} Q_1^n = \overline{Q}_1^n \\ Q_2^{n+1} = J_2 \overline{Q}_2^n + \overline{K}_2 Q_2^n = Q_1^n Q_0^n \overline{Q}_2^n + \overline{1} Q_2^n = Q_1^n Q_0^n \overline{Q}_2^n \end{cases}$$

整理后得到：

$$\begin{cases} Q_0^{n+1} = \overline{Q}_2^n \overline{Q}_0^n & (CP\downarrow) \\ Q_1^{n+1} = \overline{Q}_1^n & (Q_0\downarrow) \\ Q_2^{n+1} = Q_1^n Q_0^n \overline{Q}_2^n & (CP\downarrow) \end{cases}$$

（3）列出状态转换表、画出状态转换图和时序波形图。

本例是一个异步时序逻辑电路，只有时钟条件满足，状态方程才成立，也就是所有状态的改变并不是同时的，而是有先有后。可以得到状态转换表如表 5-2 所示。

状态转换过程如下：

① 假设初始状态 $Q_2^n Q_1^n Q_0^n = 000$，代入输出方程 $Y = Q_2^n$，得 $Y = 0$。对于异步时序逻辑电

表 5-2　例 5-2 的状态转换表

现　态			次　态			输　出	时　钟		
Q_2^n	Q_1^n	Q_0^n	Q_2^{n+1}	Q_1^{n+1}	Q_0^{n+1}	Y	CP_2	CP_1	CP_0
0	0	0	0	0	1	0	1	0	1
0	0	1	0	1	0	0	1	1	1
0	1	0	0	1	1	0	1	0	1
0	1	1	1	0	0	0	1	1	1
1	0	0	0	0	0	1	1	0	1
1	0	1	0	1	0	1	1	1	1
1	1	0	0	1	0	1	1	0	1
1	1	1	0	0	0	1	1	1	1

路,次态是否按照状态方程变化取决于时钟方程是否满足。表 5-2 最后一列为时钟条件,时钟条件满足用 1 表示,不满足用 0 表示。因为 $CP_0 = CP_2 = CP$,每个 CP 脉冲的下降沿到来,FF_0 和 FF_2 的时钟条件都是满足的,所以状态方程 $Q_2^{n+1} = Q_1^n Q_0^n \overline{Q_2^n}$ 和 $Q_0^{n+1} = \overline{Q_2^n}\,\overline{Q_0^n}$ 在每个 CP 脉冲的下降沿都成立。将初态 000 代入这两个状态方程,可得 $Q_2^{n+1} = 0$,$Q_0^{n+1} = 1$;而由时钟方程 $CP_1 = Q_0$ 可知,只有在 Q_0 由 1 变 0 时,状态方程 $Q_1^{n+1} = \overline{Q_1^n}$ 才成立,由于在刚才的转换过程中,Q_0 由 0 变成 1,是上升沿,FF_1 的时钟条件并不满足,因此 Q_1 的次态并没有发生变化,而是仍然保持初态 0。总之,经过第一个 CP 脉冲后,初始状态 000 转换为 001,输出 $Y = 0$。

② 把得到的次态 $Q_2^{n+1} Q_1^{n+1} Q_0^{n+1} = 001$ 作为新的现态代入输出方程 $Y = Q_2^n$,得 $Y = 0$。同样因为 $CP_0 = CP_2 = CP$,FF_0 和 FF_2 的时钟条件都满足,分别代入状态方程 $Q_2^{n+1} = Q_1^n Q_0^n \overline{Q_2^n}$ 和 $Q_0^{n+1} = \overline{Q_2^n}\,\overline{Q_0^n}$,得到次态 $Q_2^{n+1} = 0$,$Q_0^{n+1} = 0$;而此时 Q_0 由 1 变成了 0,FF_1 时钟条件也满足,因此代入 $Q_1^{n+1} = \overline{Q_1^n}$,得到 $Q_1^{n+1} = 1$。总之,经过第二个 CP 脉冲后,001 转换为 010,输出 $Y = 0$。

③ 将 010 作为新的现态,先代入输出方程得到输出 Y,再判断各触发器的时钟条件,若时钟条件满足,则代入状态方程求次态,否则次态保持不变。以此类推。

④ 当第 5 个 CP 脉冲下降沿到来后,100 转换回初态 000,输出 $Y = 1$,形成了一个循环圈,表明有效循环已完毕。

⑤ 与例 5-1 类似,为了遍历 $Q_2^n Q_1^n Q_0^n$ 的所有组合,将有效循环中未包含的无效状态 101、110 和 111 分别作为现态,按照同样方法得到次态和输出。这样完整的状态转换表就完成了。

异步时序逻辑电路中,一定注意只有时钟条件满足,状态方程才有效。比如本例中,只有在 Q_0 由 1 变 0(表 5-2 的第 2、4 个状态转换)时,$Q_1^{n+1} = \overline{Q_1^n}$ 才成立,在第 1、3、5 个状态转换时,Q_1 状态保持不变。图 5-10 和图 5-11 分别为该电路的转态转换图和时序波形图。

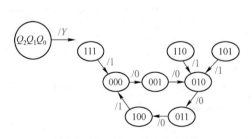

图 5-10　例 5-2 的转态转换图

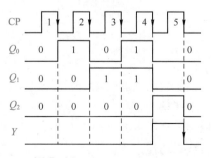

图 5-11　例 5-2 的时序波形图

（4）确定逻辑功能。

由表 5-2、图 5-10 和图 5-11 可以看出，该电路为能自启动的异步五进制加法计数器，Y 的下降沿是进位标志。

▶▶ 5.3 基于触发器的同步时序逻辑电路的设计

时序逻辑电路的设计是分析的逆过程，设计的目的是根据给定的逻辑功能要求，选择适当的逻辑器件，设计出符合要求的时序逻辑电路。

5.3.1 时序逻辑电路的设计方法

同组合逻辑电路设计方法相对应，时序逻辑电路的设计方法也分成 3 种。

① 经典的设计方法。要求采用尽可能少的标准小规模集成触发器和门电路，通过一般设计步骤得到符合要求的逻辑电路。这种方法也称为小规模设计方法（SSI）。

② 采用标准中规模集成器件进行逻辑设计。设计方法和步骤与经典的设计方法不同。这种方法也称为中规模设计方法（MSI）。

③ 采用现场可编程逻辑器件 FPGA 和复杂可编程逻辑器件 CPLD 进行设计。可编程逻辑器件 FPGA/CPLD 的厂商比较多，如 Altera、Lattice、Xilinx 等。上述几家公司推出的芯片配有功能强大的开发软件，不仅支持多种电路设计方法，如电路原理图、VHDL，还支持电路仿真和时序分析等功能。这种设计方法被称为大规模设计方法（LSI），见第 8 章。

因为时序逻辑电路有同步和异步之分，同步时序逻辑电路设计比异步设计简单，有固定的设计步骤，下面只介绍同步时序逻辑电路的设计流程和步骤。简单的异步时序逻辑电路在本章后面的内容中也会出现。

由基于触发器的时序逻辑电路分析可知，有些具体电路有有效状态和无效状态之分、有效循环和无效循环之分，也就是会遇到自启动能力问题。基于触发器的时序逻辑电路的设计同样会遇到自启动能力问题，即涉及如何处理无效状态的问题。根据对无效状态的处理方法的不同，本书把同步时序逻辑电路的设计分成两种：优先考虑自启动的设计方法、优先考虑节约成本的设计方法（使设计出的电路最简），二者的比较如表 5-3 所示。

表 5-3　优先考虑节约成本与优先考虑自启动的设计方法的比较

	优先考虑节约成本的设计方法	优先考虑自启动的设计方法
优点	可以利用无关项，驱动方程更简单	电路能自启动
缺点	设计过程较复杂，因为可能需要修改不能自启动电路	不利用无关项，驱动方程稍复杂

优先考虑节约成本的设计方法的设计流程如图 5-12 所示。优先考虑自启动的设计方法的设计流程如图 5-13 所示。可以看到，两种设计流程仅有很少的差别，主要差别在于对于无效状态的处理。下面先介绍两种设计方法的具体设计步骤，再通过一些例子来具体实践。

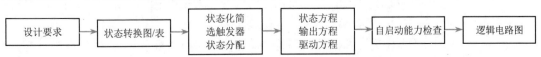

图 5-12　优先考虑节约成本的设计方法的设计流程

图 5-13 　优先考虑自启动的设计方法的设计流程

5.3.2　同步时序逻辑电路的设计

同步时序逻辑电路设计的一般步骤如下。

1）建立原始状态转换图或状态转换表

依据设计要求进行逻辑抽象得到的状态转换图，称为原始状态转换图，它是设计时序逻辑电路关键的一步。原始状态转换图的建立，需要确定以下 3 个问题：① 输入和输出变量及其数目，并用字母表示；② 系统的状态及其数目，用字母或数字表示；③ 状态之间的转换关系，即在规定条件下每个状态转换到另一状态的方向。为了不影响逻辑设计的正确性，在建立原始状态转换图时，允许引入多余的状态。

2）状态化简

由于在建立状态转换图时主要考虑的是如何正确地反映设计要求，因此可能没有做到状态数最少。为了减少所设计电路的复杂程度及所用器件的数量，需要对原始状态转换图进行化简，消去多余状态，得到最小状态转换图/表。所谓最小状态转换图/表，是指既能完成设计命题的全部功能要求，又是状态数量最少的状态转换图/表。状态化简的依据是：若有两个或两个以上状态，它们的输入相同，转换到的次态和输出也相同，则这几个状态互为等价状态，互为等价的两个或多个状态可以合并成一个状态，消去多余的状态。

3）状态分配

首先确定触发器的数目 n。若最小状态数为 N，通常根据 $2^{n-1} < N \leqslant 2^n$ 来确定 n，然后进行状态分配，即给每个状态分配一个二进制代码。故状态分配又被称为状态编码。编码的方案可以是多种多样的，可根据题目要求来分配。

4）选定触发器类型，求输出方程和驱动方程

实际上，时序逻辑电路设计的最终结果就是求出输出方程和驱动方程，因为有了这两个方程后就可以画出逻辑电路图。求这两个方程的思路为：经过前 3 个步骤，已经把输入、现态和输出、次态之间的函数关系用状态转换图或状态转换表的形式描述出来，把输入、现态作为自变量，把输出、次态作为函数，利用前几章所学的知识，可以得到输出方程和状态方程，再把状态方程与所选触发器的特性方程进行比较，从而得到驱动方程。

采用优先考虑节约成本的设计方法，对于无效状态处理的思路是，把每个无效状态都看成无关项，次态根据次态函数化简的需要取值为 1 或者 0，目标是使驱动方程最简。因为利用了无关项，所以有可能使状态方程更简单，从而使驱动方程更简单，但这样做的结果有可能使得电路不能自启动，所以必须做自启动能力检查。如果不能自启动，就必须返回到前面的步骤，修改设计，强制使电路具有自启动能力。

采用优先考虑自启动的设计方法对无效状态处理的思路是：使每个无效状态的次态直接或间接是有效状态即可，在此前提下保证驱动方程最简即可。

很多大批量生产的中规模计数器芯片都是按照这两种思路进行设计的，确保电路具有自启动能力，同时增加了一些必要的清零、置数辅助功能。

注意，本书如果不做特殊强调，所有带输入的电路都按米里型电路进行设计。

5）检查自启动能力

有无效状态且采用优先考虑节约成本的设计方法才需要这个步骤。

6）根据输出方程和驱动方程画出逻辑电路图

下面通过一些例子来阐述小规模同步时序逻辑电路的设计方法。

【例 5-3】 试用边沿 JK 触发器，采用优先考虑节约成本的设计方法，设计一个带进位输出的同步六进制加法计数器，要求进位输出下降沿有效。

解

（1）根据设计要求画出电路的状态转换图。

由前面计数器的分析知道，计数器不需要输入，一般要求带进位输出。设六进制计数器有 6 个状态 $S_0 \sim S_5$，输出设计成只有 S_5 状态转换到 S_0 状态时，输出为 1，其他状态转换时，输出为 0，则每计 6 个脉冲输出出现一个下降沿，符合进位输出要求，如图 5-14 所示。

（2）状态分配。

由于六进制计数器需要 6 个状态，因此不需要化简。根据式 $2^{n-1} < N \leqslant 2^n$，应取 $n = 3$，即需要 3 个触发器。在进行状态分配时可采取不同方案，如分别选用 3 位二进制编码中的前 6 种组合、后 6 种组合、中间 6 种组合。本例选用前 6 种组合，即设 $S_0 = 000$，$S_1 = 001$，$S_2 = 010$，$S_3 = 011$，$S_1 = 100$，$S_2 = 101$，画出状态转换图如图 5-15 所示。

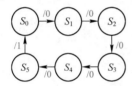

图 5-14　例 5-3 的原始状态转换图

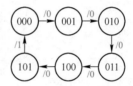

图 5-15　例 5-3 状态编码后的状态转换图

（3）求输出方程和驱动方程。

由状态编码后的状态转换图列出状态转换表，如表 5-4 所示，最后 2 行为无效状态处理。

表 5-4　例 5-3 的状态转换表

计数脉冲个数	现　　态			次　　态			输　出
	Q_2^n	Q_1^n	Q_0^n	Q_2^{n+1}	Q_1^{n+1}	Q_0^{n+1}	C
1	0	0	0	0	0	1	0
2	0	0	1	0	1	0	0
3	0	1	0	0	1	1	0
4	0	1	1	1	0	0	0
5	1	0	0	1	0	1	0
6	1	0	1	0	0	0	1
1	1	1	0	×	×	×	×
2	1	1	1	×	×	×	×

列出状态转换表只是为了说明次态、输出和输入、现态之间的函数关系，在解题过程中可以不必列出状态转换表，而直接画出如图 5-16（a）所示的计数器的次态及输出卡诺图。为了便于化简，又将图 5-16（a）分解为图 5-16（b）～（e）四个卡诺图。

为了便于求驱动方程，应先求出电路的状态方程，再与所选用触发器的特性方程进行比较，从而得到驱动方程。由于题目已经指定用 JK 触发器，其特性方程为 $Q^{n+1} = J\overline{Q}^n + \overline{K}Q^n$，因

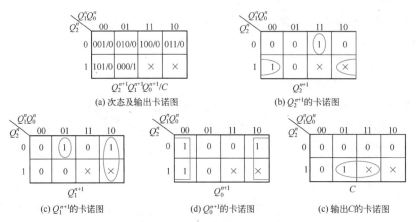

图 5-16 六进制计数器的次态及输出的卡诺图

此在进行卡诺图化简求每个触发器的状态方程时，应注意把包含有因子 Q^n 和 $\bar{Q}^n$ 的最小项分开进行合并，这样就可以得到在形式上与特性方程一致的状态方程。依据上述化简思路，求得本例状态方程和输出方程分别如式(5.4)和式(5.5)所示。

$$\begin{cases} Q_2^{n+1} = Q_1^n Q_0^n \bar{Q}_2^n + \bar{Q}_0^n Q_2^n \\ Q_1^{n+1} = \bar{Q}_2^n Q_0^n \bar{Q}_1^n + \bar{Q}_0^n Q_1^n \\ Q_0^{n+1} = \bar{Q}_0^n \end{cases} \tag{5.4}$$

$$C = Q_2^n Q_0^n \tag{5.5}$$

将状态方程组分别与相应触发器的特性方程进行比较，求出驱动方程组如式(5.6)所示，并且该驱动方程组是最简的。

$$\begin{cases} J_2 = Q_1^n Q_0^n, & K_2 = Q_0^n \\ J_1 = \bar{Q}_2^n Q_0^n, & K_1 = Q_0^n \\ J_0 = 1, & K_0 = 1 \end{cases} \tag{5.6}$$

（4）检查电路的自启动能力。

将无效状态 110 和 111 分别代入状态方程及输出方程进行运算，或者观察图 5-16，可得次态分别为 111 和 000，因为 000 是有效状态，所以电路具有自启动能力。

（5）画出逻辑电路图。

根据式(5.5)和式(5.6)可画出其逻辑电路，如图 5-17 所示。

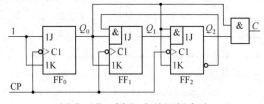

图 5-17 例 5-3 的逻辑电路

【例 5-4】 试用边沿 JK 触发器，采用优先考虑自启动的设计方法，设计一个带进位输出的同步六进制加法计数器，要求进位输出下降沿有效。

解

前两个步骤与例 5-3 完全一样，要求采用优先考虑自启动的设计方法，因此得到如表 5-5

所示的状态转换表。

表 5-5　例 5-4 需要的状态转换表

计数脉冲个数	现　态			次　态			输　出
	Q_2^n	Q_1^n	Q_0^n	Q_2^{n+1}	Q_1^{n+1}	Q_0^{n+1}	C
1	0	0	0	0	0	1	0
2	0	0	1	0	1	0	0
3	0	1	0	0	1	1	0
4	0	1	1	1	0	0	0
5	1	0	0	1	0	1	0
6	1	0	1	0	0	0	1
1	1	1	0	1	1	1	0
2	1	1	1	0	1	0	1

　　比较表 5-5 与表 5-4 可以发现，两个表只有最后 2 行不同。优先考虑自启动的设计方法的设计思路是使每个无效状态的次态直接或间接是有效状态即可。目前，最终结果为把无效状态 110 和 111 的次态设计为 111 和 010，输出依次为 0 和 1，与例 5-1 对应的状态转换表一致。当然，也可以把无效状态 110 和 111 的次态设计成其他几个有效状态，输出也可以是其他的。

　　相应的次态卡诺图和输出卡诺图如图 5-18 所示。

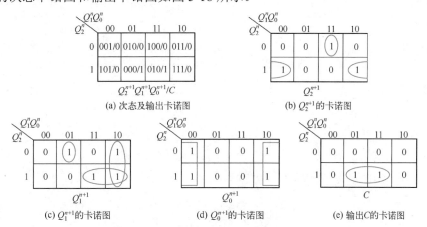

图 5-18　例 5-4 的次态及输出卡诺图

　　题目仍然指定用 JK 触发器实现，由次态卡诺图得到如下状态方程和输出方程：

$$
\begin{cases}
Q_2^{n+1} = Q_1^n Q_0^n \bar{Q}_2^n + \bar{Q}_0^n Q_2^n \\
Q_1^{n+1} = \bar{Q}_2^n Q_0^n \bar{Q}_1^n + Q_2^n Q_1^n + \bar{Q}_0^n Q_1^n = \bar{Q}_2^n Q_0^n \bar{Q}_1^n + \overline{\bar{Q}_2^n Q_0^n} Q_1^n \\
Q_0^{n+1} = \bar{Q}_0^n
\end{cases}
\tag{5.7}
$$

$$
C = Q_2^n Q_0^n
\tag{5.8}
$$

将状态方程分别与相应触发器的特性方程进行比较，得到驱动方程：

$$
\begin{cases}
J_2 = Q_1^n Q_0^n, & K_2 = Q_0^n \\
J_1 = \bar{Q}_2^n Q_0^n, & K_1 = \bar{Q}_2^n Q_0^n \\
J_0 = 1, & K_0 = 1
\end{cases}
\tag{5.9}
$$

将式(5.8)和式(5.9)与例 5-1 的输出方程和驱动方程比较，输出方程和驱动方程完全相同。

可见，例 5-1 的同步六进制加法计数器其实就是采用优先考虑自启动的方法设计出来的。当然，无效状态的处理也不止这一种方案，只要使每个无效状态都能直接或者间接地（经过其他无效状态后）转为某有效状态的方案都是可行的。

至此，我们通过两个例子了解了优先考虑节约成本的设计方法和优先考虑自启动的设计方法。如果题目中没有明确要求使用哪种方法，那么选择哪种方法呢？建议选择优先考虑节约成本的设计方法，但是由于可能需要修改自启动能力，过程会稍复杂，考虑到实际中不能自启动的概率很小，因此可以作为优选设计方法。如果采用优先考虑节约成本的设计方法设计出的电路确实不能自启动，还可通过修改设计使电路能够自启动。本书后面的例子都是采用该方法。

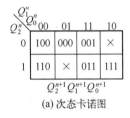

图 5-19　**例 5-5 的状态转换图**

【例 5-5】试用 JK 触发器设计一个能实现图 5-19 所示状态转换的同步时序逻辑电路。

解　（1）根据给定的已知条件，画出电路的次态卡诺图。

如图 5-20（a）所示，注意无效状态的处理。为了便于化简，把图 5-20（a）分解成图 5-20（b）～（d）三个卡诺图。

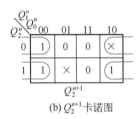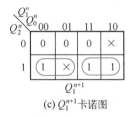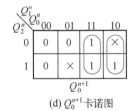

（a）次态卡诺图　　　　（b）Q_2^{n+1} 卡诺图　　　　（c）Q_1^{n+1} 卡诺图　　　　（d）Q_0^{n+1} 卡诺图

图 5-20　**例 5-5 所示电路的卡诺图**

其状态方程为

$$\begin{cases} Q_2^{n+1} = \bar{Q}_0^n \bar{Q}_2^n + \bar{Q}_0^n Q_2^n \\ Q_1^{n+1} = Q_2^n \bar{Q}_1^n + Q_2^n Q_1^n \\ Q_0^{n+1} = Q_1^n \bar{Q}_0^n + Q_1^n Q_0^n \end{cases} \tag{5.10}$$

将状态方程与 JK 触发器的特性方程 $Q^{n+1} = J\bar{Q}^n + \bar{K}Q^n$ 进行比较，求出驱动方程：

$$\begin{cases} J_2 = \bar{Q}_0^n, & K_2 = Q_0^n \\ J_1 = Q_2^n, & K_1 = \bar{Q}_2^n \\ J_0 = Q_1^n, & K_0 = \bar{Q}_1^n \end{cases} \tag{5.11}$$

（2）检查自启动能力。

由状态方程或者图 5-20 的次态卡诺图都可得出，010 和 101 的次态分别为 101 和 010，可见这两个无效状态形成无效循环了，如图 5-21（a）所示，因此该电路不能自启动。

从前面由子卡诺图求状态方程的过程可知，如果某任意项×被圈进去了，意味着次态为 1，否则次态为 0，即在圈项化简的过程中实际上已经为每个无效状态指定了次态。因此，只要将某无效状态的次态强制指定为有效循环中的某有效状态，电路就一定能变为自启动电路。

一种修改方案是不改变 010 的次态 101，而强行将 101 的次态指定为 110，如图 5-21（b）所示，这样使得强行指定的次态 110 与原来的次态 010 只有 Q_2^{n+1} 不相同，也就是只需修改 Q_2^{n+1} 对应卡诺图的圈法即可达到自启动的目的。具体做法是：把 Q_2^{n+1} 卡诺图中与 101 方格对应的任意项×圈起来（尽可能用大圈），如图 5-21（c）所示，得到 $Q_2^{n+1} = \bar{Q}_0^n \bar{Q}_2^n + \bar{Q}_0^n Q_2^n + \bar{Q}_1^n Q_2^n$，因此得到 $J_2 = \bar{Q}_0^n$，$K_2 = Q_0^n Q_1^n$。电路状态转换图如图 5-22 所示，电路可以自启动，如图 5-23 所示。

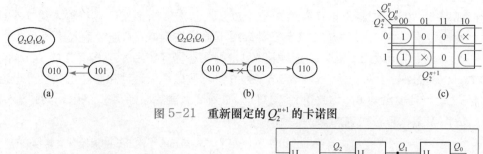

图 5-21　重新圈定的 Q_2^{n+1} 的卡诺图

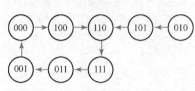

图 5-22　例 5-5 能自启动的状态转换图

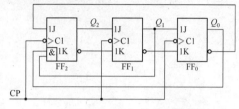

图 5-23　例 5-5 的逻辑电路

修改 101 次态的方案有多种，如图 5-24 所示。同样可以通过改变 010 的次态的方法来使电路成为能自启动电路。

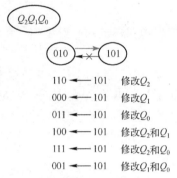

图 5-24　例 5-5 修改不能自启动电路的各种方案比较

总之，把不能自启动电路修改为能自启动电路的原则是把无效循环的环路破坏掉，从断开处使无效状态的次态直接或者间接为有效状态之一。接着对比无效状态环路破坏掉前后的次态，然后强制改变某个或某几个次态卡诺图中无效状态方格的圈法，重新化简得到新的状态方程，进而求出驱动方程。当然只修改一个次态卡诺图为优选方案。

【例 5-6】　试用 JK 触发器设计一个 "1111" 序列检测器，用来检测串行二进制序列，当连续输入 4 个或 4 个以上 1 时，检测器输出为 1，否则输出为 0。输出和输入对应关系举例如下：

输入 X　　　　10111011110111110

输出 Z　　　　00000000010000110

解　本例要求检测串行二进制序列，串行输入是指数据是一位一位输入的，因此电路需要能够记忆前面已经输入的数据情况，要用时序逻辑电路来实现。若是用来检测 4 位并行二进制数，只需简单的组合逻辑电路就可以实现。

本例按米里型电路进行设计。

（1）建立原始状态转换图（表）。

根据题意，该电路应该有 1 个输入变量 X 和 1 个输出 Z，以及如下状态：S_0，没有输入 1 以前的状态；S_1，输入 1 个 1 以后的状态；S_2，连续输入 2 个 1 以后的状态；S_3，连续输入 3 个 1 以后的状态；S_4，连续输入 4 个或 4 个以上 1 以后的状态。

设检测器开始处于 S_0 状态，输入第 1 个 1 以后，状态转换到 S_1，连续输入第 2 个或第 3 个 1 后，状态分别转换到 S_2 和 S_3，以上三种情况下输出均为 0；当连续输入第 4 个 1 后，状态转换到 S_4，同时输出为 1。若以后连续输入 1，则状态仍停留在 S_4，准备接收更多的 1，且输出为 1。无论电路处于何种状态，一旦输入为 0 时，便破坏了连续接收 1 的条件，电路均返回初始状态 S_0，且输出为 0，如此得到 "1111" 序列检测器的原始状态转换图，如图 5-25 所示。其对应的原始状态转换表如表 5-6 所示。

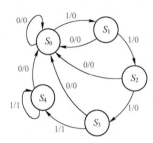

图 5-25　例 5-6 的原始状态转换图

表 5-6　例 5-6 的原始状态转换表

现态	次态/输出	
	$X = 0$	$X = 1$
S_0	S_0/0	S_1/0
S_1	S_0/0	S_2/0
S_2	S_0/0	S_3/0
S_3	S_0/0	S_4/1
S_4	S_0/0	S_4/1

（2）状态化简。由同步时序逻辑电路设计的一般步骤可知，互为等价状态的几个状态需要消去多余状态，只保留一个即可。

为了找到互为等价的几个状态，需要重新画出各状态在各种可能的输入下的次态及输出转换图。本例中 $S_0 \sim S_4$ 的输入、次态及输出关系分别如图 5-26 所示。

由图 5-26 可知，S_3 和 S_4 这两个状态的两个分支，输入相同时，输出和次态都完全相同，因此为等价状态，可以合并为一个状态，用 S_3 表示，其余的状态没有等价状态，从而得到最小状态转换表，如表 5-7 所示。

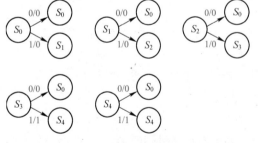

图 5-26　$S_0 \sim S_4$ 的输入、次态及输出关系

表 5-7　例 5-6 化简后的状态转换表

现态	次态/输出	
	$X = 0$	$X = 1$
S_0	S_0/0	S_1/0
S_1	S_0/0	S_2/0
S_2	S_0/0	S_3/0
S_3	S_0/0	S_3/1

（3）状态分配。最简状态表 5-7 中有 $N = 4$ 个独立的状态，根据式 $2^{n-1} < N \leq 2^n$，选定触发器的个数 $n = 2$，且令 $S_0 = 00$，$S_1 = 01$，$S_2 = 10$，$S_3 = 11$，没有无效状态，可得编码后的状态转换图和状态转换表分别如图 5-27 和表 5-8 所示。

（4）选定触发器类型，求输出方程和驱动方程。

选用 JK 触发器，根据表 5-8 画出其输出及次态卡诺图，如图 5-28（a）所示，并将其分解为图 5-28（b）～（d）三个卡诺图；化简后，可求出状态方程组和输出方程。

状态方程组为

$$\begin{cases} Q_1^{n+1} = XQ_0^n\bar{Q}_1^n + XQ_1^n \\ Q_0^{n+1} = X\bar{Q}_0^n + XQ_1^nQ_0^n \end{cases} \tag{5.12}$$

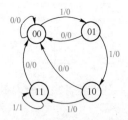

图 5-27 化简并编码后的状态转换图

表 5-8　例 5-6 状态分配后的状态转换表

现态	次态/输出	
	$X=0$	$X=1$
00	00/0	01/0
01	00/0	10/0
10	00/0	11/0
11	00/0	11/1

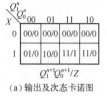

（a）输出及次态卡诺图

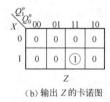

（b）输出 Z 的卡诺图

（c）Q_1^{n+1} 的卡诺图

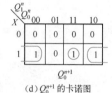

（d）Q_0^{n+1} 的卡诺图

图 5-28　例 5-6 的输出及次态卡诺图

输出方程为

$$Z = XQ_1^n Q_0^n \tag{5.13}$$

将状态方程与 JK 触发器的特性方程 $Q^{n+1} = J\bar{Q}^n + \bar{K}Q^n$ 进行比较，可求得其驱动方程

$$\begin{cases} J_1 = XQ_0^n, K_1 = \bar{X} \\ J_0 = X, K_0 = \overline{XQ_1^n} \end{cases} \tag{5.14}$$

（5）画出逻辑电路图。

本电路没有无效状态，所以不需检查自启动能力。根据式（5.13）和式（5.14），画出逻辑电路，如图 5-29 所示。

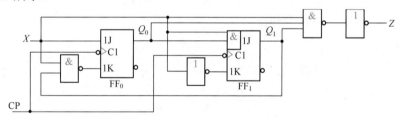

图 5-29　用 JK 触发器实现例 5-6 的逻辑电路图

【例 5-7】　试用 D 触发器设计一时序逻辑电路，实现如图 5-30 所示的输出。

解　注意两点：一是题目要求用 D 触发器实现，而不是用 JK 触发器实现，用 D 触发器实现时设计步骤与用 JK 触发器的完全相同，只是求解触发器的状态方程时会有所区别；二是如何通过已知的时序图确定电路的逻辑功能。

电路的逻辑功能可以根据时序图画出状态转换图来确定。由图 5-30 可以得到电路的状态转换

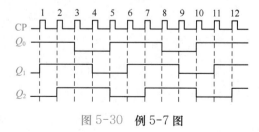

图 5-30　例 5-7 图

图，如图 5-31 所示，可以看出，目标电路是一个五进制计数器。电路的次态卡诺图如图 5-32 所示，得到状态方程

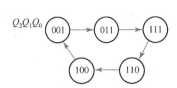

图 5-31 例 5-7 的状态转换图

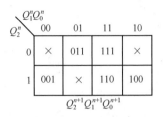

图 5-32 例 5-7 的次态卡诺图

$$\begin{cases} Q_2^{n+1} = Q_1^n \\ Q_1^{n+1} = Q_0^n \\ Q_0^{n+1} = \overline{Q_2^n Q_1^n} \end{cases} \quad (5.15)$$

由于指定用 D 触发器，而 D 触发器的特性方程为 $Q^{n+1} = D$，因此在进行卡诺图化简求每个触发器的状态方程时，没必要把包含因子 Q^n、$\overline{Q}^n$ 的最小项分开进行合并，只需要按照卡诺图化简法化简为最简即可，从而得到驱动方程

$$D_0 = \overline{Q_2^n Q_1^n}, \quad D_1 = Q_0^n, \quad D_2 = Q_1^n \quad (5.16)$$

检查自启动能力：把状态 000、101、010 分别代入状态方程，或者从次态卡诺图得到这三个无效状态的次态分别为 001、011、101。电路完整的状态转换图如图 5-33 所示。可见，电路能够自启动。其逻辑电路如图 5-34 所示。

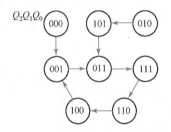

图 5-33 例 5-7 的完整状态转换图

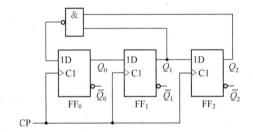

图 5-34 例 5-7 的逻辑电路

【例 5-8】 用 D 触发器设计一个可控模计数器，要求：

（1）当 $X = 1$ 时，计数器的 Q_2、Q_1、Q_0 的状态转换为 $\boxed{\rightarrow 000 \rightarrow 011 \rightarrow 110 \rightarrow}$。

（2）当 $X = 0$ 时，Q_2、Q_1、Q_0 的状态转换为 $\boxed{\rightarrow 000 \rightarrow 010 \rightarrow 100 \rightarrow 110 \rightarrow}$。

并画出状态转换图和逻辑电路图。

解 按题意列出状态转换表如表 5-9 所示，从而得到次态卡诺图，如图 5-35 所示。

所以，状态方程为

$$\begin{cases} Q_2^{n+1} = Q_2^n \overline{Q_1^n} + \overline{Q_2^n} Q_1^n \\ Q_1^{n+1} = \overline{Q_1^n} + Q_0^n \\ Q_0^{n+1} = X\overline{Q_1^n} \end{cases} \quad (5.17)$$

驱动方程为

$$\begin{cases} D_2 = Q_2^n \overline{Q_1^n} + \overline{Q_2^n} Q_1^n \\ D_1 = \overline{Q_1^n} + Q_0^n \\ D_0 = X\overline{Q_1^n} \end{cases} \quad (5.18)$$

表 5-9　例 5-8 的状态转换表

X	Q_2^n	Q_1^n	Q_0^n	Q_2^{n+1}	Q_1^{n+1}	Q_0^{n+1}
0	0	0	0	0	1	0
0	0	1	0	1	0	0
0	1	0	0	1	1	0
0	1	1	0	0	0	0
1	0	0	0	0	1	1
1	0	1	1	1	1	0
1	1	1	0	0	0	0

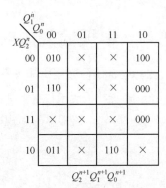

图 5-35　例 5-8 的次态卡诺图

检查自启动能力：把 $X=0$ 时 $Q_2^n Q_1^n Q_0^n$ 为 001、011、101、111 分别代入状态方程(5.17)，得到次态依次为 010、110、110、010；把 $X=1$ 时 $Q_2^n Q_1^n Q_0^n$ 为 001、010、100、101、111 分别代入状态方程(5.17)，得到次态依次为 011、100、111、111、010。状态转换图如图 5-36 所示，这是一个不能自启动电路。将 $X=1$ 时状态 100 的次态修改为 110 即可自启动。改圈的 Q_0^{n+1} 的次态卡诺图如图 5-37 所示，得到 $Q_0^{n+1}=X\bar{Q}_2^n\bar{Q}_1^n$，则驱动方程为

$$D_0 = X\bar{Q}_2^n\bar{Q}_1^n \tag{5.19}$$

从而得到逻辑电路，如图 5-38 所示。

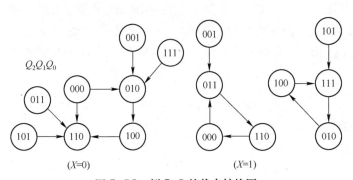

图 5-36　例 5-8 的状态转换图

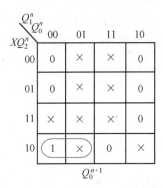

图 5-37　例 5-8 改圈 Q_0^{n+1} 的卡诺图

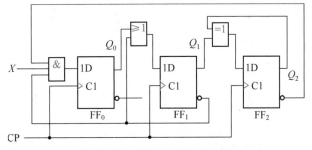

图 5-38　例 5-8 的逻辑电路

基于小规模器件（触发器）的时序逻辑电路的设计方法的优点是设计步骤有章可循，状态编码灵活性强，可以按照加法规律或者减法规律选取，也可以根据需求任意选取，还可以以原理图输入法应用到基于可编程逻辑器件的设计上，所以掌握该方法非常有必要。但是当状态数目增多时，由于需要的触发器增多而使电路很复杂，最简驱动方程求解过程也会变得烦琐，使用触发器实现的方法就不再实用，此时就需要采用更大规模的集成时序逻辑器件来实现了。

随着数字集成电路生产工艺的不断完善，中大规模的通用数字集成电路已大量生产，产品已标准化、系列化，成本低廉，使得许多常用的数字电路都可直接用中大规模集成电路的标准模块来实现。本节介绍常用的中规模时序逻辑器件及其应用，常用的中规模时序器件有寄存器、移位寄存器、计数器。

5.4.1　寄存器和移位寄存器

1. 寄存器

寄存器是数字系统中用来存储二进制数据或者代码的逻辑器件，如计算机中的通用寄存器、指令码寄存器、地址寄存器和输入输出寄存器等。

触发器具有记忆功能，所以寄存器由触发器构成，因为一个触发器能寄存 1 位二进制数，所以要寄存 n 位二进制数需要 n 个触发器。除此之外，寄存器还应具有清零、预置数等附加功能，以方便对数据进行操作。目前的产品中，寄存器主要由具有公共时钟输入的多个 D 触发器组成，待存入的数据在统一的时钟脉冲控制下存入寄存器，这类寄存器称为并行寄存器。

寄存器按主要的逻辑功能可分为基本寄存器和移位寄存器。下面分别进行介绍。

由边沿 D 触发器组成的 4 位寄存器 74175 的逻辑电路如图 5-39 所示，逻辑符号如图 5-40 所示。74175 由 4 个维持阻塞边沿 D 触发器构成，CP 是时钟端，$\overline{CR}$ 是清零端，$D_3 \sim D_0$ 是数据输入端，$Q_3 \sim Q_0$ 为原码输出端，$\overline{Q_0} \sim \overline{Q_3}$ 为反码输出端。根据维持阻塞边沿 D 触发器的特点可知，触发器输出端的状态仅取决于时钟信号上升沿到达时刻 D 端的状态。

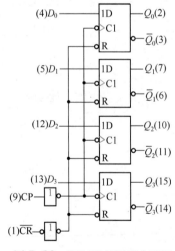

图 5-39　74175 的逻辑电路图

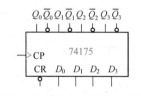

图 5-40　74175 的逻辑符号

74175 的逻辑功能如下：

① 异步清零。无论触发器处于何种状态，只要 $\overline{CR} = 0$，则 $Q_3 \sim Q_0$ 均为 0。不需要异步清零时，应使 $\overline{CR} = 1$。

② 并行置数。当 $\overline{CR} = 1$ 时，在 CP 有正跳变的瞬间，并行置数，使 $Q_0^{n+1} = D_0$，$Q_1^{n+1} = D_1$，$Q_2^{n+1} = D_2$，$Q_3^{n+1} = D_3$。

③ 保持。当 $\overline{CR}=1$ 且 CP = 0 或 CP = 1 或 CP 的负跳变时，因为没有时钟脉冲有效沿，所以各触发器保持原状态不变。

通过前面的分析可以得到 74175 的功能表，如表 5-10 所示。

表 5-10　74175 的功能表

$\overline{CR}$	CP	D_0	D_1	D_2	D_3	Q_0^{n+1}	Q_1^{n+1}	Q_2^{n+1}	Q_3^{n+1}
0	×	×	×	×	×	0	0	0	0
1	↑	d_0	d_1	d_2	d_3	d_0	d_1	d_2	d_3
1	0	×	×	×	×	Q_0^n	Q_1^n	Q_2^n	Q_3^n
1	1	×	×	×	×	Q_0^n	Q_1^n	Q_2^n	Q_3^n
1	↓	×	×	×	×	Q_0^n	Q_1^n	Q_2^n	Q_3^n

该电路的数据输出端未加控制电路，寄存器的数据可以直接得到，这种将数据同时存入同时取出的方式称为并行输入并行输出方式。

有些寄存器的输出端会加入输出控制门电路，则需要等到输出允许信号有效后才能输出寄存的数据，称为三态输出寄存器；有些寄存器输入端也会加一些输入控制端，只有当输入控制端信号有效时，时钟脉冲 CP 上升沿到来，才允许数据 $D_3 \sim D_0$ 存入寄存器。

例如，74173 同时增加了输入控制端和输出控制端，使得控制更方便，更容易与其他数字电路连接。74173 的逻辑电路如图 5-41 所示，逻辑符号如图 5-42 所示。

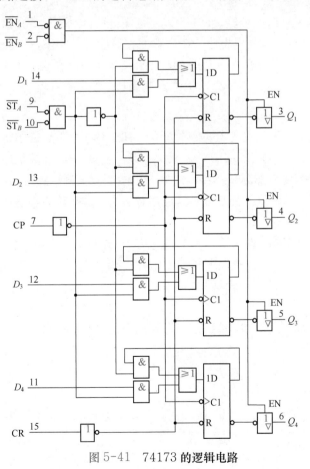

图 5-41　74173 的逻辑电路　　　　图 5-42　74173 的逻辑符号

带输入控制端和输出控制端的 4 位寄存器 74173 的功能表如表 5-11 所示，$\overline{ST_A}$ 和 $\overline{ST_B}$ 为输入控制端，$\overline{EN_A}$ 和 $\overline{EN_B}$ 为输出控制端，CR 为异步清零端，高电平有效。

其他常用寄存器如表 5-12 所示（锁存器内部的触发器为同步触发器，寄存器内部的触发器为边沿触发器）。

表 5-11　4 位寄存器 74173 的功能表

CR	CP	$\overline{ST_A}+\overline{ST_B}$	$\overline{EN_A}+\overline{EN_B}$	工作状态
1	×	×	×	清零
0	0	×	×	保持不变
0	1	×	×	保持不变
0	↓	1	×	保持不变
0	↑	0	×	置数
0	×	×	1	高阻输出
0	×	×	0	允许输出

表 5-12　其他常用寄存器

名　称	型　号	清零功能	输入控制	输出控制
4 位锁存器	7475	有	无	无
6 位寄存器	74174	有	无	无
4 位寄存器	74175	有	无	无
4 位寄存器	74173	有	有	有
8 位寄存器	74273	有	无	无
8 位锁存器	74373	无	无	三态
8 位寄存器	74374	无	无	三态
8 位寄存器	74377	无	有	无
6 位寄存器	74378	无	有	无
4 位寄存器	74379	无	有	无

三态输出 4 位寄存器 74173 应用举例。在数字系统和计算机中，不同部件的数据输入和输出一般通过数据总线传输。这些部件必须具有三态输出功能或者通过三态缓冲器接到总线。图 5-43 是用 3 个 74173 寄存器 I、II、III进行数据传输，$DB_3 \sim DB_0$ 是 4 位数据总线，寄存器的输入 $D_3 \sim D_0$、输出 $Q_3 \sim Q_0$ 分别与相应的数据总线相连。在寄存器使能信号控制下，可将任意寄存器的内容通过数据总线传输到另一寄存器。在任意时刻，只能有一个寄存器输出使能端有效，其余两个寄存器的输出必须处于高阻态，否则会发生逻辑混乱甚至损坏寄存器。

2．移位寄存器

除了具有寄存器的所有功能，移位寄存器还具有数据移位功能。所谓移位功能，是指寄存器存储的代码能在移位脉冲的作用下依次左移或者右移。移位寄存器是数字系统和计算机中的一个重要部件，如计算机作乘法运算时需要将部分积左移。又如，在主机与外部设备之间传输数据，需要将串行数据转换成并行数据，或者将并行数据转换成串行数据，这些功能都是通过对数据进行移位来实现的。

按照代码的移动方向，移位寄存器有单向（左移或右移）和双向（可左移也可右移）之分。

移位寄存器根据代码的输入和输出方式不同，有以下 4 种工作方式：串行输入 - 串行输出，串行输入 - 并行输出，并行输入 - 串行输出，并行输入 - 并行输出。

1）单向移位寄存器

4 位右移寄存器的逻辑电路如图 5-44 所示，由 4 个 D 触发器构成，CP 是时钟端，D_S 是串行数据输入端，$Q_0 \sim Q_3$ 是输出端。

各触发器的驱动方程为

$$D_0 = D_S, \ D_1 = Q_0^n, \ D_2 = Q_1^n, \ D_3 = Q_2^n \tag{5.20}$$

将各触发器的驱动方程代入 D 触发器的特性方程，得到电路的状态方程

$$Q_0^{n+1} = D_S, \ Q_1^{n+1} = Q_0^n, \ Q_2^{n+1} = Q_1^n, \ Q_3^{n+1} = Q_2^n \tag{5.21}$$

从而得到电路的功能如下。

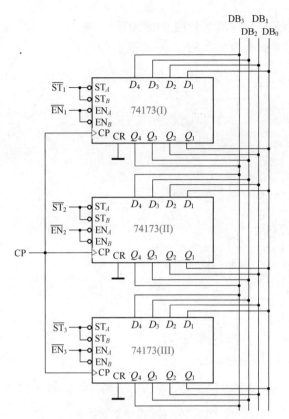

图 5-43　3 个寄存器与数据总线的连接电路

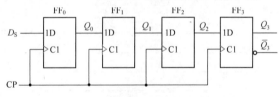

图 5-44　4 位右移寄存器的逻辑电路

① 右移工作状态。在移位脉冲（时钟脉冲）作用下，寄存器处于"右移"工作状态。设初态 $Q_0^n Q_1^n Q_2^n Q_3^n = 0000$，且拟串行输入数据 1011，在每个时钟脉冲 CP 作用前，使串行数据输入端 D_S 有效，在每个移位脉冲作用下依次右移 1 位。在 4 个 CP 作用下，输入数据依次为 1、0、1、1，移位寄存器的状态转换如表 5-13 所示，即经过 4 个 CP 脉冲后，串行输入的 4 个数据全部移入移位寄存器。再经过 3 个 CP，串行输入数据就可以从 Q_3 全部串行输出。

表 5-13　移位寄存器的状态转换表

CP 顺序	输入数据	Q_0^{n+1}	Q_1^{n+1}	Q_2^{n+1}	Q_3^{n+1}
0	0	0	0	0	0
1	1	1	0	0	0
2	0	0	1	0	0
3	1	1	0	1	0
4	1	1	1	0	1

② 保持。时钟 CP 处于负跳变，或者 CP = 1 或 CP = 0，因为时钟脉冲没有有效沿，所以各触发器保持原状态不变。

总之，这是一个串行输入、并行/串行输出的移位寄存器。

2）单向移位寄存器举例

CC4015 为国产 CMOS 双 4 移位寄存器，包含两个同样的相互独立的逻辑电路。CC4015

的逻辑电路如图 5-45 所示，逻辑符号如图 5-46 所示。CP 是时钟端，上升沿有效，CR 是清零端，高电平有效，D_S 是串行数据输入端，$Q_0 \sim Q_3$ 是输出端。

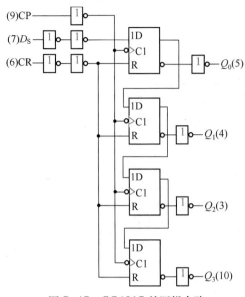

图 5-45　CC4015 的逻辑电路

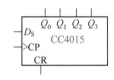

图 5-46　CC4015 的逻辑符号

除了右移和保持功能，CC4015 增加了异步清零功能，如表 5-14 所示。

表 5-14　CC4015 的功能表

输　　入			输　　出				功　　能
CP	D_s	CR	Q_0^{n+1}	Q_1^{n+1}	Q_2^{n+1}	Q_3^{n+1}	
×	×	1	0	0	0	0	清零
↓	×	0	Q_0^n	Q_1^n	Q_2^n	Q_3^n	保持
0	×	0	Q_0^n	Q_1^n	Q_2^n	Q_3^n	
1	×	0	Q_0^n	Q_1^n	Q_2^n	Q_3^n	
↑	0	0	0	Q_0^n	Q_1^n	Q_2^n	右移
↑	1	0	1	Q_0^n	Q_1^n	Q_2^n	

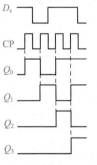

图 5-47　CC4015 的时序图

为了便于通过实验检查移位寄存器时序逻辑电路功能，可以根据电路的状态转换顺序画出时序图，即在序列时钟脉冲作用下电路状态、输出随时间变化的波形图。时序图至少要画出状态转换的一个循环，才能看出状态转换的规律。根据表 5-14，其时序图如图 5-47 所示。

因为每个寄存单元的输出端 $Q_0 \sim Q_3$ 均有引出端，所以此电路可以实现串行输入 - 并行输出的工作方式；若要串行输出，需要再经过 3 个 CP 脉冲周期，数据又按原来的输入次序从 Q_3 端输出，从而实现了串行输入 - 串行输出的工作方式。

3）双向移位寄存器工作原理及举例

通过上述分析不难得出，4 位左移移位寄存器的状态方程为

$$Q_0^{n+1} = Q_1^n, \ Q_1^{n+1} = Q_2^n, \ Q_2^{n+1} = Q_3^n, \ Q_3^{n+1} = D_{SL} \tag{5.22}$$

其中，D_{SL} 为左移串行输入端。从而得到驱动方程为

$$D_0 = Q_1^n, \ D_1 = Q_2^n, \ D_2 = Q_3^n, \ D_3 = D_{SL} \tag{5.23}$$

把左移、右移、并行置数、保持功能集合在一起，用控制端 M_0 和 M_1 进行控制，并进行功能分配（如表 5-15 所示），就可以构成功能完善的 4 位双向移位寄存器。

综合上述功能，可以得到具有表 5-15 所列四大功能的双向移位寄存器，其驱动方程为

$$\begin{cases} D_0 = \bar{M}_1 M_0 D_{SR} + M_1 M_0 D_0' + M_1 \bar{M}_0 Q_1^n + \bar{M}_1 \bar{M}_0 Q_0^n \\ D_1 = \bar{M}_1 M_0 Q_0^n + M_1 M_0 D_1' + M_1 \bar{M}_0 Q_2^n + \bar{M}_1 \bar{M}_0 Q_1^n \\ D_2 = \bar{M}_1 M_0 Q_1^n + M_1 M_0 D_2' + M_1 \bar{M}_0 Q_3^n + \bar{M}_1 \bar{M}_0 Q_2^n \\ D_3 = \bar{M}_1 M_0 Q_2^n + M_1 M_0 D_3' + M_1 \bar{M}_0 D_{SL} + \bar{M}_1 \bar{M}_0 Q_3^n \end{cases} \tag{5.24}$$

市售双向移位寄存器 74194 就是这样设计的，其功能如表 5-16 所示。

表 5-15 控制端功能分配

M_1	M_0	功　能
0	0	保持
0	1	右移
1	0	左移
1	1	并行置数

表 5-16 74194 的功能

$\overline{CR}$	M_1	M_0	工作状态
0	×	×	异步清零
1	0	0	保持
1	0	1	右移
1	1	0	左移
1	1	1	同步并行置数

74194 逻辑电路如图 5-48 所示，其逻辑符号如图 5-49 所示。74194 是功能最齐全的移位寄存器，包含异步清零、同步并行置数、左移、右移和保持五项功能。

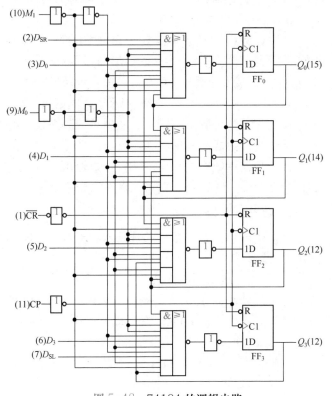

图 5-48　74194 的逻辑电路

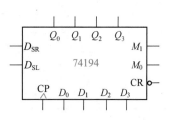

图 5-49　74194 的逻辑符号

除了前面介绍的几个移位寄存器，常用的移位寄存器如表 5-17 所示。

表 5-17　常用的移位寄存器列表

名　　称	型　号	串行输入	并行输入	串行输出	并行输出	移动方向
4 位移位寄存器	CD4035	有	有	有	有	右移
4 位移位寄存器	7495	有	有	有	有	右移
8 位移位寄存器	74164	有	无	有	有	右移
8 位移位寄存器	74165	有	有	有	无	右移
4 位移位寄存器	74178	有	有	有	有	右移
4 位移位寄存器	74195	有	有	有	有	右移
4 位双向移位寄存器	74198	有	有	有	有	双向

5.4.2　计数器

计数器的基本功能是统计时钟脉冲的个数，既实现计数操作，也可用于分频、定时、产生节拍脉冲和脉冲序列以及进行数字运算等。计算机的时序发生器、分频器、指令计数器等，导航系统中的加速度计、网站设置的网页数统计、文字编辑中的字数统计等，都需要计数器。

计数器由触发器并附加必要的门电路构成。所计数值用二进制代码来表示，一个 CP 脉冲就会改变其值一次。触发器的状态本身就是二进制代码，因此通常用触发器的状态组合来表示计数器所处的状态和所计 CP 脉冲数。

计数器的分类方法有多种。按照计数器中的触发器是否同时翻转分类，计数器可以分为同步计数器和异步计数器两种。在同步计数器中，当时钟脉冲输入时触发器的翻转是同时发生的，而在异步计数器中，触发器的翻转有先有后，不是同时发生的。

表 5-18　同步 4 位二进制加法计数器态序

计数顺序	Q_3	Q_2	Q_1	Q_0
0	0	0	0	0
1	0	0	0	1
2	0	0	1	0
3	0	0	1	1
4	0	1	0	0
5	0	1	0	1
6	0	1	1	0
7	0	1	1	1
8	1	0	0	0
9	1	0	0	1
10	1	0	1	0
11	1	0	1	1
12	1	1	0	0
13	1	1	0	1
14	1	1	1	0
15	1	1	1	1
16	0	0	0	0

按照计数过程中计数器中的代码表示的数字增减分类，计数器可分为加法计数器（随着计数脉冲的不断输入而递增）、减法计数器（随着计数脉冲的不断输入而递减）和可逆计数器（可增可减，或称为加/减计数器）。

按照计数进位制的不同，计数器可分为二进制计数器、十进制计数器和任意进制计数器。

按计数器中数字的编码方式，计数器可以分为二进制计数器、二－十进制计数器、格雷码计数器等。

1. 同步计数器

目前生产的同步计数器芯片基本上分为二进制和十进制两种。

1) 同步二进制加法计数器

二进制计数器在数字系统中常用于分频器、地址码发生器等。根据二进制的加法运算规则可知，一个多位二进制数加 1 时，若其中的第 i 位以下各位皆为 1，则第 i 位才改变状态（$0 \rightarrow 1$，$1 \rightarrow 0$），而最低位的状态在每次加 1 时都要改变。例如，同步 4 位二进制加法计数器的态序如表 5-18 所示。

可以看出：对于 Q_0，来一个时钟脉冲翻转一次；Q_1 在其低位 Q_0 为 1 时，来一个时钟脉冲翻转一次，否则状态不变；Q_2 在其低位 Q_0 和 Q_1 均为 1 时，来一个时钟脉冲翻转一次，否则状态不变；Q_3 在其低位 Q_0、Q_1 和 Q_2 均为 1 时，来一个时钟脉冲翻转一次，否则状态不变。

同步计数器通常用 T 触发器构成，结构形式有两种。一种形式是控制输入端 T_i 的状态。当每次时钟信号到达时，使该翻转的那些触发器输入控制端 $T_i = 1$，不该翻转的 $T_i = 0$。另一种形式是控制时钟信号，每次计数脉冲到达时，只能加到该翻转的那些触发器的时钟输入端上，而不能加给那些不该翻转的触发器，同时将所有的触发器接成 $T = 1$ 的状态，这样就可以用计数器电路的不同状态来记录输入的时钟脉冲数目。

由此可知，当通过 T_i 端的状态进行控制时，同步 4 位二进制加法计数器各触发器的驱动方程为

$$\begin{cases} T_0 = 1 \\ T_1 = Q_0^n \\ T_2 = Q_1^n Q_0^n \\ T_3 = Q_2^n Q_1^n Q_0^n \end{cases} \tag{5.25}$$

输出方程为

$$C = Q_3^n Q_2^n Q_1^n Q_0^n \tag{5.26}$$

从而可以得到由 4 个 JK 触发器构成的 4 位二进制加法计数器的电路，如图 5-50 所示。

为了形象地展示出状态转换规律，还可以由态序表画出电路的状态转换图，如图 5-51 所示。

为了进一步说明计数器的功能，画出时序图（如图 5-52 所示）。可以看出，若计数输入脉冲的频率为 f_0，则 Q_0、Q_1、Q_2 和 Q_3 端输出脉冲的频率依次为 $\frac{1}{2}f_0$、$\frac{1}{4}f_0$、$\frac{1}{8}f_0$ 和 $\frac{1}{16}f_0$。针对这种分频功能，计数器也被称为分频器。由于 n 位二进制计数器具有 2^n 个状态，因此也称为模 2^n 计数器，其最后一级触发器输出的频率降低为时钟脉冲 CP 频率的 $1/2^n$。

此外，每输入 16 个计数脉冲计数器工作一个循环，并在输出端产生一个进位输出信号，所以这个电路也被称为十六进制计数器。输出端的频率也是时钟

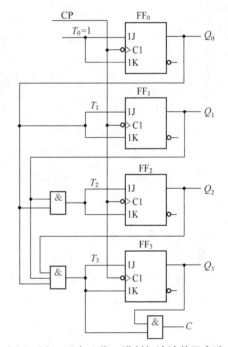

图 5-50　同步 4 位二进制加法计数器电路

脉冲 CP 频率的 $1/2^4$。设置计数器输出端的作用是为了使用方便，如当多片级联时，进位信号就是下一片的触发脉冲。本例中，进位输出为下降沿有效。根据需要，也可以设计成上升沿有效。

由 4 位二进制加法计数器的时序图不难得出，只用 3 个触发器 FF_0、FF_1、FF_2 即可构成八进制计数器，用 FF_0、FF_1 可以构成四进制，用 FF_0 可以构成二进制。

当然，按照上面的规律，由更多的触发器连接可以构成更多位的二进制加法计数器。

因此，当通过 T_i 端的状态进行控制时，同步二进制加法计数器的构成方法如下：将触发器接成 T 触发器；各触发器都用计数脉冲 CP 触发，最低位触发器的 T_0 输入为 1；其他触发器的 T_i 输入为其低位各触发器输出信号相与，即

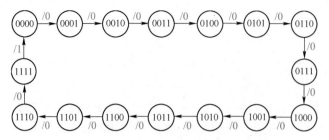

图 5-51　同步 4 位二进制加法计数器状态转换图

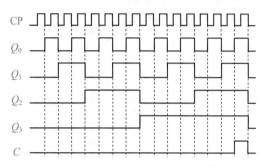

图 5-52　同步 4 位二进制加法计数器的时序图

$$T_i = Q_{i-1}Q_{i-2}\cdots Q_1Q_0 = \prod_{j=0}^{i-1}Q_j \quad (i=1,2,\cdots,n-1) \tag{5.27}$$

采用控制时钟信号方式构成的 4 位同步二进制加法计数器如图 5-53 所示。每个 T 触发器的输入端恒为 1，所以只要在每个触发器的时钟输入出现下降沿，这个触发器就要翻转一次。对于除 $\mathrm{FF_0}$ 以外的每个触发器，只有在低位触发器全部为 1 时，计数脉冲才能通过与门 $\mathrm{G_1 \sim G_3}$ 送到这些触发器的输入端而使之翻转。每个触发器的时钟信号可表示为

$$\mathrm{CP}_i = \mathrm{CP}\prod_{j=0}^{i-1}Q_j \quad (i=1,2,\cdots,n-1) \tag{5.28}$$

其中，CP_i 只表示一个完整时钟脉冲，并不表示高电平也不表示低电平，CP 即输入的计数脉冲。

2）同步二进制减法计数器

根据二进制减法计数规则，在 n 位二进制减法计数器中，只有当第 i 位以下各触发器同时为 0 时，再减 1 才能使第 i 位翻转。以 4 位二进制减法计数器为例，其态序如表 5-19 所示。

由表 5-19 可知：对于 Q_0，来一个时钟翻转一次；Q_1 在其低位 Q_0 为 0 时，来一个时钟脉冲翻转一次，否则状态不变；Q_2 在其低位 Q_1 和 Q_0 均为 0 时，来一个时钟脉冲翻转一次，否则状态不变；Q_3 在其低位 Q_2、Q_1 和 Q_0 均为 0 时，来一个时钟脉冲翻转一次，否则状态不变。

根据以上规律，得到同步 4 位二进制减法计数器的驱动方程为

$$\begin{cases} T_0 = 1 \\ T_1 = \bar{Q}_0^n \\ T_2 = \bar{Q}_1^n\bar{Q}_0^n \\ T_3 = \bar{Q}_2^n\bar{Q}_1^n\bar{Q}_0^n \end{cases} \tag{5.29}$$

输出方程为

$$B = \bar{Q}_3^n\bar{Q}_2^n\bar{Q}_1^n\bar{Q}_0^n \tag{5.30}$$

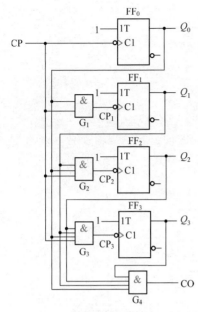

图 5-53　采用控制时钟信号方式构成
的 4 位同步二进制加法计数器

表 5-19　4 位二进制减法计数器态序

计数顺序	Q_3	Q_2	Q_1	Q_0
0	0	0	0	0
1	1	1	1	1
2	1	1	1	0
3	1	1	0	1
4	1	1	0	0
5	1	0	1	1
6	1	0	1	0
7	1	0	0	1
8	1	0	0	0
9	0	1	1	1
10	0	1	1	0
11	0	1	0	1
12	0	1	0	0
13	0	0	1	1
14	0	0	1	0
15	0	0	0	1
16	0	0	0	0

从而可以得到同步 4 位二进制减法计数器电路，如图 5-54 所示。

总之，当通过 T_i 端的状态进行控制时，同步二进制减法计数器的构成方法如下：将触发器接成 T 触发器；各触发器都用计数脉冲 CP 触发，最低位触发器的 T_0 输入为 1；其他触发器的 T_i 输入为其低位各触发器互补输出端信号相与，即

$$T_i = \bar{Q}_{i-1}\bar{Q}_{i-2}\cdots\bar{Q}_1\bar{Q}_0 = \prod_{j=0}^{i-1} \bar{Q}_j \quad (i=1,2,\cdots,n-1) \quad (5.31)$$

同理，采用控制时钟方式组成同步二进制减法计数器时，各触发器的时钟信号可写成

$$CP_i = CP\prod_{j=0}^{i-1} \bar{Q}_j \quad (i=1,2,\cdots,n-1) \quad (5.32)$$

3）同步二进制可逆计数器

有些应用场合要求计数器既能进行递增计数又能进行递减计数，这就需要设计出加/减计数器（或称为可逆计数器）。

从前面的加法计数器和减法计数器的设计可知，驱动方程和输出方程决定了计数器的状态个数、转换顺序和输出。如果想实现完全可逆计数，只需要合理处理驱动方程和输出方程。通常的做法是增加一个加/减控制端 $\overline{\text{UP}}/\text{DOWN}$，简记为 $\overline{\text{U}}/\text{D}$，当 $\overline{\text{U}}/\text{D} = 0$ 时进行加法计数，当 $\overline{\text{U}}/\text{D} = 1$ 时进行减法计数，从而得到驱动方程

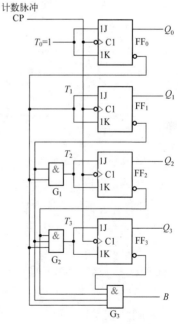

图 5-54　用 T 触发器构成的同步 4 位
二进制减法计数器

$$\begin{cases} T_0 = 1 \\ T_1 = \overline{\overline{U}/D} \cdot Q_0^n + \overline{U}/D \cdot \bar{Q}_0^n \\ T_2 = \overline{\overline{U}/D} \cdot Q_1^n Q_0^n + \overline{U}/D \cdot \bar{Q}_1^n \bar{Q}_0^n \\ T_3 = \overline{\overline{U}/D} \cdot Q_2^n Q_1^n Q_0^n + \overline{U}/D \cdot \bar{Q}_2^n \bar{Q}_1^n \bar{Q}_0^n \end{cases} \tag{5.33}$$

输出方程

$$C/B = \overline{\overline{U}/D} \cdot Q_3^n Q_2^n Q_1^n Q_0^n + \overline{U}/D \cdot \bar{Q}_3^n \bar{Q}_2^n \bar{Q}_1^n \bar{Q}_0^n \tag{5.34}$$

从而可以得到相应的电路，如图 5-55 所示，其中只有一个时钟信号（也就是计数输入脉冲）输入端，电路的加、减由 $\overline{U}/D$ 的电平决定，所以这种电路结构为单时钟结构。

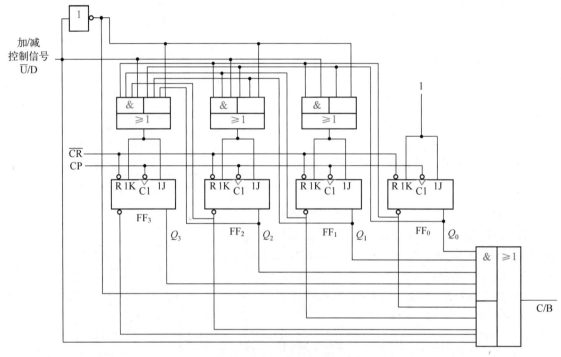

图 5-55　单时钟同步 4 位二进制可逆计数器电路

若加法计数脉冲和减法计数脉冲来自两个不同的脉冲源，则需要使用双时钟结构的加/减计数器。同步 4 位二进制双时钟加/减计数器的电路如图 5-56 所示，采用控制时钟信号的结构。

4）同步十进制加法计数器

在数字系统中，为了人机交互方便，计数常采用 BCD 码，就是用 4 位二进制代码表示一位十进制数，相应的计数器就需要用 BCD 码十进制计数器。与 BCD 码对应，十进制计数器又有 8421 码计数器、5421 码计数器和余 3 码计数器等。与二进制计数器一样，十进制计数器根据计数器的状态转换顺序，又分为加法计数器、减法计数器和可逆计数器。

十进制计数器与 4 位二进制计数器的相同之处是都需要用到 4 个触发器，不同的是十进制计数器只使用 16 个状态中的 10 个状态，这 10 个状态被称为有效状态，形成的循环被称为有效循环。另外 6 个状态被称为无效状态，如果这 6 个状态或者其中的几个形成循环，就称为无效循环。具有无效循环的计数器肯定不能自启动，因此无论分析还是设计十进制计数器，检查自启动能力的环节是必须的。

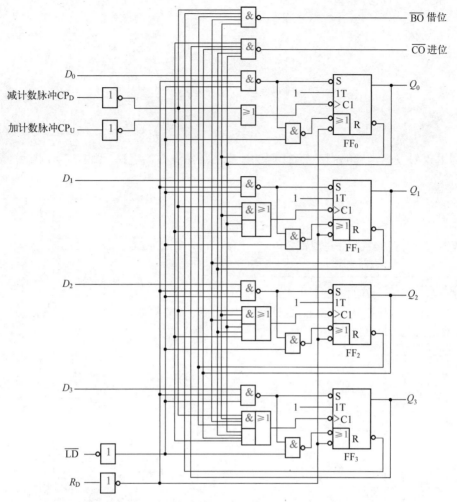

图 5-56　双时钟同步 4 位二进制加/减计数器电路（带异步清零功能和异步置数功能）

同步十进制加法计数器可按照 5.3 节的同步时序逻辑电路的设计方法进行设计，也就是可以用 D 触发器或 JK 触发器来实现。下面用 T 触发器来实现，是在同步 4 位二进制加法计数器的基础上稍加修改而成的，以应用最广泛的 8421 码十进制计数器为例进行介绍。

同步 8421 码十进制加法计数器的态序如表 5-20 所示。可以看出，若从 0000 开始计数，则直到输入第 9 个脉冲为止，它的工作过程与表 5-18 相同。计入第 9 个计数脉冲后电路进入 1001 状态，再来一个脉冲，电路并不是进入 1010 状态，而是进入 0000 状态。比较 1010 和 0000 可知，Q_2 和 Q_0 的变化与二进制计数器仍然是一样的，只是 Q_3 和 Q_1 的变化与二进制加法计数器不一样。对于 Q_1，二进制加法计数器的驱动方程 $T_1 = Q_0^n$ 使得计数器状态发生变化，即由 0 变成 1，但对于 BCD 码十进制计数器，应该保持为 0，所以在保证前 9 个脉冲正常计数的情况，在 1001 状态下采取措施，强制使 $T_1 = 0$，就能够实现。由态序表可以发现，最简单的方法是利用 $\overline{Q_3^n Q_0^n}$，即令 $T_1 = Q_0^n \overline{Q_3^n Q_0^n}$，化简后，得到 $T_1 = Q_0^n \overline{Q_3^n}$。对于 Q_3，二进制加法计数器的驱动方程为 $T_3 = Q_2^n Q_1^n Q_0^n$，从而使计数器的 Q_3 状态保持不变，仍为 1，但十进制计数器要发生变化，即由 1 变成 0，也就是在 1001 状态下必须强制使 $T_3 = 1$，最简单的措施仍然是利用 $Q_3^n Q_0^n$，即 $T_3 = Q_2^n Q_1^n Q_0^n + Q_3^n Q_0^n$。

由此得到驱动方程为

$$\begin{cases} T_0 = 1 \\ T_1 = \overline{Q}_3^n Q_0^n \\ T_2 = Q_1^n Q_0^n \\ T_3 = Q_2^n Q_1^n Q_0^n + Q_3^n Q_0^n \end{cases} \tag{5.35}$$

输出方程为

$$C = Q_3^n Q_0^n \tag{5.36}$$

从而得到用 T 触发器构成的同步 8421 码的十进制加法计数器电路，如图 5-57 所示。

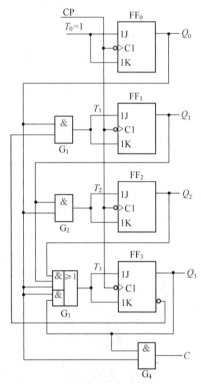

表 5-20 同步 8421 码十进制加法计数器的态序

计数顺序	Q_3	Q_2	Q_1	Q_0
0	0	0	0	0
1	0	0	0	1
2	0	0	1	0
3	0	0	1	1
4	0	1	0	0
5	0	1	0	1
6	0	1	1	0
7	0	1	1	1
8	1	0	0	0
9	1	0	0	1
10	0	0	0	0

图 5-57 用 T 触发器构成的同步 8421 码十进制加法计数器电路

接下来分析这个电路，看看它与 4 位同步二进制加法计数器的异同。

把驱动方程代入 T 触发器的特性方程，得到电路的状态方程为

$$\begin{cases} Q_0^{n+1} = \overline{Q}_0^n & (\text{CP}\downarrow) \\ Q_1^{n+1} = (\overline{Q}_3^n Q_0^n) \oplus Q_1^n & (\text{CP}\downarrow) \\ Q_2^{n+1} = (Q_1^n Q_0^n) \oplus Q_2^n & (\text{CP}\downarrow) \\ Q_3^{n+1} = (Q_2^n Q_1^n Q_0^n + Q_3^n Q_0^n) \oplus Q_3^n & (\text{CP}\downarrow) \end{cases} \tag{5.37}$$

从而得到状态转换表（如表 5-21 所示），画出转态转换图（如图 5-58 所示）和时序图（如图 5-59 所示）。可以看出，这个电路是能够自启动的。对比同步 8421 码十进制加法计数器和 4 位二进制加法计数器的状态转换图和时序图，可以得到更直观的感受，4 位二进制计数器有效状态为 16 个，十进制计数器有效状态只有 10 个，十进制计数器有无效状态，所以一定注意考虑电路的自启动能力问题。

表 5-21　同步十进制加法计数器的状态转换表

计数脉冲	Q_3^n	Q_2^n	Q_1^n	Q_0^n	Q_3^{n+1}	Q_2^{n+1}	Q_1^{n+1}	Q_0^{n+1}	C
1	0	0	0	0	0	0	0	1	0
2	0	0	0	1	0	0	1	0	0
3	0	0	1	0	0	0	1	1	0
4	0	0	1	1	0	1	0	0	0
5	0	1	0	0	0	1	0	1	0
6	0	1	0	1	0	1	1	0	0
7	0	1	1	0	0	1	1	1	0
8	0	1	1	1	1	0	0	0	0
9	1	0	0	0	1	0	0	1	0
10	1	0	0	1	0	0	0	0	1
1	1	0	1	0	1	0	1	1	0
2	1	0	1	1	0	1	1	0	1
1	1	1	0	0	1	1	0	1	0
2	1	1	0	1	0	1	0	0	1
1	1	1	1	0	1	1	1	1	0
2	1	1	1	1	0	0	1	0	1

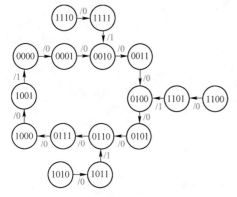

图 5-58　同步十进制加法计数器的状态转换图　　　图 5-59　同步十进制加法计数器的时序图

5）同步十进制减法计数器

用 T 触发器实现的同步 8421 码十进制减法计数器的逻辑电路如图 5-60 所示，也是从同步 4 位二进制减法计数器电路的基础上演变的。为了实现从 $Q_3Q_2Q_1Q_0 = 0000$ 状态减 1 后跳变成 1001 状态，在电路处于全 0 状态时，用与非门 G_2 输出的低电平将与门 G_1 和 G_3 封锁，使 $T_1 = T_2 = 0$。于是，当计数脉冲到达后，FF_0 和 FF_3 变成 1，而 FF_1 和 FF_2 维持 0 不变。以后继续输入减法计数时，电路的工作情况与图 5-54 所示的同步 4 位二进制减法计数器一样。从而得到驱动方程为

$$\begin{cases} T_0 = 1 \\ T_1 = \overline{Q_0^n}\ \overline{\overline{Q_3^n}\,\overline{Q_2^n}\,\overline{Q_1^n}} \\ T_2 = \overline{Q_1^n}\,\overline{Q_0^n}\ \overline{\overline{Q_3^n}\,\overline{Q_2^n}\,\overline{Q_1^n}} \\ T_3 = \overline{Q_2^n}\,\overline{Q_1^n}\,\overline{Q_0^n} \end{cases} \tag{5.38}$$

输出方程为

$$B = \overline{Q_3^n}\,\overline{Q_2^n}\,\overline{Q_1^n}\,\overline{Q_0^n} \tag{5.39}$$

同步 8421 码十进制减法计数器的转态转换图如图 5-61 所示。将同步 8421 码十进制加法计数器的驱动方程和同步 8421 码十进制减法计数器的驱动方程和输出方程合并，并由一个加/减控制信号进行控制，就可以得到单时钟的同步十进制可逆计数器。

183

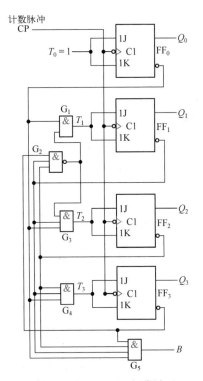

图 5-60 同步 8421 码十进制
减法计数器

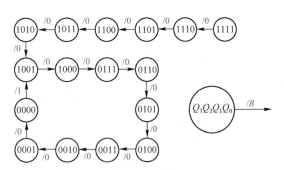

图 5-61 同步 8421 码十进制减法
计数器的状态转换图

【思考题】 写出单时钟 8421 码十进制可逆计数器的驱动方程和输出方程。

2. 异步计数器

在计数器产品中，除了同步计数器还有异步计数器，其中异步二进制计数器产品众多。

1）异步二进制加法计数器

异步 4 位二进制加法计数器的电路图如图 5-62 所示。

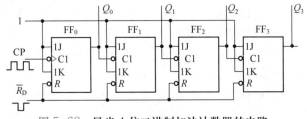

图 5-62 异步 4 位二进制加法计数器的电路

可以看出：① 电路结构简单，没有附加任何门电路；② 驱动方程简单，$T_0 = T_1 = T_2 = T_3 = 1$，也就是接成了 T' 触发器；③ 前一级的输出作为后一级的时钟脉冲，这种结构称为级联方式。

所以，这个电路的状态方程为

$$\begin{cases} Q_3^{n+1} = \bar{Q}_3^n & (CP_3 = Q_2 \downarrow) \\ Q_2^{n+1} = \bar{Q}_2^n & (CP_2 = Q_1 \downarrow) \\ Q_1^{n+1} = \bar{Q}_1^n & (CP_1 = Q_0 \downarrow) \\ Q_0^{n+1} = \bar{Q}_0^n & (CP_0 = CP \downarrow) \end{cases} \tag{5.40}$$

由状态方程得到时序图，如图 5-63 所示。可以看出，这是一个异步 4 位二进制加法计数器。4 位二进制计数器除了可以用来作为 3 位或 2 位二进制计数器，也容易扩展成更高位数的异步计数器。那么，能不能用 D 触发器实现异步 4 位二进制加法计数器逻辑功能呢？答案是肯定的。设 D 触发器是上升沿有效，只需把触发器接成计数触发器，再满足各触发器的时钟条件就可以实现，如图 5-64 所示。

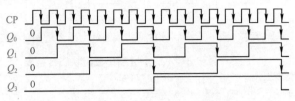

图 5-63　异步 4 位二进制加法计数器的时序图

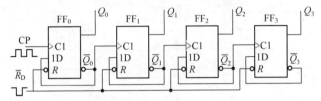

图 5-64　由上升沿有效的 D 触发器构成的 4 位异步二进制加法计数器

2）异步二进制减法计数器

前面介绍的级联结构能不能实现减法计数？答案是肯定的。下面给出用级联接法构成二进制计数器的通用方法。

先将触发器接成计数触发器，再级联，将计数脉冲 CP 从最低位时钟端输入，其他各位时钟端接法如表 5-22 所示。上述级联接法的异步计数器的优点前面已经提到过，结构简单，便于记忆，便于扩展。缺点是由于每个触发器都会有延时，所有各触发器的翻转不可能同时，而是有先有后。若电路中增加诸如输出进位或者借位这样的组合逻辑电路，就会产生竞争－冒险现象。另外，与同步计数器相比，级联连接使得高位触发器的变换依赖低位计数器的变化，所以异步计数器的工作速度会受影响。

表 5-23 列出了同步计数器与异步计数器在结构、速度和竞争－冒险三方面的比较。

表 5-22　异步二进制计数器接法

计数规律	计数触发器的触发信号接法	
	上升沿触发式	下降沿触发式
加法计数	$CP_i = \overline{Q}_{i-1}$	$CP_i = Q_{i-1}$
减法计数	$CP_i = Q_{i-1}$	$CP_i = \overline{Q}_{i-1}$

表 5-23　同步计数器与异步计数器的比较

	同步计数器	异步计数器
结构	复杂	简单
速度	快	慢
竞争－冒险	不易发生	易发生

3）异步二－五－十进制计数器

除了二进制计数器，现有的异步计数器产品中仍然有十进制计数器。下面介绍一个异步二－五－十进制计数器，如图 5-65 所示，假设该电路所用的触发器由 TTL 门电路构成，J、K 端悬空时相当于接高电平。这个电路由两部分构成，第一个触发器 FF_0 构成二进制计数器。后三个触发器构成的电路就是例 5-2 所示电路，是一个能自启动的异步五进制加法计数器，可以列出这个电路的状态转换表（如表 5-24 所示），这是一个异步 8421 码十进制加法计数器。如果把电路图改画成五进制在前，二进制在后，即五进制作为低位，二进制作为高位，如图 5-66 所示，就可以得到异步 5421 码十进制加法计数器，状态转换表如表 5-25 所示。

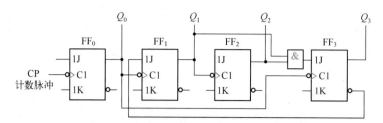

图 5-65　异步二–五–十进制计数器接成 8421 码十进制计数器的接法

表 5-24　异步 8421 码十进制计数器状态转换表

计数脉冲	现　态				次　态				五进制时钟
CP_0	Q_3^n	Q_2^n	Q_1^n	Q_0^n	Q_3^{n+1}	Q_2^{n+1}	Q_1^{n+1}	Q_0^{n+1}	$Q_0 \downarrow$
1	0	0	0	0	0	0	0	1	不满足
2	0	0	0	1	0	0	1	0	满足
3	0	0	1	0	0	0	1	1	不满足
4	0	0	1	1	0	1	0	0	满足
5	0	1	0	0	0	1	0	1	不满足
6	0	1	0	1	0	1	1	0	满足
7	0	1	1	0	0	1	1	1	不满足
8	0	1	1	1	1	0	0	0	满足
9	1	0	0	0	1	0	0	1	不满足
10	1	0	0	1	0	0	0	0	满足

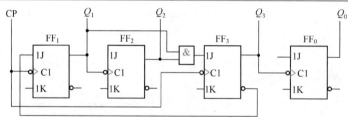

图 5-66　异步二–五–十进制计数器接成 5421 码十进制计数器的接法

表 5-25　异步 5421 码的十进制计数器状态转换

计数脉冲	现　态				次　态				二进制时钟
CP_1	Q_0^n	Q_3^n	Q_2^n	Q_1^n	Q_0^{n+1}	Q_3^{n+1}	Q_2^{n+1}	Q_1^{n+1}	$Q_3 \downarrow$
1	0	0	0	0	0	0	0	1	不满足
2	0	0	0	1	0	0	1	0	不满足
3	0	0	1	0	0	0	1	1	不满足
4	0	0	1	1	0	1	0	0	不满足
5	0	1	0	0	1	0	0	0	满足
6	1	0	0	0	1	0	0	1	不满足
7	1	0	0	1	1	0	1	0	不满足
8	1	0	1	0	1	0	1	1	不满足
9	1	0	1	1	1	1	0	0	不满足
10	1	1	0	0	0	0	0	0	满足

3. 常用中规模集成计数器

常用中规模集成计数器就是在前面所介绍的同步计数器和异步计数器的基础上增加清零

和/或预置数等附加功能而构成的。有了附加功能，计数器使用更加灵活方便。清零功能有同步和异步之分，预置数功能也有同步和异步之分。同步清零和同步预置数功能是通过控制触发器的驱动方程并配合计数脉冲有效沿来实现的，而异步清零和异步预置数是通过控制计数器中触发器的异步置1和异步置0功能来实现的。

常用同步二进制计数器型号及其附加功能如表5-26所示，常用同步十进制计数器型号及其附加功能如表5-27所示，常用异步计数器型号及其附加功能如表5-28所示。

表5-26　常用同步二进制计数器型号及其附加功能

名　　称	型　号	清零	置数	名　　称	型　号	清零	置数
4位二进制加法计数器	74161	异步	同步	单时钟4位二进制可逆计数器	74191	无	异步
	74163	同步	同步		74169	同步	同步
	74691	异步	同步		74697	异步	同步
	74693	同步	同步		74699	同步	同步
4位二进制减法计数器	CC14526	异步	异步	双时钟4位二进制可逆计数器	74193	异步	异步
					CC40193	异步	异步

表5-27　常用同步十进制计数器型号及其附加功能

名　　称	型　号	清零	置数	名　　称	型　号	清零	置数
十进制加法计数器	74160	异步	同步	单时钟十进制可逆计数器	74190	无	异步
	74162	同步	同步		74168	同步	同步
	74690	异步	同步		74696	异步	同步
	74692	同步	同步		74698	同步	同步
十进制减法计数器	CC14522	异步	异步	双时钟十进制可逆计数器	74192	异步	异步
					CC40192	异步	异步

表5-28　常用异步计数器型号及其附加功能

型　号	计数模式	清零方式	预置数方式
74290	二-五-十进制加法计数	异步（高电平有效）	异步置9
74293	二-八-十六进制加法计数	异步（高电平有效）	无

下面通过重点介绍几款中规模计数器，来详细阐述同步清零、异步清零、同步预置数、异步预置数的实现机理。

1）中规模同步4位二进制加法计数器74161

中规模集成同步4位二进制加法计数器74161的逻辑电路如图5-67所示，其逻辑符号如图5-68所示，是在同步4位二进制加法计数器（见图5-50）的基础上增加了异步清零、同步预置数、计数控制和保持功能而构成的。其中，$\overline{CR}$为清零端，$\overline{LD}$为置数端，$D_0 \sim D_3$为数据输入端，EP和ET为计数工作状态控制端。

74161的功能表如表5-29所示，给出了当CP、$\overline{CR}$、$\overline{LD}$、EP和ET为不同取值时电路的工作状态。74161的功能说明如下。

① 异步清零功能。使清零端$\overline{CR} = 0$，其他管脚任意。这时因为$\overline{CR}$经G_3接到$FF_0 \sim FF_3$的异步清零端，所以所有触发器将同时被清零。清零操作不受其他输入端状态的影响，也不需时钟脉冲CP配合，这种方式被称为异步清零。由分析可知，清零功能的优先权最高。

② 同步预置数功能。$\overline{CR} = 1$且$\overline{LD} = 0$，这时$FF_0 \sim FF_3$的异步清零端无效，门G_1输出为

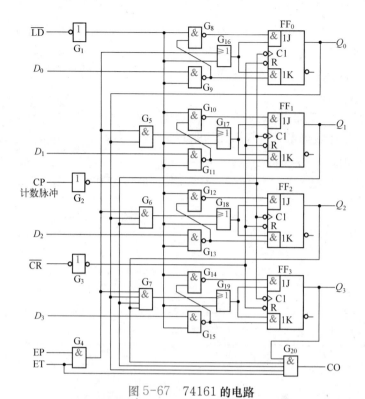

图 5-67 74161 的电路

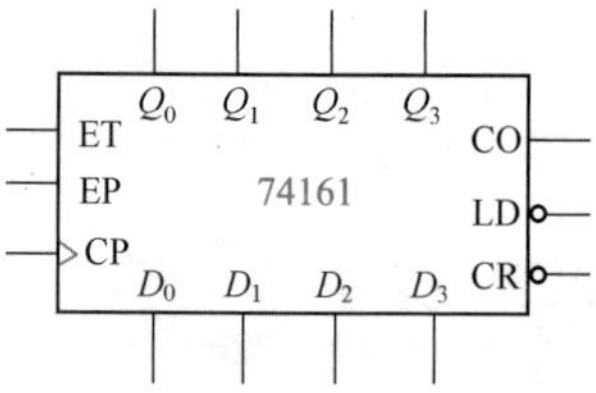

图 5-68 74161 的逻辑符号

表 5-29 74161 的功能表

输 入									输 出			
CP	$\overline{CR}$	$\overline{LD}$	EP	ET	D_0	D_1	D_2	D_3	Q_0^{n+1}	Q_1^{n+1}	Q_2^{n+1}	Q_3^{n+1}
×	0	×	×	×	×	×	×	×	0	0	0	0
↑	1	0	×	×	d_0	d_1	d_2	d_3	d_0	d_1	d_2	d_3
×	1	1	0	1	×	×	×	×	保持			
×	1	1	×	0	×	×	×	×	保持（但 CO = 0）			
↑	1	1	1	1	×	×	×	×	4 位二进制加法计数器			

1，门 $G_5 \sim G_7$ 的输出对门 $G_{16} \sim G_{19}$ 不起作用，门 $G_{16} \sim G_{19}$ 的输出始终是 1，$FF_0 \sim FF_3$ 输入端 J、K 的状态由 $D_0 \sim D_3$ 的状态决定。以 FF_0 为例，已知输入 D_0，则 FF_0 触发器的输入端 $J_0 = D_0$，$K_0 = \overline{D_0}$，在 CP 上升沿到达后，FF_0 置为 $Q_0^{n+1} = D_0$。总之，在置数输入端 $D_0 \sim D_3$ 预置某外加数据，借助时钟脉冲 CP 上升沿的作用，数据就被预置到计数器的输出 $Q_0 \sim Q_3$。这种预置数操作需要 CP 脉冲配合，所以被称为同步预置数功能。

③ 计数功能。当 $\overline{LD} = \overline{CR} = EP = ET = 1$ 时，$\overline{CR} = 1$ 使得 $FF_0 \sim FF_3$ 的异步清零端无效，$\overline{LD} = 1$ 使得 G_1 的输出为 0，从而使得 $G_8 \sim G_{15}$ 的输出为 1，封锁了 $D_0 \sim D_3$。$\overline{LD} = 1$ 使得门 $G_{16} \sim G_{19}$ 的一个输入端为 0，另一个输入端由 $G_4 \sim G_7$ 决定，所以 $FF_0 \sim FF_3$ 输入端 J、K 的状态由 $G_4 \sim G_7$ 的状态决定，则可以得到驱动方程为

$$\begin{cases} T_0 = 1 \\ T_1 = Q_0^n \\ T_2 = Q_1^n Q_0^n \\ T_3 = Q_2^n Q_1^n Q_0^n \end{cases} \tag{5.41}$$

输出方程为

$$CO = ET \cdot Q_3^n Q_2^n Q_1^n Q_0^n \tag{5.42}$$

式(5.41)和式(5.41)与同步 4 位二进制加法计数器电路（见图 5-50）的驱动方程(5.25)和输出方程(5.26)完全相同。因此，该芯片为同步 4 位二进制加法计数器。

④ 保持。当 $\overline{LD} = \overline{CR} = 1$ 且 EP = 0、ET = 1 时，$\overline{CR} = 1$ 使异步清零功能无效，$\overline{LD} = 1$ 使 G_1 的输出为 0，从而使得 $G_8 \sim G_{15}$ 的输出为 1，封锁了 $D_0 \sim D_3$。$\overline{LD} = 1$ 使门 $G_{16} \sim G_{19}$ 的一个输入端为 0，而 EP = 0、ET = 1 使门 $G_{16} \sim G_{19}$ 的另一个输入端也为 0，所以或门 $G_{16} \sim G_{19}$ 输出均为 0，即 $FF_0 \sim FF_3$ 均处于 $J = K = 0$ 的状态，根据 $Q^{n+1} = J\overline{Q}^n + \overline{K}Q^n$，可以得到 CP 信号到达时 $Q^{n+1} = Q^n$，它们保持原来的状态不变，同时 CO 的状态得到保持。同理，若 ET = 0，则 EP 不论为什么状态，计数器的状态也将保持不变，这时进位输出 CO 等于 0。

以上分析验证了功能表 5-29 列出的所有功能，官方数据手册会给出电路图、功能表、时序图等，其中功能表最清晰明了。根据功能表，用户可以得到芯片的主要功能和辅助功能，稍微复杂一些的芯片可以借助时序图进一步确定。

2）中规模同步 4 位二进制加法计数器 74163

同步 4 位二进制加法计数器芯片 74163 也是在同步 4 位二进制加法计数器（见图 5-50）的基础上附加清零和预置数功能而构成的。与 74161 不同，74163 采用同步清零方式实现清零功能。74163 的逻辑电路如图 5-69 所示，逻辑符号如图 5-70 所示，功能表如表 5-30 所示。下面只说明 74163 同步清零功能如何实现，其他功能请自行验证。

假设图 5-69 中从上到下的 4 个边沿 JK 触发器依次为 $FF_0 \sim FF_3$，当 $\overline{CR} = 0$ 时，可以得到：$J_0 = 0$，$K_0 = 1$；$J_1 = 0$，$K_1 = 1$；$J_2 = 0$，$K_2 = 1$；$J_3 = 0$，$K_3 = 1$。根据 JK 触发器状态方程 $Q^{n+1} = J\overline{Q}^n + \overline{K}Q^n$，借助时钟脉冲 CP 上升沿，则 $Q_3^{n+1}Q_2^{n+1}Q_1^{n+1}Q_0^{n+1} = 0000$。这种通过控制触发器的驱动方程并借助时钟脉冲的清零方式被称为同步清零功能。

为了读者深入学习 74161 和 74163 的功能，图 5-71 列出了它们的时序图。

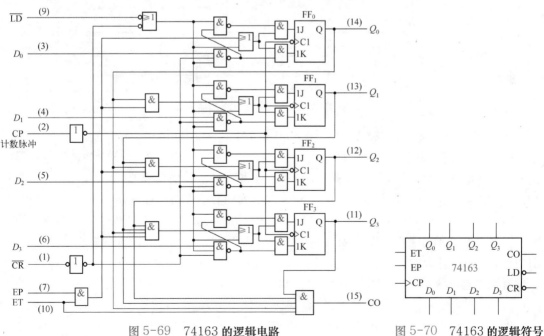

图 5-69　74163 的逻辑电路　　　　图 5-70　74163 的逻辑符号

表 5-30　74163 的功能表

输入					输出			
CP	$\overline{CR}$	$\overline{LD}$	EP　ET	D_0　D_r　D_2　D_3	Q_0^{n+1}	Q_1^{n+1}	Q_2^{n+1}	Q_3^{n+1}
↑	0	×	×　×	×　×　×　×	0	0	0	0
↑	1	0	×　×	d_0　d_1　d_2　d_3	d_0	d_1	d_2	d_3
×	1	1	0　1	×　×　×　×	保持			
×	1	1	×　0	×　×　×　×	保持（但 CO = 0）			
↑	1	1	1　1	×　×　×　×	同步 4 位二进制加法计数器			

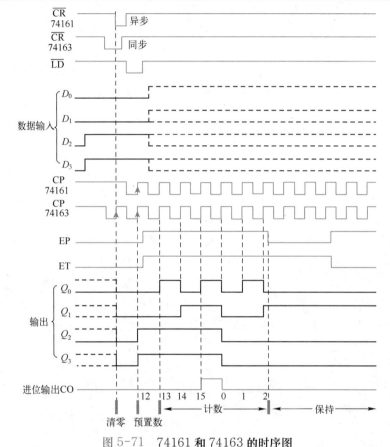

图 5-71　74161 和 74163 的时序图

3）同步 8421 码十进制加法计数器 74160 和 74162

同步 8421 码十进制加法计数器 74160 和 74162 都是在同步 8421 码十进制加法计数器（见图 5-57）的基础上增加了清零、预置数、计数控制和保持功能而构成的。其中，$\overline{CR}$ 为清零端，$\overline{LD}$ 为置数端，$D_0 \sim D_3$ 为数据输入端，EP 和 ET 为计数工作状态控制端。

74160 和 74162 的逻辑符号分别如图 5-72 和图 5-73 所示，其功能表如表 5-31 和表 5-32 所示。两者的主要功能是同步 8421 码十进制加法计数器，都附加有清零功能和预置数功能。由功能表可知，两者的清零功能优先级别最高，但 74160 是异步清零，74162 是同步清零；对于预置数功能，两者都具有同步预置数功能。

4）单时钟同步 4 位二进制可逆计数器 74191 和单时钟同步 8421 码十进制可逆计数器 74190

以上介绍的芯片的预置数功能都是采用同步操作方式，下面介绍异步预置数功能的实现。

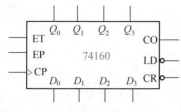

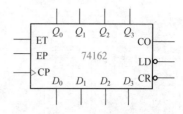

图 5-72　74160 的逻辑符号　　　　　　　图 5-73　74162 的逻辑符号

表 5-31　74160 的功能表

输　入									输　出			
CP	$\overline{CR}$	$\overline{LD}$	EP	ET	D_0	D_1	D_2	D_3	Q_0^{n+1}	Q_1^{n+1}	Q_2^{n+1}	Q_3^{n+1}
×	0	×	×	×					0	0	0	0
↑	1	0	×	×	d_0	d_1	d_2	d_3	d_0	d_1	d_2	d_3
×	1	1	0	1	×	×	×	×	保持			
×	1	1	×	0	×	×	×	×	保持（但 CO = 0）			
↑	1	1	1	1	×	×	×	×	同步 8421 码十进制加法计数器			

表 5-32　74162 的功能表

输　入									输　出			
CP	$\overline{CR}$	$\overline{LD}$	EP	ET	D_0	D_1	D_2	D_3	Q_0^{n+1}	Q_1^{n+1}	Q_2^{n+1}	Q_3^{n+1}
↑	0	×	×	×	×	×	×	×	0	0	0	0
↑	1	0	×	×	d_0	d_1	d_2	d_3	d_0	d_1	d_2	d_3
×	1	1	0	1	×	×	×	×	保持			
×	1	1	×	0	×	×	×	×	保持（但 CO = 0）			
↑	1	1	1	1	×	×	×	×	同步 8421 码十进制加法计数器			

单时钟同步 4 位二进制可逆计数器 74191 是在图 5-55 的基础上增加使能端和预置数功能而构成的。74LS191 电路如图 5-74 所示，逻辑符号如图 5-75 所示，功能表如表 5-33 所示。

由表 5-33 可知，预置数功能优先级最高，只要 $\overline{LD} = 0$，不需要 CP_I 的配合就可以预置数，称为异步预置数功能。$D_0 \sim D_3$ 的预置数功能实现是一样的原理。下面以 D_3 为例来说明，见图 5-74 中的 FF_3 部分。当 $\overline{LD} = 0$ 时，G_6 输出为 1，G_{16} 输出为 $\overline{D}_3$，从而使 G_{17} 输出为 D_3，也就是 FF_3 异步置 1 端为 $\overline{D}_3$，异步置 0 端为 D_3，而 FF_3 异步置 1 端和置 0 端都是低电平有效，所以结果为：若 $D_3 = 0$，则 $\overline{D}_3 = 1$，$Q_3^{n+1} = 0$；若 $D_3 = 1$，则 $\overline{D}_3 = 0$，$Q_3^{n+1} = 1$。同理，其他三个触发器预置数功能同 FF_3，因此 $\overline{LD} = 0$ 时，$Q_3^{n+1} Q_2^{n+1} Q_1^{n+1} Q_0^{n+1} = D_3 D_2 D_1 D_0$。

由表 5-33 可知，该芯片没有设置清零功能，设置了使能控制端 $\overline{S}$。当 $\overline{S} = 1$ 时，$G_4 = G_5 = 0$，$T_0 \sim T_3$ 全部为 0，故 $Q_0 \sim Q_3$ 保持不变。C/B 是进位/借位信号输出端（最大/最小输出端），当计数器作加法计数（$\overline{U}/D = 0$）且 $Q_3 Q_2 Q_1 Q_0 = 1111$ 时，C/B = 1；当计数器作减法计数（$\overline{U}/D = 1$）且 $Q_3 Q_2 Q_1 Q_0 = 0000$ 时，C/B = 1。CP_O 是串行时钟输出端。当 C/B = 1 时，在下一个 CP_I 上升沿到达前 CP_O 端有一个负脉冲输出，如图 5-76 所示，可以清楚地看到整个芯片的逻辑功能。

单时钟同步 8421 码十进制可逆计数器 74190 的功能表如表 5-34 所示，与 74191 的区别仅在于计数进制不同。74190 的时序图如图 5-77 所示，逻辑符号如图 5-78 所示。

5）集成异步二－五－十进制计数器 74290 和集成异步二－八－十六进制计数器 74293

集成异步二－五－十进制计数器 74290 是在异步二－五－十进制计数器的基础上附加清零功能和置数功能而构成的，与前面介绍的中规模计数器相比，不同之处有三点：74290 是异步芯片，清零控制端和预置数控制端高电平有效，芯片内部有级联。

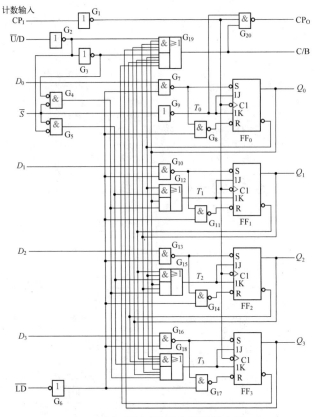

图 5-74 74191 的逻辑电路

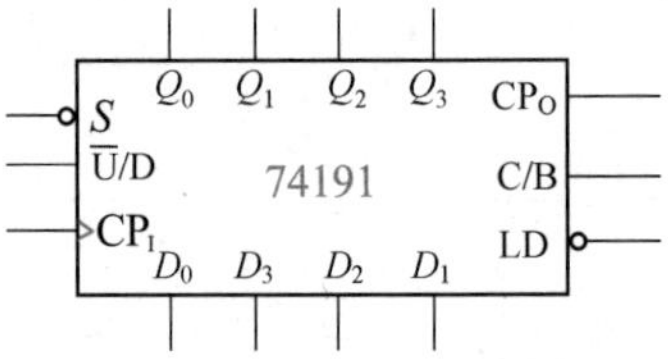

图 5-75 74191 的逻辑符号

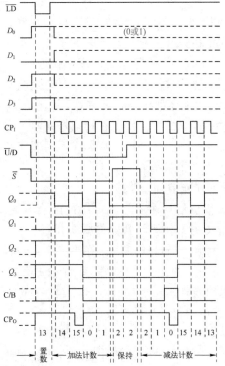

图 5-76 74191 的时序图

表 5-33 74191 的功能表

CP_I	$\overline{S}$	$\overline{LD}$	$\overline{U}/D$	工作状态
×	1	1	×	保持
×	×	0	×	预置数
↑	0	1	0	4 位二进制加法计数
↑	0	1	1	4 位二进制减法计数

表 5-34 74190 的功能表

CP_I	$\overline{S}$	$\overline{LD}$	$\overline{U}/D$	工作状态
×	1	1	×	保持
×	×	0	×	预置数
↑	0	1	0	8421 码加法计数
↑	0	1	1	8421 码减法计数

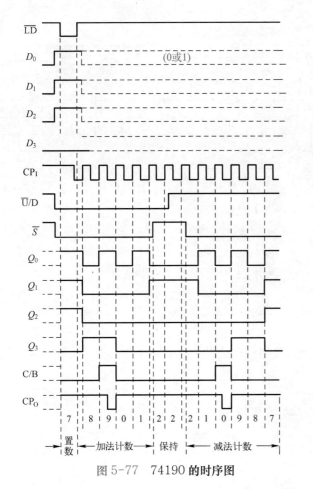

图 5-77　74190 的时序图

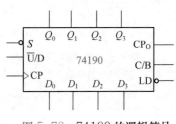

图 5-78　74190 的逻辑符号

74290 的逻辑电路如图 5-79 所示，逻辑符号如图 5-80 所示。

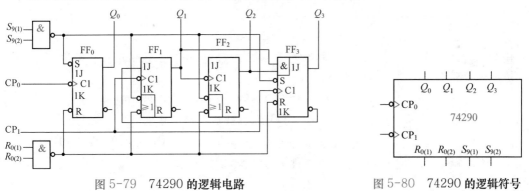

图 5-79　74290 的逻辑电路

图 5-80　74290 的逻辑符号

为了增加灵活性，FF_1 和 FF_3 的 CP 端没有与 Q_0 端连在一起，而从 CP_1 端单独引出。若以 CP_0 为计数输入端、Q_0 为输出端，则得到二进制计数器；若以 CP_1 为输入端、$Q_3 \sim Q_1$ 为输出端，则得到五进制计数器。这两部分可以单独使用，也可以连接起来使用。若将 CP_1 与 Q_0 相连，同时以 CP_0 为输入端，$Q_3 \sim Q_0$ 为输出端，则构成 8421 码十进制加法计数器；若将 Q_3 与 CP_0 相连，计数脉冲由 CP_1 输入，Q_0、$Q_3 \sim Q_1$ 为输出端则构成 5421 码十进制加法计数器。74290 的状态转换如表 5-35 所示。

74290 的逻辑电路中设置了两个置 9 输入端 $S_{9(1)}$、$S_{9(2)}$ 和两个清零输入端 $R_{0(1)}$、$R_{0(2)}$，以

表 5-35　74290 的状态转换

计数脉冲	8421 码				5421 码				计数脉冲	8421 码				5421 码			
	Q_3^n	Q_2^n	Q_1^n	Q_0^n	Q_3^n	Q_2^n	Q_1^n	Q_0^n		Q_3^n	Q_2^n	Q_1^n	Q_0^n	Q_3^n	Q_2^n	Q_1^n	Q_0^n
1	0	0	0	0	0	0	0	0	6	0	1	0	1	1	0	0	0
2	0	0	0	1	0	0	0	1	7	0	1	1	0	1	0	0	1
3	0	0	1	0	0	0	1	0	8	0	1	1	1	1	0	1	0
4	0	0	1	1	0	0	1	1	9	1	0	0	0	1	0	1	1
5	0	1	0	0	0	1	0	0	10	1	0	0	1	1	1	0	0

便工作时根据需要将计数器预先置成 1001 或 0000 状态。注意，从官方数据手册查到的结果是异步置 9 功能优先级别高，因此可以得到 74290 的功能如下：

① 异步置 9。当 $S_{9(1)} = S_{9(2)} = 1$ 且 $R_{0(1)} \cdot R_{0(2)}$ 任意时，不需 CP 脉冲配合，即可使 $Q_3 \sim Q_0$ 为 1001。

② 异步清零。当 $R_{0(1)} = R_{0(2)} = 1$ 且 $S_{9(1)} \cdot S_{9(2)} = 0$ 时，不需 CP 脉冲配合，即可使所有触发器清零。

③ 计数。当 $R_{0(1)} \cdot R_{0(2)} = 0$ 且 $S_{9(1)} \cdot S_{9(2)} = 0$ 时，在时钟脉冲 CP_0 或 CP_1 下降沿的作用下，电路处于计数状态。

表 5-36 为 74290 的功能表。与 74290 类似结构的芯片还有异步二 - 八 - 十六进制计数器 74293，其功能表如表 5-37 所示（没有设置预置数功能），逻辑符号如图 5-81 所示。

表 5-36　74290 的功能表

输　入			输　出				功　能
$R_{0(1)}R_{0(2)}$	$S_{9(1)}S_{9(2)}$	CP	Q_3	Q_2	Q_1	Q_0	
×	1	×	1	0	0	1	异步置 9
1	0	×	0	0	0	0	异步清零
0	0	↓	二 - 五 - 十进制计数器				计数

表 5-37　74293 的功能表

输　入		输　出				功　能
$R_{0(1)}R_{0(2)}$	CP	Q_3	Q_2	Q_1	Q_0	
1	×	0	0	0	0	异步清零
0	↓	二 - 八 - 十六进制计数器				计数

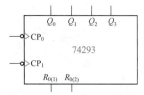

图 5-81　74293 的逻辑符号

4．常用计数器小结

① 中规模集成计数器成千上万，本节重点介绍了 TTL 系列 4 位二进制计数器和十进制计数器，旨在总结出二进制计数器和十进制计数器的构成规律，列举了常用的中规模集成计数器，为今后分析和设计更大容量计数器做准备。

② 附加功能使器件的使用更加灵活方便，其应用在后续章节会着重介绍。就附加功能而言，某具体器件清零功能和预置数功能只可能是异步操作和同步操作之一。

③ 有些中规模集成计数器有计数控制端，有些没有计数控制端。

④ 不必死记硬背器件主要功能和附加功能，使用时应严格遵循器件手册，认真查看器件数据资料，做到会合理选择器件、正确使用器件即可。

▶▶ 5.5　中规模集成时序逻辑器件应用

由于数字集成电路生产工艺的不断完善，中大规模的通用数字集成电路已大量生产，产品已标准化、系列化，成本低廉，使得许多常用的数字电路都可直接用中大规模集成电路的标准模块来实现。用中规模集成时序逻辑器件附加组合逻辑器件实现时序逻辑电路设计可以减小电路的体积、减少连线、提高电路的可靠性和降低成本。

常用的时序逻辑器件有寄存器、移位寄存器和计数器，其中计数器应用最广泛。

5.5.1 中规模集成计数器的应用

中规模集成计数器体积小、功耗低、可靠性高，但出于成本方面的考虑，集成计数器的定型产品追求大的批量，因而市售集成计数器产品在计数进制方面，只做成应用较为广泛的十进制、4 位二进制、7 位二进制、12 位二进制、14 位二进制等产品。在需要其他任意进制计数器时，只能在现有中规模集成计数器的基础上，经过不同外电路的连接来实现。

前面介绍了几种中规模集成计数器，有同步计数器，也有异步计数器，几乎都有清零和预置数这两个附加功能，又有同步和异步之分。今后为了避免清零和预置数的同步和异步与计数器的同步、异步混淆，附加功能异步作用（如异步清零、异步预置数——立即作用，与 CP 无关）被称为异步操作，附加功能同步作用（同步清零、同步预置数——CP 有效时才起作用）被称为同步操作。

现用 N 表示已有中规模集成计数器的进制（或模值），用 M 表示待实现计数器的进制。具体实践中有两种需求：$M < N$ 或 $M > N$。

若 $M < N$，只需一片计数器即可。整体思路是利用计数器的清零、预置数、计数等辅助功能，配合输出端的状态，使计数器跳过一些状态，从而实现 M 进制。

若 $M > N$，利用多片 N 进制计数器。整体思路仍是利用计数器的清零、预置数、计数等辅助功能，配合计数器输出端的状态，使各片之间合理连接，从而实现 M 进制。

1. $M < N$ 的情况

根据前面介绍，计数器附加功能无外乎清零功能和预置数功能两种，因此构成任意计数器的方法有两种：反馈归零法、反馈置数法，分别适用于具有清零功能和预置数功能的器件。

1）反馈归零法（反馈清零法、复位法）

反馈归零法适用于有清零功能的计数器，几乎所有集成计数器都设有清零控制端，因此适用于几乎所有计数器。

对于具有异步清零功能的计数器，在计数过程中，不管计数器处于何种状态，只要清零控制端控制信号有效，计数器的输出状态立即变为零态，因此采取措施使得计数器刚刚进入无效状态时清零端有效，这样可以跳过无效状态，强制电路回到零状态，从而实现目标模值计数器。具体来讲，设原计数器为 N 进制，当它从全零状态 S_0 开始计数并接收 M 个计数脉冲后，电路进入 S_M 状态。如果将 S_M 状态译码产生一个清零信号加到计数器的异步清零输入端，那么计数器立刻返回 S_0 状态，这样可以跳过 $N - M$ 个状态而得到 M 进制计数器，如图 5-82 所示。

电路一旦进入 S_M 状态后立即被置成 S_0 状态，所以 S_M 状态仅在极短的瞬间出现，在稳定的状态循环中不包括 S_M 状态。

对于具有同步清零功能的计数器，由于清零输入端有效后计数器的输出状态并不是立即变为零态，而是要等到 CP 脉冲有效沿到达后，计数器的输出状态才变为零态，因而应由状态 S_{M-1} 译出同步清零信号，此时 S_{M-1} 状态应包含在稳定状态的循环当中。

【例 5-9】 用异步二－五－十进制计数器 74290 采用反馈归零法构成六进制计数器。

解 查找 74290 功能表（见表 5-36）。74290 接成十进制计数器时有两种接法，一种是接成 8421 码十进制加法计数器，一种是接成 5421 码十进制加法计数器。如果没有特殊要求，一般习惯接成 8421 码十进制加法计数器。

74290 接成 8421 码十进制计数器后，态序如表 5-38 第 2 列所示。采用反馈归零法，所以 0000 一定是有效状态。从有效状态 0000 开始，一直计数到 0101，然后跳过 0110、0111、1000、1001 这 4 个状态，再回到 0000；如此循环，就构成六进制计数器。

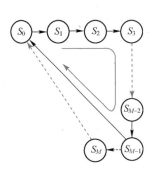

图 5-82　反馈归零法原理

表 5-38　例 5-9 的反馈归零函数真值表

计数顺序	计数器状态			反馈归零函数
	Q_3	Q_2	Q_1	$F = R_{01} \cdot R_{02}$
0	0	0	0 0	0
1	0	0	0 1	0
2	0	0	1 0	0
3	0	0	1 1	0
4	0	1	0 0	0
5	0	1	0 1	0
6	0	1	1 0	1
7	0	1	1 1	×
8	1	0	0 0	×
9	1	0	0 1	×
10	0	0	0 0	0

根据反馈归零法原理，74290 的清零是异步操作，则由 S_6 状态可以写出反馈归零函数 F。由于 74290 的清零信号是高电平有效，不利用无关项，可以写出反馈归零函数为 $F = \overline{Q}_3 Q_2 Q_1 \overline{Q}_0$，利用无关项化简后，得到 $F = Q_2 Q_1$，即附加与门就可以实现。

根据反馈归零函数，得到如图 5-83 所示的连线图（省略了与门）。

为了进一步说明反馈归零法设计的计数器的工作情况，图 5-84 给出了六进制计数器的状态转换图。除了 0110 以外的 6 个状态都可以维持一个 CP 周期，因为芯片的清零功能是异步操作，所以第 6 个脉冲下降沿到来后，计数器首先进入 0110 这个状态，一旦变成 0110 状态，反馈归零函数输出为 1，器件的清零功能有效，计数器状态立刻回到 0000，也就是 0110 状态存在的时间很短（几十 ns），故不能把它作为计数器循环的有效状态，而称为过渡状态。

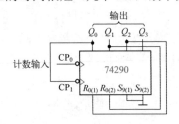

图 5-83　六进制计数器连线图

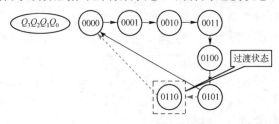

图 5-84　例 5-9 的状态转换图

这个思路应用到异步清零功能是低电平有效的芯片上，则反馈归零函数应该满足表 5-39 的真值表。这样，不利用无关项，反馈逻辑函数反函数表达式为 $\overline{F} = \overline{Q}_3 Q_2 Q_1 \overline{Q}_0$，利用无关项化简后，得到 $\overline{F} = Q_2 Q_1$，从而得到 $F = \overline{Q_2 Q_1}$，即需要附加与非门。

按照上述反馈归零函数的设计思路，不难得出其他进制计数器的反馈归零函数的一般表达式。

对于异步清零控制端高电平有效的计数器，反馈归零函数为 $F = \prod Q^1$，$\prod Q^1$ 表示 S_M 状态编码中值为 1 的各 Q 相与。对于异步清零控制端低电平有效的计数器，反馈归零函数为 $F = \overline{\prod Q^1}$。

根据以上工作原理，可以得到利用反馈归零法设计 M 进制计数器的具体步骤如下：

① 写出 N 进制计数器 S_M 状态的编码，对于二进制计数器，S_M 状态应取二进制编码；对于 8421 码十进制集成计数器，S_M 状态应取 8421 码。

② 求出反馈归零函数的表达式 $F = \prod Q^1$（清零控制端高电平有效）或 $F = \overline{\prod Q^1}$（清零控制端低电平有效），其中 $\prod Q^1$ 表示 S_M 状态编码中值为 1 的各 Q 相与。

③ 画出集成电路外部接线图。不仅要按反馈逻辑画出控制电路，也要将其他控制端按计数功能要求接到规定电平，还应考虑 CP 信号的连接，以及对于 $M > N$ 的情况，应考虑级间进位信号的连接。

对于同步清零功能的芯片，只需把上述步骤中的 S_M 改成 S_{M-1}，其他完全一样。

【例 5-10】 用 74160 采用反馈归零法构成六进制计数器。

解 查看 74160 的功能表（见表 5-31），主要功能是 8421 码十进制加法计数器，清零端低电平有效，清零端异步操作。

写出十进制计数器 S_6 状态的编码 $S_6 = 0110$；求反馈逻辑函数，得到 $F = \overline{Q_2^n Q_1^n}$；画接线图，如图 5-85 所示。

【例 5-11】 用 74162 采用反馈归零法构成六进制计数器。

解 查看 74162 的功能表（见表 5-32），主要功能是 8421 码十进制加法计数器，清零端低电平有效，清零端同步操作。写出十进制计数器 S_5 状态的编码 $S_5 = 0101$；求反馈归零函数，得到 $F = \overline{Q_2^n Q_0^n}$；画接线图，如图 5-86 所示。

表 5-39 异步清零功能低电平有效的反馈归零函数真值表

计数顺序	计数器状态				反馈归零函数
	Q_3	Q_2	Q_1		F
0	0	0	0	0	1
1	0	0	0	1	1
2	0	0	1	0	1
3	0	0	1	1	1
4	0	1	0	0	1
5	0	1	0	1	1
6	0	1	1	0	0
7	0	1	1	1	×
8	1	0	0	0	×
9	1	0	0	1	×
10	0	0	0	0	1

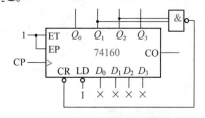

图 5-85 例 5-10 的接线图

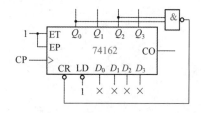

图 5-86 例 5-11 的接线图

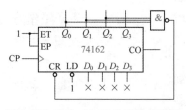

图 5-87 例 5-12 要分析的电路图

【例 5-12】 分析同步 8421 码十进制加法计数器 74162 和三输入与非门组成的如图 5-87 所示电路是多少进制计数器。

解 查看 74162 的功能（见表 5-32），主要功能是 8421 码十进制加法计数器，清零端低电平有效，清零端同步操作。

假设计数器初始状态为 $Q_3 Q_2 Q_1 Q_0 = 0000$，经过 7 个计数脉冲后，计数器进入 $Q_3 Q_2 Q_1 Q_0 = 0111$ 状态，与非门输出为低电平，也就是 74162 的清零端有效，但由于 74162 是同步清零，此时第 7 个 CP 脉冲的上升沿已经过去，只有等到第 8 个脉冲的上升沿到来后，才能够使计数器状态变成 $Q_3Q_2Q_1Q_0 = 0000$，因此该电路构成八进制计数器。

2）反馈置数法（置数法）

反馈置数法适用于具有预置数功能的集成计数器，也有同步预置和异步预置之分。

对于具有异步预置数功能的计数器，在计数过程中，不管计数器处于何种状态，只要预置数控制端控制信号有效，计数器的输出就被强制变为与并行输入数据相同的状态，并从此状态开始计数，从而实现目标模值。预置数端的控制信号由计数器输出状态译码得到，并行数据输入端数据根据目标模值合理设置。

对于具有同步预置数功能的计数器，在计数过程中，不管计数器处于何种状态，当置数控制端控制信号有效时，计数器的输出并不立即变成与并行输入数据相同的状态，而是要等到 CP 脉冲有效沿到达后，计数器的输出才被强制变为与并行输入数据相同的状态。同样，置数端的控制信号由计数器输出状态译码得到，并行数据输入端数据根据目标模值合理设置。

利用反馈置数法设计 M 进制计数器具体步骤和反馈归零法类似，关键步骤是构造反馈置数函数和确定并行输入端数据。若置数端置入的数据为 0，则反馈置数函数和反馈归零函数一样，即置数端高电平有效，反馈置数函数为 $F = \prod Q^1$，置数端低电平有效，反馈置数函数为 $F = \overline{\prod Q^1}$。注意，如果置数端置入的数据大于置入数据时计数器的输出状态，那么反馈置数函数就不能用化简后的表达式，而只能用没有经过化简的表达式。

与反馈归零法相比，反馈置数法置入的数据可以是零，也可以不是零，因此更灵活、方便。

【例 5-13】　分析由二－五－十进制计数器 74290 构成的图 5-88 所示电路的逻辑功能。

解

74290 的功能表见表 5-36，其预置数功能只有置 9 功能，置数端高电平有效，异步操作。通过分析，可以得到状态转换图如图 5-89 所示。除去过渡状态，该电路是七进制计数器，同反馈归零法中的异步清零功能一样，利用异步置数功能也会产生过渡状态。

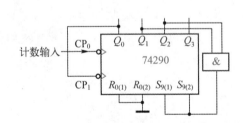

图 5-88　例 5-13 要分析的电路

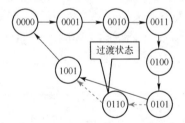

图 5-89　例 5-13 的状态转换图

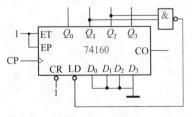

图 5-90　例 5-14 要分析的电路图

【例 5-14】　分析由同步 8421 码十进制加法计数器 74160 构成的图 5-90 所示电路的逻辑功能。

解　根据 74160 的功能表（见表 5-31），预置数操作为同步操作，所以可以得到如图 5-91 所示的转态转换图。可见，这是一个七进制加法计数器。

【例 5-15】　分析如图 5-92 所示电路的逻辑功能，并回答如下问题。

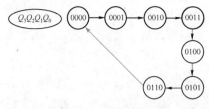

图 5-91　例 5-14 分析用图

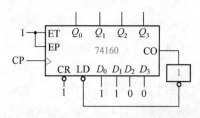

图 5-92　例 5-15 分析的电路

（1）能不能利用 0010～1000 这 7 个状态实现七进制计数器？写出反馈置数函数和并行数据输入端需要置入的数据。

（2）能不能利用前 3 个状态 0000～0010 和后 4 个状态 0110～1001 来实现七进制计数器？如果可以，请写出反馈置数函数和并行数据输入端需要置入的数据。

（3）结合例 5-14，总结出用芯片的预置数功能实现任意进制计数器的优点。

解　本例是利用 74160 的同步预置功能来构成小于十进制模数的计数器。因为芯片的进位输出端 $CO = Q_3Q_0$，并行数据输入端 $D_3D_2D_1D_0 = 0011$，74160 的预置数操作为同步操作，所以可以得到如表 5-40 所示的态序，故该电路为七进制计数器。这是一个计数器计到最大值然后置入一个稍小数据而实现计数器的例子。

（1）根据表 5-40，当计数器计到 $Q_3Q_2Q_1Q_0 = 1000$ 时，置入 $D_3D_2D_1D_0 = 0010$ 也可实现七进制计数器。因此答案是能，此时反馈置数函数为 $\overline{LD} = \overline{Q_3}$，并行数据输入端 $D_3D_2D_1D_0 = 0010$。

（2）利用前 3 个状态 0000～0010 和后 4 个状态 0110～1001 来实现七进制计数器，也就是要跳过中间 3 个状态 0011、0100、0101。由表 5-40 可知，利用芯片的同步置数功能可以实现，当计数器计到

表 5-40　例 5-15 态序

计数顺序	计数器状态				进位输出
	Q_3	Q_2	Q_1	Q_0	CO
0	0	0	0	0	0
1	0	0	0	1	0
2	0	0	1	0	0
3	0	0	1	1	0
4	0	1	0	0	0
5	0	1	0	1	0
6	0	1	1	0	0
7	0	1	1	1	0
8	1	0	0	0	0
9	1	0	0	1	1
10	0	0	0	0	0

$Q_3Q_2Q_1Q_0 = 0010$ 时，使计数器的置数端有效并置入 $D_3D_2D_1D_0 = 0110$ 即可实现。因此，反馈置数函数为 $\overline{LD} = \overline{Q_3}\,\overline{Q_2}\,Q_1\,\overline{Q_0}$，并行数据输入端需要置入的数据为 $D_3D_2D_1D_0 = 0110$。注意，此处的反馈置数函数为没有经过化简的表达式。这是一个置入数据大于置入前计数器状态的例子，如果用反馈置数函数 $\overline{LD} = \overline{Q_1}$ 是不可能得到想要的结果的。读者可以试一试。

（3）通过本例和例 5-14 可以发现，当计数器的预置数功能完备时，利用计数器的预置数功能，并行输入数据 $D_3D_2D_1D_0$ 可以是零，也可以不是零。这样实现的计数器可以用计数器的从 0 开始的最前面的几个状态，也可以使用计数器的最后几个状态，还可以跳过中间一些状态，利用最前面和最后面的几个状态，因此使用更加灵活。

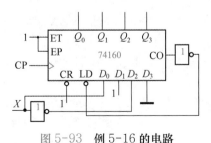

图 5-93　例 5-16 的电路

【例 5-16】　列出如图 5-93 所示电路的状态转换表，并指出其逻辑功能。

解　X 取值不同时，预置的数不同，计数器模数不同，因此需要分情况讨论。74160 预置数功能为同步操作，低电平有效，主要功能是 8421 码十进制加法计数器。$X=0$ 时，$D_3D_2D_1D_0 = 0110$；$X=1$ 时，$D_3D_2D_1D_0 = 0011$，因此有表 5-41 的结果。

所以得出结论：$X=0$ 时，为四进制计数器；$X=1$ 时，为七进制计数器。

【例 5-17】 用 74160 设计一个可控模计数器，$X=0$ 时为五进制计数器，$X=1$ 时为六进制计数器。

解 由例 5-16 可知，当计数器状态计到最大值 1001 时，同步预置控制端有效，根据置入的数据不同可以构成模数不同的计数器。根据 74160 的态序（如表 5-42 所示）可知，五进制计数器需要置入的数据 $D_3D_2D_1D_0 = 0101$，六进制计数器需要置入的数据 $D_3D_2D_1D_0 = 0100$，为了方便比较，列成表 5-43，得到用 X 表示的置入数据为 $010\overline{X}$，则接线图如图 5-94 所示。

表 5-41 例 5-16 的状态转换

X	Q_3	Q_2	Q_1	Q_0
0	0	1	1	0
0	0	1	1	1
0	1	0	0	0
0	1	0	0	1
1	0	0	1	1
1	0	1	0	0
1	0	1	0	1
1	0	1	1	0
1	0	1	1	1
1	1	0	0	0
1	1	0	0	1

表 5-42 74160 的态序表

计数顺序	计数器状态				进位输出
	Q_3	Q_2	Q_1	Q_0	CO
0	0	0	0	0	0
1	0	0	0	1	0
2	0	0	1	0	0
3	0	0	1	1	0
4	0	1	0	0	0
5	0	1	0	1	0
6	0	1	1	0	0
7	0	1	1	1	0
8	1	0	0	0	0
9	1	0	0	1	1
10	0	0	0	0	0

表 5-43 例 5-17 并行输入端数据

X	D_3	D_2	D_1	D_0
0	0	1	0	1
1	0	1	0	0

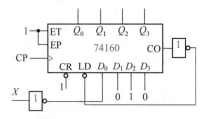

图 5-94 例 5-17 的接线图

2. $M>N$ 的情况

$M>N$ 的情况可以采用整体反馈归零法、整体反馈置数法和级联法三种方法。为了方便讲解，下面均以两级为例。

1）整体反馈归零法和整体反馈置数法

整体反馈归零法、整体反馈置数法本质上是反馈归零法和反馈置数法，只是器件不止一片，分别适用于器件具有清零功能和置数功能的场合。

在采用整体反馈归零法或整体反馈置数法时，先将 2 片 N 进制计数器连接成 $N \times N$ 进制计数器，即最大进制计数器。片间连接有两种方法：串行进位方式、并行进位方式。

串行进位方式就是以低位片的进位输出信号或者状态输出端作为高位片的时钟输入信号的一种片间（级间）连接方式。

并行进位方式是将两片的时钟输入端 CP 同时接计数脉冲信号，且以低位片的进位输出信号作为高位片的计数工作状态控制信号（计数的使能信号）的片间（级间）连接方式。可以看出，如果器件本身没有计数控制端，如 74290、74293，片间连接就不能采用并行进位方式。

2）级联法

有些特殊情况，如 M 可以分解为两个小于 N 的因数相乘的特例，即 $M = M_1 \times M_2$ 模数的计数器，一般采用串行进位方式，将 M_1 进制计数器和 M_2 计数器串联起来，构成 M 进制计数器，这种方式称为级联法。级联法的使用范围是有限制的，对于 M 是大于 N 的素数情况，M 不能分解成 M_1 乘以 M_2，级联法就行不通了，只能采取整体反馈归零法或者整体反馈置数法。

下面举例说明利用整体反馈归零法、整体反馈置数法和级联法构成大模数计数器的基本方法。在采用整体反馈归零法或整体反馈置数法时注意串行进位方式和并行进位方式的可行性。

【例 5-18】 试用两片异步二－五－十进制计数器 74290 构成十二进制计数器。

解 74290 本身最大是十进制计数器，所以 1 片不够，2 片可以构成 100 以内的任意进制计数器。所以选择两片，其中一个称为低位片，一个称为高位片。

解法一：采用整体反馈归零法。这里要解决两个问题。一个是低位片如何触发高位片计数，另一个是如何构造整体反馈归零函数。

解决第一个问题的思路如下。如果低位片想接成十进制计数器，即实现逢 10 进 1，就需要用低位片的输出状态构造出驱动函数，使低位片当且仅当第 10 个脉冲下降沿到来时，产生一个下降沿（74290 是下降沿有效）。根据表 5-44，Q_3 的下降沿正好满足，即第 9 个计数脉冲期间 $Q_3 = 1$，当第 10 个计数脉冲下降沿到来时，Q_3 恰好产生一个下降沿，所以可用 Q_3 作为高位片的时钟脉冲，从而实现逢 10 进 1。除了用 Q_3 作为高位片的时钟脉冲，还有没有其他组合可以作为低位片触发高位片的函数呢？答案是肯定的，还可以用 Q_3 和 Q_0 相与作为低位片触发高位片的时钟脉冲。

表 5-44 74290 8421 码十进制计数器态序

计数顺序	计数器状态			
	Q_3	Q_2	Q_1	Q_0
0	0	0	0	0
1	0	0	0	1
2	0	0	1	0
3	0	0	1	1
4	0	1	0	0
5	0	1	0	1
6	0	1	1	0
7	0	1	1	1
8	1	0	0	0
9	1	0	0	1
10	0	0	0	0

接下来解决第二个问题，构造出反馈归零函数 F。假设高位片输出状态用 $Q_3'Q_2'Q_1'Q_0'$ 表示，低位片仍然用 $Q_3Q_2Q_1Q_0$ 表示，控制异步清零端状态的编码为 $S_{12} = 00010010$。74290 异步清零端为高电平有效，所以反馈归零函数 $F = Q_0'Q_1$，从而得到如图 5-95 所示的接线图。根据前面的定义，这种两片之间的连接方式就是串行进位方式，又由于利用了两片的清零端，所以称为整体反馈归零法。

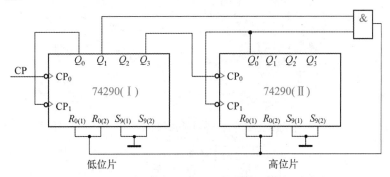

图 5-95 用整体反馈归零法实现例 5-18 的接线图

解法二：级联法。对于 $M > N$ 的计数器，多片之间也可以不接成逢 10 进 1 的十进制计数器，每片接成固定模数的计数器，然后级联，总体上类似 74290 连接成十进制计数器的接法。M_1 进制的计数器和 M_2 进制的计数器串接起来，构成 $M = M_1 \times M_2$ 计数器。

本例可以选择 $M_1 = 3$，$M_2 = 4$，如图 5-96 所示。低位片接成三进制计数器，高位片接成四进制计数器，关键是如何从低位片构造出驱动函数使得当且仅当低位片计 3 个脉冲，高位片的时钟条件满足一次。本例利用低位片的 $Q_1 Q_0$ 作为高位片的驱动函数，利用低位片第 3 个时钟脉冲下降沿到来后的 0011 状态以及清零端作用后状态变成 0000 的瞬间产生一个下降沿来触发高位片，整体的状态转换如表 5-45 所示。

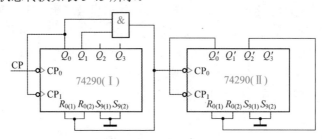

图 5-96　级联法实现例 5-18 的接线图

表 5-45　例 5-18 状态转换

计数顺序	计数器状态							
	Q_3'	Q_2'	Q_1'	Q_0'	Q_3	Q_2	Q_1	Q_0
0	0	0	0	0	0	0	0	0
1	0	0	0	0	0	0	0	1
2	0	0	0	0	0	0	1	0
3	0	0	0	1	0/0	0/0	1/0	1/0
4	0	0	0	1	0	0	0	1
5	0	0	0	1	0	0	1	0
6	0	0	1	0	0/0	0/0	1/0	1/0
7	0	0	1	0	0	0	0	1
8	0	0	1	0	0	0	1	0
9	0	0	1	1	0/0	0/0	1/0	1/0
10	0	0	1	1	0	0	0	1
11	0	0	1	1	0	0	1	0
12	0/0	1/0	0/0	0/0	0/0	0/0	1/0	1/0

当然，本例也可以选择其他 M_1 和 M_2，如 $M_1 = 6$，$M_2 = 2$。

【例 5-19】 试用两片同步十进制加法计数器 74160 采用级联法构成十二进制计数器。

解　$M = M_1 \times M_2$，选择 $M_1 = 6$，$M_2 = 2$。

利用清零端实现如图 5-97 所示。注意，由于 74160 的清零功能是异步操作，低电平有效，因此在实现六进制和二进制时控制清零端用的状态分别为 S_6 和 S_2，且通过与非门来连接。

利用置数端实现如图 5-98 所示。注意，由于 74160 置数功能是同步操作，低电平有效，因此在实现六进制和二进制时控制置数端用的状态分别为 S_5 和 S_1，且通过与非门来连接。

【例 5-20】　(1) 用两片同步十进制加法计数器 74160（逻辑符号如图 5-99 所示），采用整体反馈归零法实现十二进制计数器，有几种方法？如何实现？

(2) 若上述实现电路中计数器芯片换成 74162，电路的功能有何不同？

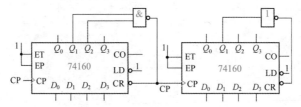

图 5-97　单片利用清零端，整体利用级联法实现的十二进制计数器

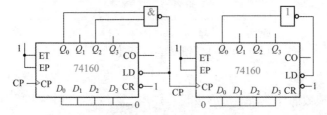

图 5-98　单片利用置数端，整体级联法实现的十二进制计数器

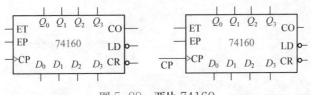

图 5-99　两片 74160

（3）总结用整体反馈归零法实现大模数计数器方法的要点。

解　（1）采用整体反馈归零法实现十二进制计数器，需要先将两片 74160 连接成一百进制计数器。因为 74160 有计数控制端，所以实现一百进制计数器有两种方法：级间采用串行进位方式，或者级间采用并行进位方式。

方法一：级间采用串行进位方式。需要解决两个问题：一是低位片如何驱动高位片计数，二是计数到 12 如何归零。

低位片通常接成逢 10 进 1 计数器，74160 的态序如表 5-46 第 2 列所示。74160 的时钟条件是上升沿有效，就是当低位片 $Q_3Q_2Q_1Q_0$ 从 1001 跳变到 0000 状态时，需要产生一个上升沿去触发高位片计数。由表 5-46 可知，当低位片 $Q_3Q_2Q_1Q_0$ 从 1001 跳变到 0000 状态时，计数器的进位输出端 CO 会产生一个下降沿，所以我们可以利用低位片的进位输出端 CO，经非门得到 $\overline{CO}$ 来触发高位片计数。若所用的集成计数器没有进位输出端，则可以用低位片的并行输出端来构造驱动函数，如本例可以用 $\overline{Q_3Q_0}$，也就是再增加一个与非门来实现，效果一样。

十进制数 12 的 8421 码为 $Q_3'Q_2'Q_1'Q_0'Q_3Q_2Q_1Q_0 = 00010010$（$Q_3'Q_2'Q_1'Q_0'$、$Q_3Q_2Q_1Q_0$ 分别为高位片并行输出端、低位片并行输出端），74160 的清零端低电平有效，且为异步操作，因此反馈归零函数为 $F = \overline{Q_0'Q_1}$，从而得到如图 5-100 所示的接线图。状态转换如表 5-47 所示。

方法二：级间采用并行进位方式。并行进位方式即将 2 片时钟输入端 CP 连接一起，接计数脉冲输入信号，且低位片的进位输出端 CO 接高位片的计数控制端。在低位片计数至 "9" 前，CO = 0，禁止高位片计数，当低位片计数至 "9" 时，低位片 CO = 1，允许高位片计数，这样第 10 个脉冲来时，低位片返回 "0"，而高位片计数 1 次。因此对十进制计数器而言，并行进位方式实现的就是逢 10 进 1。与方法一同理，采用整体反馈归零法实现十二进制计数器，反馈归零函数为 $F = \overline{Q_0'Q_1}$。状态转换如表 5-47 所示。电路连线图如图 5-101 所示。

表 5-46　74160 态序表

计数顺序	计数器状态				进位输出
	Q_3	Q_2	Q_1	Q_0	CO
0	0	0	0	0	0
1	0	0	0	1	0
2	0	0	1	0	0
3	0	0	1	1	0
4	0	1	0	0	0
5	0	1	0	1	0
6	0	1	1	0	0
7	0	1	1	1	0
8	1	0	0	0	0
9	1	0	0	1	1
10	0	0	0	0	0

表 5-47　异步反馈归零法十二进制计数器状态转换

计数顺序	计数器状态							
	Q_3'	Q_2'	Q_1'	Q_0'	Q_3	Q_2	Q_1	Q_0
0	0	0	0	0	0	0	0	0
1	0	0	0	0	0	0	0	1
2	0	0	0	0	0	0	1	0
3	0	0	0	0	0	0	1	1
4	0	0	0	0	0	1	0	0
5	0	0	0	0	0	1	0	1
6	0	0	0	0	0	1	1	0
7	0	0	0	0	0	1	1	1
8	0	0	0	0	1	0	0	0
9	0	0	0	0	1	0	0	1
10	0	0	0	1	0	0	0	0
11	0	0	0	1	0	0	0	1
12	0/0	0/0	0/0	1/0	0/0	0/0	1/0	0/0

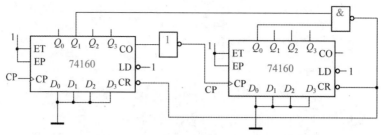

图 5-100　基于串行进位方式的整体反馈归零法

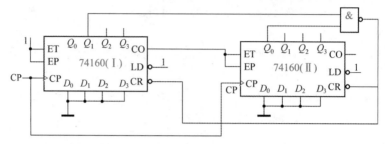

图 5-101　基于并行进位方式的异步反馈归零法

（2）74162 也有计数控制端，利用该器件通过整体反馈归零法构成大模数计数器时，级间是否既可以采用串行进位方式又可以采用并行进位方式呢？下面就两种情况分别进行分析。

若将图 5-100 中的 74160 换成 74162，电路如图 5-102 所示，即级间采用串行进位方式。与 74160 清零功能不同，74162 清零功能是同步操作，可分析出该电路实现的不是十二进制计数器，也不是十三进制计数器，而是三进制计数器，分析如下。

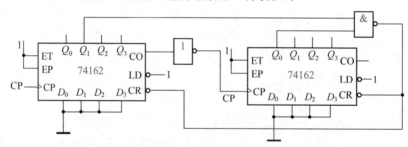

图 5-102　例 5-20 需分析的电路

两片 74162 级间采用串行进位方式，低位片触发高位片，同样可以实现逢 10 进 1，关键问题是同步清零不能如愿实现。在前 12 个计数脉冲下，计数器状态从 00000000 依次递增，工作状态正常。当计数 12 个脉冲后，反馈归零函数 $F = \overline{Q'_0 Q_1} = 0$，高低位片的清零端均为 0，清零端均有效，但由于 74162 清零功能是同步操作，需要结合时钟脉冲上升沿来完成清零。注意，当第 13 个计数脉冲到来时，低位片的时钟条件满足，可以实现清零功能，但高位片的时钟端连接的是低位片的进位输出端，此时并没有产生上升沿，因此不能实现高位片清零，高位片仍保持 0001 输出，如表 5-48 所示，并不能实现类似表 5-47 的状态转换，即不能实现经过 13 个脉冲，高低位状态又回到 00000000，而是前 10 个 CP 脉冲，高低位状态从 00000000 依次递增变成 00010000，又经过 3 个脉冲，高低位状态变成 00010000，此后一直在表 5-48 的第 10～12 个脉冲对应的三个状态进行循环，所以该电路实际实现的是三进制计数器。若将图 5-101 中的 74160 换成 74162，电路如图 5-103 所示，即级间采用并行进位方式，实现的不是十二进制计数器，而是十三进制计数器。

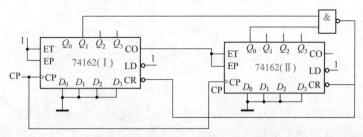

图 5-103　基于并行进位方式的同步反馈归零法实现的十三进制计数器

分析如下： 两片 74162 级间采用并行进位方式，低位片触发高位片，同样可以实现逢 10 进 1，前 12 个计数脉冲下，计数器状态从 00000000 开始，依次递增，工作状态正常。当计数 12 个脉冲后，反馈归零函数 $F = \overline{Q_0' Q_1} = 0$，高低位片的清零端均有效，但由于 74162 清零功能是同步操作，需要等待到第 13 个时钟脉冲上升沿到来时才完成清零，因此得到如表 5-49 所示的状态转换。可以看出，这是一个十三进制计数器。要实现十二进制计数器，只需修改反馈归零函数为 $F = \overline{Q_0' Q_0}$，即用 S_{11} 状态控制同步清零端即可。

（3）由上述可以得到采用整体反馈归零法实现大模数 M 进制计数器的设计要点如下：清零功能为异步操作的芯片片间既可以采用串行进位方式，也可以采用并行进位方式，要用 S_M 状态来控制清零端；而清零功能为同步操作的芯片片间适合采用并行进位方式，要用 S_{M-1} 状态来控制清零端。

【例 5-21】 （1）用两片同步十进制加法计数器 74160（逻辑符号如图 5-104 所示），采用整体置数法实现 8421 码的十二进制加法计数器，有几种方法？如何实现？

（2）若芯片换成 74190，同样采用整体置数法实现 8421 码十二进制加法计数器，有几种方法？如何实现？

（3）总结采用整体反馈置数法实现大模数计数器方法的要点。

解　虽然反馈置数法可以置入非零的并行数据，但构成大模数计数器时常用的方法还是置入零，这样符合人们的习惯，也更简单。

表 5-48　图 5-102 所示电路的状态转换

计数顺序	计数器状态							
	Q_3'	Q_2'	Q_1'	Q_0'	Q_3	Q_2	Q_1	Q_0
0	0	0	0	0	0	0	0	0
1	0	0	0	0	0	0	0	1
2	0	0	0	0	0	0	1	0
3	0	0	0	0	0	0	1	1
4	0	0	0	0	0	1	0	0
5	0	0	0	0	0	1	0	1
6	0	0	0	0	0	1	1	0
7	0	0	0	0	0	1	1	1
8	0	0	0	0	1	0	0	0
9	0	0	0	0	1	0	0	1
10	0	0	0	1	0	0	0	0
11	0	0	0	1	0	0	0	1
12	0	0	0	1	0	0	1	0

表 5-49　基于并行进位方式十三进制计数器状态转换

计数顺序	计数器状态							
	Q_3'	Q_2'	Q_1'	Q_0'	Q_3	Q_2	Q_1	Q_0
0	0	0	0	0	0	0	0	0
1	0	0	0	0	0	0	0	1
2	0	0	0	0	0	0	1	0
3	0	0	0	0	0	0	1	1
4	0	0	0	0	0	1	0	0
5	0	0	0	0	0	1	0	1
6	0	0	0	0	0	1	1	0
7	0	0	0	0	0	1	1	1
8	0	0	0	0	1	0	0	0
9	0	0	0	0	1	0	0	1
10	0	0	0	1	0	0	0	0
11	0	0	0	1	0	0	0	1
12	0	0	0	1	0	0	1	0

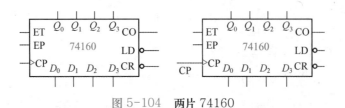

图 5-104　两片 74160

（1）由于 74160 的置数功能是同步操作，与例 5-20 使用同步清零端类似，要用 S_{11}（S_{M-1}）状态来控制置数端，片间适合采用并行进位方式，而不能采用串行位方式。考虑到 8421 码的编码要求，级间采用并行进位方式下的同步置数接法如图 1-105 所示。

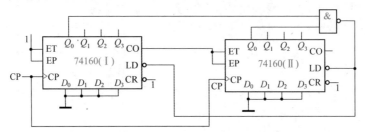

图 5-105　基于并行进位方式的同步置数法

若级间采用串行进位方式（如图 5-106 所示），则会遇到与例 5-20 中（2）类似的问题，即计数到 00010001 时，高位片需要的时钟无法满足，00000000 的数无法置入，高位一直为 0001 状态，因此无法实现十二进制计数。

（2）就置数功能而言，74190 的置数端 $\overline{\text{LD}}$ 是低电平有效且为异步操作。74190 也有计数控制端 $\overline{S}$，低电平有效，还有加减计数器控制端 $\overline{\text{U}}/\text{D}$，其功能见表 5-34。

由于 74190 有计数控制端，置数端为异步操作即置数功能不需要时钟配合，因此级间采用串行进位和并行进位方式都可以。74190 是可逆十进制计数器，与 74191 相比，除了进制数不同，其余相同。

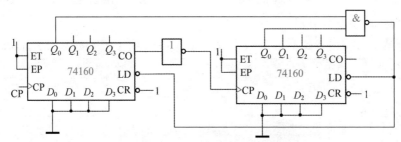

图 5-106　基于串行进位方式同步置数法的错误接法

级间采用串行进位方式的两种接法：① 用低位片的进位输出端 C/B 经与非门后，作为高位片的时钟输入，如图 5-107 所示；② 用串行时钟输出端 CP_O 作为高位片的时钟输入，如图 5-108 所示。

具体说明如下：$\overline{S}$ 为计数控制端，$\overline{S}=1$ 时，$\text{FF}_0 \sim \text{FF}_3$ 输出保持不变；$\overline{S}=0$ 时，完成计数功能；C/B 是进位/借位信号输出端（最大/最小输出端）。当计数器做加法计数时（$\overline{\text{U}}/\text{D}=0$）且 $Q_3Q_2Q_1Q_0=1001$ 时，C/B=1，有进位输出，当计数器做减法计数（$\overline{\text{U}}/\text{D}=1$）且 $Q_3Q_2Q_1Q_0=0000$ 时，C/B=1。CP_O 是串行时钟输出端，在 C/B=1 的情况下，在下一个时钟输入（CP_I）上升沿到达时，CP_O 端有一个负脉冲输出。本例中，$\overline{\text{U}}/\text{D}=0$，即采用加法计数。

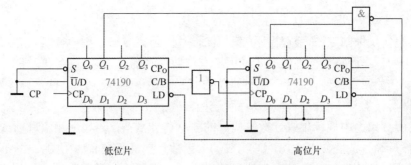

图 5-107 级间采用串行进位方式异步置数法（一）

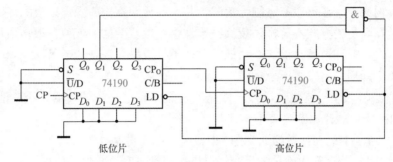

图 5-108 级间采用串行进位方式异步置数法（二）

根据 74190 时序（见图 5-77），低位片 $Q_3Q_2Q_1Q_0$ 从 1001 跳变到 0000 状态时，C/B 正好有一个下降沿，但 74190 需要上升沿触发，因此接一个非门。74190 是异步置数，所以应计数到 $Q_3'Q_2'Q_1'Q_0'Q_3Q_2Q_1Q_0 = 00010010$ 再让置数端有效（高位片低位片输出为 $Q_3'Q_2'Q_1'Q_0'Q_3Q_2Q_1Q_0$），即反馈置数函数为 $F = \overline{Q_0'Q_1}$，从而得到图 5-107 的接法。

通过看 74190 时序可知，低位片 $Q_3Q_2Q_1Q_0$ 从 1001 跳变到 0000 状态时，CP_O 正好有一个上升沿，恰好 74190 需要上升沿触发，所以 CP_O 直接接高位片的时钟端即可（见图 5-108），反馈置数函数同图 5-107。

图 5-109 为级间采用并行进位方式的一种接法。74190 的进位输出端 C/B 在计数状态从 1001 变化到 0000 时由 0 变成 1，而 74190 的计数控制端 $\overline{S} = 0$ 时才开始计数，所以低位片的进位输出端 C/B 需要通过非门接到高位片的计数控制端，整体反馈置数函数仍然为 $F = \overline{Q_0'Q_1}$。

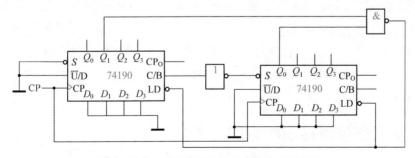

图 5-109 基于并行进位方式的异步置数法

（3）由上述可以得到整体反馈置数法实现大模数计数器方法的要点如下：置数功能为同步操作的器件的片间只能采用并行进位方式，且要用 S_{M-1} 状态来控制置数端；而置数功能为异步操作的器件的片间采用串行进位方式或并行进位方式都可以，且要用 S_M 状态来控制置数端。

总之，对于大模数计数器的设计可以得到以下结论。

① 对于 $M>N$ 的情况，可以采用整体反馈归零法、整体反馈置数法和级联法三种方法。

② 对于整体反馈归零法、整体反馈置数法，片间连接方法采用串行进位方式还是并行进位方式的原则如下：片间并行进位方式适用于有计数控制端、清零（置数）功能无论是同步操作还是异步操作的所有器件，而片间串行进位方式只适用清零（置数）功能是异步操作的芯片。所以，要根据器件的具体功能合理选择片间连接方式。

③ 对于两片以上中规模集成计数器构成的 $M>N$ 计数器，可以采用级联法或者整体反馈归零法（整体反馈置数法）来实现，但构成的大模数计数器还是有区别的：

❖ 级联法的每片都是独立的，都接成某进制的计数器，而反馈归零法每片都不独立，除了个位构成十（或十六）进制计数器，其余各片并不构成固定模数的计数器。

❖ 低位触发高位的方式不一样，反馈归零法（反馈置数法）低位一般接成最大进制（十或十六进制）计数器，而级联法低位往往不接成最大进制计数器。

❖ 经译码驱动后显示方式不一样。

❖ 整体反馈归零法（或整体反馈置数法）适合所有进制的计数器，级联法只适合 $M = M_1 \times M_2$ 模数的计数器，其中 M_1 和 M_2 为两个小于 N 的因数。

以上重点介绍了十进制计数器的应用，但没有介绍二进制计数器，它与十进制计数器只是进制数不一样，因此无论单片还是多片，都可以参照十进制计数器的应用。

【例 5-22】 分析如图 5-110 所示电路的功能。

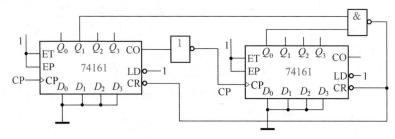

图 5-110　例 5-22 的电路

解　74161 与 74160 的区别仅在于 74160 为 8421 码十进制加法计数器，74161 为 4 位二进制加法计数器。二者附加功能相同，同为异步清零，同步置数。74161 的 $CO = ET Q_3 Q_2 Q_1 Q_0$，即低位片逢 16 进 1。本例中，高低位器件状态 $Q_3' Q_2' Q_1' Q_0' Q_3 Q_2 Q_1 Q_0 = (00010010)_2$ 是异步清零，所以这是一个十八进制计数器。

注意使用 74161 和 74160 设计计数器时清零端控制状态的差异：如同样实现十八进制计数器，对于 8421 码十进制计数器 74160 有 $(18)_{10} = (00011000)_{8421码}$，而对于 4 位二进制计数器 74161 有 $(18)_{10} = (00010010)_2$。

5.5.2　中规模移位寄存器的应用

中规模移位寄存器的应用包括：构成移位寄存器型计数器，实现数据的串行 - 并行转换和并行 - 串行转换，以及构成序列信号发生器（5.6 节介绍）等。

1. 构成移位寄存器型计数器

移位寄存器型计数器是一种特殊形式的同步计数器，是在移位寄存器的基础上加上反馈电路构成的。常用的移位寄存器型计数器有环形计数器和扭环形计数器（也称为约翰逊计数器）。

1）环形计数器

用 4 位移位型寄存器构成的 4 位环形计数器如图 5-111 所示,是将移位寄存器的输出端 Q_3 直接反馈到它的串行输入端 D_0 构成的。

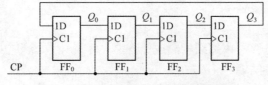

图 5-111　4 位环形计数器的逻辑电路

当计数器的初态为 $Q_0^n Q_1^n Q_2^n Q_3^n = 1000$ 时，在 CP 脉冲作用下，电路的状态转换顺序为

$$1000 \rightarrow 0100 \rightarrow 0010 \rightarrow 0001$$

因此,用电路的不同状态能表示输入时钟信号的数目,也就是说,可以把这个电路用做计数器。

根据移位寄存器的工作特点,不必列出环形计数器的状态方程即可直接画出如图 5-112 所示的状态转换图。如果把其中一个循环作为有效循环,其他的就称为无效循环。显然,这是一个不能自启动电路。为了确保电路能正常工作,必须设法消除这些无效状态,常采用以下两种方法：① 当电路进入无效状态时,利用触发器的异步置位、复位端,把电路置入有效循环；② 修改输出与输入之间的反馈逻辑,使电路具有自启动能力。第二种方法已经在小规模时序逻辑电路设计这部分内容中介绍过。图 5-113 是经过修改反馈逻辑后的能够自启动的 4 位环形计数器,其状态转换图如图 5-114 所示。

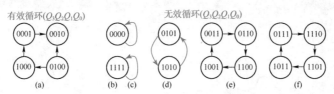

图 5-112　4 位环形计数器的状态转换图

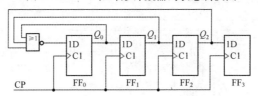

图 5-113　**能自启动的 4 位环形计数器**

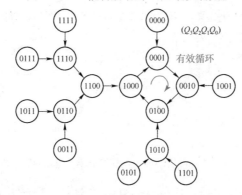

图 5-114　**能自启动的 4 位环形计数器的状态转换图**

环形计数器的突出优点是电路结构简单，而且在有效循环的每个状态只包含一个 1（或 0）时，可以直接以各触发器的 1（或 0）状态表示电路的一个状态，不需要另加译码电路。它的主要缺点是没有充分利用电路的状态。用 n 位移位寄存器组成的环形计数器只用了 n 个状态，这显然是一种浪费。

2）扭环形计数器

为了在不改变移位寄存器内部结构的条件下提高环形计数器的电路状态的利用率，只能从改变反馈逻辑电路上想办法。

将移位寄存器末级的 $\overline{Q}$ 端反馈到第一级的输入端（ $D_0 = \overline{Q_3^n}$），这样构成的计数器称为扭环形计数器。4 位扭环形计数器的逻辑电路如图 5-115 所示，其状态转换图如图 5-116 和图 5-117 所示。如果图 5-116 为有效循环，那么图 5-117 为无效循环。这也是一个不能自启动电路。将此电路的反馈逻辑修改为 $D_0 = \overline{Q_1 \overline{Q_2} Q_3}$，从而可得到具有自启动能力的扭环形计数器电路，如图 5-118 所示，状态转换图如图 5-119 所示。

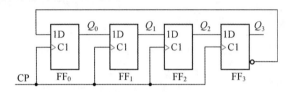

图 5-115　扭环形计数器的逻辑电路

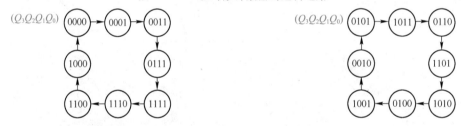

图 5-116　扭环形计数器的有效循环　　　　　　图 5-117　扭环形计数器的无效循环

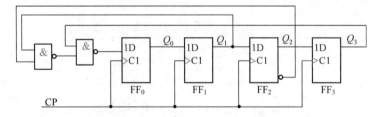

图 5-118　具有自启动能力的扭环形计数器的逻辑电路

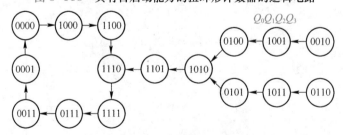

图 5-119　具有自启动能力的扭环形计数器的状态转换图

把环形计数器和扭环形计数器作比较可以看出，当移位寄存器的位数相同时，扭环形计数器可以提供的有效状态比环形计数器多一倍，即 n 个触发器可构成模 $2n$ 个状态的计数器，但要识别这些状态，必须另加译码电路。另外，扭环形计数器在状态改变时只有一个触发器的状态发生变化，因此经过译码电路不会发生竞争－冒险现象。

【例 5-23】 分析图 5-120 所示中规模移位寄存器构成电路的逻辑功能。

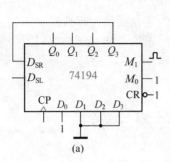 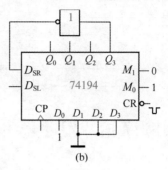

图 5-120　例 5-23 的逻辑电路

解　由 74194 的功能表 5-16 可知，图 5-120(a)所示电路在工作前应在 M_1 端加一个正脉冲实现并行送数，使移位寄存器预置成 $Q_3Q_2Q_1Q_0 = 0001$，随后 $M_1M_0 = 01$，在 CP 脉冲的作用下，电路实现循环右移。其状态转换如表 5-50 所示。所以，此电路为一个 4 位环形计数器。

图 5-120(b)所示电路是将 Q_3 反相后接右移数据输入端 D_{SR}，工作之前先清零，其状态转换如表 5-51 所示。所以，此电路为一个 4 位扭环型计数器。

2. 实现数据的串行－并行转换和并行－串行转换

数字系统中的数据传输体制有两种，串行传输体制和并行传输体制。

串行传输体制：每节拍只传输 1 位数据，N 位数据需 N 个节拍才能传输出去。相应的硬件被称为串口。优点是数据位只需要一根数据线和几根控制线，成本低，缺点是速度慢。通常远距离传输数据用串行传输体制。

并行传输体制：一个节拍同时传输 N 位数据。相应的硬件称为并口。与串行传输体制相比，优点是速度快，缺点是数据线多。通常，近距离传输数据用并行传输体制。

表 5-50　例 5-23 的状态转换（一）

CP	D_{SR}	$Q_3^n\ Q_2^n\ Q_1^n\ Q_0^n$
0	0	0　0　0　1
1	0	0　0　1　0
2	0	0　1　0　0
3	1	1　0　0　0

表 5-51　例 5-23 的状态转换（二）

CP	D_{SR}	$Q_3^n\ Q_2^n\ Q_1^n\ Q_0^n$
0	1	0　0　0　0
1	1	0　0　0　1
2	1	0　0　1　1
3	1	0　1　1　1
4	0	1　1　1　1
5	0	1　1　1　0
6	0	1　1　0　0
7	0	1　0　0　0

在数字系统中，两种传输体制都存在，比如，计算机主机对信息的处理和加工是并行的，而有时信息的传输需要采用串行传输体制，如常用的 UART、I^2C 和 SPI 通信协议都是串行传输体制，因此需要串行－并行转换和并行－串行转换。

① 串行转换为并行。具有串行输入并行输出功能的寄存器可以完成此功能。以 4 位右移移位寄存器 74175 为例，如串行数据为 1011，其转换如表 5-52 所示。

时钟脉冲	串行输入	移位寄存器状态			
		Q_0''	Q_1''	Q_2''	Q_3''
0	0	0	0	0	0
1	1	1	0	0	0
2	0	0	1	0	0
3	1	1	0	1	0
4	1	1	1	0	1

表 5-52　74175 的状态转换

经过 4 个 CP 脉冲后，串行输入数据就可在 $Q_3Q_2Q_1Q_0$ 端并行输出。

② 并行转换为串行。具有并行输入功能的移位寄存器可以实现此功能。如 74194 可以实现此功能，执行时先把要传输的数据接到移位寄存器的并行数据输入端，再发控制信号让寄存器执行并行送数功能，接着发移位控制信号让移位寄存器执行移位功能，此后，每经过一个 CP 周期，就可以在输出端得到一个有效数据。

▶ 5.6　顺序脉冲发生器和序列信号发生器

5.6.1　顺序脉冲发生器

在计算机和控制系统中，常常要求系统的某些操作按时间顺序分时工作，因此需要产生节拍控制脉冲，以协调各部分的工作。这种能产生节拍脉冲的电路被称为节拍脉冲发生器，又称为顺序脉冲发生器或脉冲分配器。

图 5-121 为一高电平有效的 4 个节拍的节拍脉冲时序图和需要控制的 4 台设备。4 台设备在控制信号作用下依次分时工作，并循环往复。节拍脉冲可以高电平有效，也可以低电平有效。可以看出，顺序脉冲发生器有两个主要指标：一个指标是节拍数，节拍总数就是循环周期，与计数器的性质吻合，节拍数就是计数器的模数；另一个指标是高电平有效还是低电平有效，通过译码电路来完成。因此，顺序脉冲发生器可以用以下两种方法实现。

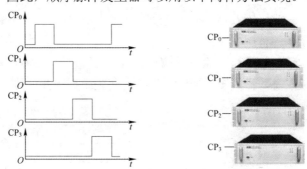

图 5-121　节拍脉冲时序图和要控制的设备

① 用环形计数器实现。当环形计数器工作在每个状态中只有一个 1 或一个 0 的循环状态时，环形计数器本身就是一个顺序脉冲发生器。这种方案的优点是不必附加译码电路；缺点是使用的触发器数目比较多，还必须采用使环形计数器能自启动的带反馈逻辑的电路。

② 用计数器加译码电路来实现。设计一个模数与节拍脉冲周期相同的计数器，计数器的状态通过译码电路来实现。这种方法非常适合节拍脉冲较多时。

在上述两种方法的前提下，根据最终使用的器件是小规模器件（SSI）还是中规模器件（MSI），具体有下面四种实现方法。

方法一：用环形计数器实现。用环形计数器构成的 4 位顺序脉冲发生器的逻辑电路如图 5-122 所示，其输出端波形如图 5-123 所示。其优点是结构简单，缺点是使用的触发器数目较多，且必须采用使环形计数器能自启动的反馈逻辑电路。

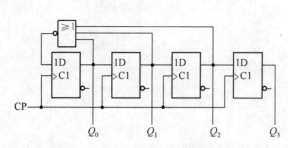

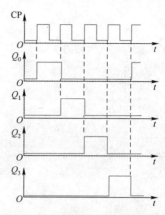

图 5-122　顺序脉冲发生器的逻辑电路　　　　图 5-123　顺序脉冲发生器的输出端波形

也可以用带并行置数功能的移位寄存器实现（见表 5-17）。例如，用双向移位寄存器 74194 实现的接法如图 5-124 所示。在工作前，该电路应在 M_1 端加一个正脉冲实现并行送数，使移位寄存器预置成 $Q_3Q_2Q_1Q_0 = 0001$，随后 $M_1M_0 = 01$，在 CP 脉冲的作用下，电路实现循环右移。其状态转换如表 5-53 所示。

方法二：小规模计数器+译码器实现。在节拍脉冲较多时，用计数器和译码器组合成顺序脉冲发生器优势更明显。

【例 5-24】　用小规模计数器+译码器实现如图 5-125 所示的节拍脉冲发生器。

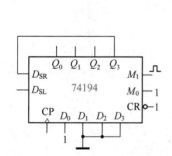

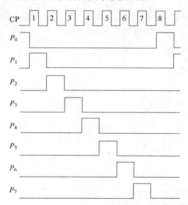

图 5-124　用 74194 实现 4 个节拍脉冲发生器　　　图 5-125　例 5-24 所示的 8 个节拍脉冲

解　可以看出，节拍脉冲周期为 8 个时钟周期，因此可以先设计一个八进制计数器，可以是加法计数器也可以是减法计数器，用 $Q_2^n Q_1^n Q_0^n$ 表示计数器的输出，再经过一个译码电路来实现最终的节拍时序。解题思路由如表 5-54 所示的真值表体现，不难得出式 (5.43)。

$$\begin{cases} P_0 = \overline{Q_2}\,\overline{Q_1}\,\overline{Q_0} \\ P_1 = \overline{Q_2}\,\overline{Q_1}\,Q_0 \\ P_2 = \overline{Q_2}\,Q_1\,\overline{Q_0} \\ P_3 = \overline{Q_2}\,Q_1\,Q_0 \\ P_4 = Q_2\,\overline{Q_1}\,\overline{Q_0} \\ P_5 = Q_2\,\overline{Q_1}\,Q_0 \\ P_6 = Q_2\,Q_1\,\overline{Q_0} \\ P_7 = Q_2\,Q_1\,Q_0 \end{cases} \tag{5.43}$$

表 5-53	图 5-124 电路的状态转换				
CP	D_{SR}	Q_3	Q_2	Q_1	Q_0
0	0	0	0	0	1
1	0	0	0	1	0
2	0	0	1	0	0
3	1	1	0	0	0

表 5-54		例 5-24 的真值表							
Q_2^n	Q_1^n	Q_0^n	P_0	P_1	P_2	P_3	P_4	P_5	P_6	P_7
0	0	0	1	0	0	0	0	0	0	0
0	0	1	0	1	0	0	0	0	0	0
0	1	0	0	0	1	0	0	0	0	0
0	1	1	0	0	0	1	0	0	0	0
1	0	0	0	0	0	0	1	0	0	0
1	0	1	0	0	0	0	0	1	0	0
1	1	0	0	0	0	0	0	0	1	0
1	1	1	0	0	0	0	0	0	0	1

若八进制计数器采用由 D 触发器构成的异步 3 位二进制加法计数器,可以得到如图 5-126 所示的电路,输出波形图如图 5-127 所示,其中出现了几个干扰脉冲(与图 5-125 对比),这就是第 3 章介绍过的竞争 - 冒险现象。原因在于,八进制计数器使用了异步计数器,在电路状态发生转换时三个触发器状态在翻转时有先有后,因此当两个以上触发器改变状态时,将发生竞争 - 冒险,在译码器的输出端出现干扰脉冲。例如,在计数器的状态 $Q_2Q_1Q_0$ 由 001 变为 010 的过程中,因 FF_0 先翻转为 0 而 FF_1 后翻转为 1,所以在 FF_0 已经翻转而 FF_1 尚未翻转的瞬间计数器将出现 000 状态,使 P_0 端出现干扰脉冲。这就是异步计数器缺点的具体体现。消除办法之一是计数器采用同步计数器,之二是使用带使能端的中规模集成译码器(见例 5-25),之三是计数器采用扭环形计数器,就是接下来的方法四提到的方法。

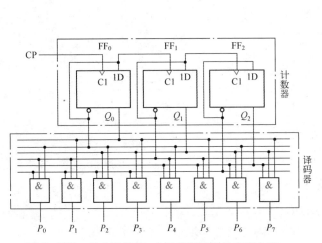

图 5-126　异步计数器+小规模译码器的实现电路

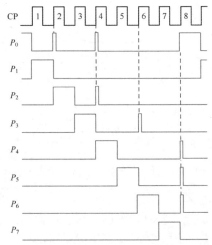

图 5-127　节拍脉冲发生器的时序图

方法三:集成计数器+集成译码器实现。

【例 5-25】 设计如图 5-128 所示的 8 个低电平有效的顺序脉冲发生器。

解 可以发现,它与之前的节拍脉冲的波形是有区别的,之前的节拍脉冲可以持续一个时钟周期,本例中仅在 CP=0 时节拍脉冲才有效,能够产生这样时序的电路仍然称为顺序脉冲发生器。设计思路是设计一个八进制计数器,然后利用集成译码器的使能端使得节拍脉冲仅在 CP=0 时有效来实现。用 4 位同步二进制加法计数器 74161 和 3 线 - 8 线译码器 74138 构成的顺序脉冲发生器如图 5-129 所示。

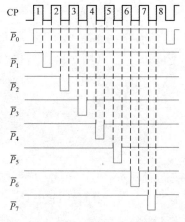

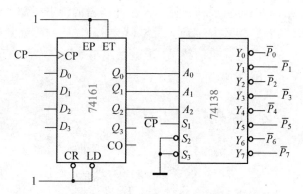

图 5-128　例 5-25 的输出波形　　　　　图 5-129　例 5-25 的逻辑电路

虽然 74161 中的触发器是在同一时钟信号控制下工作的，但各触发器的传输延迟时间不可能完全相同，因此在计数器的状态译码时仍然存在竞争－冒险现象。为消除竞争－冒险现象，可以在 74138 的 S_1 端加入选通脉冲。选通脉冲的有效时间应与触发器的翻转时间错开。例如，选取 $\overline{CP}$ 作为 74138 的选通脉冲，即得到图 5-129。

方法四：扭环形计数器+小规模门电路实现的译码器（或者中规模译码器）。

若一个完整周期为 8 个节拍脉冲，则根据扭环形计数器的特点，必须用 4 位扭环形计数器。如果用扭环形计数器（见图 5-118）构成顺序脉冲发生器（如图 5-130 所示，其真值表如表 5-55 所示），就可以从根本上消除竞争－冒险现象。

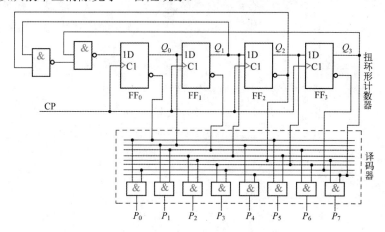

图 5-130　用扭环形计数器构成的顺序脉冲发生器

表 5-55　图 5-130 中译码电路的真值表

Q_3	Q_2	Q_1	Q_0	P_0	P_1	P_2	P_3	P_4	P_5	P_6	P_7
0	0	0	0	1	0	0	0	0	0	0	0
0	0	0	1	0	1	0	0	0	0	0	0
0	0	1	1	0	0	1	0	0	0	0	0
0	1	1	1	0	0	0	1	0	0	0	0
1	1	1	1	0	0	0	0	1	0	0	0
1	1	1	0	0	0	0	0	0	1	0	0
1	1	0	0	0	0	0	0	0	0	1	0
1	0	0	0	0	0	0	0	0	0	0	1

因为扭环形计数器在计数循环过程中任何两个相邻状态之间仅有一个触发器状态不同,所以在状态转换过程中任何一个译码器的门电路都不会有两个输入端同时改变状态,即不存在竞争 - 冒险现象。注意,图 5-130 中的译码器阵列是按照表 5-55 的真值表并利用 8 个无效状态作为无关项化简的结果,也就是用小规模门电路实现的译码器。译码电路当然也可以用中规模4 线 - 16 线译码器实现。

5.6.2　序列信号发生器

在同步脉冲的作用下,按一定周期循环的一组二进制信号被称为序列信号,它是一位一位输出的,广泛用于数字设备测试、通信和遥控,作为识别信号或基准信号等。如 111011101110… 每隔 4 位重复一次 1110,称为 4 位序列信号,长度为 4,组合为 1110。

用来产生序列信号的电路称为序列信号发生器。其主要指标有两个:序列长度、0 和 1 的组合方式。序列长度与计数器的模数契合,因此序列信号发生器中包含计数器。具体实现方法有如下两大类。

① 用计数器和并行 - 串行转换电路组成。因为序列信号长度一定,正好与计数器的模数吻合,所以序列信号发生器中一定包含计数器电路,其状态输出是并行的,而序列信号是一位一位输出的,故序列信号发生器应包含并 - 串转换电路。序列信号的长度就是计数器的模数,计数器可以用触发器实现,也可以用中规模计数器实现,并行 - 串行转换电路可以用小规模组合逻辑电路实现,也可用中规模数据选择器实现,因此根据实现器件规模的大小有多种方案。

② 带反馈逻辑电路的移位寄存器。移位寄存器本身可以构成计数器,附加合适的反馈函数作为移位寄存器的串行输入信号,其串行输出端和每个触发器的输出端都可以输出所需的序列信号。

下面举例说明实现方法。方法一:基于小规模触发器设计计数器的实现方法。

【例 5-26】　设计一个脉冲序列为 10100 的序列信号发生器。

解　这是设计一个长度为 5、数据依次为 10100 的序列信号发生器,思路为:设计一个五进制计数器,10100 由五进制计数器的输出得到。可选用 JK 触发器来实现,主要步骤同小规模时序逻辑电路的设计步骤。

根据设计要求设定状态,画状态转换图。由于串行输出脉冲序列为 10100,故电路应有 5 种工作状态,分别用 $S_0 \sim S_4$ 表示;串行输出信号用 Y 表示,则状态转换图如图 5-131 所示。

状态分配,列出状态转换编码表。由于电路有 5 个状态,因此应采用 3 位二进制代码。现采用自然二进制码进行编码:$S_0 = 000$,$S_1 = 001$,$S_2 = 010$,$S_3 = 011$,$S_4 = 100$,由此可以得到状态转换图(如图 5-132 所示)和状态转换表(如表 5-56 所示)。

采用优先考虑成本的设计方法,可得到输出方程和驱动方程分别如式 (5.44) 和式 (5.45) 所示。经检查,电路能够自启动,从而画出逻辑电路,如图 5-133 所示。

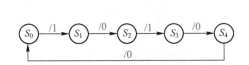

图 5-131　**例 5-26 的状态转换图(一)**

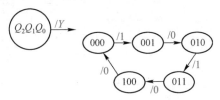

图 5-132　**例 5-26 的状态转换图(二)**

表 5-56　例 5-26 的状态转换表

状态转换	现　态			次　态			输出
	Q_2^n	Q_1^n	Q_0^n	Q_2^{n+1}	Q_1^{n+1}	Q_0^{n+1}	Y
S_0	0	0	0	0	0	1	1
S_1	0	0	1	0	1	0	0
S_2	0	1	0	0	1	1	1
S_3	0	1	1	1	0	0	0
S_4	1	0	0	0	0	0	0

$$Y = \overline{Q_2^n}\,\overline{Q_0^n} \qquad (5.44)$$

$$\begin{cases} J_0 = \overline{Q_2^n}, & K_0 = 1 \\ J_1 = Q_0^n, & K_1 = Q_0^n \\ J_2 = Q_0^n Q_1^n, & K_2 = 1 \end{cases} \qquad (5.45)$$

方法二：中规模集成计数器+门电路的实现方法。

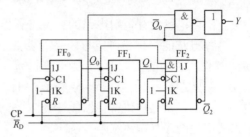

图 5-133　例 5-26 的实现电路

【例 5-27】　用中规模集成计数器和门电路设计一个 8 位序列信号 00010111 的序列信号发生器。

解　因为序列长度为 8，所以需要设计一个八进制计数器。实现表 5-57 所示真值表的电路就是要实现的序列信号发生器，其中 Y 是输出的序列。化简输出函数 Y 的卡诺图如图 5-134 所示，实现电路如图 5-135 所示。

表 5-57　例 5-27 的真值表

Q_2^n	Q_1^n	Q_0^n	Y
0	0	0	0
0	0	1	0
0	1	0	0
0	1	1	1
1	0	0	0
1	0	1	1
1	1	0	1
1	1	1	1

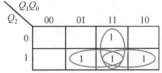

图 5-134　化简输出函数 Y 的卡诺图

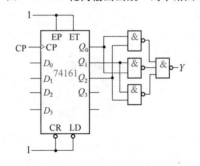

图 5-135　例 5-27 实现的电路

方法三：中规模集成计数器+中规模数据选择器的实现方法。

【例 5-28】　分析如图 5-136 所示电路的功能。

解　4 位二进制加法计数器 74161 只用低 3 位，构成八进制计数器，数据选择器 74151 为 8 选 1 数据选择器。当 CP 信号连续不断地加到计数器时钟端上时，$Q_2 Q_1 Q_0$ 的状态（加到 74151 的地址输入端 $A_2 A_1 A_0$）按表 5-58 所示的顺序不断循环，$D_0 \sim D_7$ 的状态循环出现在 Y 端。74151 的数据端 $D_0 \sim D_7$ 依次连接 0、0、0、1、0、1、1、1，因此在 Y 端得到不断循环的序列信号 00010111。

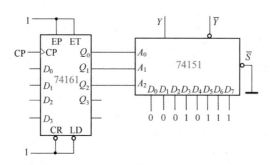

图 5-136 **用中规模集成计数器和中规模数据选择器构成的序列信号发生器**

方法四：带反馈逻辑电路的移位寄存器的实现方法。

这种方法的关键是确定移位寄存器的位数和串行输入数据。一般，若序列信号的位数为 m，移位寄存器的位数为 n，则应根据 $m = 2^n$ 确定 n。但对于特殊的序列，应按照 $m < 2^n$ 来确定 n，原则是移位寄存器能够构成与序列长度一致的计数器。具体操作时，位数 n 的选择可以由小往大试，直到移位寄存器能够构成 m 进制计数器。移位寄存器串行输入端的输入数据应根据要产生的序列顺序来唯一确定。

【例 5-29】 用移位寄存器附加门电路设计一个 8 位序列信号 00010111 的序列信号发生器。

解

（1）确定移位寄存器的位数。

$m=8$，根据 $m = 2^n$，求出 $n=3$，所以从 3 位的移位寄存器开始。本例以右移寄存器为例。注意，所有的中规模移位寄存器的右移左移功能都是低位在左，高位在右。本例的高位在左低位在右，所以看起来就是左移。

（2）根据移位寄存器的状态转换表，确定移位寄存器的串行输入 D_0。

取序列的前 3 位作为起始状态，本例中 $Q_2 Q_1 Q_0 =000$，下一个数据为 1，所以状态 $Q_2 Q_1 Q_0 =000$ 时串行输入 D_0 为 1，从而使计数器的下一个状态变为 $Q_2 Q_1 Q_0 =001$，而 $Q_2 Q_1 Q_0 =001$ 状态下串行输入数据应该为 0。以此类推，从而得到输入端 D_0 应满足的函数的真值表，如表 5-59 所示。仔细观察表 5-59，$Q_2 Q_1 Q_0$ 的 8 个组合各出现一次，构成八进制计数器，所以选择 3 位移位寄存器合适。

表 5-58 **例 5-28 的状态转换表**

CP	Q_2^n / A_2	Q_1^n / A_1	Q_0^n / A_0	Y
0	0	0	0	D_0
1	0	0	1	D_1
2	0	1	0	D_2
3	0	1	1	D_3
4	1	0	0	D_4
5	1	0	1	D_5
6	1	1	0	D_6
7	1	1	1	D_7
8	0	0	0	D_0

表 5-59 **输入端 D_0 应满足的函数的真值表**

CP	Q_2^n	Q_1^n	Q_0^n	D_0
0	0	0	0	1
1	0	0	1	0
2	0	1	0	1
3	0	1	1	1
4	0	0	1	1
5	1	0	1	0
6	1	1	0	0
7	1	0	0	0

对 D_0 采用卡诺图进行化简，如图 5-137 所示，得到反馈函数 D_0 的表达式，据此画出如图 5-138 所示的电路图。D_0 和 $Q_0 \sim Q_2$ 都可以作为序列信号的输出端。

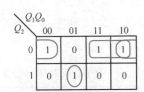

图 5-137 例 5-29 的 D_0 的卡诺图

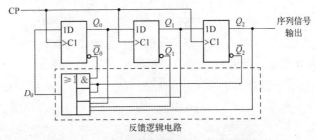

图 5-138 用移位寄存器构成的序列信号发生器

【例 5-30】 用移位寄存器设计一个 8 位序列信号 00010011 的序列信号发生器。

解 本例为序列长度 m 和移位寄存器位数 n 不满足 $m = 2^n$ 的序列信号发生器。

序列长度为 8，根据 $m = 2^n$，取 $n=3$，所以从 3 位的移位寄存器开始。为了得到 00010011 序列，移位寄存器的状态转换和输入 D_0 需要满足表 5-60 的要求。其中，第 2 行和第 5 行 $Q_2Q_1Q_0$ 有重复，001 出现 2 次，同样 100 出现 2 次，所以 3 位移位寄存器根本不可能构成八进制计数器，故选取 3 位移位寄存器失败。取 $n=4$，得到如表 5-61 所示的状态转换。根据表 5-61，移位寄存器的 8 个状态并没出现矛盾，所以成功。后续过程请读者自己完成。

表 5-60 求反馈函数 D_0 所需的真值表

CP	Q_2^n	Q_1^n	Q_0^n	D_0
0	0	0	0	1
1	0	0	1	0
2	0	0	1	0
3	1	0	0	1
4	0	0	1	1
5	0	1	1	0
6	1	1	0	0
7	1	0	0	0

表 5-61 例 5-30 的状态转换

CP	Q_3^n	Q_2^n	Q_1^n	Q_0^n	D_0
0	0	0	0	1	0
1	0	0	1	0	0
2	0	1	0	0	1
3	1	0	0	1	1
4	0	0	1	1	0
5	0	1	1	0	0
6	1	1	0	0	0
7	1	0	0	0	1

【思考题】 用移位寄存器设计一个 8 位序列信号 00001001 的序列信号发生器需要用几位移位寄存器？

例 5-30 和思考题是连续多个 0 序列的特例，当然还会有连续多个 1 序列的特例。仔细分析会发现，序列中连续输出的 0 或者 1 越多，需要的移位寄存器位数越多，所以采用方法四时需要列出状态转换表后细心观察，再最终确定。

综上实现序列信号发生器的四种方法中，方法三用中规模计数器和中规模数据选择器组成的电路最简单、直观和灵活。当需要修改序列长度时，改变计数器的模数就可以实现，当需要修改序列信号组合时，只要修改加到 $D_0 \sim D_7$ 的高、低电平即可实现。因此，这种中规模器件实现的方法既灵活又方便，为最优方案。

再看一个采用方法三的例子。

【例 5-31】 分析如图 5-139 所示电路的逻辑功能。

解 本例为中规模计数器和中规模数据选择器组成的序列信号发生电路。先确定计数器的模数，也就是序列信号的长度，再根据数据选择器数据端的具体数据得到序列的组合。

CT74161 为 4 位二进制加法计数器，置数端同步操作，进位输出 $CO = ET \cdot Q_3^n Q_2^n Q_1^n Q_0^n$，就是计数到 $Q_3Q_2Q_1Q_0 = 1111$ 时 CO=1，置数端有效，配合 CP 脉冲的上升沿置入 $D_3D_2D_1D_0$ 所接收

收的数据；根据图 5-139，可得 8 选 1 数据选择器 74151 的 $D_7D_6D_5D_4D_3D_2D_1D_0 = X10\overline{X}1010$。

当 X=1 时，并行输入数据 $D_3D_2D_1D_0 = 1011$，8 选 1 数据选择器的 $D_7D_6D_5D_4D_3D_2D_1D_0 = 11001010$，可以分析得出 CT74161 构成五进制计数器，输出 Z 为 10011 的序列。同理可分析 X=0 时的计数器的模数和输出序列。总体状态转换和输出如表 5-62 所示。

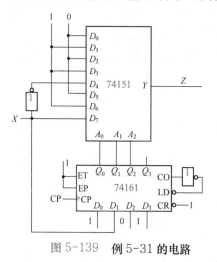

图 5-139　例 5-31 的电路

表 5-62　例 5-31 的状态转换和输出

X	Q_3	Q_2	Q_1	Q_0	Z
0	1	0	0	1	1
0	1	0	1	0	0
0	1	0	1	1	1
0	1	1	0	0	1
0	1	1	0	1	0
0	1	1	1	1	0
1	1	0	1	1	1
1	1	1	0	0	0
1	1	1	0	1	0
1	1	1	1	0	1
1	1	1	1	1	1

结论：X=1 时，74161 构成五进制计数器，输出序列为 10011；X=0 时，74161 构成七进制计数器，输出序列为 1011010。

▶▶ 5.7　综合应用举例

5.5 节和 5.6 节的大部分例子是以中规模时序逻辑电路设计的形式体现的，本节则给出由中规模逻辑器件组成的综合应用电路，以电路逻辑功能分析为体现形式。下面先概述分析流程，再结合典型例子，读者可以进一步掌握其分析方法，也为今后分析和设计结构更复杂、功能更强大的数字系统打下良好的基础。由中规模逻辑器件构成电路的分析思路是在电路图上划分功能模块（把电路图改画成功能框图），然后根据中规模逻辑器件的功能对各功能模块和整体电路的功能进行分析。分析流程如图 5-140 所示。

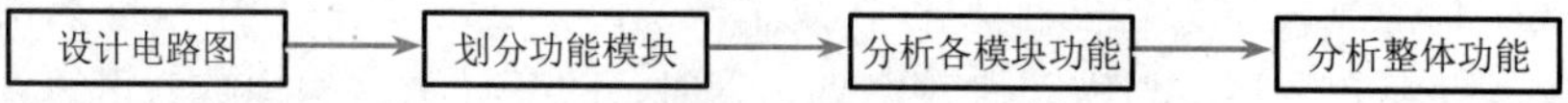

设计电路图 → 划分功能模块 → 分析各模块功能 → 分析整体功能

图 5-140　基于中规模逻辑器件的电路的分析流程

【例 5-32】　分析如图 5-141 所示电路的逻辑功能，其中 CP 脉冲的周期为 10 s。

解　可以把电路按功能划分成 3 个功能模块：I—计数器，II—译码器，III—门电路。

电路 I 是一片 74161，是同步 4 位二进制加法计数器，无任何反馈连接，只用到低 3 位输出，构成一个八进制计数器。电路 II 由一片 3 线 - 8 线译码器构成。8 个输出端依据 $A_2A_1A_0$ 的取值，依次输出低电平。74138 译码器输出端与地址输入端的函数关系为

$$\overline{Y}_0 = \overline{\overline{A}_2\overline{A}_1\overline{A}_0}, \ \overline{Y}_1 = \overline{\overline{A}_2\overline{A}_1A_0}, \ \overline{Y}_2 = \overline{\overline{A}_2A_1\overline{A}_0}, \ \overline{Y}_3 = \overline{\overline{A}_2A_1A_0}$$

$$\overline{Y}_4 = \overline{A_2\overline{A}_1\overline{A}_0}, \ \overline{Y}_5 = \overline{A_2\overline{A}_1A_0}, \ \overline{Y}_6 = \overline{A_2A_1\overline{A}_0}, \ \overline{Y}_7 = \overline{A_2A_1A_0}$$

$$(5.46)$$

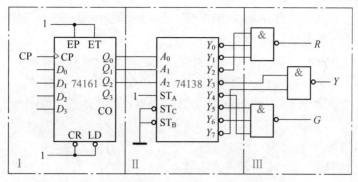

图 5-141　例 5-32 的电路

电路 III 的 3 个输出函数的表达式为

$$R = \overline{Y_0 Y_1 Y_2} = Y_0 + Y_1 + Y_2 = \overline{A_2} \, \overline{A_1} \, \overline{A_0} + \overline{A_2} \, \overline{A_1} A_0 + \overline{A_2} A_1 \overline{A_0}$$

$$Y = \overline{\overline{Y_3} \, \overline{Y_7}} = Y_3 + Y_7 = \overline{A_2} A_1 A_0 + A_2 A_1 A_0$$

$$G = \overline{\overline{Y_4} \, \overline{Y_5} \, \overline{Y_6}} = Y_4 + Y_5 + Y_6 = A_2 \overline{A_1} \, \overline{A_0} + A_2 \overline{A_1} A_0 + A_2 A_1 \overline{A_0}$$

最后时序图如图 5-142 所示，在 CP 脉冲作用下，依次输出 $R=1$ 持续 30 s、$Y=1$ 持续 10 s、$G=1$ 持续 30 s、$Y=1$ 持续 10 s，如此循环往复。实际上这是一个交通信号灯控制电路。

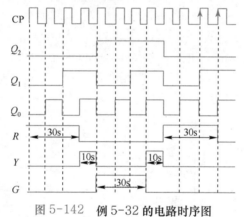

图 5-142　例 5-32 的电路时序图

【例 5-33】　分析如图 5-143 所示电路的逻辑功能。

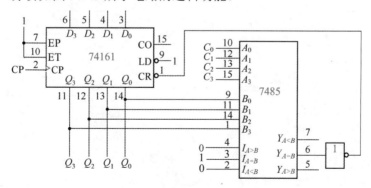

图 5-143　例 5-33 的电路

解　4 位二进制计数器 74161 的功能见表 5-29，4 位比较器 7485 的功能见表 3-15。

电路可以分解成两个功能模块：一个是 74161 组成的计数器模块，一个是 7485 组成的 4

位数值比较器模块。数值比较器的输出反馈到 74161 的异步清零端，从而控制计数器的模数。

7485 级联端的接法是 $I_{A>B}=0$，$I_{A=B}=1$，$I_{A<B}=0$，根据 7485 的功能（见表 3-15），只有当 $Q_3Q_2Q_1Q_0=C_3C_2C_1C_0$ 时，输出 $Y_{A=B}=1$，此时 74161 的异步清零端才有效。因此，$C_3C_2C_1C_0$ 从 0010 到 1111，对应的计数器的模数为 2～15。一进制计数器没有意义。

所以，这是一个可控模数的计数器，计数模数根据 $C_3C_2C_1C_0$ 的不同组合来确定，计数模数为 2～15。

本例可以通过扩大计数器模数和比较器的位数来扩大计数范围。

【例 5-34】 分析如图 5-144 所示电路的逻辑功能。

解 移位寄存器 74194 的功能见表 5-16，译码器 74138 的功能见表 3-9。该电路由两部分构成，一部分由两片双向移位寄存器 74194 构成，一部分由 3 线 - 8 线译码器 74138 构成。

本例只用到了 74194 的两个功能，一个是 $M_1M_0=11$ 并行置数功能，另一个是 $M_1M_0=01$ 右移功能，没有用到左移功能，所以图形符号中没有画出左移输入端。并行置入的数据由 74138 译码器的地址输入端 $A_2A_1A_0$ 控制。

为了分析方便，第 1 片 74194 的输出用 $Q_0'Q_1'Q_2'Q_3'$ 表示，第 2 片 74194 的输出用 $Q_0''Q_1''Q_2''Q_3''$ 表示。以 $A_2A_1A_0=110$ 为例，其工作原理如下：

工作前先清零，74194 的清零端为异步清零，不需 CP 脉冲配合，使得 $Q_0'Q_1'Q_2'Q_3'Q_0''Q_1''Q_2''Q_3''=00000000$。$Q_3''=0$，使得 2 片 74194 的 $M_1M_0=11$，进入同步并行置数功能，而 $A_2A_1A_0=110$，故 $\overline{Y_7}\,\overline{Y_6}\,\overline{Y_5}\,\overline{Y_4}\,\overline{Y_3}\,\overline{Y_2}\,\overline{Y_1}\,\overline{Y_0}=10111111$，即 $D_0'D_1'D_2'D_3'D_0''D_1''D_2''D_3''=10111111$，使得 $Q_0'Q_1'Q_2'Q_3'Q_0''Q_1''Q_2''Q_3''=10111111$。$Q_3''=1$，$M_1M_0=01$，进入右移循环，经过 6 个 CP 脉冲后，$Q_3''=0$，重新开始一次置数、右移循环过程。$A_2A_1A_0=110$ 的时序图如图 5-145 所示，因此该电路构成七分频器或者七个低电平有效的顺序脉冲发生器。

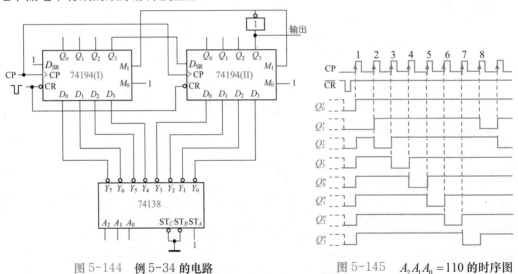

图 5-144 例 5-34 的电路　　　　图 5-145 $A_2A_1A_0=110$ 的时序图

根据 $A_2A_1A_0$ 的不同组合，可以构成可编程分频器，结果如表 5-63 所示。

本例可以通过使用更多 74194 芯片和更多 74138 芯片继续推广到更高模数的分频器。

【例 5-35】 分析如图 5-146 所示电路 的逻辑功能，并画出 CP、f_X、Q、f_C、$\overline{R_D}$ 的波形图。已知时钟脉冲的频率 f_{CP} 为 1 Hz，f_X 是待测脉冲的频率，计数电路是由 4 个 8421 码十进制加法计数器级联构成的 10000 进制计数电路。

表 5-63 $A_2 A_1 A_0$ 取值不同时的结果

A_2	A_1	A_0	D_0'	D_1'	D_2'	D_3'	D_0''	D_1''	D_2''	D_3''	功　能
0	0	0	1	1	1	1	1	1	1	0	无意义
0	0	1	1	1	1	1	1	1	0	1	2 分频器
0	1	0	1	1	1	1	1	0	1	1	3 分频器
0	1	1	1	1	1	1	0	1	1	1	4 分频器
1	0	0	1	1	1	0	1	1	1	1	5 分频器
1	0	1	1	1	0	1	1	1	1	1	6 分频器
1	1	0	1	0	1	1	1	1	1	1	7 分频器
1	1	1	0	1	1	1	1	1	1	1	8 分频器

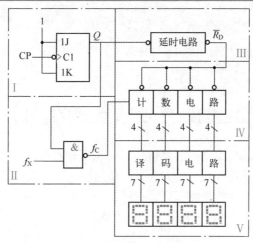

图 5-146　例 5-35 的电路

解　（1）各电路框图功能的分析

I 框中为 JK 触发器构成的二分频电路，其作用是输出高低电平各为 1 s 的门控信号。

II 框中为与非门构成的控制门电路。与非门的一个输入端为未知频率信号 f_X，另一个输入端为高低电平各为 1 s 的门控信号。它控制送入计数器脉冲的持续时间为 1s。

III 框中为延时电路，利用二分频电路输出 Q 端脉冲下降沿产生一个延时清零信号。这个电路需要由第 6 章的单稳态触发器来实现。

IV 框中为 4 个 8421 码十进制加法计数器级联构成的 10000 进制计数电路，计数范围为 0～9999。

V 框中是第 3 章介绍的 4 组 BCD‑七段译码显示电路，用来显示测量结果。

（2）总体功能分析

根据各功能模块逻辑功能的分析，电路工作原理如下：在 Q 高电平期间，计数器对未知频率脉冲信号进行为时 1s 的计数，计数器计数结果就是 1s 内 f_X 的脉冲数，也就是脉冲波形频率的直接测量值。通过 BCD‑七段译码显示电路在数码管上显示出来计数结果，显示约 1s 后，延时清零信号将计数器清零（Q 变成低电平后，延时 t_1 后，计数器清零端 $\overline{R}_D$ 有效，计数器停止计数），准备下阶段计数，如此周而复始。各点工作波形如图 5-147 所示。

分析结果：此电路为简易频率计电路，即测量和显示脉冲信号频率的电路。

实际的频率计就是在这个电路的基础上进行改进和完善后构成的，如为了提高测量精度，可以把门控信号加长，但是测量速度会受影响，所以只可以用在对测量速度要求不高的场合。

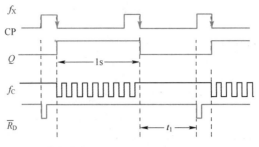

图 5-147　例 5-35 各点工作波形

为了提高测量速度，还可以把门控信号缩短，这样测量误差就会加大。所以，实际工作要根据具体要求来合理选择门控信号长短。为了使得该电路能够测量更高频率的信号而不增加硬件成本，可以把被测信号的频率先经过 N 分频电路使被测信号频率降低到计数器不会溢出，实际频率为计数器计数值扩大 N 倍。这里只提到这两个改进措施，实际的频率计还会有一些保护功能，如过压保护、过流保护等。

▶▶ 5.8　基于 VHDL 的时序逻辑电路的设计

从基于小规模和中规模时序逻辑器件设计的应用可以看出：基于小规模时序逻辑器件设计的优点是各状态的编码可以是任意的，适合简单功能设计，但设计过程烦琐；基于中规模时序逻辑器件设计可完成较为复杂的电路设计，设计方法简便，但各状态的编码只能按原中规模器件的编码进行，必须经过译码电路才能达到设计要求。

定制、半定制集成电路的发展为时序逻辑电路的设计提供了新的器件，设计者可通过 VHDL 方便地完成各种功能逻辑电路的设计。本节重点介绍利用 VHDL 进行时序逻辑电路设计的方法。

5.8.1　VHDL 的状态描述

时序逻辑电路的输出与电路的原状态有关，所以用 VHDL 描述时序逻辑电路时必须找到一种方式来存储 CP 跳变沿前后计数器的状态，一般可用变量和信号来完成。

例如，五进制加法计数器的 VHDL 描述如下：

```
LIBRARY IEEE;
USE IEEE.STD_LOGIC_1164.ALL;
ENTITY cnt5 is
    Port(CP:IN STD_LOGIC;
         q:OUT STD_LOGIC_VECTOR(2 DOWNTO 0));
END cnt5;
ARCHITECTURE ex19 OF cnt5 IS
BEGIN
    PROCESS (CP)                                    -- CP 为敏感信号
    vARIABLE cnt: STD_LOGIC_VECTOR(2 DOWNTO 0);     -- cnt 定义为内部变量, 存储计数器的状态
    BEGIN
        IF CP 'EVENT AND CP='1' THEN                -- CP 上升沿到来时
            CASE cnt IS
                WHEN "000"=>cnt:="001";
```

```
            WHEN "001"=>cnt:="010";
            WHEN "010"=>cnt:="011";
            WHEN "011"=>cnt:="100";
            WHEN "100"=>cnt:="000";
            WHEN OTHERS=>NULL;
         END CASE;
      END IF;
      q<=cnt;
   END PROCESS;
END ex19;
```

注意信号与变量的区别。变量和信号都可以作为一个中间变量或内部信号来暂存数据，但两者是有区别的。变量是一个局部变量，它的定义和使用只能在相同的模块中。如本例的 cnt 在进程语句中定义和使用，并且在进程语句结束时把它赋值给输出端口量 q。信号是一个全局变量，可以在整个结构体中定义和调用。另外，变量的赋值符号为 ":="，信号的赋值符号为 "<="。

5.8.2　一般时序逻辑电路的 VHDL 描述举例

寄存器和计数器是常用的时序逻辑电路，下面通过两个例子来说明它们的 VHDL 描述。

1. 寄存器

寄存器一般由多个触发器连接而成，主要有基本寄存器和移位寄存器两种。由于篇幅关系，本节只介绍基本寄存器。基本寄存器只具有数据寄存的功能，一般由 D 触发器构成。如带有异步清零功能和输出端使能功能，由 8 个上升沿 D 触发器构成的 8 位寄存器，其 VHDL 描述如下。

【例 5-36】　8 位寄存器的 VHDL 描述。

```
LIBRARY IEEE;
USE IEEE.STD_LOGIC_1164.ALL;
ENTITY jicunqi1 is
   PORT(d: IN STD_LOGIC_VECTOR(7 DOWNTO 0);
        clk: IN STD_LOGIC;
        oe, r: IN STD_LOGIC;
        q :OUT STD_LOGIC_VECTOR(7 DOWNTO 0));
END jicunqi1;
ARCHITECTURE beh OF jicunqi1 IS
BEGIN
   PROCESS(d, clk, oe, r)
   BEGIN
      IF oe='0' THEN q<="ZZZZZZZZ";
      ELSIF r='0' THEN q<="00000000";
      ELSIF (clk'EVENT AND clk='1') THEN q<=d;
      END IF;
   END PROCESS;
END beh;
```

2. 计数器

用 VHDL 只能实现同步计数器，但是可以带同步复位或异步复位功能。同步复位是当复位信号有效且在给定时钟边沿到来时触发器才被复位。此时带同步复位的时钟部件敏感信号量只有时钟信号。异步复位则是一旦复位信号有效，无论时钟有无到来，触发器都复位。这样带异步复位的时钟部件敏感信号量就有复位信号和时钟信号两个。下面的例子是带异步复位功能和计数使能功能的同步十进制加法计数器的 VHDL 描述。

【例 5-37】 十进制加法计数器的 VHDL 描述。

```
LIBRARY IEEE;
USE IEEE.STD_LOGIC_1164.ALL;
USE IEEE.STD_LOGIC_UNSIGNED.ALL;
ENTITY counter10 is
    PORT(rst: IN STD_LOGIC;                    ──异步复位端
         en: IN STD_LOGIC;                     ──计数使能端
         clk: IN STD_LOGIC;                    ──时钟输入端
         co: OUT STD_LOGIC;                    ──进位输出端
         q :OUT STD_LOGIC_VECTOR(3 DOWNTO 0)); ──状态输出端
END counter10;
──结构体内部使用的信号在此定义
ARCHITECTURE beh OF counter10 IS SIGNAL q_temp: STD_LOGIC_VECTOR(3 DOWNTO 0);
BEGIN
    PROCESS(rst,en,clk,q_temp)
    BEGIN
        IF rst='0' THEN q_temp<=(OTHERS=>'0');      ──异步复位
        ELSIF en='1' THEN
            IF (clk'EVENT AND clk='1') THEN          ──计数
                IF q_temp<"1001" THEN q_temp<=q_temp+1;
                ELSE q_temp<=(OTHERS=>'0');
                END IF;
            END IF;
        END IF;
        IF q_temp="1001" THEN co<='1';
        ELSE co<='0';
        END IF;
        q<=q_temp;
    END PROCESS;
END beh;
```

5.8.3 状态机及其 VHDL 描述

前几章对 VHDL 的语法介绍中列举了一些实例，但一般比较简单，系统的工作状态不多，程序结构一目了然。但是在大多数情况下，一个实际的应用系统的情况复杂得多，分析状态要花费相当多的精力。此时要求对系统进行分析，理清楚状态间的前后关系。有效编程需要理论指导。有限状态机的概念应运而生，以满足我们对实际系统进行剖析的要求。

状态机是可编程逻辑实现的通常功能之一，在各种数字应用中特别是控制器中广泛使用。

数字逻辑电路根据输入和输出的逻辑关系可以分为两类：摩尔型和米里型。这里借用这个提法，将状态机分成两种：摩尔型状态机和米里型状态机。

1. 摩尔型状态机

摩尔型状态机的输出仅与当前状态有关，图 5-148 是摩尔型状态机的框图。

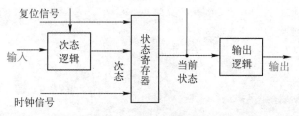

图 5-148　摩尔型状态机的框图

摩尔型状态机的输入信号决定当前状态的下一状态，即次态。次态经时钟信号的驱动可以翻转为当前状态，由此实现状态的有序转移，状态寄存器反映当前状态。复位信号通过置位状态来影响状态机的工作。

【例 5-38】　摩尔型状态机举例。

图 5-149 是摩尔型状态机的状态转换图。表 5-64 为相应的状态转换表。

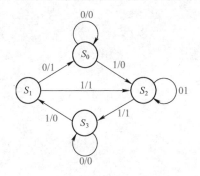

图 5-149　摩尔型状态机的状态转换图

表 5-64　摩尔型状态机的状态转换表

当前状态	下一状态		输出
	$X = 0$	$X = 1$	
S_0	S_0	S_2	0
S_1	S_0	S_2	1
S_2	S_2	S_3	1
S_3	S_3	S_1	0

以下程序是图 5-149 和表 5-64 描述的摩尔型状态机的 VHDL 描述。

```
Library ieee;  Use ieee.std_Logic_1164.all;
-- 摩尔型状态机
Entity MOORE IS
   Port(X,clock:in std_Logic;
        Z:out std_Logic);
End MOORE
Architecture BEHAVIOR of MOORE IS
Type STATE_TYPE IS (S0, S1, S2, S3);
Signal CURRENT_STATE, NEXT_STATE : STATE_TYPE;
BEGIN
   -- 进程，描述组合电路
   COMBIN :process(CURRENT_STATE, X)
   BEGIN
     CASE CURRENT_STATE IS
        WHEN S0=>Z<='0';
           IF X='0' THEN
              NEXT_STATE<=S0;
           ELSE
              NEXT_STATE<=S2;
           END IF;
        WHEN S1=>Z<='1';
           IF X='0' THEN
              NEXT_STATE<=S0;
```

```
            ELSE
                NEXT_STATE<=S2;
            END IF;
        WHEN S2=>Z<='1';
            IF  X='0' THEN
                NEXT_STATE<=S2;
            ELSE
                NEXT_STATE<=S3;
            END IF;
        WHEN S3=>Z <='0';
            IF X='0' THEN
                NEXT_STATE<=S3;
            ELSE
                NEXT_STATE<=S1;
            END IF;
    END CASE;
END PROCESS;

—— 进程，实现时序逻辑电路功能，即电路间的翻转
SYNCH:process(CLOCK)
BEGIN
    IF CLOCK'event AND CLOCK ='0' THEN
        CURRENT_STATE<=NEXT_STATE;
    END IF;
END PROCESS;
End BEHAVIOR;
```

根据摩尔型状态机的状态转换图和状态转换真值表，应用有限状态机的概念，编写了两个进程对摩尔型状态机电路特性进行描述。其中一个为组合型进程，具体使用 CASE-WHEN 语句结构实现状态的输出；另一个为时序型进程，利用 IF CLOCK'event AND CLOCK = '0' THEN 语句，在每个规定时钟的上升沿完成当前状态和下一状态的转换。

2. 米里型状态机

与摩尔型状态机相比，米里型状态机的输出不仅是当前状态的函数，也是输入信号的函数，图 5-150 是米里型状态机的框图。

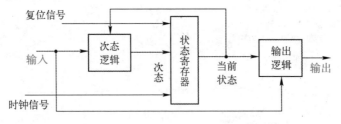

图 5-150　米里型状态机的框图

【例 5-39】　米里型状态机举例。

图 5-151 是米里型状态机的状态转换图。表 5-65 为相应的状态转换表。

以下程序是图 5-151 和表 5-65 描述的米里型状态机的 VHDL 描述。

```
Entity MEALY is –Mealy machine
    Port(X,clock:in bit;
```

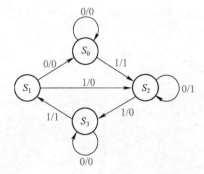

图 5-151 米里型状态机的状态转换图

表 5-65 米里型状态机的状态转换表

当前状态	下一状态		输出	
	$X=0$	$X=1$	$X=0$	$X=1$
S_0	S_0	S_2	0	1
S_1	S_0	S_2	0	0
S_2	S_2	S_3	1	0
S_3	S_3	S_1	0	1

```
        Z:out bit);
End entity;
Architecture BEHAVIOR of MEALY IS
Type STATE_TYPE IS (S0,S1,S2,S3);

Signal CURRENT_STATE, NEXT_STATE: STATE_TYPE;
BEGIN
    --Process to hold combinatorial logic
    COMBIN : process(CURRENT_STATE, X)
    Begin
      Case CURRENT_STATE IS
        WHEN S0=>
            IF X ='0' THEN
                Z<='0';
                NEXT_STATE<=S0;
            ELSE
                Z<='1';
                NEXT_STATE<=S2;
            END IF;
        When S1=>
            IF X ='0' THEN
                Z<='0';
                NEXT_STATE<=S0;
            ELSE
                Z<='0';
                NEXT_STATE<=S2;
            END IF;
        WHEN S2=>
            IF X ='0' THEN
                Z<='1';
                NEXT_STATE<=S2;
            ELSE
                Z<='0';
                NEXT_STATE<=S3;
            END IF;
        WHEN S3=>
            IF X ='0' THEN
                Z<='0';
                NEXT_STATE<=S3;
```

```
            ELSE
                Z<='1';
                NEXT_STATE<=S1;
            END IF;
        END CASE;
    END PROCESS;

    --process to hold synchronous elements(filp-flops)
    SYNCH : process(CLOCK)
    BEGIN
        IF CLOCK'event AND CLOCK='1' THEN
            CURRENT_STATE<=NEXT_STATE;
        END IF;
    END PROCESS;
End BEHAVIOR;
```

　　根据米里型状态机的状态转换图和状态转换表，应用有限状态机的概念，编写了两个进程对米里型状态机电路特性进行描述。其中一个为组合逻辑进程，具体使用 CASE-WHEN 语句实现状态的输出；另一个为时序逻辑进程，利用 IF CLOCK'event AND CLOCK = '1' THEN 语句，在每个规定时钟的上升沿完成当前状态和下一状态的转换。

　　状态机的 VHDL 程序编写风格、状态机状态设置、状态编码的类型等对综合所得电路的结构和性能有很大影响。由于各种读写操作模式都赋予了一个状态机来完成，因此状态机的设计一般在设计中占的比重较大。总之，状态机的设计方法总是先定义一个复位状态，明确定义状态机的初始状态，并使其可以从不定状态中恢复过来；其次，在每个状态下对每个输出信号赋予一个值。

　　通过上述示例，我们可以对状态机的建立过程进行总结：

　　① 使用枚举数据类型定义所有可能的状态。这里使用了没有功能含义的 S0、S1、S2、S3 等命名状态。在实际应用中，为了程序的可读性，可以使用每个状态的功能来命名状态。

　　② 至少编写出两个进程：一个为实现状态翻转的时序进程，另一个为当前状态下完成功能输出的组合进程。

　　③ 至少存在一个时钟信号，实现状态的翻转。

　　④ 也可以存在复位信号，用于同步系统或纠正系统的运行。

▶▶ *5.9　过程考核模块：洗衣机控制器时序逻辑电路模块的设计

1. 设计要求

（1）设已有周期为 1 s 的矩形波，试设计一分频器，以得到周期为 60 s 的矩形波。

（2）洗涤时间计数器的设计。试选择合适的计数器芯片，设计一个可控模的减法计数器，通过控制能够实现二十五进制、三十进制、十五进制和十进制减法计数器，并且该计数器只能进行一轮循环周期的计数，即减法计数器计数到最后一个有效状态时，下一个计数脉冲到达，计数器停止工作。

（3）洗涤定时控制电路的设计。试设计一个控制电路，在总洗涤时间内，控制电机按照如图 5-152 和图 5-153 所示要求运转，即按照正转、暂停、反转和暂停，反复循环，直至所设定的总定时时间到为止。

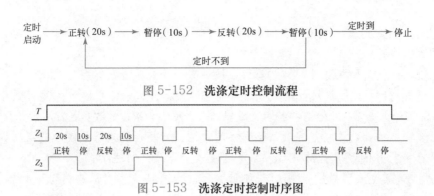

图 5-152 洗涤定时控制流程

图 5-153 洗涤定时控制时序图

2. 要求完成的任务

（1）说明设计原理，并画出设计电路图。

（2）选择 Multisim、Quartus II 等软件对设计电路进行仿真，并优化设计。

（3）调试所设计的电路，使之达到设计要求。

（4）分析测试结果，写出该模块设计报告。

课程思政案例

求真务实　严谨治学——计数器的设计

开拓进取　勇于创新——序列信号发生器的设计

本章小结

本章介绍了时序逻辑电路的特点及其分析和设计方法，以及数字系统常用的几种时序逻辑电路及中规模集成产品。

（1）时序逻辑电路由触发器和组合逻辑电路组成，其中触发器必不可少。时序逻辑电路的输出不仅与输入有关，还与电路原来的状态有关，工作状态由触发器存储和表示。

（2）按照存储单元状态变化的特点，时序逻辑电路可以分为同步时序逻辑电路和异步时序逻辑电路两大类。同步时序逻辑电路的工作特点是，所有触发器状态的变化都在同一时钟信号作用下同时发生。而在异步时序逻辑电路中，各触发器状态的变化不是同时发生的，而是有先有后。

（3）描述时序电路逻辑功能的方法有逻辑电路、方程组（状态方程、驱动方程、输出方程）、状态转换表、状态转换图和时序图等。它们各有特色，在不同的场合各有应用。其中，方程组是与具体电路结构直接对应的一种表达方式。在分析时序逻辑电路时，一般先由逻辑电路写出方程；在设计时序逻辑电路时，由方程组画出逻辑电路。状态转换表和状态转换图的特点是给出了电路工作的全部过程，能使电路的逻辑功能一目了然，这也正是得到了方程组以后往往还要画出状态转换图或列出状态转换表的原因。时序图的表示方法便于进行波形观察，因此最宜用在实验调试当中。

（4）计数器是记录输入脉冲个数的器件。按计数进制分，计数器有二进制计数器、十进制计数器和任意进制计数器；按计数增减分，有加法计数器、减法计数器和加/减计数器；按触发器翻转是否同步分，有同步计数器和异步计数器。除了用于计数，计数器还常用于分频、定时等。

（5）中规模集成计数器功能完善、使用方便灵活，功能表是其正确使用的依据。利用中规模集成计数器可以方便地构成 M 进制（任意进制）计数器，方法为：

> 用同步清零端或置数端获得 M 进制计数器，应根据 S_{M-1} 对应的编码写反馈函数。
> 用异步清零端或置数端获得 M 进制计数器，应根据 S_M 对应的编码写反馈函数。
> 当需要扩大计数器容量时，可使用多片集成计数器，采用整体反馈归零法、整体反馈置数法或级联法连接而成。采用整体反馈归零法、整体反馈置数法时，片间需要根据芯片有无计数控制端以及清零和置数是同步操作还是异步操作接成串行进位方式或者并行进位方式。

（6）寄存器主要用来存放数码。移位寄存器不仅可存放数码，还能对数码进行移位操作。移位寄存器有单向移位寄存器和双向移位寄存器之分。集成移位寄存器使用方便、功能全、输入和输出方式灵活，功能表是其正确使用的依据。移位寄存器常用于实现数据的串-并行转换，构成环形计数器、扭环形计数器和顺序脉冲发生器等。

（7）节拍脉冲是指在每个循环周期内，在时间上按一定先后顺序排列的脉冲信号，常用于控制某些设备按照事先规定的顺序进行运算或操作。

（8）序列信号是在同步脉冲的作用下，按一定周期循环的一组二进制信号，是一位一位输出的。序列信号广泛用于数字设备测试、通信和遥控中，作为识别信号或基准信号等。

（9）时序逻辑电路是和状态紧密相关的，所以常被称为状态机。用 VHDL 描述状态机是一种现代电子电路的设计方法。

随堂测验

5.1 选择题

1. 同步计数器和异步计数器比较，同步计数器的显著优点是（　　　）。
   A. 工作速度高　　　　B. 触发器利用率高　　　C. 电路简单　　　　　　D. 不受时钟 CP 控制

2. 把一个五进制计数器与一个四进制计数器串联可得到（　　）进制计数器。
   A. 四　　　　　　　　B. 五　　　　　　　　　C. 九　　　　　　　　　D. 二十

3. 下列逻辑电路中为时序逻辑电路的是（　　　）。
   A. 变量译码器　　　　B. 加法器　　　　　　　C. 数码寄存器　　　　　D. 数据选择器

4. N 个触发器可以构成最大计数长度（进制数）为（　　　）的计数器。
   A. N　　　　　　　　B. $2N$　　　　　　　　C. N^2　　　　　　　　D. 2^N

5. N 个触发器可以构成能寄存（　　　）位二进制数码的寄存器。
   A. $N-1$　　　　　　　B. N　　　　　　　　　C. $N+1$　　　　　　　　D. 2^N

6. 5 个 D 触发器构成环形计数器，其计数长度为（　　　）。
   A. 5　　　　　　　　　B. 10　　　　　　　　　C. 25　　　　　　　　　D. 32

7. 同步时序电路和异步时序电路比较，其差异在于后者（　　　）。

A．没有触发器　　　　　　　　　　　　　　　B．没有统一的时钟脉冲控制

C．没有稳定状态　　　　　　　　　　　　　　D．输出只与内部状态有关

8．8421 码十进制计数器至少需要（　　　）个触发器。

A．3　　　　　　　　B．4　　　　　　　　C．5　　　　　　　　D．10

9．欲设计 0、1、2、3、4、5、6、7 这几个数的计数器，如果设计合理，采用同步二进制计数器，最少应使用（　　　）个触发器。

A．2　　　　　　　　B．3　　　　　　　　C．4　　　　　　　　D．8

10．8 位移位寄存器，串行输入时经（　　　）个脉冲后，8 位数码全部移入寄存器中。

A．1　　　　　　　　B．2　　　　　　　　C．4　　　　　　　　D．8

11．用异步二进制计数器从 0 做加法，计数到十进制数 178，则最少需要（　　　）个触发器。

A．2　　　　　　B．6　　　　　　C．7　　　　　　D．8　　　　　　E．10

12．某电视机水平－垂直扫描发生器需要一个分频器将 31500 Hz 的脉冲转换为 60 Hz 的脉冲，欲构成此分频器至少需要（　　　）个触发器。

A．10　　　　　　　B．60　　　　　　　C．525　　　　　　　D．31500

13．某移位寄存器的时钟脉冲频率为 100 kHz，欲将存放在该寄存器中的数左移 8 位，完成该操作需要（　　　）时间。

A．10 μs　　　　　　B．80 μs　　　　　　C．100 μs　　　　　　D．800 ms

14．若用 JK 触发器来实现特性方程 $Q^{n+1} = \overline{A}Q^n + AB$，则 J、K 端的方程为（　　　）。

A．$J = AB，K = \overline{A+B}$　　　　　　　　　　B．$J = AB，K = A\overline{B}$

C．$J = \overline{A+B}，K = AB$　　　　　　　　　　D．$J = A\overline{B}，K = AB$

15．要产生 10 个节拍脉冲，用 4 位双向移位寄存器 74194 来实现，则需要（　　　）片。

A．3　　　　　　　　B．4　　　　　　　　C．5　　　　　　　　D．10

16．若要设计一个脉冲序列为 1101001110 的序列信号发生器，应选用（　　　）个触发器。

A．2　　　　　　　　B．3　　　　　　　　C．4　　　　　　　　D．10

5.2　判断题（正确的画"√"，错误的画"×"）

1．同步时序逻辑电路由组合逻辑电路和存储器两部分组成。（　　　）

2．组合逻辑电路不含有记忆功能的器件。（　　　）

3．时序逻辑电路不含有记忆功能的器件。（　　　）

4．同步时序逻辑电路具有统一的时钟 CP 控制。（　　　）

5．异步时序逻辑电路的各级触发器类型不同。（　　　）

6．环形计数器在每个时钟脉冲 CP 作用时，仅有 1 位触发器发生状态更新。（　　　）

7．环形计数器如果不做自启动修改，则总有孤立状态存在。（　　　）

8．计数器的模是指构成计数器的触发器的个数。（　　　）

9．计数器的模是指有效循环中有效状态的个数。（　　　）

10．D 触发器的特性方程为 $Q^{n+1} = D$，与 Q^n 无关，所以 D 触发器不是时序逻辑电路。（　　　）

11．在同步时序逻辑电路的设计中，若最简状态表中的状态数为 2^N，又是用 N 个触发器来实现其电路的，则不需检查电路的自启动性。（　　　）

12．把一个五进制计数器与一个十进制计数器串联可以得到一个十五进制计数器。（　　　）

13．同步二进制计数器的电路比异步二进制计数器复杂，所以实际应用中较少使用同步二进制计数器。（　　　）

14．利用整体反馈归零法获得 N 进制计数器时，若为异步置零方式，则状态 S_N 只是短暂的过

渡状态，不能稳定，而是立刻变为 0 状态。（　　　）

5.3　填空题

1．寄存器按照功能不同可分为两类：_____寄存器和_____寄存器。

2．数字电路按照是否有记忆功能通常可分为两类：_____和_____。

3．由 4 位移位寄存器构成的顺序脉冲发生器可产生_____个节拍脉冲。

4．按照触发器是否有统一的时钟控制，时序逻辑电路分为_____时序逻辑电路和_____时序逻辑电路。

习 题 5

5.1　回答下列问题。

（1）欲将一个存放在移位寄存器中的二进制数乘以 16，需要多少个移位脉冲？

（2）若高位在此移位寄存器的右边，要完成上述功能应左移还是右移？

（3）如果时钟频率是 5 kHz，要完成（2）中的操作需要多少时间？

5.2　分析图 P5.2 所示电路的逻辑功能（触发器为 TTL 触发器）。

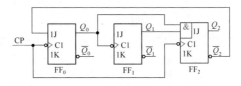

图 P5.2

5.3　分析图 P5.3 所示电路的逻辑功能（触发器为 TTL 触发器）。

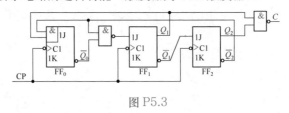

图 P5.3

5.4　回答下列问题。

（1）用 7 个 T' 触发器连接成异步二进制计数器，输入时钟脉冲的频率 $f = 512$ kHz，求此计数器最高位触发器输出的脉冲频率。

（2）若需要每输入 1024 个脉冲，分频器能输出一个脉冲，则此分频器需要多少个触发器连接而成？

5.5　分析如图 P5.5 所示电路的逻辑功能。

5.6　分析如图 P5.6 所示波形对应电路的逻辑功能。

5.7　用边沿 JK 触发器设计一个时序逻辑电路，要求该电路的输出 Z 与 CP 之间的关系应满足图 P5.7 所示的波形图。

5.8　用触发器和门电路设计一个有进位输出的同步五进制加法计数器。

5.9　用 JK 触发器及最少的门电路设计一个同步五进制计数器，其状态 $Q_2Q_1Q_0$ 的转换图为

$$000 \rightarrow 011 \rightarrow 111 \rightarrow 110 \rightarrow 101$$

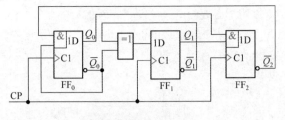

图 P5.5

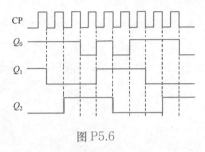

图 P5.6

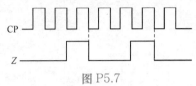

图 P5.7

5.10 设计一个控制步进电动机用的三相六拍工作的逻辑电路。若用 1 表示线圈通电，0 表示线圈断电，设正转时控制输入端 $M=1$，反转时 $M=0$，则 3 个线圈 A、B、C 的状态转换图应如图 P5.10 所示。

5.11 设计一个自然态序编码的同步七进制加法计数器。

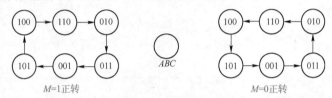

图 P5.10

5.12 分析图 P5.12 所示的电路，列出其状态转换表，说明其逻辑功能。

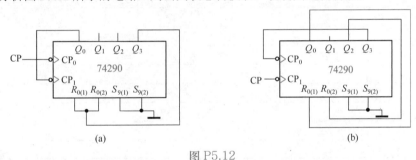

图 P5.12

5.13 用 2 片中规模集成电路 74290 组成的计数电路如图 P5.13 所示，试分析此电路是多少进制的计数器？

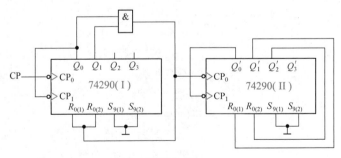

图 P5.13

5.14 分析如图 P5.14 所示的电路，列出其状态转换表，说明其逻辑功能。

5.15 用 74290 并采用级联方式构成四十进制计数器。

5.16 用 74290 构成 8421 码二十四进制计数器。

5.17 用中规模同步十进制加法计数器 74160 并附加必要门电路，设计一个 273 进制计数器。

5.18 图 P5.18 是由优先权编码器 74147（真值表见表 P5.18）和同步十进制加法计数器 74160（功能见表 5-31）组成的可控分频器。假定 CP 脉冲的频率为 f_0，试说明当输入控制信号 $\bar{I}_1 \sim \bar{I}_9$ 分别为低电平时，由 Z 端输出的脉冲的频率是多少？

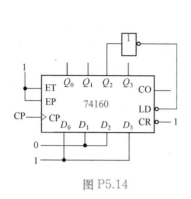

图 P5.14

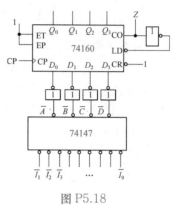

图 P5.18

表 P5.18

输 入									输 出			
$\bar{I}_9$	$\bar{I}_8$	$\bar{I}_7$	$\bar{I}_6$	$\bar{I}_5$	$\bar{I}_4$	$\bar{I}_3$	$\bar{I}_2$	$\bar{I}_1$	$\bar{D}$	$\bar{C}$	$\bar{B}$	$\bar{A}$
1	1	1	1	1	1	1	1	1	1	1	1	1
0	×	×	×	×	×	×	×	×	0	1	1	0
1	0	×	×	×	×	×	×	×	0	1	1	1
1	1	0	×	×	×	×	×	×	1	0	0	0
1	1	1	0	×	×	×	×	×	1	0	0	1
1	1	1	1	0	×	×	×	×	1	0	1	0
1	1	1	1	1	0	×	×	×	1	0	1	1
1	1	1	1	1	1	0	×	×	1	1	0	0
1	1	1	1	1	1	1	0	×	1	1	0	1
1	1	1	1	1	1	1	1	0	1	1	1	0

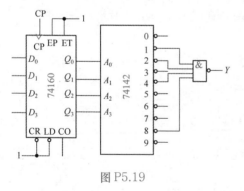

图 P5.19

5.19 在图 P5.19 中，74160 为同步十进制加法计数器，7442 为 4 线 - 10 线译码器，设计数器的初始状态为 0000，画出与 CP 脉冲对应的 $Q_0 \sim Q_3$ 及输出 Y 的波形图。

5.20 分析图 P5.20 所示计数器的输出 Z 与时钟脉冲 CP 的频率之比。

5.21 用 4 位二进制同步加法计数器 74161 构成十进制加法计数器。

5.22 用 2 片 4 位二进制同步加法计数器 74161 及少量门电路构成一百进制计数器。

5.23 已知时钟脉冲的频率为 96 kHz，试用中规模集成计数器组成分频器，将时钟脉冲的频率降低为 60 Hz，试画出该分频器的电路接线图。

5.24 图 P5.24 为由双向移位寄存器 74194 构成的分频器。

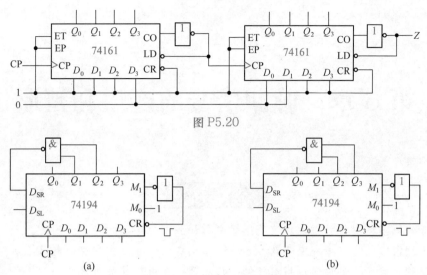

图 P5.20

图 P5.24

（1）列出其状态转换表。　　　　（2）总结扭环形计数器改接成奇数分频器的规律。

5.25　设计一个同步时序逻辑电路，实现如图 P5.25 所示的输出。

5.26　分析如图 P5.26 所示的时序逻辑电路，列出电路的状态转换表，并指出其逻辑功能。

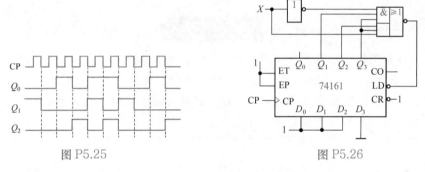

图 P5.25　　　　　　　　　　图 P5.26

5.27　如果要求用计数器 74161 和 4 线－16 线译码器设计一个 12 路输出的脉冲分配器，即从电路的 12 个输出端顺序、循环地输出与时钟正脉冲等宽的负脉冲，则电路应如何连接？试设计电路，并画出电路图。

5.28　设计一个灯光控制逻辑电路。要求红、绿、黄三种颜色的灯在时钟信号作用下按表 P5.28 规定的顺序转换状态。表中的 1 表示"亮"，0 表示"灭"。要求采用中规模集成器件 74290 和必要的门电路。

5.29　74163 的功能表如表 5-30 所示，逻辑符号如图 5-70 所示。

（1）用 1 片 74163 构成八进制计数器。

（2）用 2 片 74163 构成 51 进制计数器。

5.30　72162 的功能如表 5-32 所示，逻辑符号如图 5-73 所示。试用 74162 构成 60 分频器，将周期为 1 s 的矩形波转换为周期为 60 s 的矩形波。

5.31　74190 的功能表见表 5-34，逻辑符号见图 5-78。试用 74190 设计一个时序逻辑电路，只能按照二十五进制减法计数器的功能进行一轮循环周期的计数，当减法计数器计数到最后一个有效状态时，下一个计数脉冲到达，计数器停止工作。

表 P5.28

CP	红	黄	绿
0	0	0	0
1	1	0	0
2	0	1	0
3	0	0	1
4	1	1	1
5	0	0	1
6	0	1	0
7	1	0	0

第6章 脉冲信号的产生和整形

内容提要

　　本章围绕常用脉冲信号产生的两种方法（由多谐振荡器产生和对已有波形进行整形与变换得到），介绍用于脉冲整形变换的施密特触发器、直接产生脉冲波形的多谐振荡器和用于定时、延时、调整信号脉宽的单稳态触发器及其典型应用，并从门电路、专用集成电路和 555 定时器三类实现方法分别进行介绍。

主要问题

✠ 什么是脉冲信号？矩形脉冲的主要参数是什么？脉冲信号如何产生？
✠ 555 定时器的工作原理是怎样的？
✠ 施密特触发器如何构成？有什么样的作用？
✠ 单稳态触发器如何构成？有什么样的作用？
✠ 多谐振荡器如何构成？有什么样的作用？

▶▶ 6.1　脉冲信号概述

脉冲信号是指短时间内突变且在很短的时间内复原的信号,电脉冲信号是指脉冲电压或电流。一般,凡是不具有连续正弦波形状的信号都可以称为脉冲信号。如图 6-1 所示的矩形波、锯齿波、梯形波等都属于脉冲信号。

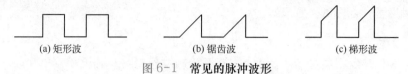

(a) 矩形波　　　　　　(b) 锯齿波　　　　　　(c) 梯形波

图 6-1　常见的脉冲波形

在数字电路中最常使用的脉冲信号是矩形脉冲,也称为矩形波,方波是矩形脉冲的特例。时序逻辑电路中的时钟信号即矩形脉冲,直接控制和协调整个系统,因此时钟的特性关系到系统能否正常工作。矩形脉冲的实际波形如图 6-2 所示,其特性可以用下述指标来描述。

脉冲周期 T:两个相邻脉冲的时间间隔。

脉冲幅度 U_m:脉冲电压的最大变化幅度。

脉冲宽度 t_w:从脉冲上升沿 $0.5U_m$ 起至脉冲下降沿 $0.5U_m$ 为止的一段时间。

上升时间 t_r:脉冲上升沿从 $0.1U_m$ 上升到 $0.9U_m$ 所需的时间。

下降时间 t_f:脉冲下降沿从 $0.9U_m$ 下降到 $0.1U_m$ 所需的时间。

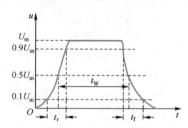

图 6-2　实际的矩形脉冲

占空比: $q = t_w / T$,通常用百分比表示。若 $q = 50\%$,则称为对称方波。

获得脉冲波形的方法主要有两种:一种是利用脉冲振荡电路产生,如多谐振荡器;另一种是通过整形电路对已有的波形进行整形和变换,使之符合系统的要求,如施密特触发器和单稳态触发器。

脉冲信号产生与整形电路可以由门电路、专用的集成电路和 555 定时器构成的施密特触发器、单稳态触发器和多谐振荡器来实现。施密特触发器主要用来将缓慢变化或快速变化的非矩形脉冲变换成陡峭的矩形脉冲;单稳态触发器主要用来将宽度不符合要求的脉冲变换成符合要求的矩形脉冲或者对脉冲进行移位;多谐振荡器用来直接产生脉冲信号。

【思考题】

① 矩形脉冲信号的获取方法有哪些?

② 描述矩形脉冲波形的主要参数有哪些?

▶▶ 6.2　施密特触发器

施密特触发器是一种整形电路,能将边沿变化缓慢的电压波形整形为边沿陡峭的矩形脉冲。与普通触发器相比,施密特触发器有以下特点:① 具有两个稳定的状态,输出状态需要相应的输入电压来维持;② 属于电平触发,能对变化缓慢的输入信号做出响应,只要输入信号达到某额定值,输出电平即发生翻转;③ 具有回差特性,电路对从低电平上升和从高电平下降的输入信号具有不同的阈值电压，这种回差特性使其具有较强的抗干扰能力。

施密特触发器可以由 555 定时器或门电路构成，集成施密特触发器具有较好的稳定性，因此在实际中应用广泛。

6.2.1　门电路构成的施密特触发器

在数字电路中，TTL 和 CMOS 门电路都可以构成施密特触发器，现以 CMOS 门电路为例介绍施密特触发器（如图 6-3 所示）。

1. 电路结构

由两个 CMOS 反相器 G_1 和 G_2 组成的施密特触发器电路及其反相输出和同相输出的逻辑符号如图 6-4 和图 6-5 所示，输入电压 u_I 经电阻 R_1 和 R_2 分压来控制反相器的工作状态，要求 $R_1 < R_2$。

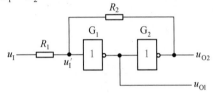

图 6-3　CMOS 门电路组成的施密特触发器

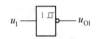

图 6-4　反相输出逻辑符号

图 6-5　同相输出逻辑符号

2. 工作原理

设两个 CMOS 反相器 G_1 和 G_2 的阈值电压 $U_{TH} = V_{DD}/2$。下面参照图 6-6 所示的工作波形讨论施密特触发器的工作原理。

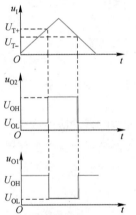

图 6-6　施密特触发器的工作波形

1）初始状态

当 $u_I = 0\,\text{V}$ 时，G_1 关闭，输出 $u_{O1} = U_{OH} = V_{DD}$；G_2 开通，输出 $u_{O2} = U_{OL} \approx 0\,\text{V}$。

2）电路状态的第一次翻转

输入 u_I 增大时，u_I' 随之增大，因 $u_{O2} = 0\,\text{V}$，所以

$$u_I' = \frac{R_2}{R_1 + R_2} u_I \tag{6.1}$$

当输入电压 u_I 上升到使 $u_I' = U_{TH}$ 时，G_1 工作在电压传输特性的转折区（放大区），这时 u_I' 的微小增大会使电路产生如

$$u_I\uparrow \longrightarrow u_I'\uparrow \longrightarrow u_{O1}\downarrow \longrightarrow u_{O2}\uparrow$$

下反馈过程：

正反馈使电路状态在极短时间内翻转，G_1 开通，$u_{O1} = U_{OL} \approx 0\,\text{V}$；$G_2$ 关闭，输出 $u_{O2} = U_{OH} = V_{DD}$。

输入电压 u_I 上升到使电路状态发生翻转时的值被称为"上限阈值电压"，用 U_{T+} 表示。根据式（6.1）可得

$$u_I' = U_{TH} = \frac{R_2}{R_1 + R_2} U_{T+} \tag{6.2}$$

从而
$$U_{T+} = \frac{R_1 + R_2}{R_2} U_{TH} = \left(1 + \frac{R_1}{R_2}\right) U_{TH} \tag{6.3}$$

此后输入电压继续增大时，由于 $u_I > U_{TH}$ ，因此电路状态保持不变。

3）电路状态的第二次翻转

当输入 u_I 由高电平下降时，u_I' 随之下降。因为 $u_{O2} = U_{OH} = V_{DD}$ ，所以

$$u_I' = \frac{R_2 u_I}{R_1 + R_2} + \frac{R_1 V_{DD}}{R_1 + R_2} \tag{6.4}$$

当输入电压 u_I 下降到使 $u_I' = U_{TH}$ 时，电路又产生另一个正反馈过程：

$$u_I \!\downarrow \; \longrightarrow \; u_I' \!\downarrow \; \longrightarrow \; u_{O1} \!\uparrow \; \longrightarrow \; u_{O2} \!\downarrow$$

正反馈使电路在极短时间内产生另一次翻转，G_1 关闭，$u_{O1} = U_{OH} \approx V_{DD}$ ；G_2 开通，输出 $u_{O2} = U_{OL} = 0\ \text{V}$ 。

输入电压 u_I 下降到使电路状态发生翻转时的值称为"下限阈值电压"，用 U_{T-} 表示。根据式(6.4)可得

$$u_I' = U_{TH} = \frac{R_2 U_{T-}}{R_1 + R_2} + \frac{R_1 V_{DD}}{R_1 + R_2} \tag{6.5}$$

将 $U_{TH} = V_{DD}/2$ 代入式(6.5)，可得

$$U_{T-} = \frac{1}{2}\left(1 - \frac{R_1}{R_2}\right) V_{DD} = \left(1 - \frac{R_1}{R_2}\right) U_{TH} \tag{6.6}$$

此后输入电压继续减小时，由于 $u_I < U_{TH}$ ，因此电路状态保持不变。

由以上分析可知，施密特触发器有两个稳定状态，这两个状态的维持和转换完全取决于输入电压 u_I 的大小。只要输入电压 u_I 上升到略大于 U_{T+} 或下降到略小于 U_{T-} 时，施密特触发器的输出状态就会发生翻转，从而输出边沿陡峭的矩形脉冲。

3. 电压传输特性和主要参数

施密特触发器的上限阈值电压 U_{T+} 和下限阈值电压 U_{T-} 的差值称为"回差电压"，用 ΔU_T 表示，即

$$\Delta U_T = U_{T+} - U_{T-} = \frac{2R_1}{R_2} U_{TH} \tag{6.7}$$

反相施密特触发器的电压传输特性如图 6-7 所示，当输入电压 u_I 由低电平上升到 U_{T+} 时，输出电压 u_{O1} 由高电平跃变到低电平，当输入电压 u_I 由高电平下降到 U_{T-} 时，输出电压 u_{O1} 由低电平跃变到高电平，因此被称为"反相施密特触发器"。同理，正相施密特触发器的电压传输特性如图 6-8 所示

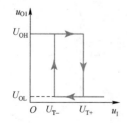

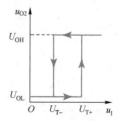

图 6-7　反相施密特触发器的电压传输特性　　　图 6-8　正相施密特触发器的电压传输特性

6.2.2 集成施密特触发器

集成施密特触发器的上限阈值电压 U_{T+} 和下限阈值电压 U_{T-} 很稳定且具有很强的抗干扰能力，使用十分方便，因此应用广泛。TTL 和 CMOS 数字集成电路中都有施密特触发器。

1. TTL 集成施密特触发器

六反相器的施密特触发器 CT7414/CT74LS14 的逻辑符号如图 6-9 所示，有 6 个独立施密特反相器。双 4 输入与非门施密特触发器 CT7413/CT74LS13 的逻辑符号如图 6-10 所示。其重要参数如表 6-1 所示。

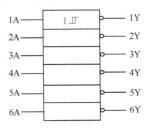

图 6-9　CT7414/CT74LS14 的逻辑符号

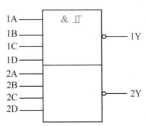

图 6-10　CT7413/CT74LS13 的逻辑符号

表 6-1　TTL 集成施密特触发器的重要参数

电路名称	型　号	每门功耗	U_{T+}	U_{T-}	$-\Delta U_T$	传输延迟时间	
						T_{PHL}	T_{PLH}
6 反相器 TTL 施密特触发器	CT7414	25.5 mV	1.7 V	0.9 V	0.8 V	15 ns	15 ns
	CT74LS14	8.6 mV	1.6 V	0.8 V	0.8 V	15 ns	15 ns
双 4 输入与门 TTL 施密特触发器	CT7413	42.5 mV	1.7 V	0.9 V	0.8 V	15 ns	18 ns
	CT74LS13	8.75 mV	1.6 V	0.8 V	0.8 V	18 ns	15 ns

TTL 集成施密特触发器具有以下特点：① 可将变化非常缓慢的信号变换成上升沿和下降沿都很陡直的脉冲信号；② 对阈值电压和回差电压具有温度补偿；电路性能的一致性很好；典型值 $\Delta U_T = 0.8\ \text{V}$；③ 带负载能力和抗干扰能力都很强。

2. CMOS 集成施密特触发器

六反相器的施密特触发器 CC40106 和四二输入与非门施密特触发器 CC4093 的逻辑符号分别图 6-11 和图 6-12 所示。其重要参数如表 6-2 所示。

当电源电压 V_{DD} 变化时，对 CMOS 集成施密特触发器的电压传输特性也会产生一定的影响。通常，当 V_{DD} 增大时，上限阈值电压 U_{T+}、下限阈值电压 U_{T-} 和回差电压 ΔU_T 也会相应增大，反之则会减小。由于 CMOS 集成施密特触发器内部参数离散性的影响，因此其 U_{T+} 和 U_{T-} 也有较大的离散性。

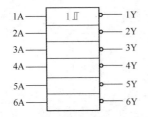

图 6-11　CC40106 的逻辑符号

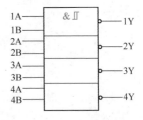

图 6-12　CC4093 的逻辑符号

表 6-2　　CMOS 集成施密特触发器的重要参数

电路名称	型　号	V_{DD}	U_{T+}		U_{T-}		ΔU_T		传输延迟 t_{pd}
			最小	最大	最小	最大	最小	最大	
六反相施密特触发器	CC40106	5.0 V	2.2 V	3.6 V	0.9 V	2.8 V	0.3 V	1.6 V	280 ns
		10 V	4.6 V	7.1 V	2.5 V	5.2 V	1.2 V	3.4 V	140 ns
		15 V	4.8 V	10.8 V	4.0 V	7.4 V	1.6 V	5.0 V	120 ns
四二输入与非门施密特触发器	CC4093	5.0 V	2.2 V	3.6 V	0.9 V	2.8 V	0.3 V	1.6 V	380 ns
		10 V	4.6 V	7.1 V	2.5 V	5.2 V	1.2 V	3.4 V	180 ns
		15 V	4.8 V	10.8 V	4.0 V	7.4 V	1.6 V	5.0 V	130 ns

CMOS 集成施密特触发器具有如下特点：① 可将变化非常缓慢的信号变换成上升沿和下降沿都很陡直的脉冲信号；② 在电源电压 V_{DD} 一定时，触发阈值电压稳定，但会随着 V_{DD} 变化；③ 电源电压 V_{DD} 变化范围宽，输入阻抗高，功耗极小；④ 抗干扰能力很强。

6.2.3　用 555 定时器构成的施密特触发器

1. 集成 555 定时器

集成 555 定时器是一种将模拟电路与数字电路巧妙结合在一起的多用途单片集成电路。该电路使用灵活、方便，只需外接少许的阻容元件就可以构成脉冲单元电路，因而在自动控制、仪器仪表和家用电器等许多领域都得到了广泛的应用。

根据内部器件类型，555 定时器可以分为双极型和单极型，电源电压范围宽（双极型 555 定时器为 5～16 V，单极型 555 定时器为 3～18 V），可提供与 TTL 及 CMOS 数字电路兼容的接口电平，还可以输出一定功率，驱动微电动机、指示灯和扬声器等。

555 定时器又可分为单定时器型和双定时器型。TTL 单定时器型号的最后 3 位数字为 555，双定时器的为 556；CMOS 单定时器型号的最后 4 位数为 7555，双定时器的为 7556。

1）555 定时器的电路结构

555 定时器由电阻分压器、两个电压比较器 C_1 和 C_2、RS 触发器、放电三极管 VT 及缓冲器 G 构成，其电路结构和引出端功能分别如图 6-13 和图 6-14 所示。

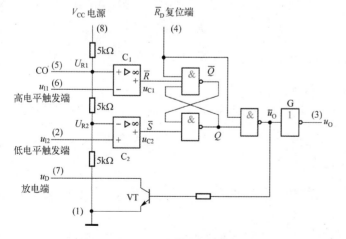

图 6-13　555 定时器的电路结构

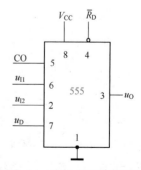

图 6-14　555 定时器的引出端功能

电阻分压器由 3 个阻值为 5 kΩ 的电阻组成，产生两个固定不变的电压（当控制端 5 引脚悬空时）：$U_{R1}=\dfrac{2}{3}V_{CC}$，$U_{R2}=\dfrac{1}{3}V_{CC}$，分别为两个电压比较器 C_1 和 C_2 提供基准电压。

比较器 C_1 的同相输入端为基准电压 U_{R1}，反相输入端为 555 定时器的一个触发输入端 u_{I1}（高电平触发端），当 $u_{I1}>U_{R1}$ 时，C_1 输出为低电平；当 $u_{I1}<U_{R1}$ 时，C_1 输出为高电平；C_2 的反相输入端为基准电压 U_{R2}，同相输入端为 555 定时器的一个触发输入端 u_{I2}（低电平触发端），当 $u_{I2}>U_{R2}$ 时，C_2 输出为高电平；当 $u_{I2}<U_{R2}$ 时，C_2 输出为低电平。

基本 RS 触发器由两个与非门组成，C_1 和 C_2 的输出状态决定触发器的输出状态，继而决定着总输出 u_O 的状态。$\overline{R}_D$ 是外部清零复位端，正常工作时，应使 $\overline{R}_D$ 接高电平。

当 $u_O=0$ 时，$\overline{u}_O=1$，三极管 VT 饱和导通，为外接的电容提供放电通路；当 $u_O=1$ 时，$\overline{u}_O=0$，三极管 VT 截止，外接的电容开始充电。门 G 为输出缓冲器，其作用是提高负载能力和隔离负载对定时器的影响。

2）555 定时器的工作原理

555 定时器的主要功能取决于比较器，比较器的输出控制触发器和放电三极管 VT 的状态，进而决定定时器的输出。由图 6-13 的电路结构可知，555 定时器的功能如表 6-3 所示，在控制端 CO（5 引脚）开路时得出的。如果在 5 引脚施加一个外加电压比较器的基准电压，那么 U_{R1} 和 U_{R2} 将发生变化，电路相应的高、低电平将随之发生变化，并进而影响电路的工作状态。

表 6-3　555 定时器的功能表

u_{I1}	u_{I2}	$\overline{R}$	$\overline{S}$	$\overline{R}_D$	u_O	VT	功　能
×	×	×	×	0	0	导通	复位
$<\dfrac{2}{3}V_{CC}$	$<\dfrac{1}{3}V_{CC}$	1	0	1	1	截止	置1
$>\dfrac{2}{3}V_{CC}$	$>\dfrac{1}{3}V_{CC}$	0	1	1	0	导通	置0
$<\dfrac{2}{3}V_{CC}$	$>\dfrac{1}{3}V_{CC}$	1	1	1	不变	不变	保持

① 复位（直接置 0）。复位端 $\overline{R}_D$ 有最高的优先级别，只要 $\overline{R}_D=0$，无论其他输入端处于何种状态，定时器的输出端即可置0。

② 置 1。当 $u_{I1}<U_{R1}$，$u_{I2}<U_{R2}$ 时，触发器的输入端 $u_{C1}=\overline{R}=1$，$u_{C2}=\overline{S}=0$，故触发器被置1，输出 $u_O=1$，同时 VT 截止。由于该触发器是输入低电平有效，而当 u_{I2} 为低电平（$u_{I2}<\dfrac{1}{3}V_{CC}$）时，$u_{C2}=\overline{S}=0$，因此 u_{I2} 被称为低电平触发端。

③ 置 0。当 $u_{I1}>U_{R1}$，$u_{I2}>U_{R2}$ 时，触发器的输入端 $u_{C1}=\overline{R}=0$，$u_{C2}=\overline{S}=1$，故触发器被置0，输出 $u_O=0$，同时 VT 导通。由于该触发器是输入低电平有效，而当 u_{I1} 为高电平（$u_{I1}>\dfrac{2}{3}V_{CC}$）时，$u_{C1}=\overline{R}=0$，因此 u_{I1} 被称为高电平触发端。

④ 保持。当 $u_{I1}<U_{R1}$，$u_{I2}>U_{R2}$ 时，触发器的输入端 $u_{C1}=\overline{R}=1$，$u_{C2}=\overline{S}=1$，故触发器的状态保持不变，因而 VT 和输出 u_O 的状态也保持不变。

【例 6-1】 逻辑电平分析仪（如图 6-15 所示）的待测信号为 u_I，调节 CC7555 的 CO 端（5 引脚）的电压，使 $u_A=3$ V 时，问：（1）当 $u_I<1.5$ V 时，哪个二极管发光？

（2）当 u_I 大于多少伏时，该逻辑电平分析仪低电平输出，此时哪个二极管发光？

解 由于在电压控制端 CO（5 引脚）外加控制电压 $u_A = 3\ \text{V}$，使得电压比较器的两个参考电压分别为 $U_{R1} = 3\ \text{V}$，$U_{R2} = 1.5\ \text{V}$，又由于高、低电平两个触发端接在一起，因此：当 $u_I < 1.5\ \text{V}$ 时，低电平触发，输出为高电平，即 $u_O = 1$，LED2 灯亮；当 $u_I > 3\ \text{V}$ 时，高电平触发，输出为低电平，即 $u_O = 0$，LED1 灯亮。

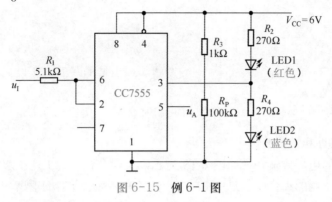

图 6-15　例 6-1 图

2. 用 555 定时器构成的施密特触发器

1）电路组成及工作原理

把 555 定时器的两个输入端 u_{I1} 和 u_{I2} 连接在一起作为信号输入端（如图 6-16 所示），即可得到施密特触发器。为了防止干扰、提高比较器参考电压的稳定性，通常在 CO（5 引脚）端与地之间接 $0.01\ \mu\text{F}$ 左右的滤波电容。

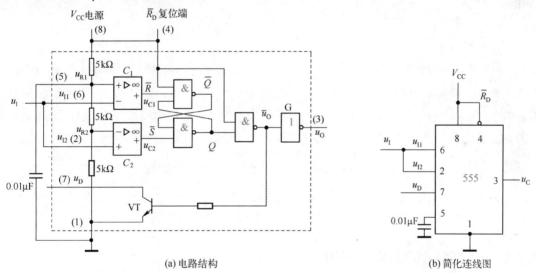

(a) 电路结构　　　　　　　　(b) 简化连线图

图 6-16　用 555 定时器构成的施密特触发器的电路结构和简化连线图

由于施密特触发器能对变化缓慢的输入信号做出响应，下面以图 6-17 所示的三角波输入为例进行分析。

（1）u_I 从 0 V 逐渐增大的过程

当 $u_I < \dfrac{1}{3}V_{CC}$ 时，$u_{C1} = 1, u_{C2} = 0$，触发器的输出 $Q = 1$，所以 $u_O = 1$。

当 $\dfrac{1}{3}V_{CC} < u_I < \dfrac{2}{3}V_{CC}$ 时，$u_{C1} = u_{C2} = 1$，触发器实现保持的功能，所以 $u_O = 1$ 保持不变。

当 $u_I > \frac{2}{3}V_{CC}$ 时，$u_{C1} = 0, u_{C2} = 1$，触发器的输出 $Q = 0$，所以 $u_O = 0$。当 u_I 由 $\frac{2}{3}V_{CC}$ 继续上升时，电路的工作状态一直保持不变。

（2）u_I 从高于 $\frac{2}{3}V_{CC}$ 开始下降的过程

当 $u_I > \frac{2}{3}V_{CC}$ 时，$u_O = 0$。

当 $\frac{1}{3}V_{CC} < u_I < \frac{2}{3}V_{CC}$ 时，$u_{C1} = u_{C2} = 1$，触发器实现保持的功能，所以 $u_O = 0$ 保持不变。

当 $u_I < \frac{1}{3}V_{CC}$ 时，$u_{C1} = 1, u_{C2} = 0$，触发器的输出 $Q = 1$，所以 $u_O = 1$。

2）电压传输特性和主要参数

施密特触发器的电压传输特性如图 6-18 所示，有两个稳定的工作状态，当输入信号 u_I 增大或减小时，具有不同的阈值电压 U_{T+} 和 U_{T-}，要使施密特触发器的输出状态发生转换，输入电压 u_I 必须大于 U_{T+} 或小于 U_{T-}。

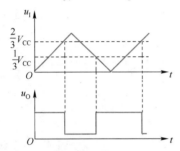

图 6-17　施密特触发器的工作波形

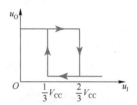

图 6-18　施密特触发器的电压传输特性

当输入信号 u_I 由小向大变化并大于上限阈值电压 U_{T+} 时，电路翻转到一个稳态，输出电压为低电平，$u_O = 0$；当输入信号 u_I 由大向小变化并小于下限阈值电压 U_{T-} 时，电路翻转到一个稳态，输出电压为高电平，$u_O = 1$。这种滞后的电压传输特性称为回差特性。回差电压为

$$\Delta U_T = U_{T+} - U_{T-} = \frac{2}{3}V_{CC} - \frac{1}{3}V_{CC} = \frac{1}{3}V_{CC}$$

如果 555 定时器的电压控制端 CO 外加电压，就可以改变 U_{T+}、U_{T-} 和 ΔU_T 数值。回差电压越大，抗干扰能力越强，但回差电压过大，触发灵敏度将降低。

6.2.4　施密特触发器的应用

1. 波形变换

施密特触发器可以将三角波、正弦波及其他不规则信号转换成矩形脉冲，如图 6-19 所示，把正弦波转换成同周期的矩形脉冲。

2. 脉冲整形

当传输的信号受到干扰而发生畸变时，可以利用施密特触发器的回差特性将受到干扰的信号整形成比较规则的矩形脉冲，如图 6-20 所示。

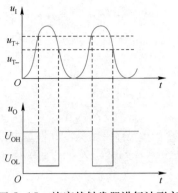

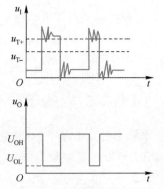

图 6-19　施密特触发器进行波形变换　　　　　图 6-20　施密特触发器进行脉冲整形

3. 脉冲幅度鉴别

施密特触发器可以用作幅度鉴别器。阈值鉴别器的输入、输出波形如图 6-21 所示。当幅度超过 U_{T+} 时，脉冲使得施密特触发器动作，在输出端得到一个矩形脉冲，这样就能把幅度超过 U_{T+} 的信号鉴别出来。

【例 6-2】　分析简易发动机缺水报警器的工作原理。

解　由施密特触发器构成的简易发动机缺水报警器如图 6-22 所示，所用传感器是浸入水中的探测电极。

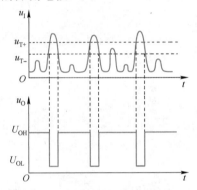

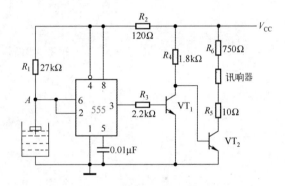

图 6-21　施密特触发器鉴别脉冲幅度　　　　图 6-22　简易发动机缺水报警器

当水位高于探测电极时，分压点 A 为低电平，这时 555 定时器的输出端为高电平，VT_1 导通，VT_2 截止，讯响器不发声。

当发动机缺水时，探测电极与水脱离成悬空状态，A 点变为高电平，555 定时器的输出端由高电平翻转为低电平，VT_1 截止，VT_2 导通，讯响器回路接通，讯响器发出报警声。

【思考题】

① 由 555 定时器如何构成施密特触发器？其工作原理是什么？

② 施密特触发器的特性是什么？

③ 施密特触发器的应用有哪些？

▶▶ 6.3　单稳态触发器

在数字电路中，除了施密特触发器，单稳态触发器也是另一类常用的脉冲整形电路。单稳态触发器作为常用的脉冲整形电路和延时电路，具有以下特点：① 有一个稳态和一个暂稳态；

② 无外触发脉冲输入时，电路处于稳态；在外触发脉冲作用下，电路将从稳态翻转到暂稳态，经一段时间后，电路又自动返回到原来的稳态；③ 暂稳态时间的长短取决于电路本身的参数，与外加触发脉冲无关。

6.3.1　门电路构成的单稳态触发器

由于单稳态触发电路中的暂稳态都是靠 RC 电路的充放电过程来维持的，根据 RC 的不同接法，单稳态触发器可以分为微分型和积分型两种。本节以微分型单稳态触发器为例来说明其工作原理。

1. 电路结构

由 CMOS 门电路组成的微分型单稳态触发器如图 6-23 所示，其中有两个微分环节：R_2 和 C_2 组成一个微分电路，其参数决定了输出端脉冲的宽度；R_1 和 C_1 组成另一个微分电路，作用是将输入的宽脉冲变为窄脉冲。

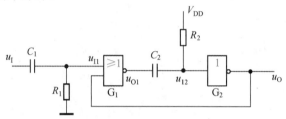

图 6-23　由 CMOS 或非门电路构成的微分型单稳态触发器

2. 工作原理

设两个 CMOS 门电路 G_1 和 G_2 的 $U_{OH} = V_{DD}$，$U_{OL} = 0\,V$，阈值电压 $U_{TH} = V_{DD}/2$。下面参照图 6-23 所示的电路结构和图 6-24 所示的工作波形来讨论其工作原理。

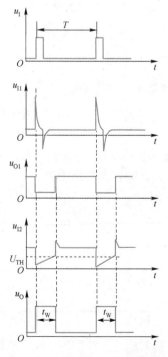

图 6-24　由 CMOS 门电路构成的单稳态触发器的工作波形

1）稳定状态

该电路用或非门构成，所以为高电平触发。当电路无触发信号，即 $u_I = 0\,V$ 时，电路处于稳态，$u_{I2} = V_{DD}$，$u_O = 0\,V$，$u_{O1} = V_{DD}$，电容 C_2 上没有电压。

2）电路暂稳态

当触发脉冲 u_I 加到输入端时，在 R_1 和 C_1 组成的微分电路的输出端得到很窄的正脉冲 u_{I1}，当 u_{I1} 增大到 U_{TH} 后，这时的微小增大就会使电路产生如下正反馈过程：

$$u_{I1}\uparrow \longrightarrow u_{O1}\downarrow \longrightarrow u_{I2}\downarrow \longrightarrow u_O\uparrow$$

正反馈使电路 u_{O1} 在极短的时间内迅速跳变为低电平；在开关过程中，由于电容上的电压不能突变，因此 u_{I2} 也跳变为低电平。输出 $u_O = U_{OH} = V_{DD}$，电路进入暂稳态。这时即使 u_I 回到低电平，u_O 的高电平仍将维持。

同时，电容 C_2 开始充电，u_{I2} 逐渐增大，当 $u_{I2} = U_{TH}$ 时，电路又产生另一个正反馈过程：

$$u_{I2}\uparrow \longrightarrow u_O\downarrow \longrightarrow u_{O1}\uparrow$$

这时若触发脉冲已经消失，则 u_{O1}、u_{I2} 迅速跳变为高电平，并使得输出返回到 $u_O = U_{OL} = 0\ \text{V}$ 的状态。同时，电容 C_2 通过电阻 R_2 和 G_2 的输入保护电路向 V_{DD} 放电，直至电容 C_2 上的电压为 $0\ \text{V}$，电路才恢复到稳定状态。

3. 主要参数

根据以上分析，可以画出电路中各点电压波形（见图 6-24），可知输出脉冲宽度就是电容 C_2 的电压从 $0\ \text{V}$ 充电至 U_{TH} 所需的时间，即由电容的充电时间常数 $\tau = R_2 C_2$ 决定。故一阶电路过渡过程公式为

$$u_C(t) = u_C(\infty) - [u_C(\infty) - u_C(0^+)]e^{-t/\tau} \tag{6.8}$$

其中，$u_C(\infty) = V_{DD}$，为电容 C_2 充电的终值电压；$u_C(0^+) = 0\ \text{V}$，为电容 C_2 充电时的起始电压值；$\tau = R_2 C_2$，为电容 C_2 充电的时间常数。

当充电时间 $t = t_W$ 时，$u_C(t_W) = U_{TH} = \dfrac{1}{2}V_{DD}$，这是暂稳态结束时的转换电平。将上述各值代入式（6.8），可得暂稳态持续时间

$$t_W = \tau \ln \frac{u_C(\infty) - u_C(0^+)}{u_C(\infty) - u_C(t_W)} = R_2 C_2 \ln \frac{V_{DD} - 0}{V_{DD} - \dfrac{1}{2}V_{DD}} \tag{6.9}$$

$$= R_2 C_2 \ln 2 \approx 0.7 R_2 C_2$$

6.3.2　集成单稳态触发器

用门电路构成的单稳态触发器虽然电路简单，但输出脉冲宽度的稳定性较差，调节范围小，而且触发方式单一。而集成单稳态触发器外接元件和连线少，触发方式灵活，既可用输入脉冲的正边沿触发，也可用负边沿触发，使用十分方便。同时，由于电路上采取了温漂补偿措施，工作稳定性较好，因此实际应用中常采用集成单稳态触发器。集成单稳态触发器分为不可重复触发型、可重复触发型两大类。

不可重复触发型单稳态触发器一旦被触发进入暂稳态，再加入触发脉冲将不会影响电路的工作过程，必须在暂稳态结束后，才接收下一个触发脉冲而转入暂稳态，如 CT74121、CT74221 属于不可重复触发型单稳态触发器。其逻辑符号如图 6-25 所示，工作波形如图 6-26 所示。

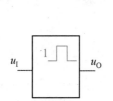

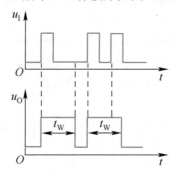

图 6-25　不可重复触发型单稳态触发器的逻辑符号　　图 6-26　不可重复触发型单稳态触发器的工作波形

可重复触发型单稳态触发器被触发进入暂稳态后，再加入触发脉冲，将重新被触发，使输出脉冲再维持一个 t_W 宽度，如 CT74122 和 CT74123。其逻辑符号如图 6-27 所示，工作哦波形如图 6-28 所示。

下面介绍这两种集成单稳态触发器的示例。

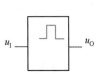

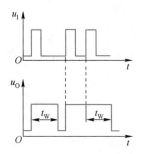

图 6-27　可重复触发型单稳态触发器的逻辑符号　　图 6-28　可重复触发型单稳态触发器的工作波形

1．不可重复触发型集成单稳态触发器 CT74121

1）引出端功能图和工作波形

不可重复触发型集成单稳态触发器 CT74121 是在普通微分型单稳态触发器的基础上附加输入控制电路、输出缓冲电路和窄脉冲电路而集成的。其引出端功能如图 6-29 所示，工作波形如图 6-30 所示。

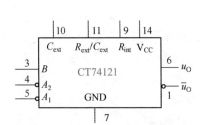

图 6-29　CT74121 的引出端功能

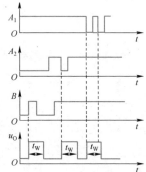

图 6-30　CT74121 的工作波形

A_1 和 A_2 是两个下降沿有效的触发输入端，B 是上升沿有效的触发输入端。u_O 和 $\bar{u}_O$ 是互补输出端。R_{ext} / C_{ext} 和 C_{ext} 是外接定时电阻和电容的连接端。CT74121 内部已经设置了一个 2 kΩ 的电阻，R_{int} 是引出端。

从图 6-30 所示的工作波形可知，在稳态期间再次触发时，对暂稳态没有影响，输出脉冲宽度不会改变，只取决于 R 与 C 的大小，即 $t_W = 0.7RC$，而与触发脉冲没有关系，因此 CT74121 为不可重复触发型单稳态触发器。

2）逻辑功能

不可重复触发型集成单稳态触发器 CT74121 的功能如表 6-4 所示，具有如下功能：

① 稳定状态。当输入处于前 4 行中的任何一种状态时，电路均处于 $u_O = 0$，$\bar{u}_O = 1$ 的稳定状态。

② 接收信号状态。电路由稳态翻转到暂稳态，并输出宽度符合要求的脉冲，有以下几种接法。

表 6-4　CT74121 的功能

输入			输出		说明
A_1	A_2	B	u_O	$\bar{u}_O$	
0	×	1	0	1	稳定状态
×	0	1	0	1	
×	×	0	0	1	
1	1	×	0	1	
1	↓	1	⊓	⊔	下降沿触发
↓	1	1	⊓	⊔	
↓	↓	1	⊓	⊔	
0	×	↑	⊓	⊔	上升沿触发
×	0	↑	⊓	⊔	

❖ 下降沿触发：B 端接高电平 1，当 A_1 和 A_2 两个输入端中有一个或同时有两个下降沿触发信号时，电路进入暂稳态。

❖ 上升沿触发：A_1 和 A_2 两个输入端中至少有一个接低电平，当 B 端有上升沿触发信号时，电路进入暂稳态。

③ 外部元件的连接方法，如图 6-31（下降沿触发）和图 6-32（上升沿触发）所示。一般采用图 6-31 的接法，当要求输出脉冲宽度可调时，可在 R_{ext} / C_{ext} 与 V_{CC} 之间接可调电阻，外接定时电阻 R_{ext} 为 2～40 kΩ，外接定时电容 C_{ext} 为 10 pF～10 μF，$t_W = 0.7 R_{ext} C_{ext}$。当要求输出脉宽很小时，可用图 6-32 的接法，采用内部电阻 R_{int}（约 2 kΩ），则 $t_W = 0.7 R_{int} C_{ext}$。

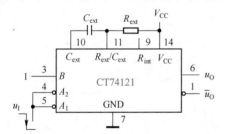
图 6-31　CT74121 使用外接电阻连接

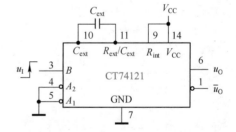
图 6-32　CT74121 使用外接电阻连接

2. 可重复触发型集成单稳态触发器 CT74122

可重复触发型集成单稳态触发器 CT74122 的引出端功能如图 6-33 所示，工作波形如图 6-34 所示。A_1 和 A_2 是两个下降沿有效的触发信号输入端，B_1 和 B_2 是两个上升沿有效的触发信号输入端。u_O 和 $\bar{u}_O$ 是两个状态互补的输出端。R_{ext} / C_{ext}、C_{ext} 和 R_{int} 三个引出端是供外接定时元件使用的，外接定时电阻 R_{ext}（5～50 kΩ）、电容 C_{ext}（无限制）的接法与 CT74121 相同。$\bar{R}_D$ 为直接复位输入端，低电平有效。

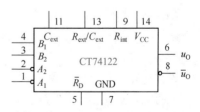
图 6-33　CT74122 的引出端功能

当定时电容 $C_{ext} > 1000$ pF 时，CT74122 的输出脉冲宽度为 $t_W \approx 0.32 R_{ext} C_{ext}$。

6.3.3　用 555 定时器构成的单稳态触发器

1. 电路组成及工作原理

555 定时器构成的不可重复触发型单稳态触发器的电路结构如图 6-35 所示，简化连线图如图 6-36 所示，工作波形如图 6-37 所示。R 和 C 是定时元件，输入触发信号 u_I 加在低电平触发端（2 引脚），输出信号为 u_O。

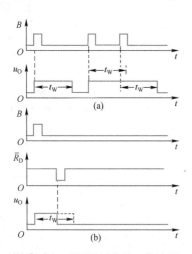

图 6-34　CT74122 的工作波形

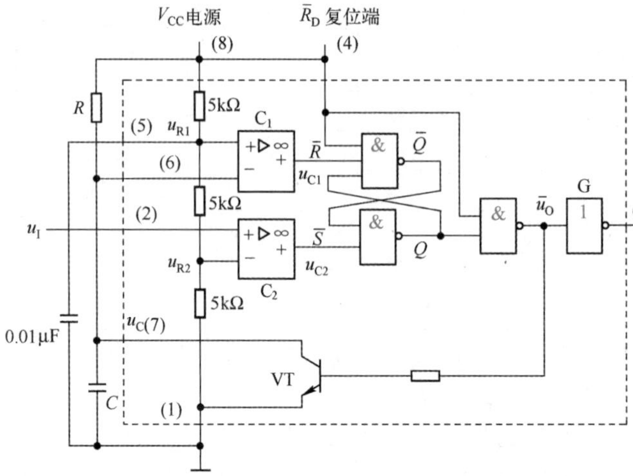

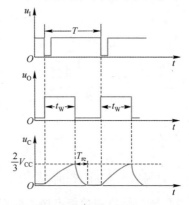

图 6-35　555 定时器构成的单稳态触发器的电路结构

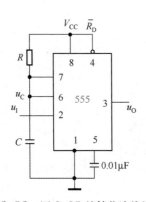

图 6-36　图 6-35 的简化连线图

图 6-37　由 555 定时器构成的单稳态触发器的工作波形

1）稳定状态

当无触发信号时，u_I 为高电平，则电路处在稳定状态，输出为 $u_O = 0$，三极管 VT 导通，电容电压 $u_C = 0$。

设接通电源后触发器停在 $Q = 0$ 的状态，三极管 VT 导通，电容 C 的电压 u_C 为低电平，则电压比较器 C_1、C_2 的输出为 $u_{C1} = 1$，$u_{C2} = 1$，这时基本 RS 触发器保持 0 状态不变。

假设接通电源后触发器停在 $Q = 1$ 的状态，三极管 VT 截止，则 V_{CC} 经电阻 R 向电容 C 充电。当电容 C 上的电压 $u_C > \dfrac{2}{3} V_{CC}$ 时，电压比较器 C_1 的输出 $u_{C1} = 0$。同时，u_I 为高电平且 $u_I > \dfrac{1}{3} V_{CC}$，电压比较器 C_2 的输出 $u_{C2} = 1$。基本 RS 触发器置 0，输出为 $u_O = 0$，与此同时，三

极管 VT 导通，电容 C 经 VT 迅速放电，$u_C = 0$，电压比较器 C_1 的输出 $u_{C1} = 1$，这时基本 RS 触发器的两个输入信号为高电平 1，保持 0 状态不变。

因此，通电后，电路自动停在 $u_O = 0$ 的状态不变。

2）触发进入暂稳态

当输入触发信号 u_1 由高电平下降到低电平 $\frac{1}{3}V_{CC}$ 时，电压比较器 C_2 的输出 $u_{C2} = 0$。由于此时 $u_C = 0$，因此 $u_{C1} = 1$。基本 RS 触发器置 1，$Q = 1$，输出为 $u_O = 1$。与此同时，三极管 VT 截止，电源 V_{CC} 经电阻 R 向电容 C 充电，电路进入暂稳态。

3）自动返回稳定状态

由于充电作用，电容 C 上的电压逐渐增大。当 $u_C \geqslant \frac{2}{3}V_{CC}$ 时，电压比较器 C_1 的输出 $u_{C1} = 0$。同时，u_1 为高电平且大于 $\frac{1}{3}V_{CC}$，电压比较器 C_2 的输出 $u_{C2} = 1$，基本 RS 触发器置 0，$Q = 0$，输出为 $u_O = 0$，同时，三极管 VT 导通，电容 C 经 VT 迅速放电，$u_C = 0$，电路自动返回稳态。

2. 主要参数

1）输出脉冲宽度

单稳态触发器的输出脉冲宽度 t_W 即暂稳态持续时间，也就是电容 C 上的电压由 0 V 上升到 $\frac{2}{3}V_{CC}$ 所需的时间，即由电容的充电时间常数 $\tau = RC$ 决定。一阶电路过渡过程为

$$u_C(t) = u_C(\infty) - [u_C(\infty) - u_C(0^+)]e^{-t/\tau} \tag{6.10}$$

其中，$u_C(\infty) = V_{CC}$，为电容 C 充电的终值电压值；$u_C(0^+) = 0$ V，为电容 C 充电时的起始电压值；$\tau = RC$，为电容 C 充电的时间常数。

当充电时间 $t = t_W$ 时，$u_C(t_W) = \frac{2}{3}V_{CC}$，这是暂稳态结束时的转换电平，将上述各值代入式（6.10），可得

$$t_W = \tau \ln \frac{u_C(\infty) - u_C(0^+)}{u_C(\infty) - u_C(t_W)} = RC \ln \frac{V_{CC} - 0}{V_{CC} - \frac{2}{3}V_{CC}} \tag{6.11}$$

$$= RC \ln 3 \approx 1.1RC$$

式（6.11）说明，单稳态触发器的输出脉冲宽度 t_W 仅决定于定时元件 R 和 C 的取值，与输入触发信号和电源电压无关，调节 R 和 C 的取值，即可方便调节 t_W。需要指出的是，触发负脉冲 u_1 的宽度要小于 t_W。若触发负脉冲的宽度大于所要求的脉冲宽度 t_W，则可以在 u_1 和触发器输入端之间接入 RC 微分电路。

2）恢复时间 T_{re}

暂稳态结束后，还需要一段恢复时间，以便使电容 C 在暂稳态期间所存储的电荷释放完，使电路恢复到起始的状态。一般取 $T_{re} = (3 \sim 5)\tau_2$，$\tau_2 = R_{CES}C$。$R_{CES}$ 是 VT 的饱和导通电阻，其阻值非常小，因此放电速度非常快。

3）最高工作频率 f_{max}

如果输入触发信号是周期为 T 的连续脉冲，为保证单稳态触发器能正常工作，则应满足条件 $T > t_W + T_{re}$，即相邻两次触发脉冲的时间间隔应大于 $T_W + T_{re}$。所以，最小周期为

$$T_{\min} = t_{\mathrm{W}} + T_{\mathrm{re}}$$

则最高频率

$$f_{\max} = \frac{1}{T_{\min}} = \frac{1}{t_{\mathrm{W}} + T_{\mathrm{re}}} \tag{6.12}$$

6.3.4　单稳态触发器的应用

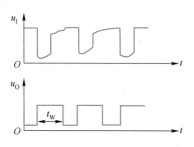

图 6-38　单稳态触发器用于波形整形

1．脉冲整形

　　某些控制测量系统要用到光电转换电路，由于光照强弱等原因使得输出的电脉冲 u_{I} 出现边沿不陡、幅度不等现象。如图 6-38 中的 u_{I} 直接作为计数器的计数脉冲往往会造成漏计或误计。因此，u_{I} 作为单稳态触发器的触发信号，便可在单稳态触发器的输出端得到相同数目的规则脉冲信号 u_{O}。

2．脉冲定时

　　例如在图 6-39 中，单稳态触发器的输出 $u_{\mathrm{C}}=1$ 用作门 G 开通与否的控制信号。当 $u_{\mathrm{C}}=1$ 时，门 G 开通，信号 u_{B} 通过门 G 输出；当 $u_{\mathrm{C}}=0$ 时，门 G 关闭，u_{B} 不能输出。门 G 的定时时间即单稳态触发器的暂稳态持续时间，因此单稳态触发器可以用作脉冲定时。其输出端波形如图 6-40 所示。

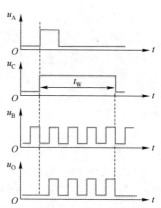

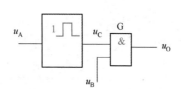

图 6-39　单稳态触发器组成的定时电路

图 6-40　单稳态触发器组成的工作波形

3．脉冲展宽

　　单稳态触发器的脉冲展宽电路如图 6-41 所示，其工作波形如图 6-42 所示。

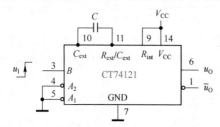

图 6-41　单稳态触发器的脉冲展宽电路

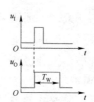

图 6-42　图 6-41 的工作波形

【例6-3】 用单稳态触发器构成曝光定时器。

解 由单稳态触发器和双向晶闸管组成的曝光定时器如图6-43所示。

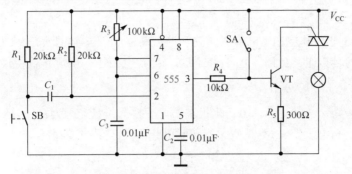

图6-43 由单稳态触发器和双向晶闸管组成的曝光定时器

555定时器与R_3和C_3组成单稳态触发电路，未启动按钮SB时，R_2将2引脚钳制在高电平，单稳态电路处于稳态，3引脚输出低电平。启动按钮SB，负脉冲通过C_1加至555定时器的2引脚，这个低电平将单稳态触发器翻转，3引脚输出高电平。这个高电平通过R_4加至VT的基极，使VT导通。VT导通后，其集电极输出低电平，这个低电平使得双向晶闸管闭合，打开曝光灯进入曝光过程。当暂稳态持续时间结束后，3引脚恢复低电平，曝光结束。其暂稳态延续时间$T = 1.1R_3C_3$，即曝光时间。R_3是可调电阻，可根据不同曝光时间的需要进行调节。

电路中的SA为非定时手控开关，按下SA后，VT导通，双向晶闸管闭合将曝光灯打开，直至断开SA后曝光灯才熄灭。

【思考题】

① 由555定时器如何构成单稳态触发器？其工作原理是什么？

② 单稳态触发器的特性是什么？

③ 单稳态触发器的应用有哪些？

▶▶ 6.4 多谐振荡器

多谐振荡器只要接通电源，自身就能产生矩形波，也被称为自激振荡器，由于矩形波中除了基波还含有丰富的谐波成分，因此又被称为多谐振荡器。触发器和时序电路中的时钟脉冲一般是由多谐振荡器产生的。

多谐振荡器的特点如下：① 多谐振荡器没有稳定状态，只有两个暂稳态；② 通过电容的充电和放电，使两个暂稳态相互交替，从而产生自激振荡，不需外触发；③ 输出周期性的矩形脉冲信号，含有丰富的谐波分量。

构成多谐振荡器的方法很多，可以由专用的集成电路构成，555定时器及门电路也可构成多谐振荡器。

6.4.1 用门电路组成的多谐振荡器

用门电路组成的多谐振荡器的种类较多，有对称式的、非对称式的，还有环形振荡器。它们共同的结构特点是由门电路、正反馈网络和RC延时环节三部分组成。门电路的作用是产生高、低电平；正反馈网络可将输出状态恰当地反馈给门电路的输入端，以改变输出状态；RC 延时环节决定振荡频率。下面以 CMOS 非门组成的非对称式多谐振荡器为例来说明。

1. 电路组成

由两个 CMOS 非门和电阻、电容组成的多谐振荡器如图 6-44 所示。R 的选择应使 G_1 工作在电压传输特性的转折区。此时，由于 u_{O1} 即 u_{I2}，G_2 也工作在电压传输特性的转折区。

2. 工作原理

设电路的初态为 $u_{O1} = 1$，$u_{O2} = 0$。此状态不可能持久维持，因为 u_{O1} 的高电平必然通过 $u_{O1} \to R \to C \to u_{O2}$ 向 C 充电，使 u_{I1} 不断增大，必然引起下述正反馈过程：

$$u_{I1}{\uparrow} \longrightarrow u_{O1}{\downarrow} \longrightarrow u_{O2}{\uparrow}$$

当 $u_{I1} > U_{TH}$ 时，u_{O1} 迅速变成低电平，而 u_{O2} 迅速变成高电平，即 $u_{O1} = 0$，$u_{O2} = 1$，电路进入第一个暂稳态。此状态也不能持久，因为 u_{O2} 的高电平必然通过 $u_{O2} \to C \to R \to u_{O1}$ 使电容 C 通过 R 放电，使 u_{I1} 逐步减小，电路又产生如下一次正反馈过程：

$$u_{I1}{\downarrow} \longrightarrow u_{O1}{\uparrow} \longrightarrow u_{O2}{\downarrow}$$

当 $u_{I1} < U_{TH}$ 时，u_{O1} 迅速变成高电平，而 u_{O2} 迅速变成低电平，即 $u_{O1} = 1$，$u_{O2} = 0$，电路进入第二个暂稳态。此时，u_{O1} 通过 R 向电容 C 充电，随着电容 C 不断充电而不断上升，当 $u_{I1} \geq U_{TH}$ 时，电路又迅速跳变为第一个暂稳态。如此周而复始，电路不停地在两个暂稳态之间转换，电路将输出方波，如图 6-45 所示。

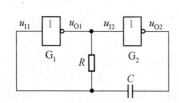

图 6-44　CMOS 非门构成的多谐振荡器

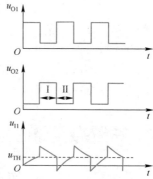

图 6-45　CMOS 反相器构成的多谐振荡器的工作波形

3. 周期的计算

同样，利用一阶电路过渡过程的公式来计算振荡周期与频率，即

$$u_C(t) = u_C(\infty) - [u_C(\infty) - u_C(0^+)]e^{-t/\tau}$$

其中，$u_C(\infty) = V_{DD}$，为电容 C 充电的终值电压值；$u_C(0^+) = 0\,V$，为电容 C 充电时的起始电压值；$\tau_{充} = RC$，为电容 C 充电的时间常数。

1）电容充电时间 T_1

当充电时间 $t = T_1$ 时，$u_C(T_1) = U_{TH} = 0.5V_{DD}$，这是暂稳态结束时的转换电平。将上述各值代入式 (6.10)，可得

$$T_1 = \tau_{充} \ln \frac{u_C(\infty) - u_C(0^+)}{u_C(\infty) - u_C(T_1)} = RC \ln \frac{V_{DD} - 0}{V_{DD} - 0.5V_{DD}} = RC \ln 2 \approx 0.7RC \qquad (6.13)$$

2）电容放电时间 T_2

同理，放电过程中 u_C 的初值和终值分别为 $u_C(0^+) = V_{DD}$，$u_C(\infty) = 0\text{ V}$，电容 C 放电的时间常数 $\tau_{\text{放}} = RC$，$u_C(T_2) = U_{TH} = 0.5V_{DD}$。将上述各值代入式(6.10)，可得

$$T_2 = \tau_{\text{放}} \ln \frac{u_C(\infty) - u_C(0^+)}{u_C(\infty) - u_C(T_2)} = RC \ln \frac{0 - V_{DD}}{0 - 0.5V_{DD}} = RC \ln 2 \approx 0.7RC \tag{6.14}$$

即 $T_W = T_1 + T_2 = 1.4RC$。因为 $T_1 = T_2$，所以该多谐振荡器的输出为对称方波。

6.4.2 石英晶体组成的多谐振荡器

门电路构成的多谐振荡器的特点是振荡频率不稳定，容易受温度、电源电压波动和 RC 参数误差的影响，频率的稳定性只有约 10^{-3} 或更差。而在数字系统中，矩形脉冲信号常用作时钟信号来控制和协调整个系统的工作。因此，控制信号频率不稳定会直接影响到系统的工作。显然，在对频率稳定性要求比较高的场合，前面讨论的多谐振荡器是不能满足要求的，普遍采用石英晶体组成的多谐振荡器。

1. 石英晶体的选频特性

石英晶体的电路符号和等效阻抗频率特性如图 6-46 所示，可知石英晶体有两个谐振频率。当 $f = f_s$ 时，为串联谐振，石英晶体的电抗 $X = 0$；当 $f = f_p$ 时，为并联谐振，石英晶体的电抗无穷大。由石英晶体本身的特性决定：$f_s \approx f_p \approx f_0$（晶体的标称频率）。石英晶体的选频特性极好，$f_0$ 十分稳定，其稳定度可达 $10^{-10} \sim 10^{-11}$。

2. 石英晶体的共振模式

根据石英晶体等效电路电抗 X 的频率特性，石英晶体可以构成两种类型的晶体振荡电路。

1）并联型石英晶体振荡器

并联型石英晶体振荡电路如图 6-47 所示。R 和 G_1 构成放大器，石英晶体工作在感性的频段内，与 C_1 和 C_2 构成电容三点式振荡电路。振荡频率为石英晶体的谐振频率 f_0，频率极其稳定但输出波形不够理想。所以在输出端加反相器 G_2，可以起到整形作用，同时可以提高带负载的能力。

(a) 电路符号	(b) 等效阻抗频率特性

图 6-46 **石英晶体**　　　　　　　图 6-47 **并联型石英晶体振荡电路**

2）串联型石英晶体振荡器

串联型石英晶体振荡电路如图 6-48 所示。R_1、G_1 和 R_2、G_2 分别构成放大器，两个放大器经 C_1 和 C_2 构成正反馈系统，以满足产生振荡的相位平衡条件，同时是选频网络。振荡频率为石英晶体的谐振频率 f_0。对于 TTL 门，R_1、R_2 通常取 $0.7 \sim 2\text{k}\Omega$；对于 CMOS 门，则取为 $10 \sim 100\text{M}\Omega$。

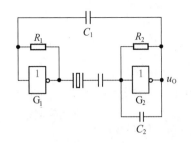

图 6-48　串联型石英晶体振荡电路

3．石英晶体振荡器件的类别

从功能上，石英晶体振荡器件可分为无源晶振和有源晶振两大类。

无源晶振是指石英晶片加上电极与外壳封装，需搭配如图 6-47 或图 6-48 的电路才会产生振荡，又称为石英振荡子（或石英晶体谐振器）。无源晶振通常是两管脚的电子器件，如 SMD 1612 贴片晶振主要应用于手机、智能电子手表、网络通信等电子产品。

有源晶振是指内部含有石英晶体与匹配电容等振荡电路，不需要设计外围电路，但需要电源供电，可直接产生振荡信号输出，又称为石英晶体振荡器。有源晶振通常是四引脚的电子器件，其中两个引脚为电源，一个为振荡信号输出，另一个为空脚或控制端。如爱普生晶振 SG-3030LC 主要用于时钟控制产品或是控制模块。

6.4.3　由 555 定时器构成的多谐振荡器

1．555 定时器构成多谐振荡器的电路组成

把 555 定时器的 u_{I1} 和 u_{I2} 两个输入端连接在一起，再外接电阻 R_1、R_2 和电容 C，可以构成多谐振荡器，如图 6-49 所示，其简化连线图如图 6-50 所示。该电路不需要外加触发信号，通电后能产生周期性的矩形脉冲或方波。

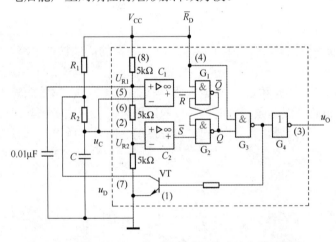

图 6-49　由 555 定时器构成的多谐振荡器

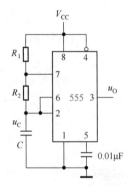

图 6-50　图 6-49 的简化连线图

2．工作原理

多谐振荡器有两个暂稳态。假设当电源接通后，电路处于某暂稳态，电容 C 上的电压 u_C 略低于 $\frac{1}{3}V_{cc}$，u_O 输出高电平，VT 截止，电源 V_{cc} 通过 R_1、R_2 给电容 C 充电。随着充电的进行，u_C 逐渐增大，但只要 $\frac{1}{3}V_{cc} < u_C < \frac{2}{3}V_{cc}$，输出电压 u_O 就一直保持高电平不变，这就是第一个暂稳态。当电容 C 上的电压 u_C 略微超过 $\frac{2}{3}V_{cc}$ 时，RS 触发器置 0，使输出电压从原来的高电平

电平翻转到低电平，即 $u_O = 0$，VT 饱和导通，则电容 C 通过 R_2 和 VT 放电。随着电容 C 放电，u_C 下降，但只要 $\frac{1}{3}V_{CC} < u_C < \frac{2}{3}V_{CC}$，$u_O$ 就一直保持低电平不变，这就是第二个暂稳态。

当 u_C 下降到略微低于 $\frac{1}{3}V_{CC}$ 时，RS 触发器置 1，电路输出又变为 $u_O = 1$，VT 截止，电容 C 再次充电，又重复上述过程，电路输出便得到周期性的矩形脉冲。其工作波形如图 6-51 所示。因为两个状态会随着电容的充、放电自动结束，所以两个状态都称为暂稳态。

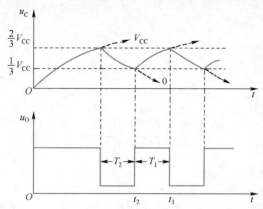

图 6-51　由 555 定时器组成的多谐振荡器的工作波形

3．主要参数

由以上分析可知，输出矩形波高、低电平的宽度分别相当于两个暂稳态的持续时间，而暂稳态的持续时间又与充电、放电时间常数和两个触发端的触发电压有关系，所以可以利用一阶电路过渡过程的公式计算有关参数。

1）电容充电时间 T_1

一阶电路过渡过程的计算公式为

$$u_C(t) = u_C(\infty) - [u_C(\infty) - u_C(0^+)]e^{-t/\tau} \tag{6.15}$$

其中，$u_C(\infty) = V_{CC}$，为电容 C 充电的终值电压；$u_C(0) = \frac{1}{3}V_{CC}$，为电容 C 充电时的起始电压值；$\tau_{充} = (R_1 + R_2)C$，为电容 C 充电的时间常数。

当充电到 $t = t_1$ 时，$u_C(t_1) = \frac{2}{3}V_{CC}$，这是暂稳态结束时的转换电平。将上述各值代入式（6.15），可得

$$T_1 = \tau_1 \ln\frac{u_C(\infty) - u_C(0^+)}{u_C(\infty) - u_C(t_1)} = (R_1 + R_2)C\ln\frac{V_{CC} - \frac{1}{3}V_{CC}}{V_{CC} - \frac{2}{3}V_{CC}} \tag{6.16}$$

$$= (R_1 + R_2)C\ln 2 = 0.7(R_1 + R_2)C$$

2）电容放电时间 T_2

同理，由 u_C 的波形可知，放电过程中 u_C 的初值和终值分别为 $u_C(0^+) = \frac{2}{3}V_{CC}$，$u_C(\infty) = 0\text{ V}$，当放电到 $t = t_2$ 时，$u_C(t_2) = \frac{1}{3}V_{CC}$，电容 C 的放电时间常数 $\tau_{放} = R_2C$。将上述各值代入式（6.15），

可得

$$T_2 = \tau_2 \ln \frac{u_C(\infty) - u_C(0^+)}{u_C(\infty) - u_C(t_2)} = R_2 C \ln \frac{0 - \dfrac{2}{3}V_{CC}}{0 - \dfrac{1}{3}V_{CC}} = R_2 C \ln 2 \approx 0.7 R_2 C \tag{6.17}$$

3）电路的振荡周期电路的振荡频率

电路的振荡周期为

$$T = T_1 + T_2 = 0.7(R_1 + 2R_2)C \tag{6.18}$$

振荡频率为

$$f = \frac{1}{T} = \frac{1}{0.7(R_1 + 2R_2)C}$$

4）输出脉冲的占空比

输出脉冲的占空比为

$$q = \frac{T_1}{T} = \frac{0.7(R_1 + R_2)}{0.7(R_1 + 2R_2)} = \frac{R_1 + R_2}{R_1 + 2R_2} \tag{6.19}$$

可以看出，通过调节 R_1、R_2 和 C，可以调节各参数。

6.4.4 多谐振荡器的应用：燃气灶熄火声光报警电路

利用多谐振荡器构成的燃气灶熄火声光报警电路如图 6-52 所示。

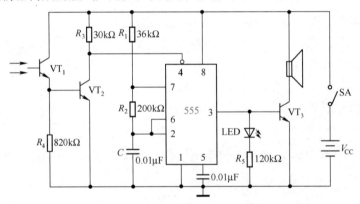

图 6-52　利用多谐振荡器构成的燃气灶熄火声光报警电路

正常工作时，先将 SA 闭合。555 定时器构成音频振荡电路，扬声器用于发声报警，三极管 VT_1、VT_2 和电阻 R_3、R_4 组成的电路作为电子开关。VT_1 采用光敏三极管 3DU 系列器件。炉火正常燃烧并发光的情况下，VT_1 呈低阻（一般为 $10k\Omega$）状态，VT_2 处于正偏状态而饱和导通，管压降只有 0.3 V 左右，使 IC555 的 4 引脚处于强制复位状态，多谐振荡器不会振荡，扬声器不发声。当燃气灶熄灭后，因无火光照 VT_1 呈高阻状态，VT_2 无正偏电压而截止，4 引脚转为高电位，解除复位状态，多谐振荡器开始起振，输出的方波使发光二极管闪烁发光，并经 VT_3 放大，驱动扬声器发出报警声。

【思考题】

① 由 555 定时器如何构成多谐振荡器？其工作原理是什么？

② 多谐振荡器的特性是什么？

▶▶ *6.5　过程考核模块：洗衣机控制器脉冲波形的产生和整形模块的设计

1. 设计要求

（1）试设计一个秒脉冲发生器（可以产生较高频率的信号，然后分频得到）。

（2）报警电路的设计。试设计一个报警电路，当定时时间到达时，发出音响信号提醒用户注意。

2. 要求完成的任务

（1）说明设计原理，并画出设计电路图。

（2）选仿真软件对设计电路进行仿真，并优化设计。

（3）调试所设计的电路，使之达到设计要求。

（4）分析测试结果，写出该模块设计报告。

课程思政案例

以知促行　以行求知——555 定时器构成的
多谐振荡器 1

未雨绸缪　安全为先——555 定时器构成的
多谐振荡器 2

本章小结

（1）脉冲信号的产生和整形电路主要包括多谐振荡器、单稳态触发器和施密特触发器。多谐振荡器用于产生脉冲信号，而单稳态触发器和施密特触发器主要用于对波形进行整形和变换，它们都是电子系统中经常使用的单元电路。

（2）施密特触发器有两个稳定状态，是靠两个不同的输入电平来维持的，因此具有回差特性。调节回差电压的大小可改变输出脉冲的宽度。施密特触发器可将任意波形变换成矩形脉冲，还可用来进行幅度鉴别等。

（3）单稳态触发器有一个稳定状态和一个暂稳态。其输出脉冲宽度只取决于电路本身 R 和 C 定时元件的数值，与输入信号没有关系。输入信号只起到触发电路进入暂稳态的作用。改变 R 和 C 定时元件的参数值，可以调节输出脉冲的宽度。

（4）多谐振荡器没有稳定状态，只有两个暂稳态。暂稳态间的相互转换完全靠电路本身电容的充电和放电自动完成。因此，多谐振荡器接通电源后就能输出周期性的矩形脉冲。改变 R、

C 定时元件数值的大小,可调节振荡频率。在振荡频率稳定度要求很高的情况下,可采用石英晶体振荡器。

(5)555 定时器是一种多用途的集成电路,只需外接少量阻容元件便可以组成多谐振荡器、施密特触发器和单稳态触发器,还可以组成其他各种实用电路。由于 555 定时器使用方便、灵活,有较强的带负载能力和较高的触发灵敏度,因此在自动控制、仪器仪表、家用电器等许多领域都有着广泛的应用。

随堂测验

6.1 选择题

1. 脉冲整形电路有（   ）。
   A. 多谐振荡器　　　　B. 单稳态触发器　　　　C. 施密特触发器　　　　D. 555 定时器

2. 多谐振荡器可产生（   ）。
   A. 正弦波　　　　　　B. 矩形脉冲　　　　　　C. 三角波　　　　　　　D. 锯齿波

3. 石英晶体多谐振荡器的突出优点是（   ）。
   A. 速度高　　　　　　B. 电路简单　　　　　　C. 输出波形边沿陡峭　D. 振荡频率稳定

4. TTL 单定时器型号的最后几位数字为（   ）。
   A. 555　　　　　　　　B. 556　　　　　　　　C. 7555　　　　　　　　D. 7556

5. 用 555 定时器组成施密特触发器,当输入控制端 CO 外接 10 V 电压时,回差电压为（   ）。
   A. 3.33 V　　　　　　B. 5 V　　　　　　　　C. 6.66 V　　　　　　　D. 10 V

6. 以下电路中,（   ）产生脉冲定时。
   A. 多谐振荡器　　　　B. 单稳态触发器　　　　C. 石英晶体多谐振荡器 D. 施密特触发器

7. 改变施密特触发器的回差电压而输入电压不变,输出电压变化的是（   ）。
   A. 幅度　　　　　　　B. 脉冲宽度　　　　　　C. 频率　　　　　　　　D. 相位

8. 若要产生周期性的脉冲信号,应采用的电路是（   ）。
   A. 多谐振荡器　　　　B. 施密特触发器　　　　C. 单稳态触发器　　　　D. 以上均可

9. 单稳态触发器的主要用途是（   ）。
   A. 整形、延时、鉴幅　　　　　　　　　　　　B. 延时、定时、存储
   C. 延时、定时、整形　　　　　　　　　　　　D. 整形、鉴幅、定时

10. 为了将正弦信号转换成与之频率相同的脉冲信号,可采用（   ）。
    A. 多谐振荡器　　　　B. 移位寄存器　　　　　C. 单稳态触发器　　　　D. 施密特触发器

11. 滞后性是（   ）的基本特性。
    A. 多谐振荡器　　　　B. 施密特触发器　　　　C. T 触发器　　　　　　D. 单稳态触发器

12. 由 555 定时器构成的单稳态触发器,其输出脉冲宽度取决于（   ）。
    A. 电源电压　　　　　B. 触发信号幅度　　　　C. 触发信号宽度　　　　D. 外接 R、C 的值

6.2 判断题（正确的画"√",错误的画"×"）

1. 施密特触发器可用于将三角波变换成正弦波。（   ）

2. 施密特触发器有两个稳态。（   ）

3. 多谐振荡器的输出信号的周期与阻容元件的参数成正比。（   ）

4. 石英晶体多谐振荡器的振荡频率与电路中的 R、C 的值成正比。（   ）

5. 单稳态触发器的暂稳态时间与输入触发脉冲宽度成正比。（   ）

6. 单稳态触发器的暂稳态维持时间用 t_W 表示，与电路的 RC 值成正比。（   ）

7. 采用不可重复触发单稳态触发器时，若在触发器进入暂稳态期间再次受到触发，输出脉宽可在此前暂稳态时间的基础上再展宽 t_W。（   ）

8. 施密特触发器的上限阈值电压一定大于下限阈值电压。（   ）

6.3 填空题

1. 555 定时器的最后数码为 555 的是_____产品，为 7555 的是_____产品。

2. 施密特触发器具_____现象，又称为_____特性；单稳触发器最重要的参数为_____。

3. 常见的脉冲产生电路有_____，常见的脉冲整形电路有_____、_____。

4. 为了实现高的频率稳定度，常采用_____振荡器；单稳态触发器受到外界触发时进入_____态。

习 题 6

6.1 555 定时器由哪几部分组成？各部分的功能是什么？

6.2 由 555 定时器组成的施密特触发器具有回差特性，回差电压 ΔU_T 的大小对电路有何影响？怎样调节？当 $V_{DD} = 12\,V$ 时，U_{T+}、U_{T-}、ΔU_T 各为多少？当控制端 CO 外接 8 V 电压时，U_{T+}、U_{T-}、ΔU_T 又各为多少？

6.3 电路如图 P6.3(a) 所示，若输入信号 u_I 如图 P6.3(b) 所示，画出 u_O 的波形。

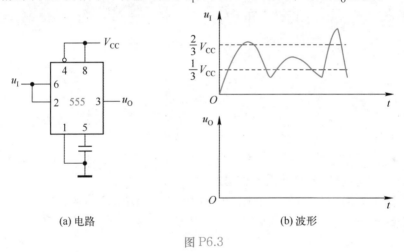

(a) 电路   (b) 波形

图 P6.3

6.4 已知由 555 定时器构成的施密特触发器的输入波形如图 P6.4 所示。其中，$U_m = 20\,V$，电源电压 $V_{DD} = 18\,V$，定时器控制端 CO 通过电容接地，画出施密特触发器对应的输出波形。如果定时器控制端 CO 外接控制电压 $U_S = 16\,V$ 时，试画出施密特触发器对应的输出波形。

6.5 要改变由 555 定时器组成的单稳态触发器的脉宽，可以采取哪些方法？

6.6 由集成定时器 555 构成的电路如图 P6.6 所示，请回答下列问题：

（1）构成电路的名称。

（2）已知输入信号波形 u_I，画出电路中 u_O 的波形（标明 u_O 波形的脉冲宽度）。

6.7 分析由 555 定时器构成的断线光电隔离式保护电路（如图 P6.7 所示）的工作原理。

6.8 由 555 定时器构成的电子门铃电路如图 P6.8 所示，按下开关 S，使门铃 Y 鸣响，且抬手后持续一段时间。那么：（1）计算门铃的鸣响频率。

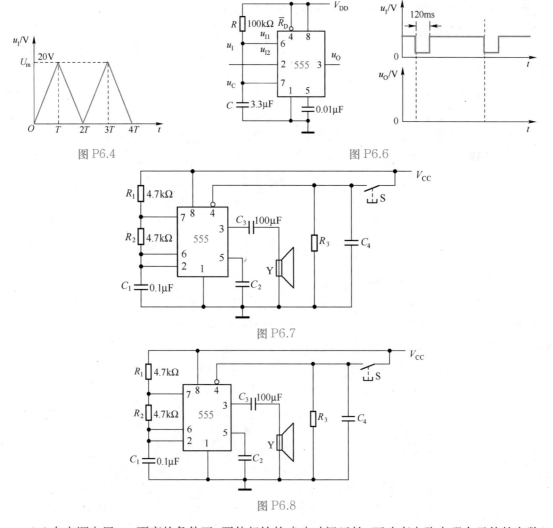

图 P6.4

图 P6.6

图 P6.7

图 P6.8

（2）在电源电压 V_{CC} 不变的条件下，要使门铃的鸣响时间延长，可改变电路中哪个元件的参数？

（3）电路中的电容 C_2 和 C_3 各起什么作用？

6.9 一个由 555 定时器构成的防盗报警电路如图 P6.9 所示，a、b 两端被一细铜丝接通，此铜丝置于盗窃者必经之路，当盗窃者闯入室内将铜丝碰断后，扬声器即发出报警声。

（1）555 定时器接成何种电路？

（2）说明本报警电路的工作原理。

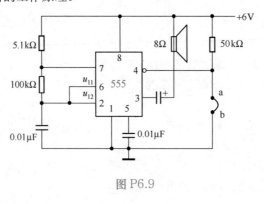

图 P6.9

6.10 4位二进制加法计数器CT74161和集成单稳态触发器CT74121组成如图P6.10(a)所示的电路。

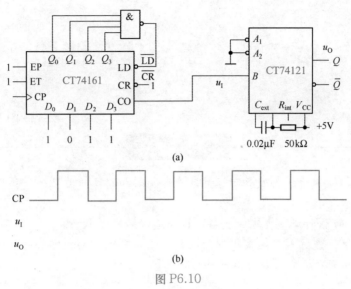

(a)

图 P6.10

（1）分析 CT74161 组成的电路，画出状态转换图。

（2）估算输出脉宽 T_w 的值。

（3）设 CP 为方波（周期 $T \geqslant 1\,\text{ms}$），在图 P6.10(b)中画出 u_I、u_O 两点的工作波形。

第 7 章　半导体存储器

课程目标

✠ 根据存储器的结构示意图或存储容量，能够判断存储器的地址线、数据线的根数，字数和存储容量大小等。

✠ 能够使用 ROM 设计满足要求的数字逻辑电路。

✠ 根据扩展要求，能够判断所需存储器的片数，并采用合适的方法（字扩展法、位扩展法或综合应用两种方法）对存储器进行扩展。

内容提要

本章重点阐述只读存储器（ROM）和随机存储器（RAM）的功能、结构、应用以及存储器扩展的方法。

主要问题

✠ 只读存储器和随机存储器的功能区别是什么？

✠ ROM 存储器电路由几部分组成？每部分完成什么功能？固定 ROM、可编程 ROM 存储单元的工作原理是什么？

✠ RAM 存储器电路由几部分组成？每部分完成什么功能？静态 RAM、动态 RAM 存储单元的工作原理是什么？

✠ 如何对存储器进行字扩展、位扩展？

▶▶ 7.1 半导体存储器概述

作为计算机的记忆设备，存储器（Memory）用来存放程序和数据。计算机的全部信息，包括输入的原始数据、计算机程序、中间运行结果和最终运行结果，都保存在存储器中。存储器按存储介质可分为 3 类：磁表面存储器、光盘存储器和半导体存储器。所谓磁表面存储器，是指以磁性材料为存储介质的存储器，如磁盘（软磁盘、硬磁盘）、磁带、磁卡、磁鼓等。所谓光盘存储器，是指应用激光在记录介质（磁光材料）上进行读、写的存储器，如广泛应用的只读光盘。所谓半导体存储器，是指由半导体器件构成存储元件的存储器，如静态 RAM、动态 RAM、ROM 和闪存等。本章只介绍半导体存储器。

半导体存储器具有集成度高、体积小、存储密度大、可靠性高、价格低、外围电路简单和易于批量生产等特点，用来存储程序和大量数据，是计算机和数字系统不可缺少的组成部分。

1. 半导体存储器的分类

半导体存储器按制造工艺分为双极型存储器和 MOS 型存储器。双极型存储器用双极型触发器作为基本存储单元，具有工作速度快、功耗大、价格较高的特点，主要应用在一些对速度要求较高的场合。MOS 型存储器用 MOS 触发器作为基本存储单元，具有集成度高、功耗小、工艺简单、价格低等特点，主要用于大容量存储系统。

按存取方式，半导体存储器分为只读存储器和随机存取存储器。只读存储器（Read Only Memory，ROM）属于数据非易失性器件，在外加电源消失后，存储器内的数据不会丢失，能长期保持。ROM 可存储用户编写的程序和数据，应用于码制转换电路、序列信号发生器、方波发生器以及单片机控制系统等领域。随机存取存储器（Random Access Memory，RAM）是指在控制信号的作用下，可以随机写入或读出其信息的存储器。读取数据后，存储器内的原数据不变；而新数据写入后，原数据自然消失，并为新数据所代替。

2. 半导体存储器的主要技术指标

① 存储容量。存储容量是指存储器所能存放二进制信息的总量。由于存储器中每个存储单元可存储一位二进制数据，因此存储单元的数目决定了存储器的容量。

② 存储时间。存取时间是指将信息存入（写）存储器或从存储器取出（读）信息所需的时间。存储时间越短，存储器的工作速度就越快。

3. 半导体存储器的相关概念

① 位（bit，简写为 b）。位是计算机中表示信息的基本单元，用来表达一个二进制信息 "1" 或 "0"。

② 字节（Byte，简写为 B）。计算机中的信息大多是以字节形式存放的。1 字节由 8 位组成，通常作为一个存储单元。

③ 字（Word，简写为 W）。计算机进行数据处理时，一次存取、加工和传递的一组二进制位的长度称为字长。1 个字通常由 2 字节组成。

④ 容量。存储器芯片的容量是指在一块芯片中所能存储的位数。例如，$8K \times 8b$ 的芯片存储容量为 $8 \times 1024 \times 8b = 65536b$。一般以字节的形式表示，即上述芯片的存储容量为 8 KB。

⑤ 地址。字节所处的物理空间位置是以地址标识的。可以通过地址码访问某字节，即 1 字节对应一个地址。

➤ 7.2　只读存储器

按照数据写入方式，只读存储器（ROM）可以分为固定 ROM、可编程 ROM（PROM）和可擦除可编程 ROM（EPROM）。

7.2.1　固定 ROM

固定 ROM 在制造时由生产厂家利用掩模技术直接把数据写入存储器，制成后，其中的数据就固定了，即存储器中的内容用户不能改变，只能读出。这类存储器结构简单、集成度高、价格便宜，一般是在大批量生产时，按照用户的要求而专门设计的。

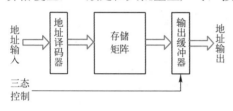

图 7-1　固定 ROM 的电路

固定 ROM 的电路如图 7-1 所示。固定 ROM 主要由存储矩阵、地址译码器和输出缓冲器三部分组成。存储矩阵是存储器的主体，实质上是由存储单元组成的集合体，每个存储单元又包含若干基本存储单元，从而形成存储阵列。存储单元可以用二极管构成，也可以用双极型三极管或 MOS 管构成。每个单元能存放 1 位二值代码（0 或 1）。每个或每组存储单元有一个对应的地址代码。

地址译码器的作用是将输入的地址代码译成相应的控制信号，从而从存储矩阵中选出指定的单元，并把其中的数据送到输出缓冲器。

输出缓冲器的作用有三个：一是提高存储器的带负载能力；二是实现对输出状态的三态控制，以便与系统的总线连接；三是将输出电平调整为标准的逻辑电平值。

具有 2 位地址输入、4 位数据输出 ROM 的内部结构如图 7-2 所示，其地址译码器和存储矩阵均由二极管组成。

1. 地址译码器

具有 2 位地址输入的地址译码器有 2 条地址线和 4 条输出线（也称为字线）$W_3 \sim W_0$，主要用来选择存储单元中的字单元。地址译码器根据 A_1　A_0 的不同取值（不同地址）分别译码成 4 条输出线 $W_3 \sim W_0$ 对应的高电平信号。例如，$A_1 A_0 = 00$ 时，$W_0 = 1$，$W_3 \sim W_1$ 都为 0，以此类推，可以得到如表 7-1 所示的地址译码器的真值表，从而可以得到输出 $W_3 \sim W_0$ 和输入 A_1　A_0 之间的表达式为

$$W_3 = A_1 A_0, \quad W_2 = A_1 \overline{A_0}, \quad W_1 = \overline{A_1} A_0, \quad W_0 = \overline{A_1}\,\overline{A_0}$$

2. 存储矩阵

存储矩阵中 $W_3 \sim W_0$ 称为字线（字选线），$D_{03} \sim D_{00}$ 称为位线（数据线）。当字线 $W_3 \sim W_0$ 其中一个为高电平时，就在位线上输出一个 4 位二进制码。在图 7-2 中，当 $W_0 = 1$，$W_3 \sim W_1$ 都为 0 时，位线 D_{00}、D_{02} 与 W_0 之间的二极管都导通，使得 D_{00} 和 D_{02} 被钳于高电平，而 D_{01}、D_{03} 与 W_0 之间没有接二极管，与其他字线之间有接二极管，但由于 $W_3 W_2 W_1 = 000$，所接二极管截止，因此 D_{01} 和 D_{03} 为低电平，则在输出端可以得到 $D_{03} D_{02} D_{01} D_{00} = 0101$。其他情况类似，这样，可以得到存储矩阵的真值表如表 7-2 所示。

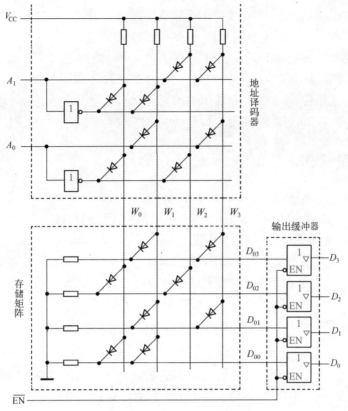

图 7-2　具有 2 位地址输入和 4 位数据输出的 ROM

表 7-1　地址译码器的真值表

A_1	A_0	W_3	W_2	W_1	W_0
0	0	0	0	0	1
0	1	0	0	1	0
1	0	0	1	0	0
1	1	1	0	0	0

表 7-2　存储矩阵的真值表

W_3	W_2	W_1	W_0	D_{03}	D_{02}	D_{01}	D_{00}
0	0	0	1	0	1	0	1
0	0	1	0	1	0	1	1
0	1	0	0	0	1	0	0
1	0	0	0	1	0	1	0

　　将图 7-2 的存储矩阵结构与表 7-2 对照可以看出，存储矩阵中，字线与位线的每个交叉点都是一个存储单元，在交叉点上接有二极管时，相当于存 1，没有接二极管时，相当于存 0。

　　根据表 7-2，可以化简得到输出 $D_{03} \sim D_{00}$ 和输入 $W_3 \sim W_0$ 之间的表达式为

$$D_{03} = W_1 + W_3, \quad D_{02} = W_0 + W_2, \quad D_{01} = W_1 + W_3, \quad D_{00} = W_0 + W_1$$

　　不难看出，各位线和各字线之间的关系是"逻辑或"的关系，故该存储矩阵实际上是一个编码电路，是一个组合逻辑电路。

　　在存储矩阵中，交叉点的数目也就是存储单元数，用来表示存储器的容量，其标准写法是字数×位数 = 容量。如图 7-2 所示 ROM 的存储容量为 $4 \times 4b = 16b$。可见，该存储矩阵实际上是由 16 个基本存储单元构成的。

3. 输出缓冲器

　　在图 7-2 中，固定 ROM 的输出缓冲器是由 4 个三态门构成的。当 $\overline{EN} = 0$ 时，字单元中的数据会通过输出缓冲器送到外部数据线 $D_3 \sim D_0$ 上。输出缓冲器用来提高存储器的带负载能

力，并使存储器的输出电平与 TTL 电路的逻辑电平兼容。同时，缓冲器的三态控制功能可以将存储器的输出端与系统的数据总线相连。

由以上分析可知，固定 ROM 的电路结构很简单，所以集成度很高，而且一般都是批量生产的，价格便宜。但是，由于 ROM 存储的内容是在生产过程中写入的，因此设计人员无法在使用中加以改变。为了提高 ROM 在使用中的灵活性，必须设计出内容可以由用户来定义的 ROM 产品，也就是要求 ROM 在使用中具有可编程性。

7.2.2 可编程 ROM

可编程 ROM（Programmable Read Only Memory，PROM）是一种仅可进行一次编程的 ROM，用户通过对其内部存储单元编程一次，可获得所需存储内容的 ROM。PROM 的电路结构与固定 ROM 的一样，也是由地址译码器、存储矩阵和输出缓冲器组成的，主要区别是存储矩阵中采用了不同的存储单元。在 PROM 的存储矩阵的所有交叉点上全部制作了存储器件，

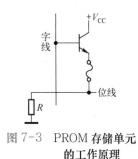

图 7-3 PROM 存储单元的工作原理

相当于所有存储单元内都存入了数据"1"。编程时，经过一定程序的操作，可将原单元的"1"改成"0"。

1. PROM 存储单元的工作原理

PROM 存储单元的工作原理如图 7-3 所示。存储器由三极管和串接在发射极的快速熔断丝组成。三极管的发射结相当于接在字线与位线之间的二极管，熔丝用低熔点合金丝或多晶硅导线制成。写入数据"0"时，只要设法将待存入"0"数据的那些存储单元的熔丝烧断即可，而熔丝未被烧断的存储单元仍存"1"。

2. PROM 存储单元的编程原理

16×8 b 的 PROM 的结构原理如图 7-4 所示。编程时，首先输入地址码，找出欲改写"0"的单元，然后通过专门控制电路使 V_{CC} 和选中的字线电压提升到编程所需的高电压，同时在编程单元的位线上加入编程脉冲（脉冲幅值约为+20 V，持续时间约为十几微秒），这时写入放大器 A_W 的输出为低电平，为低内阻状态，有较大的脉冲电路流过熔丝，将其快速熔断。正常工作的读出放大器 A_R 输出的高电平不足以使 VD_Z 导通，A_W 不工作。在实际应用中，写入 PROM 中的数据是通过专用编程器自动完成的，每个 PROM 只能写入一次。

PROM 只能编程一次，灵活性受到了一定的限制，不能满足数字系统研发过程中经常修改存储内容的需要，这就要求生产一种既可擦除又可编程的 ROM。

7.2.3 可擦除可编程 ROM

可擦除可编程 ROM（Erasable Programmable Read Only Memory，EPROM）可以多次擦除、多次编程，适合需要经常修改存储内容的场合。根据擦除方式，EPROM 可分为紫外线可擦除可编程 ROM（Ultraviolet-Erasable Programmable Read Only Memory，UEPROM）和电信号可擦除可编程 ROM（Electrical Erasable Programmable Read Only Memory，E^2PROM）和闪存（Flash Memory）。其结构与 PROM 基本相同，都是由地址译码器、存储矩阵和输出缓冲器三部分组成的，主要区别是采用了不同的存储单元。因此，下面重点介绍其存储单元的特点。

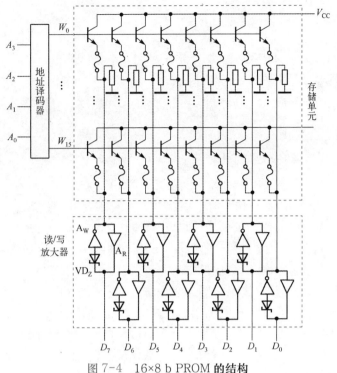

图 7-4　16×8 b PROM 的结构

1. EPROM

EPROM 一般是指在紫外线照射下能擦除其存储内容的 ROM。早期的 EPROM 的存储单元中使用 FAMOS 管（Floating gate Avalanche-injection MOS，浮栅雪崩注入 MOS 管）。采用 FAMOS 管的存储单元需要两只 MOS 管，所以单元面积较大，而且产生雪崩击穿所需的电压比较高。此外，PMOS 管的开关速度也较低。因此，目前多改用 SIMOS 管（Stacked-gate Injunction Metal Oxide Semiconductor，叠栅注入 MOS 管）制作 EPROM 的存储单元。

SIMOS 管的结构和符号如图 7-5 所示。SIMOS 管是一个 N 沟道增强型的 MOS 管，有两个重叠的栅极：上面的栅极 G_c 称为控制栅极，与字线相连，控制读出和写入；下面的栅极 G_f 称为浮栅，埋在 SiO_2 绝缘层中，处于电悬浮状态，不与外部导通，用于长期保存注入的电荷。

SIMOS 管的工作原理如下。在 SIMOS 管的漏源之间加上较高的电压（约 20～25 V）时，会发生雪崩击穿现象，产生大量的高能电子。若同时在控制栅极 G_c 上加 25 V、50 ms 的高压正脉冲，则在 G_c 正脉冲电压的吸引下，部分高能电子穿过 SiO_2 层到达浮栅，被浮栅俘获，使浮栅带上负电荷。当高压去掉后，由于浮栅被高电压包围，电子很难泄漏，因此可以长期保存。但是当紫外线照射 SIMOS 管时，SiO_2 绝缘层中将产生电子 – 空穴对，为浮栅的电荷提供放电通路，浮栅中的电荷将泄放，从而恢复到写入前的状态。

基于 SIMOS 管的 EPROM 的存储单元如图 7-6 所示。该存储单元被选中时，"字"线为高电平（+5 V）。SIMOS 管的浮栅注入负电荷后，注入电荷使得 SIMOS 管处于截止状态，"位"线上读出的数据 "1"；若 SIMOS 管的浮栅未注入电荷，则 SIMOS 管处于导通状态，"位"线上读出的数据 "0"。

2. E²PROM

EPROM 要改写存储内容，需要放到紫外线擦除器中照射，使用不便。一种用低压电信号

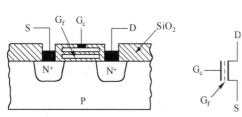

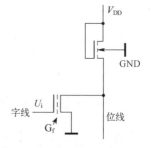

图 7-5　SIMOS 管的结构和符号　　　　图 7-6　基于 SIMOS 的 EPROM 存储单元原理

便可擦除的 E²PROM 问世了。E²PROM 存储单元采用 Flotox 管（Floating Gate Tunnel Oxide，浮栅隧道氧化层 MOS 管），其结构和符号如图 7-7 所示。Flotox 管也是一个 N 沟道增强型的 MOS 管，也有两个重叠的栅极：控制栅极 G_c 和浮栅 G_f。与前述 SIMOS 管的区别是：Flotox 管的浮栅与漏极之间有一个极薄（厚度 20nm 以下）的氧化层区域（称为隧道区）。当漏极接地，控制栅加上足够高的电压，隧道区的电场强度足够大（大于 10MV/cm）时，漏极和浮栅之间将出现导电隧道，电子可穿过绝缘层到达浮栅，向浮栅注入电流，使浮栅带上负电荷，这种现象称为"隧道效应"。反之，控制栅接地，漏极接上正的高电压，与上述过程相反，浮栅放电，电荷将泄漏掉。因此，利用浮栅是否存有负电荷能区分浮栅存储"1"或"0"的数据。

为了提高擦写的可靠性，并保护隧道区超薄氧化层，在 E²PROM 的存储单元中除 Flotox 管以外还附加了一个选通管，如图 7-8 所示，VT_1 为 Flotox 管，VT_2 为普通的 N 沟道增强型 MOS 管（也称为选通管）。根据浮栅上是否存有负电荷来区分单元的 1 或 0 状态。

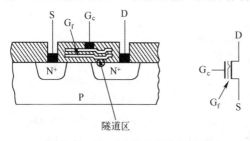
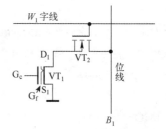

图 7-7　Flotox 管的结构和符号　　　　图 7-8　E²PROM 的存储单元

3．闪存（Flash Memory）

E²PROM 的存储单元有两个 MOS 管，无疑将限制其集成度的进一步提高。而闪存采用了一种类似 EPROM 的单管叠栅结构的存储单元，即新一代用电信号擦除的可编程 ROM。

闪存既吸收了 EPROM 结构简单、编程可靠的优点，又保留了 E²PROM 用隧道效应擦除的快捷特性，而且集成度可以做得很高。闪存采用的叠栅 MOS 管的结构和符号如图 7-9 所示，与 EPROM 中 SIMOS 管的结构极为相似，最大的区别是浮栅与衬底之间氧化层厚度不同。闪存的浮栅与衬底之间氧化层厚度更薄（E²PROM 的厚度为 30～40nm，Flash 的厚度为 10～15nm），而且浮栅与源区的重叠部分由源区横向扩散形成，面积极小，使得浮栅与源区间的电容比浮栅与控制栅极间的电容小得多，当控制浮栅和源极间加上电压时，大部分电压都将降在浮栅与源区间的电容上，使得快闪存储器在性能上比 E²PROM 更好。

闪存的存储单元由一只 MOS 管组成，如图 7-10 所示。

另外，存储单元叠栅 MOS 管根据各极所加的电压的不同，闪存也有读出、写入和擦除三

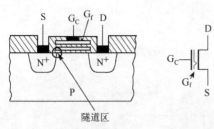
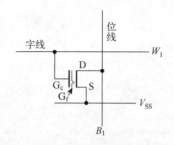

图 7-9　闪存采用的叠栅 MOS 管的结构和符号　　　　图 7-10　闪存的存储单元

种工作状态。读出时，字线接+5 V 的高电平，存储单元的公共端 V_{SS} 为低电平（0）。若浮栅上有负电荷，则叠栅 MOS 管截止，位线上输出高电平，即读出"1"；否则叠栅 MOS 管导通，位线上输出低电平，读出"0"。写入时，位线接+5 V 左右的高电平，源极接地，在要写入的存储单元的控制栅加 12 V 左右、10 ms 的正脉冲，给浮栅充电即可完成"写"操作。擦除时，控制栅接地，源极 V_{SS} 加 12 V 左右、100 ms 的正脉冲，浮栅电荷经隧道区释放，即可擦除存储单元的内容。由于片内所有叠栅 MOS 管的源极连在一起，擦除时将擦除芯片中各存储单元的内容，因此闪存中数据的删除不是以单字节为单位的，而是以固定的扇区为单位的，一般为 256 KB～20 MB；而 E^2PROM 能在字节水平上进行删除和重写。

　　"优盘"（也称为 U 盘）是闪存走进日常生活的最明显写照，其实早在它出现前，闪存已出现在许多电子产品之中。除了优盘，闪存还被用在计算机的 BIOS、数码相机、录音笔、手机、数字电视、游戏机等电子产品中。闪存有 NOR 型和 NAND 型两种。二者区别很大，NOR 型闪存更像内存，有独立的地址线和数据线，但价格比较贵，容量比较小；NAND 型闪存更像硬盘，地址线和数据线是共用的，类似硬盘的所有信息都通过一条硬盘线传输。NAND 型闪存与 NOR 型闪存相比，成本要低，而容量大得多。因此，NOR 型闪存比较适合频繁随机读、写的场合，通常用于存储程序代码并直接在闪存内运行，手机就是使用 NOR 型闪存的大户，所以手机的内存容量通常不大；NAND 型闪存主要用来存储资料，如 U 盘、数码存储卡等。

　　闪存具有非易失性，断电后仍能长久保存信息，不需要后备电源，而且集成度高、成本低、写入或擦除速度快等优点，因而得到了广泛的应用。

7.2.4　ROM 芯片应用举例

　　除了作为存储应用，ROM 还可以作为组合逻辑电路使用。在图 7-2 所示的 ROM 结构中，其译码器的输出包括输入变量的全部最小项，而每位数据的输出是若干最小项之和。因此，任何形式的组合逻辑函数（与或函数式）均能通过向 ROM 写入相应的数据来实现。

　　为了表述方便，常用与或阵列图来表示 ROM 的逻辑结构。图 7-2 所示 ROM 的与或阵列如图 7-11 所示。地址译码器由 2 个非门和 4 个与门所组成的与阵列表示。与阵列中，每根字线与输入变量的一个最小项对应。图 7-11 中的"·"表示固定连接。存储矩阵和输出电路由或阵列表示。或阵列中每根位线表示一个函数，该函数是与该位线有交点的字线对应的最小项的和，其中"·"表示固定连接。

　　从逻辑结构，ROM 中的与阵列形成输入变量的所有最小项，每根字线对应输入变量的一个最小项，或阵列是由 ROM 实现的逻辑函数。字线与位线的交点"·"表示 1（无交点表示 0），位线表示输出函数。下面举例说明。

　　【例 7-1】　用 ROM 实现一位全加器电路，并画出其相应的阵列图。

解　一位全加器的真值表见表 3-16。由真值表可以写出表达式：

$$S = \overline{A}\,\overline{B}C_i + \overline{A}B\overline{C}_i + A\overline{B}\,\overline{C}_i + ABC_i = m_1 + m_2 + m_4 + m_7$$

$$C_o = \overline{A}BC_i + A\overline{B}C_i + AB\overline{C}_i + ABC_i = m_3 + m_5 + m_6 + m_7$$

根据上述表达式可以画出其阵列图，如图 7-12 所示。

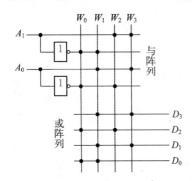
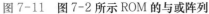

图 7-11　图 7-2 所示 ROM 的与或阵列

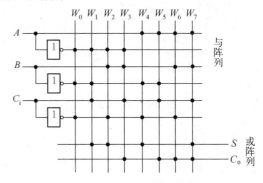

图 7-12　例 7-1 的阵列图

数学运算是数控装置和数字系统中需要经常进行的操作，如果事先把用到的基本函数变量在一定范围内的取值和相应的函数取值列成表格，写入 ROM，那么在需要时只要给出规定的地址就可以快速地得到相应的函数值。这种 ROM 实际上已经成为函数运算电路。

【例 7-2】用 16×4 b 的 ROM 和同步十六进制加法计数器 74161 组成的脉冲分频电路图 7-13 所示，ROM 的数据表如表 7-3 所示。试画出在 CP 信号连续作用下 $D_3 \sim D_0$ 输出的电压波形，并说明它们和 CP 信号频率的比。

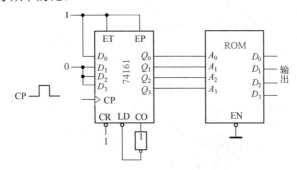

图 7-13　例 7-2 的脉冲分频电路

表 7-3　ROM 的数据表

A_3	A_2	A_1	A_0	D_3	D_2	D_1	D_0	A_3	A_2	A_1	A_0	D_3	D_2	D_1	D_0
0	0	0	0	1	1	1	1	1	0	0	0	1	1	1	1
0	0	0	1	0	0	0	0	1	0	0	1	1	1	0	0
0	0	1	0	0	0	1	1	1	0	1	0	0	0	0	1
0	0	1	1	0	1	0	0	1	0	1	1	0	0	1	0
0	1	0	0	1	0	0	0	1	1	0	0	0	1	0	0
0	1	0	1	1	0	1	0	1	1	0	1	0	1	0	0
0	1	1	0	1	0	0	1	1	1	1	0	0	1	1	1
0	1	1	1	1	0	0	0	1	1	1	1	0	0	0	0

解　74161 用同步置数法构成十五进制计数器，其 $Q_3 \sim Q_0$ 状态转换如图 7-14 所示。

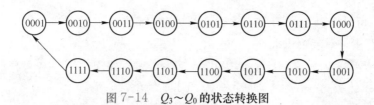

图 7-14　$Q_3 \sim Q_0$ 的状态转换图

由表 7-3 可画出输出电压的波形，如图 7-15 所示。所以，D_3 和 CP 的频率之比为 1 : 15；D_2 和 CP 的频率之比为 1 : 5；D_1 和 CP 的频率之比为 1 : 3；D_0 和 CP 的频率之比为 1 : 15。

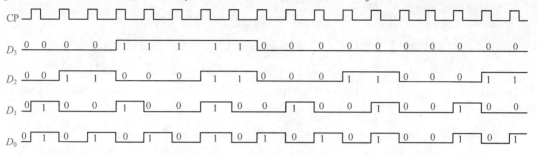

图 7-15　输出电压的波形

7.2.5　常用集成 ROM 存储器芯片

1. 常用 EPROM 集成存储器芯片

工业应用中标准的 EPROM 芯片是 27×××系列，其中×××表明存储器的存储容量（单位为 KB）。一般使用字长为 8 位的 EPROM，市场上也存在字长为 16 位或 32 位的，只是很少使用。目前通常使用的型号从 2708、2716、2732、2764、27128、27256 到 27512 等。除此之外，还有 27010、27020、27040、27080 型，其存储容量分别为 1 MB、2 MB、4 MB、8 MB，存取时间为 200~500 ns。下面以 27512 为例介绍它们的结构。

27512 是 64 KB 的 EPROM，其外部引脚如图 7-16 所示，引脚功能如下。

- ❖ $A_0 \sim A_{15}$：地址输入端。
- ❖ $Q_0 \sim Q_7$：数据输出端。读出时为数据输出端，编程时为写入数据输入端。
- ❖ $\overline{CE}$：片选输入端，低电平有效。
- ❖ $\overline{OE}$：输出使能和编程电压复用端。

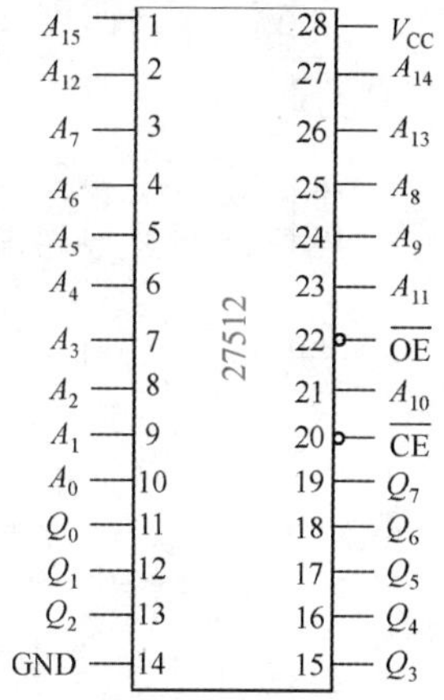

2. 常用 E^2PROM 集成存储器芯片

常用的 E^2PROM 集成存储器芯片分为并行 E^2PROM 和串行 E^2PROM。并行 E^2PROM 虽然有很快的读、写速度，但要使用

图 7-16　27512 的外部引脚

很多电路引脚。按总线分，串行 E^2PROM 有 I^2C、SPI、Microwire 总线，而其中基于 I^2C 总线的 E^2PROM 应用最广泛。

生产 I^2C 总线 E^2PROM 的厂商很多，如 Atmel、Microchip 公司，它们都是以 24 开头来命名芯片型号，最常用的就是 24C 系列。24C 系列从 24C01 到 24C512，C 后的数字代表该型号的芯片有多少 Kb 的存储位。如 Atmel 24C64 存储位是 64 Kb，也就是说可以存储 8 KB，支持

$1.8\sim5\,\mathrm{V}$ 电源，可以擦写 100 万次，数据可以保持 100 年，使用 $5\,\mathrm{V}$ 电源时，时钟可以达到 $400\,\mathrm{kHz}$，并且有多种封装可供选择。

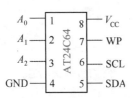

图 7-17　AT24C64 的外部引脚

AT24C64 的外部引脚如图 7-17 所示，引脚功能如下。

❖　$A_0\sim A_2$：地址输入端。

❖　SDA：数据线。

❖　SCL：串行时钟输入端。

❖　WP：硬件写保护引脚。

3. 常用闪存集成存储器芯片

工业应用中标准的闪存芯片是 29C×××系列，其中×××表明存储器的存储容量（单位为 KB）。型号从 29C010（128K×8 b = 128 KB = 1 Mb）、29C020（256K×8 b = 256 KB = 2 Mb）、29C040（512K×8 b = 4 Mb）、29C1024（1024×8 b = 8 Kb）、29C256（32K×8 b = 256 Kb）、29C512（64K×8 b = 512 Kb）等。

AT29C010 是 Atmel 公司生产的 1 Mb 的闪存，其内部结构为 CMOS 型，采用 5 V 电平供电。AT29C010 的每个扇区包括 128 字节，共 1024 个扇区。作为典型的 NOR 型 Flash 芯片，AT29C010 有独立的地址线和数据线，其外部引脚如图 7-18 所示。

$A_0\sim A_{16}$ 为地址译码器输入端，$\mathrm{I/O}_0\sim \mathrm{I/O}_7$ 为 8 位数据输出。$\overline{\mathrm{CE}}$ 为片选端，$\overline{\mathrm{WE}}$ 为写使能端，$\overline{\mathrm{OE}}$ 为读使能端。AT29C010 的工作方式如表 7-4 所示，AT29C010 写入过程时序图如图 7-19 所示。AT29C010 写入过程是以扇区为基础的，如果想改变扇区中某字节的数据，那么整个扇区中的数据都必须重新写入。先将欲写入数据的地址加到闪存的地址输入端，$A_7\sim A_{16}$ 指定要操作的扇区地址，$A_0\sim A_6$ 指定要操作的字节地址；其次，在片选信号或者写使能信号下降沿的作用下顺序写入每字节。AT29C010 其他操作过程请查阅 AT29C010 数据手册，不再赘述。

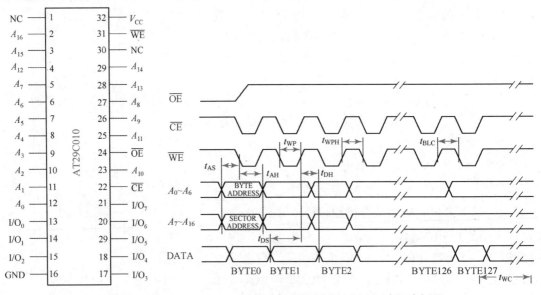

图 7-18　AT29C010 的外部引脚　　　　图 7-19　AT29C010 写入过程时序图

【思考题】

① ROM 与 RAM 的主要区别是什么？

② 固定 ROM、PROM、EPROM 和 $\mathrm{E^2PROM}$ 的基本结构有何区别？

表 7-4　AT29C010 的工作方式

工作方式	$\overline{CE}$	$\overline{OE}$	$\overline{WE}$	I/O	工作方式	$\overline{CE}$	$\overline{OE}$	$\overline{WE}$	I/O
读出	0	0	1	D_{OUT}	写禁止	×	×	1	/
写入	0	1	0	D_{IN}	写禁止	×	0	×	/
维持/写禁止	1	×	×	高阻	输出禁止	×	1	×	高阻

③ 一个 512×8 b 结构的 ROM，其存储容量可以达到多少位？

④ 为了寻址 256×8 b 结构的存储器，需要使用多少根地址线？

▶▶ 7.3　随机存储器

随机存储器（RAM）又称为读写存储器，其特点是：当 RAM 处于正常工作状态时，可以从 RAM 中读出数据，也可以往 RAM 中写入数据。与 ROM 相比，RAM 的优点是读、写方便，使用灵活；缺点是易失性，一旦停电，存储的内容便全部丢失。目前，市场上的 RAM 品种繁多，且没有统一的命名标准。不同厂商生产的功能相同的产品，其型号也不尽相同。常用的 SRAM 有 6116（2 KB）、6264（8 KB）、62256（32 KB）等。

根据存储单元结构和工作原理，RAM 可以分为静态随机存取存储器(Static RAM，SRAM)和动态随机存取存储器(Dynamic RAM，DRAM)两种。SRAM 和 DRAM 的不同点在于存储单元的结构和工作原理有所不同。SRAM 以静态触发器作为存储单元，依靠触发器的自保持功能存储数据，而 DRAM 以 MOS 管栅极电容的电荷存储效应来存储数据。

7.3.1　RAM 的基本结构

RAM 基本结构与 ROM 非常相似，由存储矩阵、地址译码器和读/写控制电路三部分组成，如图 7-20 所示。

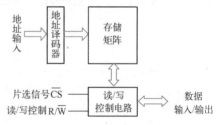

图 7-20　RAM 的基本结构

1. 存储矩阵

存储矩阵由大量基本存储单元组成，每个存储单元可以存储 1 位二进制数。这些存储单元按字（word）和位（bit）构成存储矩阵。一个字中含有的存储单元数被称为字长，一般用字数和字长的乘积表示 RAM 的存储容量。例如，32×8 b 的 RAM 表示它有 32 个字，字长为 8 位，存储容量是 32×8 b = 256 b。如 64K×8 b 的 RAM 具有 64K 个字，字长为 8 位，故它的存储容量为 64K×8 b = 64 KB。

2. 地址译码器

通常，存储器中数据的读出或写入是以字为单位进行的，每次操作读出或写入一个字。为了区分不同的字，将同一个字的各位数据编成一组，并赋予一个序号，称为该字的地址。每个字都有唯一的地址与之对应，同时每个字的地址反映该字在存储器中的物理位置。地址通常用二进制数或十六进制数表示。

地址译码器用于实现对 RAM 的存储矩阵中字单元的选择。地址译码器通常有单译码和双译码两种结构。

RAM 的单地址译码器的结构如图 7-21 所示。该地址译码器有 4 条地址输入线 $A_3 \sim A_0$，经地址译码器译码后产生 16 条字线，排成 16 行，与每个字的 4 条位线（数据线）交叉构成存储矩阵，称为单译码结构。该 RAM 的存储容量是 $16 \times 4b = 64b$。对某字单元进行读/写时，将存储单元的地址送到地址译码器，地址译码器将输入的地址译码成某条字线的输出信号，使连接在这条字线的字单元选中。例如在图 7-21 中，当 $A_3A_2A_1A_0 = 0001$ 时，W_1 输出为高电平，则对 W_1 这个地址上的字进行读/写（或称为访问）。

当存储器的存储容量很大时，图 7-21 所示的地址译码器输出的字线会非常多，译码器的电路结构将变得十分复杂。大容量存储器通常采用双译码结构的地址译码器，即将地址译码器的输入信号分为两部分，分别由行译码器和列译码器进行译码。行、列译码器的输出即存储矩阵的行、列选择线，由它们共同确定选择的存储单元。

RAM 的双地址译码器的结构如图 7-22 所示，有 10 条地址输入线 $A_9 \sim A_0$，其低 5 位 $A_4 \sim A_0$ 作为行地址，经行地址译码器产生 32 根行地址选择线，高 5 位 $A_9 \sim A_5$ 作为列地址，经列地址译码器产生 32 根列地址选择线；只有被行地址选择线和列地址选择线同时选中的字单元才能被访问。例如，若输入地址码 $A_9 \cdots A_0 = 0001111001$，则 X_{25} 和 Y_3 的输出为高电平（有效电平），位于 X_{25} 和 Y_3 交叉处的字单元可以进行读出或写入操作，而其余任何字单元都不会被选中。该 RAM 的存储容量是 $1024 \times 4b = 4Kb$，若用单地址译码器结构，则需要 1024 根字线，而用双地址译码器结构，只需 64（32+32）根字线，大大减少了内部地址译码器的输出线的数量（字线）。

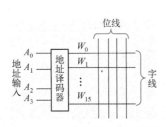

图 7-21　RAM 的单地址译码器的结构

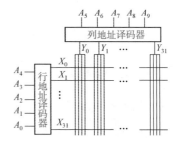

图 7-22　RAM 的双地址译码器的结构

3. 读/写控制电路

读/写控制电路实现对 RAM 数据流向和工作状态的控制，如图 7-23 所示。I/O 为数据输入/输出线；R/$\overline{\text{W}}$ 为读/写控制端，R/$\overline{\text{W}}$ = 1 为读操作，R/$\overline{\text{W}}$ = 0 为写操作；$\overline{\text{CS}}$ 为片选端，低电平有效。D 和 $\overline{D}$ 分别与存储矩阵的两条位线相连。$G_3 \sim G_5$ 为三态门，G_1、G_2 为与门。

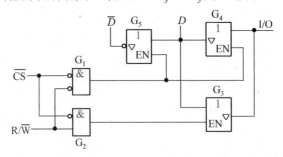

图 7-23　RAM 的读/写控制电路

单片 RAM 的容量是有限的，大容量的存储系统一般由若干片 RAM 组成。但在进行读、写操作时，通常仅与其中一片或几片传递信息，这就存在一个片选问题。RAM 的片选端 $\overline{\text{CS}}$ 就是为此设置的。当 $\overline{CS}=1$ 时，门 G_1、G_2 输出均为 0，三态门 $G_3 \sim G_5$ 的使能端都无效，输出为高阻状态，读/写控制端 $R/\overline{W}$ 不起任何作用，输入/输出（I/O）端与存储器内部的数据线 D 和 $\overline{D}$ 隔离，禁止对存储器进行读、写操作。

当 $\overline{CS}=0$ 时，根据读/写控制端 $R/\overline{W}$ 进行读或写的操作。当 $R/\overline{W}=1$ 时，门 G_2 输出为高电平，三态门 G_3 被打开，存储器执行读操作，将存储器内的数据 D 经 I/O 端送到数据总线上，同时门 G_1 输出低电平，三态门 G_4 和 G_5 被封锁，数据总线上的数据加不到存储器的位线上；当 $R/\overline{W}=0$ 时，门 G_1 输出为高电平，三态门 G_4 和 G_5 被打开，存储器执行写操作，此时数据总线上的数据将以互补的形式出现在内部数据线上，被写入到所选中的存储单元，同时门 G_2 输出为低电平，三态门 G_3 被封锁，存储器的数据无法经过 I/O 端到达数据总线上。

7.3.2　SRAM 的静态存储单元

SRAM 以静态触发器作为存储单元，靠触发器的保持功能存储数据。在电路结构上，SRAM 在触发器的基础上附加了门控管。由于使用的器件不同，静态存储单元又分为 MOS 型和双极型两大类。

MOS 型存储单元有 NMOS 器件和 CMOS 器件。采用 CMOS 工艺的 SRAM 在正常工作时功耗很低，还能在降低电源电压的状态下保存数据，因此可以在交流供电系统断电后用电池供电，以继续保持存储器中的数据不会丢失。由于 CMOS 的静态功耗小，因此 CMOS 存储单元在 RAM 中得到了广泛的应用。目前，大容量 SRAM 一般采用 CMOS 器件作为存储单元。但是应用在高速控制系统中的 RAM 一般会采用存储单元为双极型的 SRAM，工作速度很快，但功耗较大。下面以 CMOS 作为存储单元来分析 SRAM 存储单元的工作原理。

6 管 CMOS 存储单元的电路如图 7-24 所示。虚线框中的存储单元为 6 管 SRAM 存储单元，其中 VT_1 和 VT_3 组成一个 CMOS 反相器，VT_2 和 VT_4 组成一个 CMOS 反相器。这两个反相器首尾相接，就构成了一个基本 RS 触发器，即 $VT_1 \sim VT_4$ 构成一个基本 RS 触发器，用来存储一位二值数据，作为 SRAM 的一个存储单元。$VT_1 \sim VT_4$ 等效的基本 RS 触发器的电路如图 7-25 所示，基本 RS 触发器始终工作在保持功能的状态。VT_5、VT_6 是门控管，作为模拟开关使用，用来控制触发器的 Q、$\overline{Q}$ 和位线之间的联系。同样，VT_7、VT_8 门控管作为模拟开关使用，用来控制触发器的位线和数据线之间的联系，并且 VT_7、VT_8 为各列线上各 CMOS 存储单元共用，不属于基本存储单元。

当存储单元所在的一行和所在的一列同时被选中后，行地址线 $X_i=1$，列地址线 $Y_j=1$，$VT_5 \sim VT_8$ 均处于导通状态。在读操作时，存储单元中存储的数据经位线到达互补数据线 D 端和 $\overline{D}$ 端，然后经过片选和读/写控制电路输送到 I/O 端。读出数据后，存储单元中的数据不丢失；在写操作时，这样 I/O 端的输入数据经读/写控制电路及位线写入该存储单元。当行地址线 $X_i=0$ 或列地址线 $Y_j=0$ 时，VT_5、VT_6 处于截止状态或 VT_7、VT_8 处于截止状态，存储单元与数据线隔离，既不能读出也不能写入数据，存储单元内部的信息保持原状态不变。

由 CMOS 构成静态 RAM 的存储单元的特点是：数据由触发器的保持功能来记忆，只要不断电，数据就能永久保存。

现在应用最广泛的 SRAM 是双口 RAM。所谓双口 RAM，是指一个 SRAM 存储器上具有两套完全独立的数据线、地址线和读/写控制线，并允许两个独立的系统同时对该存储器进行随机性的访问，即共享式多端口存储器。利用双口 RAM 不仅可以存储数据，还可在不需要附

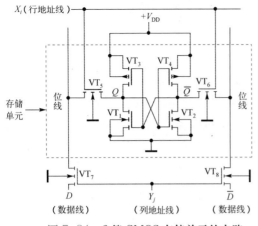

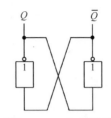

图 7-24　6 管 CMOS 存储单元的电路　　　　图 7-25　$VT_1 \sim VT_4$ 等效的基本 RS 触发器电路

加设备的前提下实现两个设备之间的数据通信与共享,因此在高速数据采集系统等很多场合得到了广泛的应用。常用的双口 RAM 是 Cypress 半导体公司生产的 Cypress FLEX18 系列双口 RAM。

7.3.3　DRAM 的动态存储单元

DRAM（Dynamic RAM，动态随机存储器）只能将数据保持很短的时间,为了保持数据,必须每隔一段时间刷新一次。如果存储单元没有被刷新,数据就会丢失。DRAM 用于通常的数据存取。

DRAM 的存储矩阵由动态 MOS 存储单元组成。动态 MOS 存储单元利用 MOS 管的栅极电容来存储信息,但由于栅极电容的容量很小,而漏电流不可能绝对等于零,因此电荷保存的时间有限。为了避免存储信息的丢失,必须定时地给电容补充漏掉的电荷,所以 DRAM 内部要有刷新控制电路,操作也比 SRAM 复杂。尽管如此,由于 DRAM 存储单元结构简单、所用元件少、功耗低,目前大容量 RAM 仍主要采用动态存储单元结构。

早期的 DRAM 存储单元为四管或三管存储电路和单管存储电路。四管和三管存储电路比单管存储电路复杂,但外围电路简单。四管 DRAM 存储单元的电路如图 7-26 所示。VT_1 和 VT_2 为两个 N 沟道增强型 MOS 管,它们的栅极和漏极交叉连接,信息以电荷的形式存储在电容 C_1 和 C_2 上；VT_5 和 VT_6 是同一列中各单元公用的预充管,预充电脉冲是脉冲宽度为 1s 而周期一般不大于 2 ms 的脉冲信号；C_3 和 C_4 是位线上的分布电容,容量比 C_1 和 C_2 的大得多。

为了分析其工作原理,首先定义存储单元的 0 状态和 1 状态。存储单元的 0 状态是指 C_1 为高电平（逻辑 1）、C_2 为低电平（逻辑 0）的状态。若 C_1 被充电且 C_2 没有被充电,则 VT_1 导通,VT_2 截止,此时 $Q = 0$ 和 $\overline{Q} = 1$。存储单元的 1 状态是指 C_2 为高电平（逻辑 1）、C_1 为低电平（逻辑 0）的状态。若 C_2 被充电且 C_1 上没有被充电,则 VT_2 导通,VT_1 截止,此时 $\overline{Q} = 0$ 和 $Q = 1$。

下面分析其工作原理。

① 当没有存储单元被选中时,即行地址线 X_i 为低电平时,门控管 VT_3 和 VT_4 均截止。在 C_1 和 C_2 上的电荷泄漏掉之前,存储单元的状态维持不变,因此存储的信息被记忆。但是,由

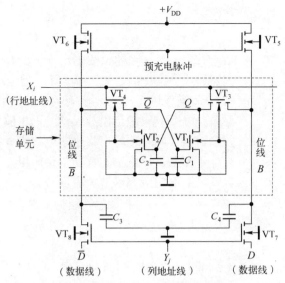

图 7-26　四管 DRAM 存储单元的电路

于 VT_3 和 VT_4 上存在着泄漏电流，电容 C_1 和 C_2 上存储的电荷将慢慢释放，因此每隔一定时间要对电容进行一次充电，即进行刷新。两次刷新之间的时间间隔一般不大于 2 ms。

② 读信息之前，先加预充电脉冲，预充电管 VT_5 和 VT_6 导通，电源 $+V_{DD}$ 向位线上的分布电容 C_3 和 C_4 充电，使两条位线 B 和 $\overline{B}$ 都充电至 $+V_{DD}$。预充电脉冲消失后，VT_5 和 VT_6 截止，C_3 和 C_4 上的信息保持。

③ 读信息时，该单元被选中，X_i 和 Y_j 均为高电平，门控管 VT_3 和 VT_4 导通。若原来存储单元处于 0 状态（$Q=0$ 和 $\overline{Q}=1$），则 VT_1 导通，VT_2 截止，这样 C_4 经 VT_3 和 VT_1 放电，使位线 B 变为低电平。同时因为 VT_2 截止，C_3 没有放电回路，所以位线 $\overline{B}$ 仍保持高电平，这样就把存储单元的 0 状态读到 B 和 $\overline{B}$ 上。由于 VT_4 对 C_1 充电，补充了漏掉的电荷，结果读出的数据仍为 $B=0$ 和 $\overline{B}=1$。反之，若原存储信息为 1 状态（$Q=1$ 和 $\overline{Q}=0$），C_2 上有电荷，则 VT_2 导通，VT_1 截止，这样预充电后 C_3 经 VT_2 和 VT_4 放电，使位线 $\overline{B}$ 变为低电平。同时因为 VT_1 截止，C_4 没有放电回路，所以位线 B 仍保持高电平，这样就把存储单元的 1 状态读到位线 B 和 $\overline{B}$ 上。同时，每进行一次读操作，实际上也相当于刷新一次。

④ 写信息时，首先该单元被选中，X_i 和 Y_j 均为高电平，VT_3 和 VT_4 导通，Q 和 $\overline{Q}$ 分别与两条位线 B 和 $\overline{B}$ 连通。若需要写 0，则在位线 $\overline{B}$ 上加高电平，在位线 B 上加低电平。这样位线 $\overline{B}$ 的高电位经 VT_4 向 C_1 充电，使 $\overline{Q}=1$，而 C_2 经 VT_3 向位线 B 放电使 $Q=0$，于是该单元写入 0 状态。若需要写 1，则在位线 B 上加高电平，在位线 $\overline{B}$ 上加低电平。这样位线 B 的高电位经 VT_3 向 C_2 充电，使 $Q=1$，而 C_1 经 VT_4 向位线 $\overline{B}$ 放电使 $\overline{Q}=0$，于是该单元写入 1 状态。

DRAM 的型号较多，常用的有 256K×1b 的 μPD41256，它的存储容量为 32 KB。

从以上分析可知，四管 DRAM 存储单元中，每构成一个存储单元需要 4 个三极管，从提高集成度、增加存储密度的角度，这种结构不够理想，因此出现了三管、单管存储单元，其中以单管存储单元最理想，每个单元只用一个三极管。

单管 DRAM 存储单元如图 7-27 所示，电容 C_S 存储数据，VT 为门控管。写入时，字线 $X_i=1$，VT 导通，位线 B 上的输入数据经 VT 存储在 C_S 中；读出时，位线原状态为 0，当 $X_i=1$，VT 导通，电容 C_S 的电荷向位线上的离散电容 C_D 转移，使得位线输出电压

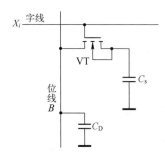

图 7-27 单管 DRAM 存储单元

$$U_{C_D} = \frac{C_S}{C_S + C_D} U_{C_S}$$

由于 $C_S \ll C_D$，因此位线输出电压的 U_{OH} 的值很小，必须经放大器读出。读出后，C_S 电荷转移，所存信息被破坏，必须立即"刷新"操作恢复，以保证存储信息不会丢失。尽管单管动态存储单元需要高灵敏读出放大器及再生放大器，而且外围电路较复杂，但实际制造时已将这些电路集成在芯片内部，因此使用时并不复杂。单管动态存储单元所用元件最少、集成度高、功耗低，因而它成为目前大容量 DRAM 的首选存储单元。

由上述分析可知，动态存储器与静态存储器相比较，结构简单、集成度高、功耗低，但外围电路复杂、速度较慢、需要定期刷新。

【思考题】

① RAM 主要由哪几部分组成？各有什么作用？

② 静态 RAM 和动态 RAM 有哪些区别？

③ 在 DRAM 中使用刷新操作有何目的？

▶▶ 7.4 存储容量的扩展

在数字系统或计算机中，单个存储器芯片往往不能满足存储容量的要求，因此必须把若干存储器芯片连接在一起，形成一个容量更大、字数位数更多的存储器，这就是存储器容量的扩展。根据需要，扩展方法有位扩展、字扩展和字、位同时扩展三种方法。

7.4.1 位扩展

位扩展也称为字长扩展。通常，RAM（ROM）存储器的字长为 1 位、4 位、8 位、16 位和 32 位等。当实际的存储器系统的字长超过 RAM（ROM）芯片的字长而一个存储器的字数用一片集成芯片已经够用时，就需要对 RAM（ROM）进行位扩展。

位扩展的方法是将多片同型号的存储器芯片的地址线、读/写控制线 $R/\overline{W}$ 和片选信号 $\overline{CS}$ 对应地并联在一起，而将各片的数据线并行引出。

【例 7-3】试用多片 1024×4b 的 RAM 扩展成一个 1024×16b 的 RAM，则需要多少片这样的 RAM 芯片？并画出连接图。

解

首先，计算需要 1024×4 b RAM 的芯片数

$$n = \frac{\text{总存储容量}}{\text{每片存储容量}} = \frac{1024 \times 16\,b}{1024 \times 4\,b} = 4\,(\text{片})$$

其次，采用的方法。因为用 1024×4b 的 RAM 芯片扩展成 1024×16b 的 RAM 存储系统，字数够而位数不够用，所以电路连接上采用芯片并联的方法，进行位扩展。

最后，具体连接。具体的位扩展连接如图 7-28 所示。将 4 片 1024×4b RAM 芯片的所有地址端 $A_0 \sim A_9$、读/写控制端 $R/\overline{W}$、片选端 $\overline{CS}$ 分别并联，作为扩展后存储系统的 $A_0 \sim A_9$、$R/\overline{W}$、$\overline{CS}$，而每片 I/O 端作为扩展后 RAM 的数据输入/输出端，即：第 0 片的数据线作为整个 RAM

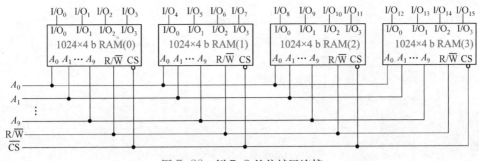

图 7-28　例 7-3 的位扩展连接

的低 4 位（$I/O_0 \sim I/O_3$），第 1 片的数据线作为整个 RAM 的第 4～7 位（$I/O_4 \sim I/O_7$），第 2 片的数据线作为整个 RAM 的第 8～11 位（$I/O_8 \sim I/O_{11}$），第 3 片作为整个 RAM 的第 12～15 位（$I/O_{12} \sim I/O_{15}$）。4 片 RAM 同时进行读、写，扩展后的存储容量为 1024×16b。

对于 ROM，因为 ROM 芯片上没有读/写控制端 $R/\overline{W}$，所以在进行位扩展时不必考虑 $R/\overline{W}$ 的连接，其余引脚的连接方法与例 7-3 中 RAM 的扩展完全相同。

7.4.2　字扩展

若每片存储器的数据位数够而字线数不够时，则需要采用"字扩展"的方式将多片集成芯片连接成满足要求的存储器。

字扩展的方法是利用外加译码器控制存储器芯片的片选端来实现的。字扩展必然增加地址线，一般是扩展存储器的高位地址端，实际上是先利用高位地址线来选择不同的存储芯片，再由低位地址端寻址具体的存储单元。因此，扩展后的存储系统的低位地址端是把各存储芯片的地址线并联在一起产生的。字扩展后的存储系统的字长没有变化，所以各存储芯片的数据线、读/写控制线 $R/\overline{W}$ 对应地并联在一起，下面举例说明。

【例 7-4】用 256×8b RAM 芯片扩展成一个 1024×8b RAM，需要多少片？并画出连接图。

解　需要的 256×8b 的 RAM 芯片数

$$n = \frac{\text{总存储容量}}{\text{每片存储容量}} = \frac{1024 \times 8\,b}{256 \times 8\,b} = 4 \ （片）$$

因为 4 片 256×8b RAM 芯片中共 1024 个字，所以必须给它们编成 1024 个不同的地址。但是每片 256×8b 的 RAM 芯片上的地址输入端只有 $A_0 \sim A_7$ 共 8b（$2^8 = 256$），给出的地址范围都是 0～255，无法区分 4 片中同样的地址单元。因此必须增加两位地址代码 A_8、A_9，使地址代码增加到 10 位，才能得到 1024（2^{10}）个地址。若取第 1 片的 $A_9 A_8 = 00$、第 2 片的 $A_9 A_8 = 01$、第 3 片的 $A_9 A_8 = 10$、第 4 片的 $A_9 A_8 = 11$，则 4 片 256×8b RAM 芯片的地址分配如表 7-5 所示。从而可以得到如图 7-29 所示的 RAM 字扩展连接。

根据表 7-5，4 片 RAM 芯片的低 8 位地址是相同的，所以接线时把它们分别并联连接即可。因为每片 RAM 芯片上只有 8 个地址输入端，所以 A_8、A_9 的输入端只好借用 $\overline{CS}$ 端。

表 7-5　例 7-4 中每片 256×8b 的 RAM 芯片的地址分配

器件编号	A_9	A_8	$\overline{Y_3}$	$\overline{Y_2}$	$\overline{Y_1}$	$\overline{Y_0}$	地址范围 $A_9 \sim A_0$	器件编号	A_9	A_8	$\overline{Y_3}$	$\overline{Y_2}$	$\overline{Y_1}$	$\overline{Y_0}$	地址范围 $A_9 \sim A_0$
RAM(0)	0	0	1	1	1	0	0000000000～0011111111	RAM(2)	1	0	1	0	1	1	1000000000～1011111111
RAM(1)	0	1	1	1	0	1	0100000000～0111111111	RAM(3)	1	1	0	1	1	1	1100000000～1111111111

图 7-29 利用 2 线 - 4 线译码器将 A_8、A_9 的 4 种编码 00、01、10、11 分别译码成 $\overline{Y_0} \sim \overline{Y_3}$ 低电平输出信号，控制 4 片 RAM 芯片的 $\overline{\text{CS}}$ 端。另外，由于每片 RAM 芯片的数据端 $\text{I/O}_0 \sim \text{I/O}_7$ 都设置了由 $\overline{\text{CS}}$ 控制的三态输出缓冲器，任意时刻只有一个 $\overline{\text{CS}}$ 处于低电平，故可将它们的数据线并联起来，作为整个 RAM 的数据输入/输出端。

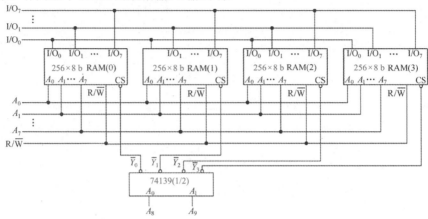

图 7-29　例 7-4 的 RAM 字扩展连接

7.4.3　字、位同时扩展

在很多情况下，要组成的存储器比现有的存储芯片的字数、位数都多，需要字、位同时进行扩展。扩展时，可以先计算出所需芯片的总数及片内地址线、数据线的根数，再用前面介绍的方法进行扩展，先进行位扩展，再进行字扩展。

【例 7-5】　2114 是 1K×4 位 SRAM，那么：

（1）要用多少片 2114 芯片才能组成 4K×8 位的 SRAM？

（2）4K×8 位的 SRAM 需要多少外部地址线？

（3）扩展是否还需要其他芯片？如需要，指出芯片的名称？

解　（1）需要的 1K×4 位的 SRAM 芯片数

$$n = \frac{\text{总存储容量}}{\text{每片存储容量}} = \frac{4096 \times 8 \text{ b}}{1024 \times 4 \text{ b}} = 8 \text{（片）}$$

具体扩展为：用 2 片 2114 进行位扩展，可以得到一个 1K×8 位的 SRAM；再用 4 个位扩展后的 SRAM 进行字扩展，即可得到 4K×8 位的 SRAM。

（2）4K×8 位的 SRAM 需要 12 根外部地址线。

（3）扩展还需要用 1 个 2 线 - 4 线译码器。

【思考题】

① 字扩展和位扩展有什么不同？

② 能否用 RAM 实现组合逻辑函数？为什么？

▶▶ 7.5　存储器的 VHDL 描述

1. 只读存储器的 VHDL 描述

实现 ROM 的 VHDL 代码展示的是一个 8×8b 的 ROM，十进制数 0、2、4、8、16、32、

64、128 分别存储到地址 7～0 选定的空间里。输出等于 memory 存储在相应地址的数据。

```vhdl
LIBRARY IEEE;
USE IEEE.STD_LOGIC_1164.ALL;
ENTITY rom IS
    GENERIC(bits: INTEGER: = 8;                    -- bit 为每个字的位宽
            words: INTEGER : = 8);                 -- word 为存储器中字数
    PORT(addr: IN INTEGER RANGE  words-1  DOWNTO 0 ;
         data: OUT STD_LOGIC_VECTOR(bits-1 DOWNTO 0));
END rom;
ARCHITECTURE beh OF rom IS
    TYPE vector_array IS ARRAY(words-1 DOWNTO 0) OF STD_LOGIC_VECTOR(bits-1 DOWNTO 0);
    CONSTANT MEMORY: vector_array : = ("00000000", "00000010", "00000100", "00001000",
                                       "00010000", "00100000", "01000000", "10000000");
BEGIN
    data< = MEMORY (addr);
END beh;
```

2. 随机存储器的 VHDL 描述

实现 RAM 的 VHDL 代码如下。

```vhdl
LIBRARY IEEE;
USE IEEE.STD_LOGIC_1164.ALL;
ENTITY ram1 IS
    GENERIC(bits: INTEGER: = 8;
            Words: INTEGER: = 16);
    PORT(wr_en, clk: IN STD_LOGIC;
         addr: IN INTEGER RANGE  words-1 DOWNTO 0;
         data_in: IN STD_LOGIC_VECTOR (bits-1 DOWNTO 0);
         data_out: OUT STD_LOGIC_VECTOR (bits-1 DOWNTO 0));
END ram1;
ARCHITECTURE beh OF ram1 IS
    TYPE vector_array IS ARRAY(words-1 DOWNTO 0) OF STD_LOGIC_VECTOR (bits-1 DOWNTO 0);
    SIGNAL memory : vector_array;
BEGIN
    PROCESS(clk, wr_en)
    BEGIN
        IF(wr_en = '1')THEN
            IF (clk'EVENT AND clk = '1') THEN
                memory(addr) <= data_in;
            END IF;
            data_out <= (OTHERS = >'Z');               -- 三态输出控制
        ELSE
            data_out <= memory(addr);
        END IF;
    END PROCESS;
END beh;
```

在上述代码中，电路具有输入数据总线（data-in）、输出数据总线（data-out）、时钟（clk）和写使能信号（wr-en）引脚。如果写使能信号有效，那么在下一个时钟上升沿出现时，data-in 上的数据将被存储到地址总线所选择的位置上，否则 data-out 上将输出地址总线所选择的存储单元的内容。

本章小结

（1）半导体存储器是现代数字系统特别是计算机系统的重要组成部件，它可分为 RAM 和 ROM 两大类，绝大多数属于 MOS 工艺制成的大规模数字集成电路。

（2）ROM 是一种非易失性的存储器，它存储的是固定数据，一般只能被读出。根据数据写入方式的不同，ROM 又可分成固定 ROM 和可编程 ROM。后者又可细分为 PROM、EPROM、E^2PROM 和闪存等，其中 E^2PROM 和闪存可以进行电擦写，已兼有了 RAM 的特性。

（3）RAM 是一种时序逻辑电路，具有记忆功能，所存储的数据随电源断电而消失，因此是一种易失性的读/写存储器。它有 SRAM 和 DRAM 两种类型，前者用触发器记忆数据，后者靠 MOS 管栅极电容存储数据。因此在不停电的情况下，SRAM 的数据可以长久保持，而 DRAM 必须定期刷新。

（4）从逻辑电路构成的角度，ROM 是由与门阵列和或门阵列构成的组合逻辑电路。ROM 的输出是输入变量最小项的组合，因此采用 ROM 可以方便地实现各种组合逻辑函数。

随堂测验

7.1 选择题

1. 一个容量为 1K×8 b 的存储器有（　　）个存储单元。

A. 8 b　　　　　B. 8 KB　　　　　C. 8000 b　　　　　D. 8192 b

2. 要构成容量为 4K×8 b 的 RAM，需要（　　）片容量为 256×4 b 的 RAM。

A. 2　　　　　B. 4　　　　　C. 8　　　　　D. 32

3. 寻址容量为 16K×8 b 的 RAM 需要（　　）根地址线。

A. 4　　　　　B. 8　　　　　C. 14　　　　　D. 16

4. 若 RAM 地址码有 8 位，行、列地址译码器的输入端都为 4，则它们的字线共（　　）条。

A. 8　　　　　B. 16　　　　　C. 32　　　　　D. 256

5. 某存储器具有 8 根地址线和 8 根双向数据线，则该存储器的容量为（　　）。

A. 8×3 b　　　　　B. 8K×8 b　　　　　C. 256×8 b　　　　　D. 256×256 b

6. 随机存取存储器具有（　　）功能。

A. 读/写　　　　　B. 无读/写　　　　　C. 只读　　　　　D. 只写

7. 欲将容量为 128×1 b 的 RAM 扩展为 1024×8 b，则需要控制各片选端的辅助译码器的输出端数为（　　）。

A. 1　　　　　B. 2　　　　　C. 3　　　　　D. 8

8. 欲将容量为 256×1 b 的 RAM 扩展为 1024×8 b 的 RAM，则需要控制各片选端的辅助译码器的输入端数为（　　）。

A. 4　　　　　B. 2　　　　　C. 3　　　　　D. 8

9. ROM 在运行时具有（　　）功能。

A. 读/无写　　　　　B. 无读/写　　　　　C. 读/写　　　　　D. 无读/无写

10. ROM 中的内容，当电源断掉后又接通，存储器中的内容（　　）。

A. 全部改变　　　　B. 全部为 0　　　　　C. 不可预料　　　　　D. 保持不变

11. 当电源断掉后又接通后，RAM 存储器中的内容（　　）。

A. 全部改变　　　　　B. 全部为 1　　　　C. 不确定　　　　D. 保持不变

12. 一个容量为 512×1 b 的静态 RAM 具有（　　　）。

A. 地址线 9 根、数据线 1 根　　　　　B. 地址线 1 根、数据线 9 根

C. 地址线 512 根、数据线 9 根　　　　D. 地址线 9 根、数据线 512 根

13. 用若干 RAM 实现位扩展时，其方法是将（　　　）相应地并联在一起。

A. 地址线　　　　　B. 数据线　　　　　C. 片选信号线　　　　D. 读写线

14. PROM 的与阵列（地址译码器）是（　　　）。

A. 全译码可编程阵列　　　　　B. 全译码不可编程阵列

C. 非全译码可编程阵列　　　　D. 非全译码不可编程阵列

7.2　判断题（正确的画"√"，错误的画"×"）

1. 实际中，常以字数和位数的乘积表示存储容量。（　　　）

2. RAM 由若干位存储单元组成，每个存储单元可存放一位二进制信息。（　　　）

3. 动态随机存取存储器需要不断地刷新，以防止电容上存储的信息丢失。（　　　）

4. 用 2 片容量为 16K×8 b 的 RAM 构成容量为 32K×8 b 的 RAM 使用的方法是位扩展。（　　　）

5. 所有的半导体存储器在运行时都具有读和写的功能。（　　　）

6. ROM 和 RAM 中存入的信息在电源断掉后都不会丢失。（　　　）

7. DRAM 中的信息，当电源断掉后又接通，则原来存储的信息不会改变。（　　　）

8. 存储器字数的扩展可以利用外加译码器控制数个芯片的片选输入端来实现。（　　　）

9. PROM 的或阵列（存储矩阵）是可编程阵列。（　　　）

10. ROM 的每个与项（地址译码器的输出）一定都是最小项。（　　　）

7.3　填空题

1. 存储器的_____和_____是反映系统性能的两个重要指标。

2. 动态 MOS 存储单元存储信息的原理是利用栅极_____具有_____的作用。半导体 RAM 的典型结构由三部分组成：_____、_____和_____。

3. ROM 的种类很多，但按存储内容的写入方式，可分为_____、_____和_____。

习　题　7

7.1　用 ROM 实现下列组合逻辑函数，画出阵列图。

$$Y_1 = \overline{A}\overline{B}C + \overline{A}B\overline{C} + A\overline{B}\overline{C} + ABC$$

$$Y_2 = BC + CA$$

$$Y_3 = \overline{A}\overline{B}\overline{C}D + \overline{A}\overline{B}CD + \overline{A}BC\overline{D} + A\overline{B}CD + ABC\overline{D} + ABCD$$

$$Y_4 = ABC + ABD + ACD + BCD$$

7.2　用 ROM 实现下列组合逻辑函数，画出阵列图。

$$\begin{cases} Y_1 = A\overline{C} + \overline{B}C \\ Y_2 = AB + AC + BC \end{cases}$$

7.3　用 1K×1 b 的 RAM 扩展成 1K×4 b 的 RAM，需要几片？并画出接线图。

7.4　画出用 1K×4 b 的 RAM 扩展成 2K×4 b 的 RAM 接线示意图。

7.5　画出用 8K×8 b 的 RAM 扩展成 64K×16 b 的 RAM 接线示意图。

第 8 章　可编程逻辑器件

课程目标

☒　熟悉基于可编程逻辑器件的数字电路设计的设计思想和设计流程。
☒　采用可编程逻辑器件，能够对一般数字电路进行设计和下载实现。

内容提要

本章重点介绍 PAL、GAL、CPLD 和 FPGA 等几种类型可编程逻辑器件的原理、结构及应用。

主要问题

☒　可编程逻辑器件的特点是什么？
☒　PAL、GAL、CPLD 和 FPGA 有何异同？
☒　基于可编程逻辑器件的数字系统设计流程是怎样的？

➤ 8.1 可编程逻辑器件概述 ⎯⎯⎯⎯⎯⎯⎯⎯⎯⎯⎯⎯⎯⎯⎯⎯⎯●

微电子技术的发展和集成电路的广泛应用促进了可编程逻辑器件（Programmable Logic Device，PLD）的发展，同时 PLD 的发展和应用简化了数字系统设计过程，降低了系统的体积和成本，提高了系统的可靠性和保密性，从根本上改变了系统设计方法，使各种逻辑功能的实现变得灵活、方便。

可编程逻辑器件是可由用户编程、配置的一类逻辑器件的泛称，实际上是一种将不具有特定逻辑功能的基本逻辑单元集成的通用大规模集成电路，用户可以根据需要对其编程，进而实现所需的逻辑功能。

可编程逻辑器件的发展经历了以下过程：PROM→PLA→PAL→GAL→CPLD→FPGA。第 7 章讲述的 PROM 就是一种 PLD 器件，之后产生了可编程逻辑阵列（Programmable Logic Array，PLA）、可编程阵列逻辑（Programmable Array Logic，PAL）、通用阵列逻辑（Generic Array Logic，GAL）、复杂可编程逻辑器件（Complex Programmable Logic Device，CPLD）和现场可编程门阵列（Field Programmable Gate Array，FPGA）等。

8.1.1 PLD 的基本结构

任何组合逻辑函数均可化为与或式，用"与门‐或门"两级电路实现，而任何时序逻辑电路都是由组合逻辑电路加上存储元件（触发器）构成的。可编程逻辑器件（PLD）的结构是基于上述思想设计而成的，是由"与""或"基本逻辑单元阵列组成的器件，每个输出都是输入的"与‐或"函数。PLD 的"与"阵列的输入为外部输入原变量及在阵列中经过反相后的反变量。它们按所要求的规律连接到各与门的输入端，并在各与门的输出端产生某些输入变量的"与"项，这些"与"项按一定的要求连接到相应或门的输入端，在每个或门的输出端产生输入变量的"与‐或"函数表达式。

PLD 的基本结构如图 8-1 所示，由输入缓冲电路、与阵列、或阵列和输出缓冲电路四部分组成。其中，"与阵列"和"或阵列"是 PLD 的主体，逻辑函数靠它们实现；输入缓冲电路主要用来对输入信号进行预处理，以适应各种输入情况；输出缓冲电路主要用来对输出信号进行处理，用户可以根据需要选择各种灵活的输出方式（组合方式、时序方式等），可直接输出，也可将输出反馈到输入电路。

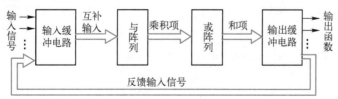

图 8-1 PLD 的基本结构

8.1.2 PLD 的分类

集成度是可编程逻辑器件（PLD）的一项很重要的指标。如果按集成度分类，可编程逻辑器件可分为低密度可编程逻辑器件 LDPLD（Low Density PLD，如 PROM、EPROM、E²PROM、PLA、PAL 和 GAL 等）和高密度可编程逻辑器件 HDPLD（High Density PLD，如 CPLD、FPGA 等），如图 8-2 所示。

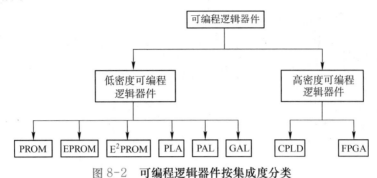

图 8-2　可编程逻辑器件按集成度分类

8.1.3　PLD 的电路表示方法

PLD 的基本结构由与阵列和或阵列构成，但由于阵列规模一般远大于普通电路，用传统的器件符号已不能满足其原理图的需要，因此在 PLD 中，一些器件有其专门的表示方法。

1. PLD 的连线方式

基本的 PLD 结构如图 8-3 所示。可以看到，门阵列交叉点上有三种连接方式，其具体表示如图 8-4 所示。

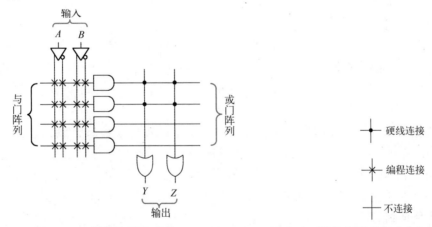

图 8-3　基本的 PLD 结构　　　　图 8-4　PLD 门阵列交叉点上的连接方式

硬线连接：固定连接，不可编程。

编程连接：通过编程来实现接点的接通与断开。

不连接：没有"×"和"·"的表示两线不连接。

2. 基本门电路的 PLD 表示法

基本门电路在 PLD 表示法中的表达形式如图 8-5～图 8-8 所示。图 8-5 为 4 输入与门的 PLD 表示法。图 8-6 为 4 输入或门的 PLD 表示法。为了使输入信号具有足够的驱动能力并产生原码和反码两个互补的信号，PLD 的输入缓冲器和反馈缓冲器都采用互补的输出结构，如图 8-7 所示。三态输出缓冲器的 PLD 表示法如 8-8 所示。

图 8-5　4 输入与门的 PLD 表示法

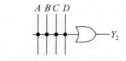

图 8-6　4 输入或门的 PLD 表示法

图 8-7　输入缓冲器的 PLD 表示法

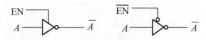

图 8-8　三态输出缓冲器的 PLD 表示法

8.1.4　PLD 的性能特点

与采用中小规模器件相比，采用 PLD 设计的数字系统具有如下特点：

① 系统体积减小。单片 PLD 有很高的密度，可容纳中小规模集成电路的几片到十几片。

② 逻辑设计的灵活性增强。使用 PLD 器件设计的系统，可以不受标准系列器件在逻辑功能上的限制。

③ 设计周期缩短。由于可编程特性，PLD 设计所需的时间比传统方式大为缩短。

④ 系统处理速度提高。用 PLD 与 - 或两级结构可实现任何逻辑功能，比用中小规模器件所需的逻辑级数少。这不仅简化了系统设计，也减少了级间延迟，提高了系统的处理速度。

⑤ 系统成本降低。由于 PLD 集成度高，测试与装配的量大大减少，避免了改变逻辑带来的重新设计和修改，有效地降低了成本。

⑥ 系统的可靠性提高。用 PLD 器件设计的系统减少了芯片数量，减小了印制板面积，减少了相互间的连线，增加了平均寿命，提高了抗干扰能力，从而增加了系统的可靠性。

⑦ 系统具有加密功能。某些 PLD 器件，如 GAL 或高密度可编程逻辑器件，本身具有加密功能。设计者在设计时选中加密项，可编程逻辑器件就被加密，器件的逻辑功能无法被读出，有效地防止了电路被抄袭。

▶▶ 8.2　可编程阵列逻辑器件

可编程阵列逻辑（PAL）器件是 20 世纪 70 年代末期在 PROM 和 PLA 的基础上发展起来的一种可编程逻辑器件，由"与"阵列和"或"阵列组成。相对于 PROM，可编程阵列逻辑（PAL）使用更灵活，且易于完成多种逻辑功能，又比 PLA 工艺简单，易于实现。PAL 采用双极型工艺制作，熔丝编程方式，工作速度较高。PAL 由可编程的与逻辑阵列、固定的或逻辑阵列和输出电路三部分组成。通过对与阵列编程，PAL 可以获得不同形式的组合逻辑函数。另外，在有些型号的 PAL 中，输出电路设置有触发器和从触发器输出到与阵列的反馈线，可以方便地构成各种时序逻辑电路。

8.2.1　PAL 的基本电路结构

用 PAL（可编程阵列逻辑）实现逻辑函数时，每个函数是若干乘积项之和，但乘积项数目固定不变（乘积项数目取决于所采用的 PAL 芯片）。为了满足不同用户的要求，PAL 有专用输出结构、可编程输入/输出结构、带反馈的寄存器输出结构、异或型输出结构、运算选通反馈结构等不同的输出结构。最简单 PAL 电路的结构如图 8-9 所示，仅包含一个可编程的与逻辑阵列和一个固定的或逻辑阵列，没有附加其他的输出电路。每个或门都有固定的 4 个输入（与门

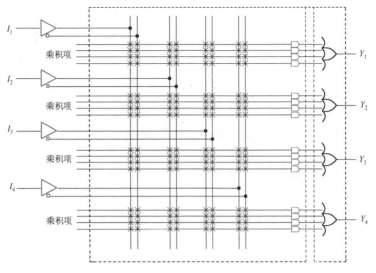

图 8-9　**最简单 PAL 电路的结构**

的输出，即乘积项），每个与门都有 8 个输入端（与输入变量 $I_1 \sim I_4$ 的原变量和反变量相对应）。

编程前，与门的 8 个输入与 $I_1 \sim I_4$ 的原变量及反变量接通，即与阵列的所有交叉点上均有熔丝接通，这是与阵列的默认状态（见图 8-9）。编程时，将有用的熔丝保留，将无用的熔丝熔断，从而获得需要的乘积项，即得到所需的电路。

PAL 具有多种输出和反馈结构，因而给数字逻辑设计带来了很大的灵活性。但是其集成度不高，且采用的是双极型熔丝工艺，只能一次性编程，另外输出端采用固定结构，不能重新组态，因而编程灵活性较差，很难胜任功能较复杂的电路与系统。

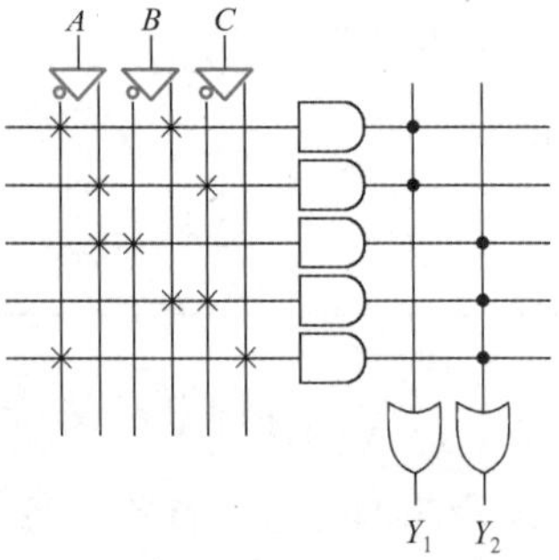

8.2.2　PAL 的应用举例

【例 8-1】　试用 PAL 实现下列逻辑函数：

$$Y_1(A,B,C) = \sum m(2,3,4,6)$$
$$Y_2(A,B,C) = \sum m(1,2,3,4,5,6)$$

解　化简得最简与或式为

$$Y_1 = \overline{A}B + A\overline{C} \ , \quad Y_2 = A\overline{B} + B\overline{C} + \overline{A}C$$

图 8-10　**例 8-1 编程后的结果**

编程后的结果如图 8-10 所示。

注意：不同 PLD 的可编程的阵列不同，因此实现与或逻辑的方法不尽相同。如 PROM 具有固定的与阵列和可编程的或阵列，由于与阵列实现了输入变量的全部最小项，因此用 PROM 实现与或逻辑时，需要将待实现的逻辑函数化为最小项和的形式；而 PAL 具有可编程的与阵列和固定的或阵列，PLA 具有可编程的与阵列和可编程的阵列，因此用 PAL 或 PLA 实现与或逻辑时，需要将待实现的逻辑函数化为最简的与 - 或式，而不是最小项和的形式。

▶▶ 8.3　通用阵列逻辑器件

通用阵列逻辑（GAL）器件是在 PAL 的基础上发展起来的，是 1985 年由美国 Lattice 公司开发并商品化的一种新的 PLD。GAL 继承了 PAL 的与－或阵列结构，但是采用了电擦除可编程的 E^2CMOS 工艺制作，有电擦写反复编程的特性。GAL 器件具有灵活的输出结构，输出端设置了可编程的输出逻辑宏单元（Output Logic Macro Cell，OLMC），通过编程可以设置成不同的输出方式，具有很强的通用性，因此被称为通用可编程逻辑器件。

8.3.1 GAL 的基本电路结构

GAL 由可编程与阵列、固定或阵列、输出逻辑宏单元（OLMC）及部分输入/输出缓冲门电路组成。实际上，GAL 的或阵列包含在 OLMC 中。

下面以可编程通用阵列逻辑器件 GAL16V8 的内部结构（如图 8-11 所示）为例讨论。

GAL16V8 由以下 5 部分组成：

① 一个 64×32 b 的可编程与阵列。64 表示阵列可产生 64 个乘积项，由 8×8 个与门构成，每个与门有 32 个输入，其中 16 个来自输入缓冲器，另外 16 个来自反馈/输入缓冲器。

② 8 个输入缓冲器（引脚 2～9 作为输入）。

③ 8 个三态输出缓冲器（引脚 12～19 作为输出缓冲器的输出）。

④ 8 个反馈/输入缓冲器（将输出反馈给与门阵列，或将输出端作为输入端）。

⑤ 8 个 OLMC（OLMC12～19，组成或阵列的 8 个或门分别包含于各自 OLMC 中，每个 OLMC 固定连接 8 个乘积项，不可编程）。

该器件还有一个系统时钟 CLK 的输入端（引脚 1）、一个输出三态控制端 OE（引脚 11），以及图 8-11 中未标示出的一个电源端 V_{CC}（引脚 20）和一个接地端（引脚 10）。

与 PAL 相比，GAL 的输出结构配置了可以任意编程组态的 OLMC。PAL 与 GAL 基本结构的比较如图 8-12 所示。可以看出，虚线圈中的上半部分是 PAL 结构，下半部分是 GAL 结构。对于 GAL，适当地为 OLMC 进行编程，就可以在功能上代替前面讨论过的 PAL 各种类型及其派生类型。下面介绍 GAL 的一个重要组成部分 OLMC。

8.3.2 OLMC 的组成结构

GAL 的输出逻辑宏单元（OLMC）由一个 8 输入或门、极性选择异或门、D 触发器、4 个多路选择器 MUX、时钟控制 CLK、使能控制 OE 和编程元件等组成。GAL16V8 中的 OLMC 的结构如图 8-13 所示，(n)表示 OLMC 的编号，这个编号对应每个 OLMC 的引脚号。

1）或门

或门固定接收来自与阵列的输出，其输出端能实现不大于 8 个乘积项的与－或逻辑函数。

2）异或门

或门的输出信号送到一个受 XOR(n)（其中 n 为 OLMC 输出引脚号）信号控制的异或门，完成输出信号的极性选择。当 XOR(n) = 0 时，异或门的输出与输入（或门输出）同相；当 XOR(n) = 1 时，异或门的输出与输入反相。

3）D 触发器

D 触发器对输出状态起寄存作用，使 GAL 可用于实现时序逻辑电路。

4）多路选择器

OLMC 中的 4 个多路选择器分别如下。

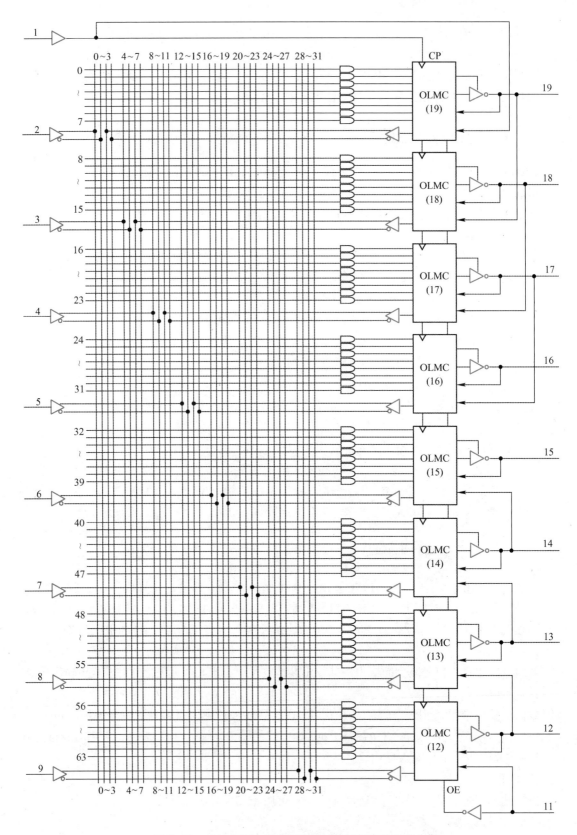

图 8-11　GAL16V8 的内部逻辑结构及相应的引脚分布

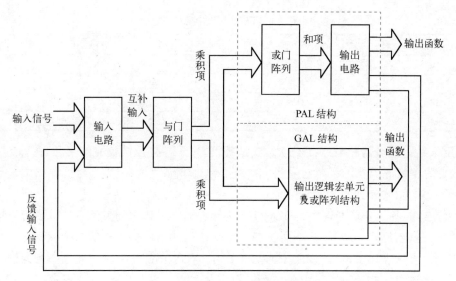

图 8-12　PAL 与 GAL 基本结构的比较

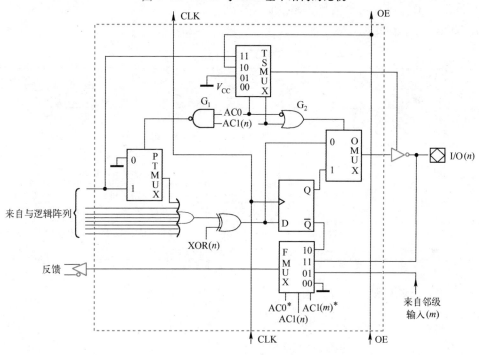

图 8-13　OLMC 的结构

① 输出多路选择器 OMUX：2 选 1 数据选择器，根据 AC0 和 AC1(n) 的状态决定 OLMC 是工作在组合逻辑模式还是时序逻辑模式。G_2 输出为 0 时是组合逻辑输出，G_2 输出为 1 时是寄存器输出。

② 乘积项数据选择器 PTMUX：2 选 1 数据选择器，用于选择与阵列输出的第一个乘积项或者低电平。

③ 三态数据选择器 TSMUX：4 选 1 数据选择器，用于选择输出端三态缓冲器的选通信号，从而控制输出端三态缓冲器的工作状态。在 AC0 和 AC1(n) 的控制下，TSMUX 选择 V_{CC}、"地"、OE 或者一个与项作为允许输出的控制信号，其控制功能如表 8-1 所示。

表 8-1　TSMUX 的控制功能

AC0 和 AC1(n)	TSMUX 的输出	输出端三态缓冲器的工作状态
00	V_{CC}	工作态
01	"地"	高阻态
10	OE	OE = 1 为工作态，OE = 0 为高阻态
11	第一乘积项	取值为1，工作态，取值为0，高阻态

④ 反馈数据选择器 FMUX：8 选 1 数据选择器，用于控制反馈信号的来源。在 AC0*、AC1(n) 和 AC1(m)* 的控制下，FMUX 从触发器的 $\overline{Q}$ 端、I/O(n) 端、"地"、相邻位的输出中选择一个作为反馈信号，送回与阵列作为输入信号。

由 OLMC 的各部分功能可知，OLMC 给设计者提供了最大的灵活性，只要恰当地给出控制信号的值，就能形成 OLMC 的不同组态。GAL16V8 由一个 82 位的结构控制字控制着器件的各种功能组合状态。图 8-13 中的 AC0、AC1(n)、XOR(n) 都是编程单元当中结构控制字中的一位数据，通过对结构控制字编程，便可以设定 OLMC 的工作模式。*表示在 OLMC(12) 和 OLMC(19) 中 AC0、AC1(m) 分别被结构控制字中的一位数据 $\overline{SYN}$、SYN 代替。由 SYN、AC0、AC1(n)、XOR(n) 决定 OLMC 的 5 种工作模式，如表 8-2 所示。

表 8-2　OLMC 的 5 种工作模式

SYN	AC0	AC1(n)	XOR(n)	工作模式	输出极性	说　　明
1	0	1	/	专用输入	/	引脚 1，11 为数据输入端，三态门禁止
1	0	0	0	专用组合输出	0—低电平有效	引脚 1，11 为数据输入端，三态门总是选通；所有输出都是组合型的
1	0	0	1		1—高电平有效	
1	1	1	0	反馈组合输出	0—低电平有效	引脚 1，11 为数据输入端，三态门由第一乘积项选通；所有输出都是组合型的
1	1	1	1		1—高电平有效	
0	1	1	0	时序电路组合输出	0—低电平有效	引脚 1 为 CLK，引脚 11 为 OE；本级宏单元是组合型的，其余宏单元至少有一个是寄存器型的
0	1	1	1		1—高电平有效	
0	1	0	0	寄存器输出	0—低电平有效	引脚 1 为 CLK、引脚 11 为 OE；本级宏单元是寄存器型的
0	1	0	1		1—高电平有效	

8.3.3　GAL 的特点

相比于前述的低密度可编程逻辑器件，GAL 具有以下优点：

① 采用电擦除工艺和高速编程方法，使编程改写变得方便、快速，整个芯片改写只需数秒，一片可改写 100 次以上。

② 采用 E^2CMOS 工艺，保证了 GAL 的高速度和低功耗。存取速度为 12～40 ns，功耗仅为双极型 PAL 的 1/2 或 1/4，编程数据可保存 20 年以上。

③ 采用可编程的输出逻辑宏单元（OLMC），使其具有极大的灵活性和通用性。

④ 可预置和加电复位所有的寄存器，具有 100% 的功能可测试性。

⑤ 备有加密单元，可防止他人非法抄袭设计电路。

⑥ 100% 可编程。GAL 采用浮栅编程技术，使与阵列和 OLMC 可以反复编程，当编程或逻辑设计有错时，可以擦除重新编程、反复修改，直到得到正确的结果，因而每个芯片可 100% 编程。

但 GAL 和 PAL 一样都属于低密度 PLD, 缺点是规模小, 每片相当于几十个等效门电路, 只能代替 2～4 片 MSI, 远达不到 LSI 和 VLSI 专用集成电路的要求。

另外, GAL 在使用中还有许多局限性, 如一般 GAL 只能用于同步时序电路, 各 OLMC 中的触发器只能同时置位或清 0, 每个 OLMC 中的触发器、或门还不能充分发挥其作用, 应用灵活性差等。

▶▶ 8.4 复杂可编程逻辑器件

前述早期的 PLD 器件由于过于简单的结构使它们只能实现规模较小的电路, 为了弥补这个缺陷, 20 世纪 80 年代中期 Altera 和 Xilinx 公司分别推出了类似 PAL 结构的扩展型复杂可编程逻辑器件 CPLD 和与标准门阵列类似的现场可编程门阵列 FPGA。这两种器件兼容了 PLD 和通用门阵列的优点, 可以实现较大规模的电路, 编程也很灵活。与门阵列等其他 ASIC (Application Specific IC) 相比, 它们具有体系结构和逻辑单元灵活、集成度高、适用范围宽、设计开发周期短、设计制造成本低、开发工具先进、标准产品不需测试、质量稳定、可实时在线检验等优点, 因此被广泛用于产品的原型设计和产品生产。几乎所有应用门阵列、PLD 和中小规模通用数字集成电路的场合均可应用 CPLD 和 FPGA。

CPLD 是在 PAL、GAL 结构的基础上扩展或改进而成的阵列型高密度 PLD, 基本结构与 PAL 和 GAL 类似, 均由可编程的与阵列、固定的或阵列和逻辑宏单元组成, 但集成度大得多。CPLD 将许多逻辑块 (每个逻辑块相当于一个 GAL) 连同可编程的内部连线集成在单块芯片上, 通过编程修改内部连线即可改变器件的逻辑功能。

8.4.1 CPLD 的基本结构

CPLD 主要由逻辑块、可编程互连通道和 I/O 块三部分构成, 如图 8-14 所示。CPLD 的逻辑块结构如图 8-15 所示, 由乘积项阵列、乘积项分配和宏单元构成。

下面以具体的 CPLD 器件为例, 介绍它的构成及原理, 其他型号的结构都与此非常相似。

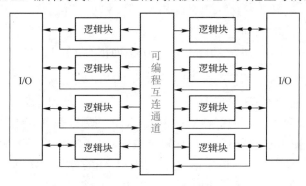

图 8-14　CPLD 的基本结构

8.4.2 MAX7000 系列的结构和功能

MAX7000 系列是 Altera 公司生产的使用比较普遍的产品, 属于高性能、高密度的 CPLD, 其制造工艺采用了先进的 CMOS E^2PROM 技术。在结构上, MAX7000 系列包括宏单元

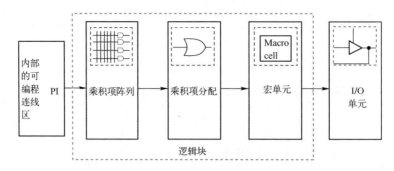

图 8-15　CPLD 的逻辑块结构

（Macrocell）、逻辑阵列块（Logic Array Block，LAB）、扩展乘积项（Expender Product Term，EPT）、可编程连线阵列（Programmable Interconnect Array，PIA）和 I/O 控制块（I/O Control Block）等，其内部结构如图 8-16 所示。

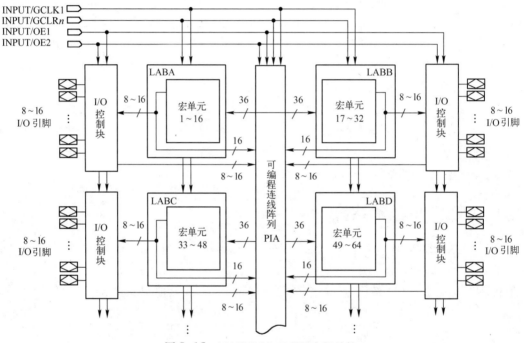

图 8-16　MAX7000 系列的内部结构

　　宏单元是 CPLD 的基本结构，用来实现基本的逻辑功能。LABA、LABB、LABC、LABD 是多个宏单元的集合。每个 LAB 包含 16 个宏单元，其中每个宏单元包括一个可编程的与阵列、一个固定的或阵列和一个可编程的寄存器。各 LAB 之间通过 PIA 连接，进行信号传递。I/O 控制块负责输入、输出的电气特性控制，如设定集电极开路输出、三态输出等。图 8-16 左上方的 INPUT/GCLK1、INPUT/GCLRn、INPUT/OE1 和 INPUT/OE2 分别是全局时钟信号、清零信号和两个输出使能信号，它们由专用连线与 CPLD 中的每个宏单元相连。

8.4.3　MAX7000 系列的宏单元

　　MAX7000 系列的宏单元是器件实现逻辑功能的主体，主要由乘积项逻辑阵列、乘积项选择矩阵和可编程寄存器（触发器）三个功能块组成，每个宏单元（如图 8-17 所示）可以被单

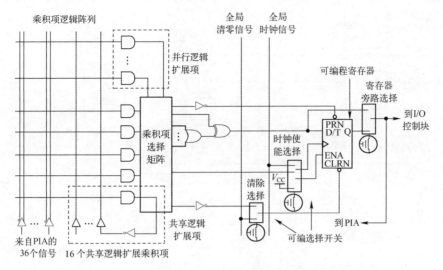

图 8-17 宏单元的结构

独地配置为时序逻辑或组合逻辑工作方式。可以看出,左侧是乘积项逻辑阵列,即与阵列,每个交叉点都是一个可编程熔丝,如果导通,就实现与逻辑;后面的乘积项选择矩阵是一个或阵列。两者一起完成组合逻辑。乘积项逻辑阵列产生乘积项,而每个乘积项的变量选自 PIA 的 36 个信号和来自 LAB(逻辑阵列块)的 16 个共享逻辑扩展乘积项,可以给每个宏单元提供 5 个乘积项。乘积项选择矩阵分配这些乘积项作为或门和异或门的主要逻辑输入,以实现组合逻辑函数;每个宏单元的一个乘积项可以反相后反馈到乘积项逻辑阵列。

每个宏单元的寄存器都可以单独地编程为具有可编程时钟控制的 D、JK 或 RS 触发器工作方式。如果需要,也可将寄存器旁路,以实现纯组合逻辑的输出。宏单元的寄存器支持异步清除、异步置位功能,乘积项选择矩阵分配乘积项来控制这些操作。

8.4.4 逻辑阵列块

每个逻辑阵列块(LAB)有 16 个共享逻辑扩展乘积项,每个共享逻辑扩展乘积项都可以与其他任何一个或全部宏单元使用和共享,以实现复杂的逻辑函数。逻辑阵列块(LAB)的结构如图 8-18 所示。除了共享逻辑扩展乘积项,还可以使用并行逻辑扩展乘积项实现复杂的逻辑函数,最多允许 20 个并行逻辑扩展乘积项直接传送到逻辑宏单元的或逻辑中,其中 5 个并行逻辑扩展乘积项由宏单元本身提供,15 个并行逻辑扩展乘积项从同一个 LAB 中的相邻宏单元借用。

8.4.5 MAX7000 系列的其他组成部分

1)扩展乘积项

在实现某些比较复杂的逻辑函数时,需要附加乘积项。利用共享和并行逻辑扩展乘积项作为附加的乘积项直接送到逻辑阵列块(LAB)的任意宏单元中来实现。

2)可编程连线阵列

可编程连线阵列(PIA)是将各 LAB 相互连接,构成所需的逻辑布线通道,能够把器件中任何信号源连接到其目的地。

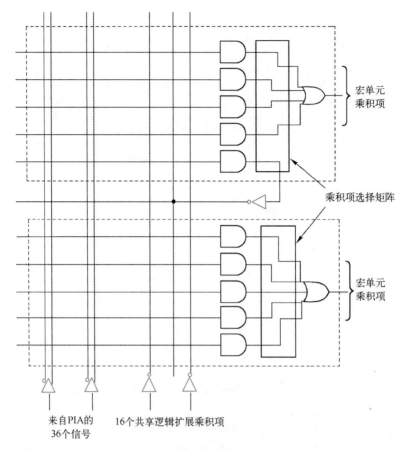

来自PIA的
36个信号

16个共享逻辑扩展乘积项

宏单元
乘积项

乘积项选择矩阵

宏单元
乘积项

图 8-18　逻辑阵列块（LAB）的结构

3）I/O 控制块

I/O 控制块的作用是确定每个 I/O 引脚工作于输入、输出或者双向三种工作方式之一。所有的 I/O 引脚都有一个三态缓冲器，它能由全局输出使能信号中的一个控制，或者把使能端直接连接到地（GND）或电源（V_{CC}）上。

8.4.6　CPLD 的特性

由于整合性较高，CPLD 具有性能提升、可靠度增加、PCB 面积减少及成本下降等优点。与 8.5 节将介绍的另一种普遍使用的可编程逻辑器件 FPGA 相比，CPLD 提供的逻辑资源少得多——最高约 1 万门。CPLD 提供了非常好的可预测性，因此对于关键的控制应用非常理想。

CPLD 是一种用户可以根据各自需要而自行构造逻辑功能的数字集成电路。其基本设计方法是借助集成开发软件平台，用原理图、硬件描述语言等方法，生成相应的目标文件，通过下载电缆（"在系统"编程）将代码传入目标芯片，实现设计的数字系统。

▶8.5　现场可编程门阵列器件

与前面介绍的 CPLD 等阵列型可编程逻辑器件是基于与 - 或阵列结构的不同，现场可编程门阵列器件（FPGA）是基于查找表结构的。

8.5.1 现场可编程门阵列器件的基本结构

现场可编程门阵列器件（FPGA）由许多独立的可编程逻辑模块组成，用户可以通过编程决定每个单元的功能及其互连关系，从而实现所需的逻辑功能。不同厂家或不同型号的 FPGA 在可编程逻辑块的内部结构、规模、内部互连的结构等方面存在较大的差异。典型的 FPGA 通常包含三类基本资源：可配置逻辑块（Configurable Logic Block，CLB）、输入/输出模块（I/O Block，IOB）和互连资源（Interconnect Resource，IR）三部分可编程单元，如图 8-19 所示。

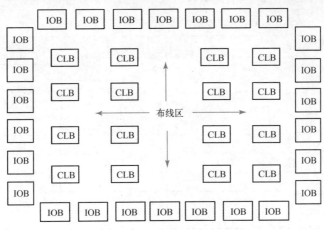

图 8-19　FPGA 的基本结构

① 可配置逻辑块（CLB）是实现用户功能的基本单元，包含组合逻辑和触发器资源，它们通常规则地排列成一个阵列，散布于整个芯片。

② 输入/输出模块（IOB）主要完成芯片上逻辑与外部封装引脚的接口，输入或输出可设置，它通常排列在芯片的四周。

③ 互连资源（IR）包括各种长度的连线线段和一些可编程连接开关，它们将各 CLB 之间或 CLB 与 IOB 之间以及 IOB 之间连接起来，构成特定功能的电路。

除了上述构成 FPGA 基本结构的三种资源，随着工艺的进步和应用系统需求的发展，一般在 FPGA 中还可能包含以下可选资源。

❖ 存储器资源：配置数据可以存储在片外的 EPROM、E^2PROM 或计算机软盘、硬盘中，人们可以控制加载过程，在现场修改器件的逻辑功能，即所谓现场编程。

❖ 数字时钟管理单元：分频/倍频、数字延迟、时钟锁定。

❖ 算术运算单元：高速硬件乘法器、乘加器。

❖ 多电平标准兼容的 I/O 接口。

❖ 高速串行 I/O 接口。

❖ 特殊功能模块及微处理器等。

下面以 FLEX 10K 系列为例介绍 FPGA 的构成及工作原理。FLEX 10K 系列是基于 SRAM 的查找表结构的，下面先介绍查找表的原理和结构。

8.5.2 查找表的原理与结构

查找表（Look-Up-Table，LUT）本质上是一个 RAM。在 RAM 查找表结构中，要实现的函数的真值表数值需预先存入，输入变量作为地址，用来从 RAM 中选择相应的数值作为逻辑函数的输出值，这样就可以实现输入变量的所有可能的逻辑函数。目前，FPGA 中多使用 4 输入的 LUT，所以每个 LUT 可以看成一个有 4 位地址线的 16×1 b 的 RAM。当用户通过原理图或 HDL 描述了一个逻辑电路后，PLD/FPGA 开发软件会自动计算逻辑电路的所有可能的结果，并把结果事先写入 RAM，这样每输入一个信号进行逻辑运算，就等于输入一个地址进行查表，找出地址对应的内容，然后输出即可。

这里用一个 4 输入或门的例子来说明查找表的用法，如表 8-3 所示。

表 8-3　以 4 输入或门为例的查找表用法

实际逻辑电路		LUT 的实现方式	
A、B、C、D 输入	逻辑输出	地址	RAM 中存储的内容
0000	0	0000	0
0001	1	0001	1
…	1	…	1
1111	1	1111	1

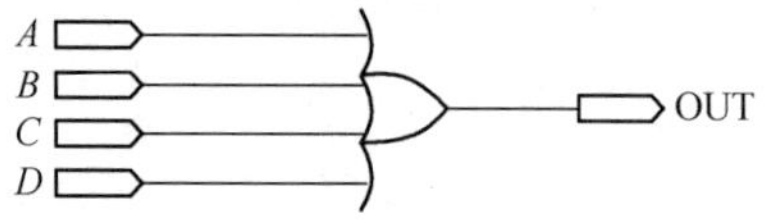

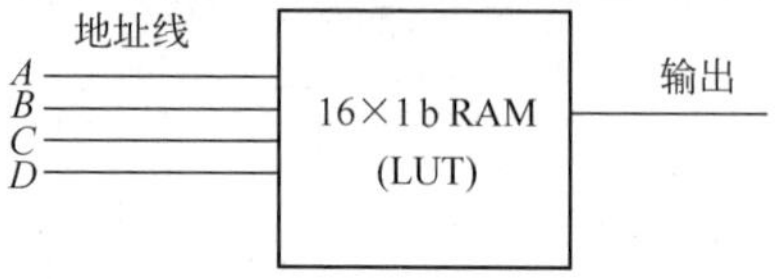

LUT 主要适合 SRAM 工艺生产，所以目前大部分 FPGA 都是基于 SRAM 工艺的。然而 SRAM 工艺的芯片在掉电后信息会丢失，因此需要外加一片专用配置芯片，在上电时，由这个专用配置芯片把数据加载到 FPGA 中，然后 FPGA 就可以正常工作了，由于配置时间很短，因此不会影响系统正常工作。也有少数 FPGA 采用反熔丝或闪存工艺，这种 FPGA 就不需要外加专用配置芯片。

8.5.3　FLEX 10K 系列的基本结构

FLEX 10K 系列在结构上包括嵌入式阵列块（Embedded Array Block，EAB）、逻辑阵列块（LAB）、快速通道（Fast Track）和输入/输出单元（In-Out Element，IOE）四部分，内部结构如图 8-20 所示，由一组逻辑单元（Logic Element，LE）组成一个 LAB。LAB 按行和列排成一个矩阵，并且在每行中放置了一个 EAB。在器件内部，信号的互连及信号与器件引脚的连接由快速通道提供，在每行（或每列）快速通道互连线的两端连接着若干 IOE。

1. 嵌入式阵列块（EAB）

FLEX 10K 系列的 EAB 的内部结构如图 8-21 所示。EAB 是一种输入、输出端带有寄存器的非常灵活的 RAM，既可以作为存储器使用，也可以用来实现逻辑功能。EAB 用来实现逻辑功能时，每个 EAB 可相当于 100~300 个等效门，能方便地构成乘法器、加法器、纠错电路等模块，并由这些功能模块可以进一步构成诸如数字滤波器、微控制器等系统。逻辑功能通过配置时，编程 EAB 为只读模型，生成一个大的查找表来实现。在这个查找表中，组合逻辑功能是通过查找表而不是通过运算来完成的，其速度比用常规逻辑运算实现时更快，并且这个优势因 EAB 的快速访问而得到了加强。

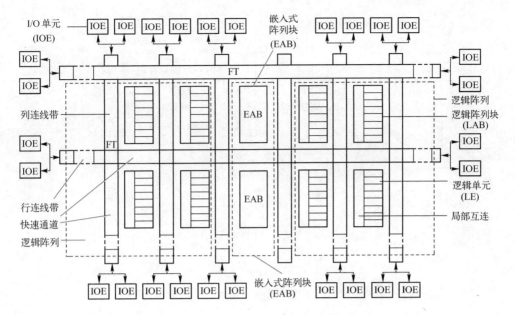

图 8-20 FLEX 10K 系列的内部结构

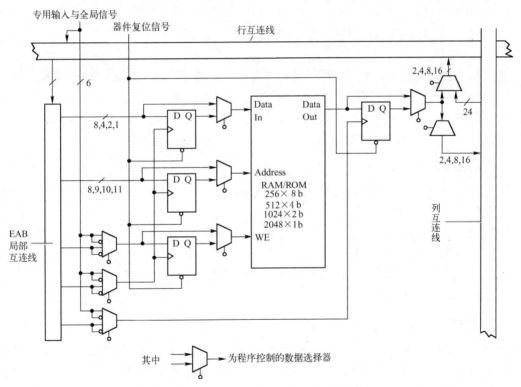

图 8-21 FLEX 10K 系列的 EAB 的内部结构

2. 逻辑单元（LE）

FLEX 10K 系列的逻辑单元（LE）的内部结构如图 8-22 所示，由组合逻辑电路和时序逻辑电路两部分组成，包含一个 4 输入查找表、选择各种控制功能（如时钟、复位）的附属电路、一个具有使能、预置和清零输入端的用于时序输出的触发器、一个进位链和一个级联链等。每个逻辑单元（LE）有两个输出，可驱动 LAB 局部互连和快速通道互连。

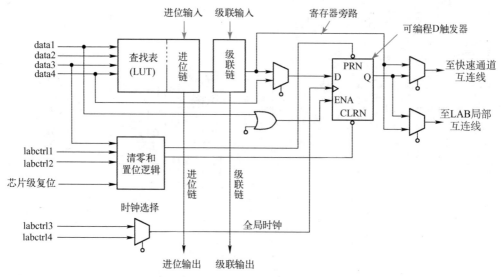

图 8-22 FLEX 10K 系列逻辑单元（LE）的内部结构

逻辑单元（LE）的可编程触发器可以被编程为 D、T、JK 或 RS 触发器。该触发器的时钟、清除（CLRN）、使能（ENA）、置位（PRN）控制信号可以由专用输入引脚、通用 I/O 引脚或任何内部逻辑驱动。如将触发器旁路，将 LUT 的输出直接连接到逻辑单元（LE）的输出端，就可以实现纯组合逻辑函数。

FLEX 10K 系列在结构上还提供了两条专用快速通路，即进位链和级联链，它们连接相邻的逻辑单元（LE），但不占用通用互连通路。进位链可以提供逻辑单元（LE）之间的快速进位功能，用于实现高速计数器、加法器、比较器和需要由低位的组合产生高位的逻辑函数；级联链具有扩展功能，使 FLEX 10K 系列能产生超过 4 个变量的多输入逻辑函数。

3．逻辑阵列块（LAB）

FLEX 10K 系列的主体部分 LAB 由 8 个 LE、与 LE 相连的进位链和级联链、LAB 控制信号、LAB 局部互连线组成。

每个 LAB 提供 4 个可供 LE 使用的控制信号，其中 2 个可用作时钟，另外 2 个可用作清除/置位逻辑控制。LAB 的控制信号可由专用输入引脚、I/O 引脚或借助 LAB 局部互连的任何内部信号直接驱动，专用输入端一般用作公共的时钟、清除或置位信号。FLEX 10K 系列的 LAB 的内部结构如图 8-23 所示。

4．快速通道(Fast Track)

在 FLEX 10K 系列中，不同 LAB 中的 LE 之间及 LE 与器件 I/O 引脚之间的互连是通过快速通道实现的。快速通道是贯穿整个器件长和宽的一系列水平与垂直的连续式布线通道，由"行连线带"和"列连线带"组成，如图 8-24 所示。

5．输入/输出单元（IOE）

FPGA 的 I/O 引脚是由输入/输出单元（IOE）驱动的。FLEX 10K 系列的 IOE 的内部结构如图 8-25 所示。IOE 位于快速通道行和列的末端，包含一个双向 I/O 缓冲器和一个触发器。这个触发器可以用作需要快速建立时间的外部数据输入寄存器，也可以用作要求快速"时钟到输出"性能的数据输出寄存器。此外，每个引脚可被设置为集电极开路输出方式。

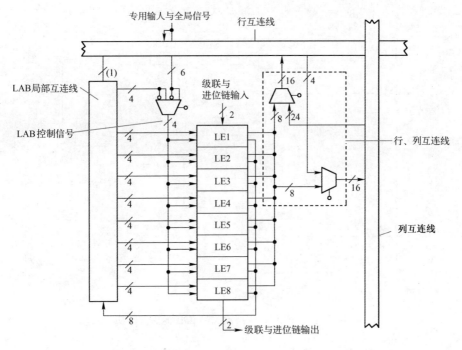

图 8-23　FLEX 10K 系列的 LAB 的内部结构

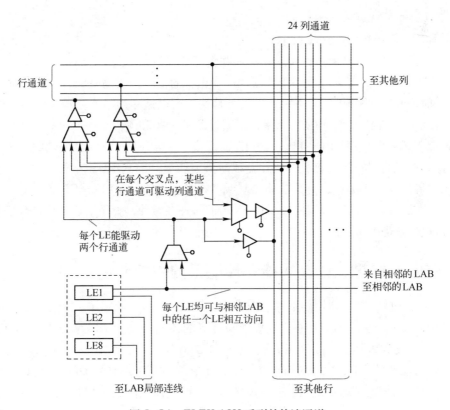

图 8-24　FLEX 10K 系列的快速通道

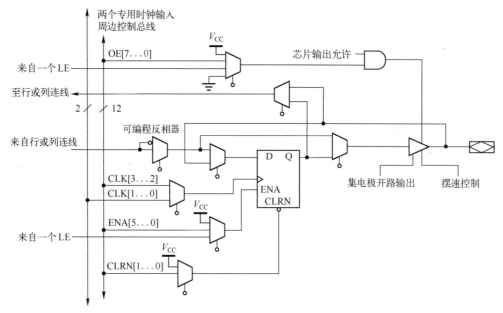

两个专用时钟输入
周边控制总线

图 8-25　FLEX 10K **系列的** IOE **的内部结构**

8.5.4　FPGA **的特点**

FPGA 具有如下特点：

① 随着超大规模集成电路（VLSI）工艺的不断提高，单一芯片内部可以容纳上百万个晶体管，FPGA 芯片的规模也越来越大，其单片逻辑门数已达到上百万门。

② 芯片功耗低。高密度可编程逻辑器件 HDPLD 的功耗一般为 0.5～2.5 W，而 FPGA 芯片的功耗一般为 0.25～5 mW，静态时几乎没有功耗，所以被称为零功耗器件。

③ FPGA 的内连线分布在 CLB 周围，而且编程的种类和编程点很多，布线相当灵活。

④ 芯片逻辑利用率高。由于 FPGA 的 CLB 规模小，可分为两个独立的电路，又有丰富的连线，因此系统综合时可进行充分的优化，以达到逻辑最高的利用。

⑤ 用户可以反复地编程、擦除、使用，或者在外围电路不变的情况下用不同软件就可以实现不同的功能。FPGA 可以无限次编程，但属于易失性元件，掉电后芯片内的信息将丢失。通电后，FPGA 需要重新配置逻辑。

8.5.5　FPGA **与** CPLD **在功能和性能上的主要差别**

FPGA 与 CPLD 在功能和性能上的主要差别如下。

① 结构差异。CPLD 大多是基于乘积项（Product-Term）技术和 E^2PROM（或 Flash）工艺的；FPGA 一般是基于查找表（LUT）技术和 SRAM 工艺的。

② 延迟可预测能力。CPLD 的布线结构决定了它的时序延迟是均匀的和可预测的；FPGA 的布线结构导致了传输延迟不均匀、不可预测，这会给设计工作带来麻烦，也限制了器件的工作速度。

③ 适合场所。虽然 CPLD 和 FPGA 的集成度都可达到数十万门，但相比较而言，CPLD 更适合完成各类算法和组合逻辑；而 FPGA 更适合完成时序较多的逻辑电路。换句话说，FPGA

更适合触发器丰富的结构，CPLD 更适合触发器有限而乘积项丰富的结构。

④ CPLD 比 FPGA 使用更方便。CPLD 的编程采用 E^2PROM 或 Flash 技术，不需外部存储器芯片，使用简单；而 FPGA 的编程信息需存放在外部存储器上，使用方法复杂，且编程数据存放在 E^2PROM 中，读出并送到 FPGA 的 SRAM 中，不利于保密。基于 SRAM 编程的 FPGA 在系统断电时编程信息会随之丢失，因此每次开始工作时都要重新装载编程数据。

⑤ 在编程上，FPGA 比 CPLD 具有更大的灵活性。CPLD 通过修改具有固定内联电路的逻辑功能来编程，在逻辑块下编程；FPGA 主要通过改变内部连线的布线来编程，在逻辑门下编程。

⑥ 一般情况下，CPLD 的功耗要比 FPGA 的大，且集成度越高越明显。

▶▶ 8.6 基于可编程逻辑器件的数字系统设计 ————————•

8.6.1 基于可编程逻辑器件的数字系统设计流程

用可编程逻辑器件进行数字系统设计时，一般要借助 EDA 软件来实现。若目标芯片是 CPLD 或 FPGA，其数字系统设计流程如图 8-26 所示。

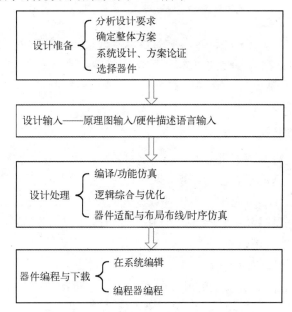

图 8-26　基于可编程逻辑器件 CPLD 或 FPGA 的数字系统设计流程

1. 设计准备

在设计前，根据任务的要求，进行功能描述及逻辑划分，画出功能框图，选择合适的设计方案。数字系统的设计通常采用自顶向下的设计方法。

2. 设计输入

设计输入通常有以下 2 种方式。

1）原理图输入方式

原理图输入方式使用软件系统提供的元器件库及各种符号和连线画出原理图,形成原理图输入文件，这是一种最直接的输入方式。这种方式大多用于对系统及各部分电路很熟悉的情况，或系统对时间特性要求较高的场合。当系统功能较复杂时，这种方式效率低。它的主要优点是可以与传统的数字电路设计法接轨，即用传统设计方法得到电路原理图，然后在 EDA 平台完成设计电路的输入、仿真验证和综合，最后下载到目标芯片中。

2）硬件描述语言输入方式

硬件描述语言输入方式是指用 HDL 对硬件电路的功能、信号连接关系及定时关系进行描述设计。其优点是兼容性强，便于实现用户希望的面积、速度和不同风格的综合优化，便于交换和管理；通过建立行为模型，实现了真实意义上的自顶向下的设计方法，从而体现了电子设计自动化最本质的含义。

3. 设计处理

1）编译

对输入文件的规范和法则进行语法检验，列出错误信息报告供设计者修改，然后产生编程文件和仿真文件。

2）逻辑综合和优化

用 EDA 软件的综合器对输入项目进行优化、转换和综合，使设计所占用的资源最少，提高器件的利用率。

3）器件适配和布局布线

对逻辑综合后产生的网表文件针对具体的目标器件进行逻辑映射操作，包括底层器件适配、逻辑分割、布局和布线等，最终生成编程数据文件——熔丝图文件或位流数据文件。对于 CPLD 来说，是产生熔丝图文件，即 JEDEC 文件，简称 JED 文件；对于 FPGA 来说，是生成位流数据文件。

4. 设计校验与逻辑仿真

1）功能仿真（在逻辑综合前进行）

对 HDL 描述的逻辑功能进行测试模拟，以了解实现的功能是否满足设计要求。仿真前，要先利用波形编辑器或 HDL 等建立波形文件或测试向量（将所关心的输入信号组合成序列），仿真结果将会生成报告文件和输出信号波形，从中便可以观察到各节点的信号变化。若发现错误，则返回设计输入中修改逻辑设计。

2）时序仿真（在器件适配后进行）

通过时序仿真分析系统和各模块的时序关系，检测系统的动态特性，如设计方案中的毛刺、寄存器的建立和保持时间、竞争-冒险等。由于不同器件的内部延时不一样，因此不同的布局、布线方案也会给延时造成不同的影响。这是与器件实际工作情况基本相同的仿真。

5. 器件编程与下载

将编程数据通过编程器或下载电缆下载到目标芯片中，将 JED 文件下载到 CPLD 中或将位流数据文件配置到 FPGA 中。

使用 FPGA 或 CPLD 设计数字系统时，一般要借助相应芯片公司提供的开发系统来完成。例如，Altera 公司提供的 MAX+plusⅡ和 QuartusⅡ开发系统。

下面以 Quartus 为设计平台列举基于 FPGA 的数字系统设计的一个实例。

8.6.2 设计举例：超声波测距系统的设计

1. 设计准备

1）超声波测距原理（渡越时间法）

超声波测距是通过已知超声波在介质中的传播速度进行测距的一种方法。其基本原理是利用超声波发生电路产生激励信号使发射传感器发射超声波，并同时开始计数，超声波经介质反射后再利用超声波接收电路检测回波信号并识别为超声波回波，同时停止计数，此时计数器得到的值即渡越时间。

假设测得的渡越时间为 t，已知超声波在介质中的传播速度为 c，且发射头与接收头的距离远小于传感器与障碍物的距离 D，则在 t 时间内声波传播的距离为 $2D$，即

$$D = \frac{c \times t}{2} \tag{8-1}$$

2）软件设计方案

根据超声波测距原理，系统的主要目的是测出超声波的传播时间，故进行如下设计：利用 FPGA 芯片产生用于超声波传感器发射超声波信号的触发信号，同时开始计时；经被测物反射后的回波信号由超声波接收端接收，一旦检测到有回波信号，计时结束，同时软件系统将产生一个回响信号，取回响信号的脉冲宽度与计时时间一致，对回响信号计数即可得到与回响信号的脉冲宽度成正比的被测距离。

软件整体设计方案流程如图 8-27 所示，其中 FPGA 芯片选用 Altera 公司推出的 Cyclone 系列 EP4CE6 系列芯片。

2. 设计输入：核心模块的设计实现

程序代码在软件 Quartus Ⅱ 11.0 上采用 VHDL 编写。系统代码分为顶层模块、子模块 A、子模块 B 三部分。

顶层模块（ddstop）用于调用各子模块和处理数据。设置输入信号：系统时钟信号 clk、复位信号 rst_n、回响信号 echo 等；设置输出信号：驱动信号 trig，对应子模块 B 的 LCD_E、LCD_RS、LCD_DATA 信号等。

子模块 A 用于为超声波传感器提供触发信号并对回响信号计数，根据测距原理计算距离。

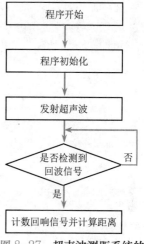

图 8-27　超声波测距系统的软件设计方案流程

子模块 B 用于显示测试的距离。设计的测距系统需要不断显示距离，故采用微功耗、体积小、显示内容丰富、超薄轻巧的 LCD1602 液晶模块完成此功能。

超声波测距系统的组成如图 8-28 所示。

限于篇幅，此处着重陈述核心模块——子模块 A 的设计。

1）子模块 A 的具体设计过程

① 程序开始：程序开始运行，复位所有信号为默认的低电平。此时系统状态为 state0 状态；用以实现对回响信号 echo 计数的 start 和 finish 信号为低电平。

② 程序初始化。

③ 发射超声波：软件程序给超声波传感器一个高电平驱动信号——trig，控制超声波传感器发射超声波信号。

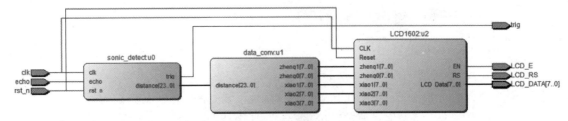

图 8-28　超声波测距系统的组成

④ 是否检测到回波信号：系统检测到回波信号后，产生一个回响信号，若未检测到回波信号，则返回上一步继续检测。

⑤ 对回响信号计数并根据测距原理计算距离。

当回响信号 echo 由低电平转变为高电平时，start 信号由低电平转变为高电平，系统开始计数；系统状态由 state0 状态转变为 state1 状态。

当回响信号 echo 由高电平转变为低电平时，finish 信号由低电平转变为高电平，系统计数完成；系统状态由 state1 状态转变为 state2 状态。

计数清零，将计数清零前的计数结果赋值给 distance_reg。

系统状态转变为 state0 状态，将 distance_reg 信号赋值给 distance，完成一次测距。

2）子模块 A 的程序

```
LIBRARY IEEE;
    USE ieee.std_logic_1164.all;
    USE ieee.std_logic_unsigned.all;
ENTITY sonic_detect IS
    PORT(
        clk : IN STD_LOGIC;
        rst_n : IN STD_LOGIC;
        trig : OUT STD_LOGIC;                              -- 驱动信号
        echo : IN STD_LOGIC;                               -- 回响信号
        distance : OUT STD_LOGIC_VECTOR(23 DOWNTO 0)
    );
END sonic_detect;

ARCHITECTURE trans OF sonic_detect IS
    SIGNAL distance_reg : STD_LOGIC_VECTOR(23 DOWNTO 0);
    SIGNAL cnt_period : STD_LOGIC_VECTOR(21 DOWNTO 0);
    SIGNAL start : STD_LOGIC;                              -- 开始计数
    SIGNAL finish : STD_LOGIC;                             -- 计数完成
    SIGNAL cnt : STD_LOGIC_VECTOR(23 DOWNTO 0);
    SIGNAL echo_reg1 : STD_LOGIC;
    SIGNAL echo_reg2 : STD_LOGIC;
    TYPE STATES IS (state0, state1, state2);
    SIGNAL state:STATES;
BEGIN
    PROCESS(clk)
    BEGIN
        IF (clk'EVENT AND clk = '1') THEN
            IF ((NOT(rst_n)) = '1') THEN
```

```
                cnt_period <= "00000000000000000000000";
            ELSIF (cnt_period = "10110111000110110000000") THEN
                cnt_period <= "00000000000000000000000";
            ELSE
                cnt_period <= cnt_period + "00000000000000000000001";
            END IF;
        END IF;
END PROCESS;


trig <= '1' WHEN ((cnt_period >= "00000000000000001100100")
                    AND (cnt_period <= "00000000000001001010111")) ELSE '0';
start <= echo_reg1 AND NOT(echo_reg2);
finish <= NOT(echo_reg1) AND echo_reg2;
PROCESS (clk)
BEGIN
    IF (clk'EVENT AND clk = '1') THEN
        IF ((NOT(rst_n)) = '1') THEN
            echo_reg1 <= '0';
            echo_reg2 <= '0';
        ELSE
            echo_reg1 <= echo;
            echo_reg2 <= echo_reg1;
        END IF;
    END IF;
END PROCESS;


PROCESS(clk)
BEGIN
    IF (clk'EVENT AND clk = '1') THEN
        IF ((NOT(rst_n)) = '1') THEN
            state <= state0;
            cnt <= "00000000000000000000000";
        ELSE
            CASE state IS
                WHEN state0 =>
                    IF (start = '1') THEN
                        state <= state1;
                    ELSE
                        state <= state0;
                    END IF;
                WHEN state1 =>
                    IF (finish = '1') THEN
                        state <= state2;
                    ELSE
                        cnt <= cnt + "00000000000000000000001";
                        state <= state1;
                    END IF;
                WHEN state2 =>
                    cnt <= "00000000000000000000000";
                    distance_reg <= cnt;
```

```
                        state <= state0;
                WHEN OTHERS =>
                        state <= state0;
            END CASE;
          END IF;
        END IF;
    END PROCESS;


    distance <= distance_reg;


END trans;
```

3. 设计校验与逻辑仿真

将仿真时间设置为 200 μs，仿真结果如图 8-29 所示。

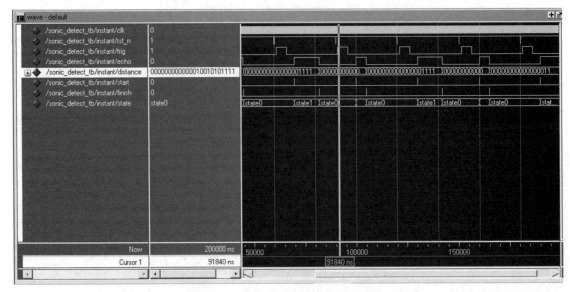

图 8-29　仿真结果

可以看出，单次测距从复位信号 rst_n 为'0'开始，此时状态为 state0；当信号 trig 出现'1'一定时间后，echo 信号出现'1'，同时 start 信号转为'1'、系统进入状态 state1 并开始计数；当 echo 信号变为'0'且 finish 信号转为'1'后，系统进入状态 state2，计数完成，输出 distance。

将图 8-29 的仿真波形放大 10 倍后，得到图 8-30。可以看出，在状态 state1 后（finish 信号由'1'变成'0'的一瞬间），系统进入状态 state2，完成后续清零、赋值等工作。

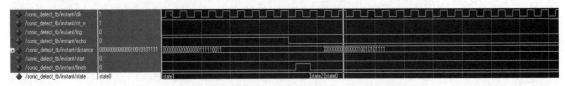

图 8-30　图 8-29 局部放大 10 倍后的仿真波形

4. 程序在线下载到 FPGA 芯片

在 PLD/FPGA 开发软件中完成设计后，软件会产生一个最终的编程数据文件。通过以下方式将编程数据文件下载到 PLD 芯片中。

① 对于基于 E^2PROM（或 Flash）工艺的 PLD（如 Altera 公司的 MAX 系列、Lattice 公司的大部分产品、Xilinx 的 XC9500、Coolrunner 系列），厂家提供编程电缆，如 Altera 公司提供的 Byteblaster，电缆的一端安装在计算机的并行打印端口上，另一端接在 PCB 上的一个十芯插头上，PLD 芯片有 4 个引脚（编程脚）与插头相连，向系统板上的器件提供配置或编程数据。这就是所谓的在线可编程。Byteblaster 使用户能够独立地配置 PLD 芯片，而不需要编程器或任何其他编程硬件。

② 对于基于 SRAM 工艺的 FPGA（如 Altera 公司的所有 FPGA、Xilinx 公司的所有 FPGA、Lattice 公司的 EC/ECP 系列等），由于 SRAM 工艺的特点，掉电后数据会消失，因此调试期间可以用下载电缆配置 PLD 芯片。调试完成后，需要将数据固化在一个专用的 E^2PROM 中（用通用编程器烧写，也有一些可以用电缆直接改写）。上电时，由这片 E^2PROM 先对 FPGA 加载数据，十几毫秒到几百毫秒后，FPGA 即可正常工作（也可由 CPU 配置 FPGA）。

5．实际测试的实现

本系统的实际测试在实验室室内环境下进行。测试方法如下：设置 10 个距离值，工具尺对每个距离测量 10 次后取平均值。实际测量数据如表 8-4 所示。可以看出，在测量 50 cm 以下的距离时，能够达到很高的精度，误差为 0；在测量 50 cm 以上的距离时会出现 1 cm 左右的误差，相对误差在 2%以内。

表 8-4　实际测量数据及误差表

工具尺测距离	超声波测距离	绝对误差	相对误差	工具尺测距离	超声波测距离	绝对误差	相对误差
3 cm	3 cm	0 cm	0	50 cm	50 cm	0 cm	0
5 cm	5 cm	0 cm	0	60 cm	59 cm	1 cm	1.67%
10 cm	10 cm	0 cm	0	80 cm	79 cm	1 cm	1.25%
15 cm	15 cm	0 cm	0	100 cm	99 cm	1 cm	1.00%
30 cm	30 cm	0 cm	0	\			

8.6.3　其他数字系统设计微视频

① 彩灯循环电路的设计。

② 交通灯控制电路的设计。

③ 篮球竞赛 24 秒计时器的设计。

➤➤ *8.7 过程考核模块:基于可编程逻辑器件的洗衣机控制模块的设计

1. 设计要求

分析前三个模块中,哪些电路可采用可编程逻辑器件来实现,并采用可编程逻辑器件来设计实现。

2. 要求完成的任务

（1）在 Quartus Ⅱ 开发软件平台上,用原理图输入方式或 VHDL 输入方式,输入上述设计的原理图文件或 VHDL 源程序文件。

（2）使用 Quartus Ⅱ 软件的仿真功能,对设计内容进行功能仿真或时序仿真,验证所设计电路逻辑功能的正确性。

（3）针对 EDA 实验系统具体配置的可编程逻辑器件芯片,经过编译、管脚适配,最后将设计内容经下载电缆下载到该芯片,配合外围实验电路,测试芯片实现的逻辑功能是否实现了设计要求。

本章小结

（1）可编程逻辑器件（PLD）是一种可由用户编程、配置的一类逻辑器件的泛称,具有集成度高、可靠性高、处理速度快和保密性好等优点。

（2）PLD 的核心部分是与 – 或阵列。

（3）低密度可编程逻辑器件主要有 PROM、PLA、PAL 和 GAL 等；高密度可编程逻辑器件主要有 CPLD 和 FPGA。

（4）基于 PLD 的设计要与软件设计相配合。通过对应的软件将设计原理图或硬件描述语言编写的源程序输入,再经过编译、综合、优化后,完成布局与布线并生成编程数据文件,最后下载到 PLD 芯片。

（5）基于 CPLD 或 FPGA 的数字逻辑系统的设计,由于具有研制周期短、成本低、效率高、产品轻巧、易于修改、加密等优点,得到日益广泛的应用。

随堂测验

8.1 可编程逻辑器件（PLD）主要有哪些种类？它们有哪些优点？

8.2 可编程阵列逻辑（PAL）器件有什么特点？其输出电路结构有哪些类型？

8.3 比较可编程阵列逻辑（PAL）器件和通用阵列逻辑（GAL）器件的异同。

8.4 通用阵列逻辑（GAL）器件有什么特点？其输出逻辑宏单元能实现哪些逻辑功能？

8.5 复杂可编程逻辑器件（CPLD）和现场可编程门阵列（FPGA）器件分别表示什么？

8.6 复杂可编程逻辑器件（CPLD）与现场可编程门阵列（FPGA）器件有什么差异？在实际应用中各有什么特点？

习 题 8

8.1 可编程逻辑器件（PLD）的发展历程是怎样的？

8.2 用可编程阵列逻辑（PAL）器件设计三人表决电路。若用可编程逻辑阵列（PLA）器件或者可编程只读存储器（PROM）实现，设计过程有何不同？

8.3 与通用阵列逻辑（GAL）器件相比，复杂可编程逻辑器件（CPLD）有哪些不同？

8.4 MAX7000 系列器件的主要组成部分是什么？其各有什么功能？

8.5 FLEX 10K 系列器件的主要组成部分是什么？FLEX 10K 系列器件中嵌入式阵列块（EAB）的特点及其作用是什么？

8.6 MAX7000 系列器件和 FLEX 10K 系列器件中哪个是易失性的？

第 9 章 数模转换器和模数转换器

课程目标

✠ 根据数模（D/A）转换原理，能够求得已知数字输入的模拟输出和分辨率等技术指标。

✠ 根据模数（A/D）转换原理，能够求得已知模拟输入的数字输出和分辨率、转换时间等技术指标。

✠ 针对工程对转换精度、转换速度等指标的要求，能够选择合适的数模转换器和模数转换器，并正确使用。

内容提要

本章重点介绍数模（D/A）转换和模数（A/D）转换的基本原理、常见典型电路、技术指标和常用数模转换器（DAC）和模数转换器（ADC）的应用。

主要问题

✠ 为什么要进行数模（D/A）转换和模数（A/D）转换？

✠ DAC 有哪几种类型？各有哪些特点？

✠ ADC 有哪几种类型？各有哪些特点？

✠ DAC 和 ADC 的主要技术指标有哪些？如何根据技术指标要求选择 DAC 和 ADC？

数模转换器（Digital to Analog Converter，DAC）是将数字信号转换为模拟信号的器件；模数转换器（Analog to Digital Converter，ADC）是将模拟信号转换为数字信号的器件。数模转换器和模数转换器都是随着数字计算机技术的发展而发展起来的。

自然界的物理信号一般是模拟信号，如声音、图像、温度、湿度、压力、流量、位移等，要利用数字计算机对这些信号进行处理，首先需要通过传感器将其转换为模拟电压或电流信号，然后通过 ADC 将其变换为由数码表示的在幅值和时间上都离散的数字信号。另一方面，如果要利用数字计算机合成需要的模拟信号或将经过数字处理后的信号再转换为模拟信号，就需要 DAC 将时间离散的数字信号转换为模拟信号。例如，利用计算机产生视频图像或语音信号，或将降噪后的信号输出等，就用到了 DAC 技术。因此，ADC 和 DAC 是数字系统和模拟系统进行信息转换的关键部件。计算机实时控制系统的原理如图 9-1 所示。

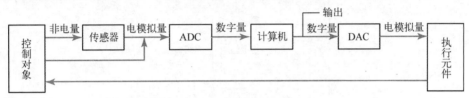

图 9-1　计算机实时控制系统的原理

本章将介绍常用的 DAC 和 ADC 的电路结构、工作原理及其应用。由于 DAC 的结构和工作原理较为简单，而且是很多类型 ADC 的反馈电路，所以首先介绍 DAC。

▶▶ 9.1　数模转换器

9.1.1　数模转换的基本原理和分类

DAC 是将输入的二进制数码转换为与之成正比的模拟电压或电流信号的器件。设输入为一个 n 位的二进制数码 $d_{n-1}d_{n-2}\cdots d_1d_0$，$K$ 为转换系数，模拟量输出为 A，则与输入的数字量 D_n 成正比的模拟量 A（电压或电流）为

$$A = KD_n = K(d_{n-1} \times 2^{n-1} + d_{n-2} \times 2^{n-2} + \cdots + d_1 \times 2^1 + d_0 \times 2^0) \tag{9.1}$$

即 DAC 转换特性。其中，K 为常数。

DAC 的转换过程为输入二进制数码的每位 0、1 码按照其位权并行加载到 DAC 的输入端，DAC 内部的运算网络将每个输入数码按照位权转换为对应的模拟电压（或电流），之后将它们相加，其和便是与被转换的数字量成正比的模拟量，从而实现了数模转换。

目前使用的 DAC 从基本原理上可以分为电流求和型和分压器型。电流求和型 DAC 电路中需要产生一组支路电流，各支路电流与二进制数码中各位的权值成正比。数码输入后，译码网络控制切换开关由电阻阵列产生与各位输入数码的权值成比例的电流（或电压），求和放大器将每个输出合成并输出相应的模拟电流（或电压）。根据译码网络的不同，可构成权电阻网络型、T 型电阻网络型、倒 T 型电阻网络型和权电流型等多种 D/A 转换电路。

在分压器型 DAC 中，用输入二进制数码的各位分别控制分压器中的一个或一组开关，使接至输出端的电压恰好与输入的数字量成正比。例如，开关树型 DAC 中使用的是电阻分压器，而权电容网络 DAC 中采用的是电容分压器。

下面结合具体电路讨论几种常用 DAC 的工作原理。

9.1.2 数模转换的常用技术

1. 权电阻网络型 DAC

4 位权电阻网络型 DAC 如图 9-2 所示，由电阻网络、模拟开关和求和放大器组成。$D_3D_2D_1D_0$ 为输入的 4 位二进制数，控制着 MOS 管组成的 4 个模拟开关 $S_3 \sim S_0$；阻值分别为 R、$2R$、2^2R 和 2^3R 的 4 个电阻构成电阻网络；运算放大器完成求和运算；u_O 是输出模拟电压，U_{REF} 是参考电压，也称为基准电压。

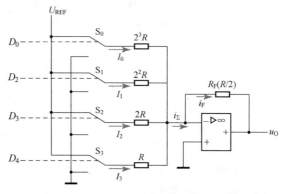

图 9-2   4 位权电阻网络型 DAC

当 $D_i = 1$ 时，模拟开关 S_i 接到参考电压 U_{REF} 上，有支路电流 I_i 流向求和放大器：

$$\begin{cases} I_0 = \dfrac{U_{REF}}{2^3 R} \\[2mm] I_1 = \dfrac{U_{REF}}{2^2 R} = 2I_0 \\[2mm] I_2 = \dfrac{U_{REF}}{2R} = 2^2 I_0 \\[2mm] I_3 = \dfrac{U_{REF}}{R} = 2^3 I_0 \end{cases}$$

可见，各支路电流可以分别代表二进制数各位不同的权值。当 $D_i = 0$ 时，模拟开关 S_i 接地，支路电流为 0。

对于反相输入的求和运算电路，"虚断"和"虚地"成立，因此

$$u_O = -R_f I_\Sigma = -R_f \times (D_3 I_3 + D_2 I_2 + D_1 I_1 + D_0 I_0)$$
$$= -R_f \times \frac{U_{REF}}{2^3 R} \times (D_3 2^3 + D_2 2^2 + D_1 2^1 + D_0 2^0)$$

取 $R_f = R / 2$，则

$$u_O = -\frac{R}{2} \times \frac{U_{REF}}{2^3 R} \times (D_3 2^3 + D_2 2^2 + D_1 2^1 + D_0 2^0)$$
$$= -\frac{U_{REF}}{2^4} \times (D_3 2^3 + D_2 2^2 + D_1 2^1 + D_0 2^0)$$

上面的输出表达式可以推广到 n 位权电阻网络型 DAC，其输出为

$$u_O = -\frac{U_{REF}}{2^n} \times (D_{n-1}2^{n-1} + D_{n-2}2^{n-2} + \cdots + D_1 2^1 + D_0 2^0) = K_u D_n \qquad (9.2)$$

其中，K_u 是转换比例系数，也可以看成 DAC 中的单位量化电压。这表明，单位量化电压 $K_u = -U_{REF}/2^n$，输出的模拟电压 u_O 与输入的数字量 D_n 成正比，从而实现了从数字量到模拟量的转换。当输入 $00 \cdots 00$ 时，$u_O = 0$；当输入 $11 \cdots 11$ 时，$u_O = \frac{2^n - 1}{2^n}U_{REF}$，故 u_O 的变化范围为 $0 \sim \frac{2^n - 1}{2^n}U_{REF}$。

由式(9.2)还可以看出，在 U_{REF} 为正电压时，输出电压 u_O 始终为负值。要想得到正的输出电压，可以将 U_{REF} 取负值。

权电阻网络型 DAC 的优点是结构比较简单，所用电阻元件数很少。其缺点是电阻种类太多，阻值相差较大，尤其在输入信号的位数较多时，这个问题就更加突出。例如，输入信号增加到 8 位时，若取电阻网络中最小的电阻为 $R = 10\text{k}\Omega$，则最大的电阻阻值将达到 $2^7 R = 1.28\text{M}\Omega$，两者相差 128 倍之多。要想在极为宽广的阻值范围内保证每个电阻都有很高的精度是十分困难的，因此权电阻 DAC 不易集成化且转换精度低。

2. 倒 T 型电阻网络型 DAC

为了克服权电阻网络型 DAC 中电阻种类太多、阻值相差较大的缺点，可以采用如图 9-3 所示的倒 T 型电阻网络型 DAC。倒 T 型电阻网络型 DAC 也由电阻网络、模拟开关和求和放大器几部分组成，与权电阻网络型 DAC 相比，电阻网络只有 R、$2R$ 两种阻值的电阻，这给集成电路的设计和制作带来了很大方便。

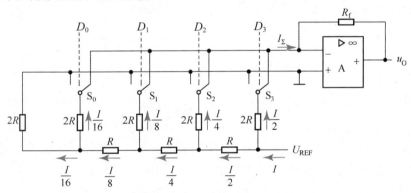

图 9-3　4 位倒 T 型电阻网络型 DAC 的电路

当输入二进制数码的任何一位是"1"时，对应开关便将 $2R$ 电阻接到求和放大器反相输入端；而当其为"0"时，则将 $2R$ 电阻接地。由图 9-3 可知，根据"虚短""虚断"的性质，求和放大器的反相输入端的电位为"虚地"，所以无论开关合到哪一边，都相当于接到了"地"电位上，由此得到倒 T 型电阻网络的等效电路如图 9-4 所示。从 AA′、BB′、CC′ 和 DD′ 每个端口从右向左看过去的等效电阻都是 R，因此可以写出从参考电源流入倒 T 型电阻网络的总电流 I 的表达式为

$$I = \frac{U_{REF}}{R}$$

只要 U_{REF} 选定，电流 I 就为常数。流过每个支路的电流从右向左，分别为 $\frac{I}{2}$、$\frac{I}{2^2}$、$\frac{I}{2^3}$、$\frac{I}{2^4}$。

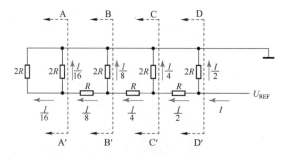

图 9-4　倒 T 型电阻网络的等效电路

当输入的二进制数码为"1"时，电流流向求和放大器的反相输入端；当输入的二进制数码为"0"时，电流流向地，此时可以写出流向求和放大器反相输入端的总电流 I_Σ 的表达式为

$$I_\Sigma = \frac{I}{2}D_3 + \frac{I}{4}D_2 + \frac{I}{8}D_1 + \frac{I}{16}D_0$$

在求和放大器的反馈电阻 $R_f = R$ 的条件下，输出模拟电压为

$$u_O = -RI_\Sigma = -R\left(\frac{I}{2}D_3 + \frac{I}{4}D_2 + \frac{I}{8}D_1 + \frac{I}{16}D_0\right)$$

$$= -\frac{U_{REF}}{2^4}\left(D_3 2^3 + D_2 2^2 + D_1 2^1 + D_0 2^0\right) = K_u D$$

其中

$$K_u = -\frac{U_{REF}}{2^4}$$

不难推导出，对于 n 位倒 T 型电阻网络型 DAC，当 $R_f = R$ 时，有

$$u_O = -\frac{U_{REF}}{2^n} \times \left(D_{n-1} 2^{n-1} + D_{n-2} 2^{n-2} + \cdots + D_1 2^1 + D_0 2^0\right) = K_u D \tag{9.3}$$

其中

$$K_u = -\frac{U_{REF}}{2^n} \tag{9.4}$$

倒 T 型电阻网络所用的电阻阻值仅有两种，串联臂为 R，并联臂为 $2R$，便于制造和扩展位数。在倒 T 型电阻网络型 DAC 中，各支路电流直接流入求和放大器的输入端，不存在传输时间差。该电路的这个特点不仅提高了转换速度，也减少了动态过程中输出端可能出现的干扰脉冲，是目前广泛使用的 DAC 中速度较快的一种。常用的倒 T 型电阻网络型 DAC 有 AD7524（8 位）、AD7520（10 位）、DAC1210（12 位）和 AK7546（16 位高精度）等。

采用倒 T 型电阻网络的单片集成 DAC AD7520 的电路如图 9-5 所示。其内部采用的 CMOS 模拟开关的电路如图 9-6 所示。为了降低开关的导通电阻，开关电路的电源电压在 15 V 左右。

由图 9-6 可知，若 $d_i = 1$，则 VT_{N1} 截止，VT_{N2} 导通，流过 $2R$ 的电阻流入反馈电阻；同理，若 $d_i = 0$，则 VT_{N2} 截止，VT_{N1} 导通，流过 $2R$ 的电阻流入地（同相输入端）。

【例 9-1】　已知 8 位倒 T 型电阻网络型 DAC 中的 $R_f = R$，$U_{REF} = -12$ V，那么它的单位量化电压 U_{LSB} 为多少？当输入 00000110 时，输出电压 u_O 为多少？

解　将 $U_{REF} = -12$ V 和 $n = 8$ 代入式 (9.4)，可求得单位量化电压 $U_{LSB} = -\frac{U_{REF}}{2^8} \approx 0.047$ V。

由式 (9.3) 可以求得输入 00000110 时的输出电压

$$u_O = -\frac{U_{REF}}{2^n}\left(D_{n-1} 2^{n-1} + D_{n-2} 2^{n-2} + \cdots + D_1 2^1 + D_0 2^0\right) = -\frac{-12}{2^8}\left(1 \times 2^2 + 1 \times 2^1\right) \approx 0.28\text{V}$$

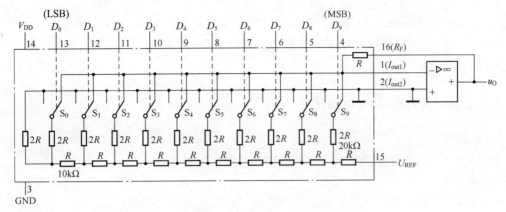

图 9-5 AD7520 的电路

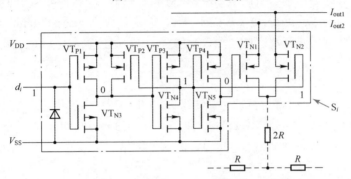

图 9-6 AD7520 的 CMOS 模拟开关的电路

3. 权电流型 DAC

前面分析的两种 DAC 的电路中，由于电子开关存在导通电阻和导通压降，当流过各支路的电流稍有变化时就会产生转换误差。为进一步提高 DAC 的转换精度，可采用权电流型 DAC，如图 9-7 所示，恒流源从高位到低位电流的大小依次为 $I/2$、$I/4$、$I/8$ 和 $I/16$。

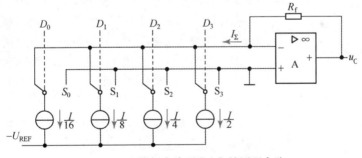

图 9-7 4 位权电流型 DAC 的原理电路

在图 9-7 所示电路中，当输入二进制数码的某一位代码 $D_i = 1$ 时，开关 S_i 接求和放大器的反相输入端，相应的权电流流入求和电路；当 $D_i = 0$ 时，开关 S_i 接地。分析该电路，可以得出

$$u_O = I_\Sigma R_f = R_f \left(\frac{I}{2} D_3 + \frac{I}{4} D_2 + \frac{I}{8} D_1 + \frac{I}{16} D_0 \right)$$

$$= \frac{I}{2^4} \times R_f \left(D_3 \times 2^3 + D_2 \times 2^2 + D_1 \times 2^1 + D_0 \times 2^0 \right) = \frac{I}{2^4} \times R_f \sum_{i=0}^{3} d_i \times 2^i \qquad (9.5)$$

采用恒流源电路后，各支路权电流的大小均不受电子开关的导通电阻和导通压降的影响，

降低了对开关电路的要求,提高了转换精度。由于权电流型 DAC 采用了高速电子开关,因此其电路仍具有较高的转换速度。采用这种权电流型 DAC 的集成 DAC 有 AD1408、DAC0806 和 DAC0808 等。

9.1.3　DAC 的主要技术指标

1. 转换精度

在 DAC 中,转换精度通常用分辨率和转换误差来描述。

1)分辨率

分辨率表示 DAC 在理论上可以达到的精度,可以用输入二进制数码的位数表示。分辨率为 n 位的 DAC 能够区分出输入数码从 $00\cdots00$ 到 $11\cdots11$ 的 2^n 个不同等级的输出电压。

另外,分辨率也可以用输入数字量为 1(只有最低有效位(Least Significant Bit,LSB)为 1)时的输出电压 U_{LSB} 与满度数字量(输入数字全为 1)时的输出电压 U_M 之比表示,即

$$分辨率 = \frac{U_{LSB}}{U_M} = \frac{1}{2^n - 1} \tag{9.6}$$

可以得出,8 位 DAC 的分辨率是 $1/(2^8 - 1) = 1/255 \approx 0.0039$,若基准电压是 10 V,则分辨率电压为 0.039 V;10 位 DAC 的分辨率是 $1/(2^{10} - 1) = 1/1023 \approx 0.00098$,若基准电压是 10 V,则分辨率电压为 $10 \times 0.00098 = 0.0098$ V。可见,输入数字量的位数越多,分辨率就越小,分辨能力就越强。

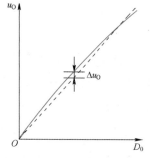

图 9-8　DAC 的转换特性曲线

2)转换误差

由于 DAC 的各环节在参数和性能上和理论值之间不可避免地存在着差异,因此实际能达到的转换精度要由转换误差来决定。由各种因素引起的转换误差是一个综合性指标。

转换误差表示实际的 D/A 转换特性与理想转换特性之间的最大偏差,如图 9-8 所示。图中的虚线表示理想的 D/A 转换特性,是连接坐标原点和满量程输出理论值的一条直线,图中的实线表示实际可能的 D/A 转换特性。转换误差一般用最低有效位的倍数表示。例如,给出转换误差为 1/2LSB,就表示输出模拟电压与理论值之间的绝对误差小于等于 $U_{LSB}/2$。此外,有时用 FSR(Full Scale Range,输出电压满刻度)的百分数表示输出电压误差绝对值的大小。

造成 DAC 转换误差的原因主要有参考电压 U_{REF} 的波动、运算放大器的零点漂移、模拟开关的导通内阻和导通压降、电阻网络中电阻阻值的偏差等。为了获得高精度的 DAC,单纯依靠选用高分辨率的 DAC 器件是不够的,还必须有高稳定度的参考电压源和低漂移的运算放大器与之配合使用,才可能获得较高的转换精度。

目前,常见的集成 DAC 器件有两大类:一类器件的内部只包含电阻网络(或恒流源电路)和模拟开关,另一类器件内部还包含运算放大器和参考电压的发生电路。在使用前一类器件时,必须外接参考电压和运算放大器,这时应合理地确定对参考电压的稳定度和运算放大器零点漂移的要求。

2. 转换速度

由 9.1.2 节可知,无论哪种电路结构的 DAC 都包含许多由半导体三极管组成的开关元件。

这些开关元件开、关状态的转换都需要一定的时间，同时电路中不可避免地存在着寄生电容。当电路发生高、低电平转换时，这些电容的充放电也需要一定的时间才能完成。此外，输出端的运算放大器本身也存在着建立时间。也就是说，当运算放大器输入端电压发生跳变时，必须经过一段时间后输出端的电压才能稳定地建立起来。所有这些因素都限制了 DAC 的转换速度。

DAC 的转换速度通常用建立时间（Setting Time）来定量描述。建立时间是将一个数字量转换为稳定的模拟信号所需的时间，其定义为输入的数字量从全 0 变为全 1 时，输出电压进入与满量程终值相差 $U_{LSB}/2$ 的范围内的时间，如图 9-9 所示。有时用 DAC 每秒的最大转换次数来表示转换速率。例如，某 DAC 的转换时间为 $1\,\mu s$ 时，也称转换速率为 $1\,MHz$。

在外加运算放大器组成完整的 DAC 时，若采用普通的运算放大器，则运算放大器的建立时间将成为 DAC 建立时间的主要部分。因此，为了获得较快的转换速度，应该选用转换速率（输出电压的变化速度）较快的运算放大器，以缩短运算放大器的建立时间。

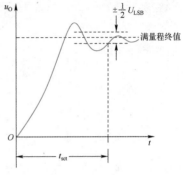

图 9-9　DAC 的建立时间

【例 9-2】　对于 8 位 DAC：

（1）其分辨率用百分数表示是多少？

（2）若系统要求 DAC 的转换精度小于 0.25%，试问该 DAC 能否满足要求？

解　（1）8 位 DAC 的分辨率为

$$\frac{1}{2^8-1}\times100\%\approx0.39\%$$

（2）DAC 的转换精度一般应低于单位量化电压 U_{LSB} 的一半，而单位量化电压 U_{LSB} 与最大输出电压之比的百分数又代表 DAC 的分辨率。因此，若使 DAC 的精度小于 0.25%，则该 DAC 的分辨率应小于 $2\times0.25\%=0.5\%$，而该 8 位 DAC 的分辨率百分数为 0.39%，所以满足系统的转换精度要求，可以使用。

9.1.4　集成 DAC 及其应用

1. 具有锁存输入端的 8 位数模转换器 AD7524

AD7524 是 8 位倒 T 型电阻网络型 DAC（如图 9-10 所示），$D_7 \sim D_0$ 是 8 位二进制数码输入端，I_{OUT1} 是求和电流的输出端，I_{OUT2} 端一般接地。$\overline{CS}$ 为片选端，$\overline{WR}$ 为信号控制端，当这两个端口都为低电平时，数字输入数据 $D_7 \sim D_0$ 在输出端 I_{OUT1} 产生电流输出；都为高电平时，数字输入数据 $D_7 \sim D_0$ 被锁存。在锁存状态下，输入数据的变化不影响输出值。基准电压 U_{REF} 的幅值为 $0\sim25\,V$，且电压极性可正可负，因此可以产生两个极性不同的模拟输出电压。

1）单极性输出

AD7524 单极性输出的连接电路如图 9-11 所示，可将电流输出转换为电压输出。注意，DAC 芯片中已集成了反馈电阻，若取 $R_f = R$，则由式（9.3）可知输出电压为

$$u_O = -\frac{U_{REF}}{2^8}\times\sum_{i=0}^{7}(D_i\times2^i)$$

当基准电压 $U_{REF}=10\,V$、输入的数字量在全 0 与全 1 之间变化时，输出模拟电压的变化范围为 $0\sim-9.96\,V$。

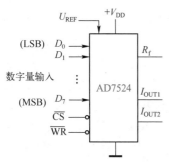

图 9-10 AD7524 的 电路

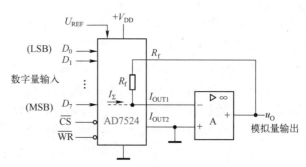

图 9-11 AD7524 单极性输出的连接电路

2）双极性输出

在实际应用中，有时需要极性不同的正负电压输出，这时要求 DAC 有双极性输出。在图 9-11 所示电路的基础上增加一个反相加法运算电路，即可构成 AD7524 双极性输出的连接电路，如图 9-12 所示。

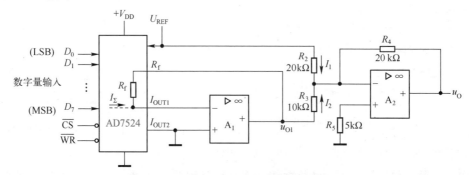

图 9-12 AD7524 双极性输出的连接电路

运算放大器 A_2 组成反相加法运算电路，可求得输出电压为

$$u_O = -R_4\left(\frac{u_{O1}}{R_3} + \frac{U_{REF}}{R_2}\right)$$

若取 $R_4 = R_2 = 20\text{k}\Omega$， $R_3 = 10\text{k}\Omega$， 则

$$u_O = -(2u_{O1} + U_{REF}) = \frac{2U_{REF}}{2^8} \times \sum_{i=0}^{7}(D_i \times 2^i) - U_{REF}$$

$$= \left[\frac{1}{2^7} \times \sum_{i=0}^{7}(D_i \times 2^i) - 1\right] \times U_{REF}$$

因上式括号中的两项反相，当输入数字量在全 0 与全 1 之间变化时，即可得到双极性输出，输出与输入之间的关系如表 9-1 所示。

表 9-1 AD7524 双极性输出与输入的关系

输入数字量	00000000	00000001	01111111	10000000	10000001	11111111
输出 u_O	$-U_{REF}$	$-\dfrac{127}{128}U_{REF}$	$-\dfrac{1}{128}U_{REF}$	0	$+\dfrac{1}{128}U_{REF}$	$+\dfrac{127}{128}U_{REF}$

2. 集成 DAC 的应用

集成 DAC 的主要用途是作为数字系统和模拟系统之间的接口，还在很多电路中得到广泛应用。下面举几个应用的例子。

1）数控波形发生器

由 DAC 的原理可知，它能够使输出的模拟电压或电流正比于输入数字量，因此通过变换输入数字量可以得到各种输出波形，包括三角波、方波、锯齿波、正弦波，以及任意波形。

用一个 4 位二进制计数器和一个 4 位 DAC 组成的 15 阶阶梯波发生器的结构如图 9-13 所示，其输出波形如图 9-14 所示。如果在输出端加一个低通滤波器，即可得到锯齿波。位数越多，阶梯波的线性度越好。

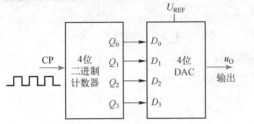

图 9-13　15 阶阶梯波发生器的结构

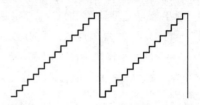

图 9-14　15 阶阶梯波发生器的输出波形

如果把计数器的计数值作为地址码送到只读存储器的地址输入端，再把只读存储器的输出数据送给 DAC，并在输出端加低通滤波器，便可组成一个任意波形发生器，波形的形状取决于只读存储器存储的数据。改变存储数据，就可改变波形的形状。

2）程控增益放大器

用 AD7524 和集成运算放大器组成的程控增益放大器如图 9-15 所示。

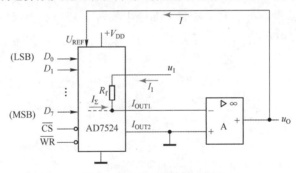

图 9-15　程控增益放大器

把 AD7524 的反馈电阻端作为输入信号 u_I 的输入端，外接运算放大器的输出端引到 AD7524 的基准电压 U_{REF} 端，则流入基准电压端的电流为 $I = \dfrac{u_O}{R}$，流向运算放大器反相输入端的总电流为

$$I_{\Sigma} = \frac{u_O}{2^8 R}\left(D_0 \times 2^0 + D_1 \times 2^1 + \cdots + D_7 \times 2^7\right)$$

流入反馈电阻端的电流为 $I_I = \dfrac{u_I}{R_f}$，由于 $I_I + I_{\Sigma} = 0$，因此

$$\frac{u_O}{2^8 R}\left(D_0 \times 2^0 + D_1 \times 2^1 + \cdots + D_7 \times 2^7\right) = -\frac{u_I}{R_f}$$

若取 $R_f = R$，则电压放大倍数（放大器增益）为

$$A_u = \frac{u_O}{u_I} = -\frac{2^8}{D_0 \times 2^0 + D_1 \times 2^1 + \cdots + D_7 \times 2^7} \tag{9.7}$$

可以看出,放大器增益与输入数字量有关,只要改变输入数字量,就可以改变放大器增益。

3)其他应用

由于电压也可以转换为频率,因此利用 DAC 也可以实现数字 - 频率转换,还可以利用 DAC 实现采样 - 保持电路,在此不再详述。

【思考题】

① DAC 中电阻网络的功能是什么?

② DAC 的输入二进制码的位数与转换精度之间有什么关系?

③ 倒 T 型电阻网络型 DAC 与权电流型 DAC,哪一种的转换精度高?为什么?

④ 分析 DAC 的内部结构,影响 DAC 转换精度的因素有哪些?

⑤ DAC 的主要技术指标如何测试?

⑥ 对于阶梯波发生器来说,要输出光滑的模拟信号,低通滤波器的截止频率如何确定?

▶▶ 9.2 模数转换器

9.2.1 模数转换器的基本原理和分类

1. 模数转换的一般步骤

模数转换器(ADC)的功能是将输入的模拟电压 u_I 转换成与之成正比的数字量 D 输出。ADC 的输入电压信号 u_I 在时间上是连续量,而输出的数字量 D 是离散的,所以进行转换时必须以一定的频率对输入电压信号 u_I 进行采样,得到采样信号 u_S,并在下一次采样脉冲到来之前使 u_S 保持不变,从而保证将采样值转化成稳定的数字量。因此,要将连续的模拟信号转换成离散的数字信号,必须经过采样、保持、量化和编码 4 个步骤。

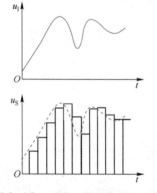

1)采样与保持

采样是将在时间上连续变化的模拟量转换成时间上离散的模拟量的过程,如图 9-16 所示。为了用采样信号 u_S 准确地表示输入电压信号 u_I,必须有足够高的采样频率 f_S,其值越大,u_S 就越能准确地反映 u_I 的变化。若要不失真地获取输入信号的信息,则 ADC 的采样频率 f_S 必须满足采样定理,即 $f_S \geq 2f_{Imax}$,f_{Imax} 为输入信号的最大频率。

图 9-16 **对输入模拟信号的采样**

采样时间极短,所以采样信号 u_S 为一串断续的窄脉冲。要把一个采样信号数字化需要一定时间,那么在两次采样之间应将采样的模拟信号存储起来以便进行数字化,称为保持。

2)量化与编码

数字信号不仅在时间上是离散的,在数值上的变化也是不连续的。也就是说,任何一个数字量的大小都是以某最小计量单位的整数倍来表示的。因此,在用数字量表示模拟量时也必须把它转换成这个最小计量单位的整数倍,称为量化,所规定的最小计量单位称为量化单位,用 Δ 表示。用量化二进制代码结果表示量化结果称为编码。这个二进制代码就是 ADC 的输出。

输入模拟电压通过采样、保持后转换成阶梯波,其阶梯幅值仍然是连续可变的,所以它就不一定能被量化单位 Δ 整除,因而不可避免地会引起量化误差。对于一定的输入电压范围,输出的数字量的位数越多，Δ 就越小，因此量化误差也越小。量化的方法有两种：有舍有入法和只舍不入法，下面以 3 位转换分别说明。

设输入电压 u_I 的范围为 $0\sim U_M$，输出为 n 位的二进制代码。现取 $U_M =1\,\mathrm{V}$，$n=3$。

① 只舍不入法。取 $\Delta = U_M / 2^n = (1/2^3)\,\mathrm{V} = (1/8)\,\mathrm{V}$，规定：$0\Delta$ 表示 $0\,\mathrm{V}\leqslant u_I <(1/8)\,\mathrm{V}$，对应的输出二进制代码为 000；$1\Delta$ 表示 $(1/8)\,\mathrm{V}\leqslant u_I <(2/8)\,\mathrm{V}$，对应的输出二进制代码为 001；……；$7\Delta$ 表示 $(7/8)\,\mathrm{V}\leqslant u_I <1\,\mathrm{V}$，对应的输出二进制代码为 111，如图 9-17 所示。显然，这种量化方法的最大量化误差为 $\Delta(=(1/8)\,\mathrm{V})$。

② 有舍有入法。为了减小量化误差，可以采用如图 9-18 所示的改进方法划分量化电压。$\Delta = 2U_M /(2^{n+1}-1) = (2/15)\,\mathrm{V}$，并规定：$0\Delta$ 表示 $0\,\mathrm{V}\leqslant u_I <(1/15)\,\mathrm{V}$，对应的输出二进制代码为 000；$1\Delta$ 表示 $(1/15)\,\mathrm{V}\leqslant u_I <(3/15)\,\mathrm{V}$，对应的输出二进制代码为 001；……；$7\Delta$ 表示 $(13/15)\,\mathrm{V}\leqslant u_I <1\,\mathrm{V}$，对应的输出二进制代码为 111。显然，这种量化方法的最大量化误差为 $\Delta /2(=(1/15)\,\mathrm{V})$。

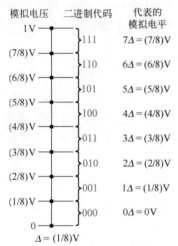

图 9-17　量化方法：只舍不入法

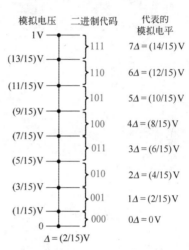

图 9-18　量化方法：有舍有入法

2. 采样保持电路

采样保持电路（如图 9-19 所示）由 N 沟道增强型 MOS 管 VT（作为采样开关）、存储电容 C 和运算放大器 A 等组成。当采样控制信号 u_L 为高电平时，VT 导通，输入信号 u_I 经电阻 R_I 向电容 C 充电。取 $R_I = R_f$ 且忽略运算放大器 A 的净输入电流，则充电结束后，$u_O = u_C = -u_I$。

采样控制信号 u_L 跃变为低电平后，VT 截止，由于电容的电压 u_C 基本保持不变，即采样的结果被保持下来直到下一个采样控制信号的到来。可以看出，只有电容的漏电流越小，运算放大器 A 的输入阻抗越大，u_O 保持的时间才越长。

显然，采样过程是一个充电过程，且 R_I 越小，充电时间越短，采样频率才越高。在充电过程中，电路的输入电阻为 R_I，为使电路从信号源索取的电流小些，则要求输入电阻大些，因此采样速度与输入阻抗产生了矛盾。

图 9-20 所示的电路是在图 9-19 所示电路的基础上改进而得到的，A_1 和 A_2 是两个运算放大器，采样控制信号 u_L 通过驱动电路 L 控制开关 S。当 $u_L =1$ 时，开关 S 闭合，A_1 和 A_2 工作在电压跟随状态，则 $u_I = u_O' = u_C = u_O$；当 $u_L =0$ 时，开关 S 断开，由于电容没有放电回路，u_C 保持为 u_I 不变，因此输出 u_O 也保持为 u_I 不变。

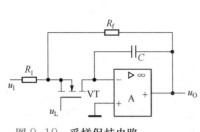

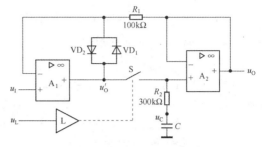

图 9-19　采样保持电路　　　　　　　　　图 9-20　改进的采样保持电路

当开关 S 断开时，电路处于保持阶段，如果 u_1 变化，u'_O 可能变化非常大，甚至会超过开关电路能够承受的电压，因此用二极管 VD_1、VD_2 构成保护电路。当 u'_O 比保持电压 u_O 高（或低）一个二极管的导通压降 U_D 时，VD_1（或 VD_2）导通，从而使 $u'_O = u_O + U_D$（或 $u'_O = u_O - U_D$）。当开关 S 闭合时，$u'_O = u_O$，所以 VD_1 和 VD_2 不导通，保护电路不起作用。

上述电路在采样开关 S 与输入信号 u_1 之间加一级运算放大器 A_1，提高了输入阻抗。此外，运算放大器 A_1 的输出阻抗小，使电容的充电、放电过程加快，提高了采样速度。

3. ADC 的分类

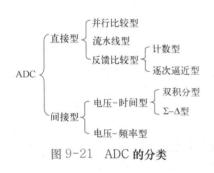

图 9-21　ADC 的分类

ADC 的种类很多，按工作原理可分为直接型和间接型两大类，如图 9-21 所示。直接型是将模拟电压量直接转换成输出的数字量，常用的电路有并行比较型、流水线型和反馈比较型，反馈比较型又可分为计数型和逐次逼近型；间接型是将模拟电压量转换成一个中间量(如时间或频率)，然后将中间量转换成数字量。常用的间接型有电压－时间型和电压－频率型，电压－时间型又可分为双积分型和 Σ-Δ 型。

下面分别介绍直接型中的并行比较型、流水线型、逐次逼近型 ADC 和间接型中的双积分型 ADC、$\sum$-Δ 型 ADC。

9.2.2　并行比较型 ADC

3 位并行比较型 ADC（如图 9-22 所示）由电阻分压器、电压比较器、寄存器及优先编码器组成。其中，电阻分压器由 7 个阻值为 R、1 个阻值为 $R/2$ 的电阻组成，将参考电压 U_{REF} 分成 8 个等级，其中 7 个等级的电压分别作为 7 个电压比较器 $C_1 \sim C_7$ 的参考电压，其数值分别为 $U_{REF}/15$，$3U_{REF}/15$，…，$13U_{REF}/15$。可见，比较器中量化电平的划分采用了有舍有入的方法。

输入电压 u_1 的大小决定了各电压比较器的输出状态。例如，当 $0 \leqslant u_1 < (U_{REF}/15)$ 时，$C_1 \sim C_7$ 的输出都为 0；当 $3U_{REF}/15 \leqslant u_1 < (5U_{REF}/15)$ 时，电压比较器 C_1 和 C_2 的输出 $C_{O1} = C_{O2} = 1$，其余各比较器的输出都为 0。根据各电压比较器的参考电压值，可以确定输入模拟电压值与各电压比较器的输出状态的关系。电压比较器的输出状态由 D 触发器存储，CP 作用后，触发器的输出 $Q_1 \sim Q_7$ 与对应的比较器的输出 $C_{O1} \sim C_{O7}$ 相同。经代码转换网络（优先编码器）输出数字量 $D_2 D_1 D_0$。优先编码器中优先级别最高的是 Q_7，最低的是 Q_1。

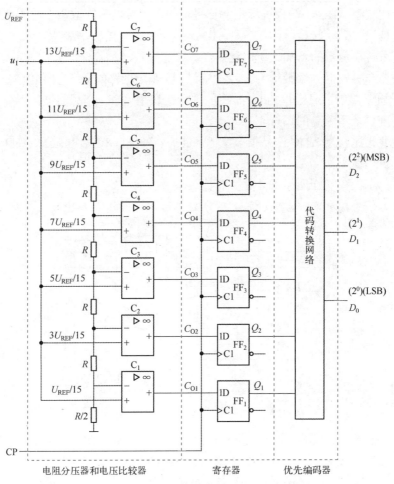

图 9-22 3 位并行比较型 ADC 的电路

设 u_1 的变化范围为 $0 \sim U_{REF}$，输出的 3 位数字量为 $D_2 D_1 D_0$，则 3 位并行比较型 ADC 的输入与输出的关系如表 9-2 所示，可以得到代码转换网络的输出与输入之间的逻辑关系：

$$D_2 = Q_4$$
$$D_1 = Q_6 + \bar{Q}_4 Q_2$$
$$D_0 = Q_7 + \bar{Q}_6 Q_5 + \bar{Q}_4 Q_3 + \bar{Q}_2 Q_1$$

表 9-2 3 位并行比较型 ADC 的输入与输出的关系

模拟量输入	寄存器输出							数字输出		
	Q_7	Q_6	Q_5	Q_4	Q_3	Q_2	Q_1	D_2	D_1	D_0
$0 \leqslant u_1 < U_{REF}/15$	0	0	0	0	0	0	0	0	0	0
$U_{REF}/15 \leqslant u_1 < 3U_{REF}/15$	0	0	0	0	0	0	1	0	0	1
$3U_{REF}/15 \leqslant u_1 < 5U_{REF}/15$	0	0	0	0	0	1	1	0	1	0
$5U_{REF}/15 \leqslant u_1 < 7U_{REF}/15$	0	0	0	0	1	1	1	0	1	1
$7 U_{REF}/15 \leqslant u_1 < 9U_{REF}/15$	0	0	0	1	1	1	1	1	0	0
$9U_{REF}/15 \leqslant u_1 < 11U_{REF}/15$	0	0	1	1	1	1	1	1	0	1
$11U_{REF}/15 \leqslant u_1 < 13U_{REF}/15$	0	1	1	1	1	1	1	1	1	0
$13U_{REF}/15 \leqslant u_1 < U_{REF}$	1	1	1	1	1	1	1	1	1	1

上述并行比较型 ADC 的转换过程是并行进行的，其转换时间取决于电压比较器、触发器和编码电路的延迟时间，转换时间在各种 ADC 中最快（转换频率最高），主要用于高速转换场合。但是随着转换位数的增加，所用元器件按几何级数增加，一个 n 位并行比较型 ADC 所用的电压比较器和触发器的个数均为 $2^n - 1$，还需要规模更大的代码转换电路，使得并行比较型 ADC 的制作成本较高。因此，目前常用的并行比较型 ADC 产品的位数不高，一般用于转换速度快而精度要求不太高的场合。

单片集成并行比较型 ADC 产品很多，如 AD 公司的 AD9012（8 位）、AD9002（8 位）和 AD9020（10 位）等。

【例 9-3】 对于图 9-22 所示的 3 位并行比较型 ADC，$U_{REF} = 8$ V。

（1）若输入信号 u_I 和 CP 脉冲如图 9-23 所示，试确定二进制输出。

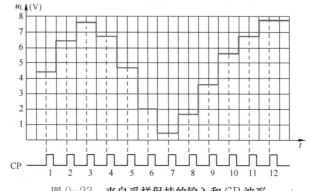

图 9-23　来自采样保持的输入和 CP 波形

（2）若 CP 脉冲频率减半，请确定 6 个脉冲对应的二进制输出，是否丢失了信息？

解　（1）根据图 9-23，CP 脉冲第 1 个上升沿到来时，$u_I = 4.4$V，处于 $7U_{REF}/15 \leqslant u_I < 9U_{REF}/15$ 区间，对照表 9-2，得到对应的数字输出为 100。类似地，可以得到其他脉冲对应的数字输出。因此 12 个 CP 脉冲下，输出数字序列依次为 100、110、111、110、100、010、000、001、011、101、110 和 111，如图 9-24 所示。

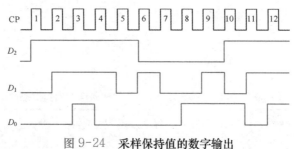

图 9-24　采样保持值的数字输出

（2）若 CP 脉冲频率减半，二进制输出序列为 100、111、100、000、011、110，有信息丢失。可见，对于并行比较型 ADC 中的 CP 脉冲，其频率不能低于采样频率，否则会产生信息丢失。

*9.2.3　流水线型 ADC

流水线（Pipelined）型 ADC 是一种多级串联形式的 ADC。由 3 级转换电路组成的 10 位流水线型 ADC 如图 9-25 所示。

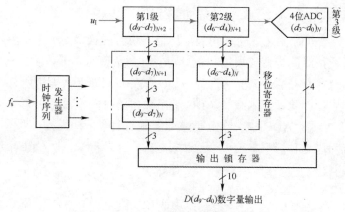

图 9-25　流水线型 ADC

流水线型 ADC 的设计思想为：首先，用第 1 级对输入的模拟电压进行转换，产生一组高位的数字输出，然后将残余电压放大后送给第 2 级进行转换，产生随后的一组数字输出。以此类推，逐级将残压传递给下级进行转换，就可以得到最终的结果了。

第 1、2 级转换电路的如图 9-26 所示，包含一个 3 位输出的并行比较型 ADC 和一个 3 位输入的 DAC。其中，ADC 将输入的模拟电压转换为输出数字量的高 3 位，ADC 量化过程产生

的残余电压由输入电压 u_1 和 DAC 的输出相减得到。第 2 级 ADC 的量化单位是第 1 级 ADC 量化单位的 1/8，所以第 2 级 ADC 中电压比较器所用的参考电压应当取为第 1 级 ADC 中参考电压 U_{REF} 的 1/8。但如果将第 2 级 ADC 的参考电压仍取为 U_{REF}，同时将残余电压经放大器 A 放大 8 倍，则电压比较器的输出结果应当相同。这样做的结果不仅可以避免第 2 级 ADC 工作在微弱输入信号的状态，而且对第 1 级 ADC 和第 2 级 ADC 两个电路的要求将完全相同。

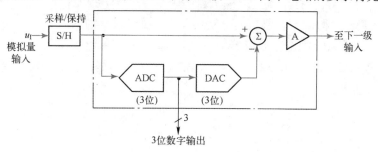

图 9-26　图 9-25 中第 1、2 级转换电路

第 3 级转换电路已经不需要产生残压并向下一级传递了，所以在图 9-25 电路中，最后一级只用一个并行比较型 ADC 就够了。

增加串联转换电路的级数可以提高流水线型 ADC 的转换精度。然而随着串联级数的增加，各级转换时间加起来的总转换时间也随之加长。为了解决这个矛盾，在第 1 级转换完成并将残压放大送给下一级以后，令第 1 级立刻接收下一次的输入采样信号，并与下一级同时进行转换。以此类推，每次的采样电压便以逐级传递残压的方式被逐级转换为输出的数字量，这就是所谓的"流水线"工作方式。这样，第 1 级仍然可以保持并行比较型 ADC 所具有的高速度和高采样速率，从而提高了电路的转换速度。目前，流水线型 ADC 已成为高速度、高分辨 ADC 的主流产品。例如，12 位输出的高速模数转换器 ADC12L066 采用流水线结构，最高采样速率可

达 80 MSPS（每秒 80×10^6 次）。

注意，每时刻各级同时在对不同时间的采样信号进行转换，一次采样输入信号的完整转换结果是从高位到低位按时间先后逐段给出的。为了得到完整的并行数字量输出，需要将前面各级的转换结果用移位寄存器暂存起来，直到最后一级完成转换后，再将所有各级的转换结果一起置入输出锁存器中。因此，流水线型 ADC 给出输出的时间要滞后于采样信号的输入。例如在图 9-25 所示的流水线型 ADC 中，输出要滞后于输入两个采样周期，如图 9-27 所示。为此，在具体应用中应当考虑这种滞后效应是否会对系统的工作带来不利的影响。

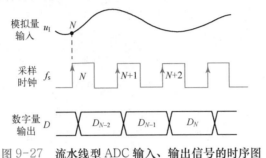

图 9-27　流水线型 ADC 输入、输出信号的时序图

9.2.4　逐次逼近型 ADC

1. 基本转换原理

逐次逼近型 ADC 也属于直接型，其转换原理类似天平称重，模拟信号就是被称的物体，而砝码数值采用二进制。假设一个天平的量程为 $0 \sim 15\,\mathrm{g}$，备有 $8\,\mathrm{g}$、$4\,\mathrm{g}$、$2\,\mathrm{g}$、$1\,\mathrm{g}$ 四个砝码。称重时，先放最重的 $8\,\mathrm{g}$ 砝码，若物重大于 $8\,\mathrm{g}$，则该砝码保留；反之，该砝码去除。然后再放次重的 $4\,\mathrm{g}$ 砝码，根据平衡情况决定它的去留。这样一直比较，直到放完最小的 $1\,\mathrm{g}$ 砝码，使天平两边基本平衡，这时留在天平上砝码的总质量就是物重。

n 位逐次逼近型 ADC 由电压比较器、控制逻辑电路、移位寄存器、数据寄存器和 DAC 等组成，输入的模拟量从电压比较器输入，输出的数字量从数据寄存器的输出端 $d_{n-1}d_{n-2}\cdots d_1 d_0$ 输出，如图 9-28 所示。

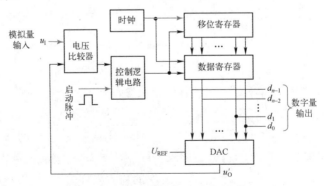

图 9-28　n 位逐次逼近型 ADC

其工作原理为：设 $n=4$，电路由启动脉冲启动后，在第 1 个时钟脉冲作用下控制逻辑使移位寄存器的最高位置 1，其他位置 0，其输出经数据寄存器将 1000 送入 DAC。输入电压先与 DAC 的输出电压 $u_O' = U_{REF} / 2$ 相比较，若 $u_1 \geqslant u_O'$，则电压比较器的输出使数据寄存器的最高

位 d_{n-1}（d_3）置 1，若 $u_1 < u'_O$，则 d_{n-1}（d_3）置 0。在第 2 个时钟脉冲作用下移位寄存器左移 1 位，使次高位置 1，其他低位置 0。若数据寄存器的最高位已存 1，则将 1100 送入 DAC，此时 $u'_O = (3/4)U_{REF}$。于是 u_1 与 $(3/4)U_{REF}$ 相比较，若 $u_1 \geq (3/4)U_{REF}$，则数据寄存器的次高位 d_{n-2}（d_2）置 1，否则置 0；若数据寄存器的最高位已存 0，则将 0100 送入 DAC，此时 $u'_O = U_{REF}/4$，若 $u_1 \geq U_{REF}/4$，则次高位 d_{n-2}（d_2）置 1，否则置 0……以此类推，逐次比较直到数据寄存器所有的位都已处理过，便由数据寄存器得到输出数字量。

2. 逐次逼近型 ADC 实例

根据上述原理构成的 3 位逐次逼近型 ADC 的逻辑电路如图 9-29 所示。3 个同步 RS 触发器 FF_A、FF_B、FF_C 作为数据寄存器，$FF_1 \sim FF_5$ 构成的环形计数器作为顺序脉冲发生器，控制逻辑电路由门 $G_1 \sim G_5$ 组成。

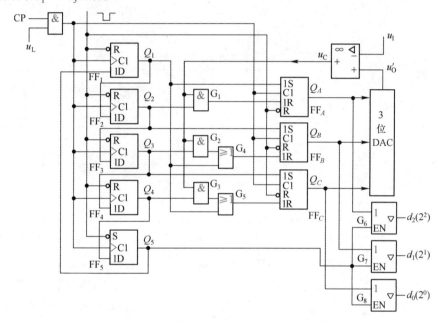

图 9-29　3 位逐次逼近型 ADC 的逻辑电路

设 $U_{REF} = 5$ V，待转换的输入模拟电压 $u_1 = 3.2$ V，工作前先将 FF_A、FF_B 和 FF_C 清零，同时将环形计数器 $Q_1Q_2Q_3Q_4Q_5 = 00001$。当转换控制信号 u_L 变成高电平时，转换便开始进行。

① 当第 1 个 CP 脉冲的上升沿到来后，环形计数器的状态变成 $Q_1Q_2Q_3Q_4Q_5 = 10000$。因为 $Q_1 = 1$，所以 CP $= 1$ 期间 FF_A 被置成 1，FF_B 和 FF_C 被置成 0，从而使 $Q_AQ_BQ_C = 100$，该寄存器的输出加到 3 位 DAC 的输入端，在 DAC 的输出端得到相应的模拟电压 $u'_O = 5 \times 2^{-1}$ V $= 2.5$ V。因为 $u'_O < u_1$，所以比较器的输出 u_C 为低电平。

② 当第 2 个 CP 脉冲的上升沿到来后，环形计数器的状态变成 $Q_1Q_2Q_3Q_4Q_5 = 01000$。因为 $Q_2 = 1$，所以 CP $= 1$ 期间 FF_B 被置成 1，由于 u_C 为低电平，封锁了与门 G_1，Q_2 不能通过与门 G_1 使 FF_A 复位为 0，故 Q_A 仍为 1，FF_C 保持 0 状态，故 $Q_AQ_BQ_C = 110$，经 3 位数模转换后，得到相应的模拟电压 $u'_O = 5 \times (2^{-1} + 2^{-2})$V $= 3.75$ V。因为 $u'_O > u_1$，所以比较器的输出 u_C 为高电平。

③ 当第 3 个 CP 脉冲的上升沿到来后，环形计数器的状态变成 $Q_1Q_2Q_3Q_4Q_5 = 00100$。因为 $Q_3 = 1$，所以 CP $= 1$ 期间 FF_C 被置成 1，由于 u_C 为高电平，与门 G_2 被打开，Q_3 通过与门 G_2 使 FF_B 复位为 0，此时由于 $Q_1 = Q_2 = 0$，因此 Q_A 保持 1 状态，故 $Q_AQ_BQ_C = 101$，经 3 位数模转换

后，得到相应的模拟电压 $u'_O = 5 \times (2^{-1} + 2^{-3})$ V $= 3.125$ V。因为 $u'_O < u_1$，所以比较器的输出 u_C 为低电平。

④ 当第 4 个 CP 脉冲的上升沿到来后，$Q_1 Q_2 Q_3 Q_4 Q_5 = 00010$。由于 u_C 为低电平，封锁了与门 $G_1 \sim G_3$，而且 $Q_1 = Q_2 = Q_3 = 0$，故 FF_A、FF_B 和 FF_C 保持原态不变，即 $Q_A Q_B Q_C = 101$。

⑤ 当第 5 个 CP 脉冲的上升沿到来后，$Q_1 Q_2 Q_3 Q_4 Q_5 = 00001$。由于 $Q_5 = 1$，三态门被打开，因此输出转换后的数字量 $d_2 d_1 d_0 = 101$。

综上所述，图 9-29 所示的 3 位逐次逼近型 ADC 的转换过程如表 9-3 所示，与转换结果所对应的模拟电压为 3.125 V，比实际的模拟电压 3.2 V 小，这是逐次逼近型 ADC 的转换特点，且转换相对误差约为 2.3%。转换的位数越高，误差越小，输出量就越逼近输入量。由表 9-3 还可知，经过 5 个 CP 脉冲后，该 ADC 经过逐次比较，将输入模拟电压 $u_1 = 3.2$ V 转换成数字量 $d_2 d_1 d_0 = 101$ 输出。因此，完成一次转换所需的时间为 $(3 + 2) T_{CP} = (n + 2) T_{CP}$，其中 T_{CP} 为 CP 脉冲的周期。

表 9-3 3 位逐次逼近型 ADC 的转换过程

工作节拍	环形计数器					数据寄存器			u'_O 与 u_1 (3.2 V) 的比较	电压比较器 u_C
	Q_1	Q_2	Q_3	Q_4	Q_5	Q_A	Q_B	Q_C		
复位	0	0	0	0	1	0	0	0	$u'_O = 0$ V $< u_1$	L
第 1 个 CP	1	0	0	0	0	1	0	0	$u'_O = 2.5$ V $< u_1$	L
第 2 个 CP	0	1	0	0	0	1	1	0	$u'_O = 3.75$ V $> u_1$	H
第 3 个 CP	0	0	1	0	0	1	0	1	$u'_O = 3.125$ V $< u_1$	L
第 4 个 CP	0	0	0	1	0	1	0	1	$u'_O = 3.125$ V $< u_1$	L
第 5 个 CP	0	0	0	0	1	1	0	1	$u'_O = 3.125$ V $< u_1$	L

由以上分析可见，逐次逼近型 ADC 完成一次转换所需的时间与其位数和时钟脉冲频率有关，位数越少，时钟频率越高，转换所需的时间越短。在输出位数较多时，逐次逼近型 ADC 的电路规模比并行比较型 ADC 的小得多，但转换速度降低，这种 ADC 多用于信号频率较低的场合。常用的集成逐次逼近型 ADC 有 ADC0809（8 位）、AD575（10 位）和 AD574A（10 位）等。

【例 9-4】在逐次逼近型 ADC 中，设 $n = 8$，参考电压 $U_{REF} = 8$ V，时钟脉冲的频率为 1 MHz，待转换的输入模拟电压 $u_1 = 5.54$ V。

（1）求转换后的数字输出。

（2）试问完成一次转换需要多少时间？

（3）采样频率上限 f_{Smax} 为多少？为了不丢失信息，允许最高输入信号频率 f_{Imax} 为多少？

解（1）逐次逼近型 ADC 的数字输出可以按照表 9-3 所示类似的转换过程求出，但过程较为复杂。本例根据 ADC 的基本转换原理得出。

由逐次逼近型 ADC 的转换原理分析可知，其量化方法实际上是只舍不入的方法，因此 $\Delta = 8/2^8$ V $= 0.03125$ V，则量化结果为 $[5.54/0.03125] = 177$（[ ] 表示"取整"），将十进制数 177 转换为二进制数 10110001，即转换后的数字输出。

（2）8 位逐次逼近型 ADC 完成一次转换需要的时间为

$$t = (n + 2) T_{CP} = 10 \times 1 \ \mu s = 10 \ \mu s$$

（3）因为一次转换完成后，才允许下一次采样，所以采样周期 $T_S \geq t$。所以

$$f_{Smax} \leqslant \frac{1}{t} = \frac{1}{10 \times 10^{-6}} = 10^5 \text{ Hz} = 100 \text{ kHz}$$

依据抽样定理，为了不丢失信息，允许最高信号频率 $f_{Imax} \leqslant f_{Smax} / 2 = 50 \text{kHz}$。

9.2.5 双积分型 ADC

双积分型 ADC 是经过中间变量间接实现 A/D 转换的电路，通过两次积分，先将模拟输入电压 u_I 转换成与其大小相对应的时间 T，再在时间间隔 T 内用计数频率不变的计数器计数，计数器所计的数字量就正比于模拟输入电压，如图 9-30 所示，双积分型 ADC 由积分器、过零比较器、控制逻辑、计数器和时钟脉冲源等几部分组成。

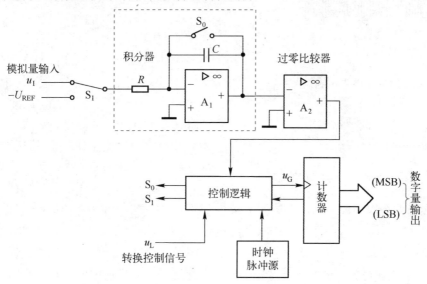

图 9-30 双积分型 ADC

双积分型 ADC 的工作原理是：开始转换前（转换控制信号 $u_L = 0$），先将计数器复位，同时接通开关 S_0，使积分电容 C 完全放电。其工作波形如图 9-31 所示。

$u_L = 1$ 时开始转换。转换开始时，开关 S_0 断开，同时开关 S_1 与模拟信号输入端相连接，输入模拟信号对积分器的电容 C 充电。在固定的时间 T_1 内，积分器的输出电压 u_O 为

$$u_O = -\frac{1}{RC} \int_0^{T_1} u_I \mathrm{d}t = -\frac{T_1}{RC} u_I \tag{9.8}$$

在充电时间 T_1 固定的前提下，积分器的输出电压 u_O 与输入电压 u_I 成正比。

充电结束后，开关 S_1 切换到与参考电压 $-U_{REF}$ 连接，积分器被反向充电。同时，电路的控制逻辑启动计数器，以固定频率 f_C（$f_C = 1/T_C$）的时钟脉冲开始计数。当积分器的输出电压下降到 0 V 时，图 9-30 所示电路中的过零比较器输出控制信号，计数结束。设积分器的输出电压下降到 0 V 时对应的时间为 T_2，则

$$u_O = -\frac{1}{RC} \int_{t_1}^{t_2} (-U_{REF}) \mathrm{d}t - \frac{T_1}{RC} u_I = \frac{U_{REF}}{RC} T_2 - \frac{T_1}{RC} u_I = 0$$

故

$$T_2 = \frac{T_1}{U_{REF}} u_I \tag{9.9}$$

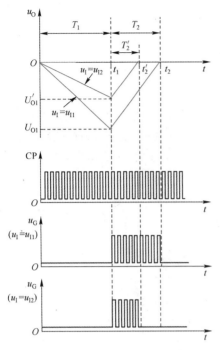

图 9-31　双积分型 ADC 的工作波形

可以看出，反向积分到 $u_O = 0$ V 的时间 T_2 与输入电压 u_1 成正比。T_2 期间的计数结果为

$$D = \frac{T_2}{T_C} = \frac{T_1}{T_C U_{REF}} u_1 \qquad (9.10)$$

由于 T_2 与输入电压 u_1 成正比，因此计数器的输出数字量也与输入电压 u_1 成正比。

若取 T_1 为 T_C 的整数倍，即 $T_1 = NT_C$，则式 (9.10) 可简化成

$$D = \frac{N}{U_{REF}} u_1 \qquad (9.11)$$

从图 9-31 所示的电压波形可以直观地看出，当 u_1 取两个不同的数值 u_{11} 和 u_{12} 时，反向积分器的时间 T_2 和 T_2' 也不同，并且时间的长短与 u_1 的大小成正比。由于 CP 为固定频率的脉冲，因此在 T_2 和 T_2' 期间送给计数器的计数脉冲数目与 u_1 成正比。

双积分型 ADC 由于使用了积分器，在 T_1 时间内转换的是输入电压的平均值，因此具有很强的抗工频干扰能力，尤其是对周期等于 T_1 或几分之 T_1 的对称干扰（指整个周期内平均值为零的干扰）。此外，在转换过程中，前后两次积分所采用的是同一积分器，因此 R、C 和时钟脉冲源等元器件参数的变化对转换精度的影响可以抵消，所以它对元器件的要求较低，成本也低。但由于它属于间接转换，所以工作速度慢。双积分型 ADC 不能用于数据采集，但可用于像数字电压表等这类对转换速度要求不高的场合。

集成双积分型 ADC 有 ADC-EK8B（8 位，二进制码）、ADC-EK10B（8 位，十进制码）、MC14433（$3\frac{1}{2}$ 位，BCD 码）等。

*9.2.6　∑-Δ型 ADC

∑-Δ型 ADC 是将采样、量化、数字信号处理集成在一片 CMOS 大规模集成电路上的低价格、高分辨率的 ADC。目前分辨率高达 24 位，主要用于高精度数据采集，特别是数字音响、多媒体等电子测量领域。高倍频过采样技术降低了对传感器信号进行滤波的要求。

∑-Δ型 ADC 又称为过采样转换器，其工作原理近似双积分型 ADC，将输入电压转换成时间（脉冲宽度）信号，再用数字滤波器处理后得到数字值。与并行比较型和逐次逼近型 ADC 不同，∑-Δ型 ADC 不是将采样信号的绝对值进行量化和编码，而是将两次相邻采样值之差（或称为"增量"）进行量化和编码。∑-Δ型 ADC 包括模拟∑-Δ调制器和数字抽取滤波器两部分。∑-Δ调制器主要完成信号采样及增量编码（∑-Δ码），数字抽取滤波器完成对∑-Δ码的抽取滤波，把增量编码转换成高分辨率的线性脉冲编码调制的数字信号。

∑-Δ型 ADC 中的调制器由积分器、比较器、1 位 DAC（简单的开关）等组成，如图 9-32 所示。时钟脉冲 CP 通过 D 触发器控制积分器输入端模拟开关 S_1 的切换。若积分器输出 $u_{INT} \geq 0$，则比较器输出 u_C 为 0。时钟信号到达后 D 触发器被置 0，控制 S_1 切向 U_{REF}，积分器输入

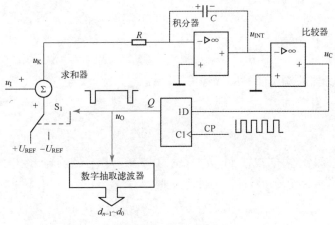

图 9-32　Σ-Δ型 ADC

$u_K = u_I + U_{REF} > 0$，积分器反相积分，积分器输出 u_{INT} 下降。当 $u_{INT} < 0$ 时，比较器输出 u_C 为 1，时钟信号到达后 D 触发器被置 1，控制模拟开关 S_1 接通 $-U_{REF}$，$u_K = u_I - U_{REF} < 0$，所以积分器正向积分，u_{INT} 上升。如此循环，积分器以 T_{CP} 为积分区间对 u_K 进行分段积分。

这样，Σ-Δ型 ADC 连续不断地对输入模拟信号 u_I 和基准参考电压 U_{REF} 的和或差进行积分，将输入模拟量转换成波特率等于时钟频率的周期性串行数字信号序列。设 $U_{REF} = 5\,\text{V}$，u_I 分别为 0V、2V 时，Σ-Δ型 ADC 中各点电压的波形如图 9-33 和图 9-34 所示。

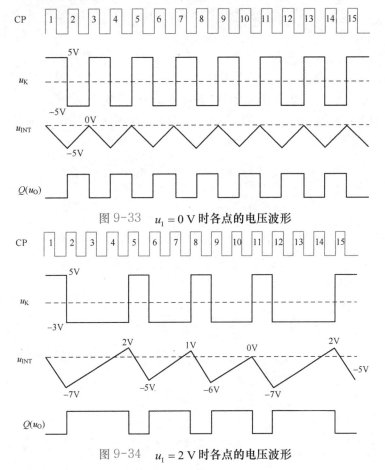

图 9-33　$u_I = 0\,\text{V}$ 时各点的电压波形

图 9-34　$u_I = 2\,\text{V}$ 时各点的电压波形

1) $u_I = 0\,V$

当 $Q=0$ 时，$u_K = u_I + U_{REF} = 5\,V$；而 $Q=1$ 时，$u_K = u_I - U_{REF} = -5\,V$，即 u_K 将在+5 V 和-5 V 之间转换。假设起始状态 $u_{INT} = 0$，$Q=0$，则积分器的输入 $u_K = 5\,V$，由于积分器是反相输出的线性积分器，积分器的输出随时间线性下降。设 $T_{CP} = RC$，经过一个 CP 脉冲，当第二个 CP 脉冲上升沿到达时，有

$$u_{INT} = -\frac{1}{RC}\int_0^{T_{CP}} 5\,dt = -5\,V$$

比较器输出 $u_C = 1$，触发器 Q 被置 1，u_K 跃变为-5 V，积分器的输出随时间线性上升，又经过一个 CP 脉冲，当第 3 个 CP 脉冲上升沿到达时，有

$$u_{INT} = -\frac{1}{RC}\int_{T_{CP}}^{2T_{CP}} (-5)\,dt - 5 = 0$$

比较器输出 $u_C = 0$，触发器 Q 被置 0，u_K 跃变为 5 V，电路又回到前面假设的起始状态。

于是在时钟脉冲的连续作用下，触发器反复被置 1 和置 0，$\Sigma\text{-}\Delta$ 调制器的输出 u_O 端（Q）给出 0、1 相间的串行数字信号序列。

2) $u_I = 2\,V$

当 $Q=0$ 时，$u_K = u_I + U_{REF} = 7\,V$；而 $Q=1$ 时，$u_K = u_I - U_{REF} = -3\,V$，即 u_K 将在 7 V 和-3 V 之间转换。由于 Q 为 0 和 1 时，积分器的输入电压 u_K 的绝对值不等，因而积分器的输出电压 u_{INT} 在作正向积分时的上升速率与负向积分时的下降速率不相等，这将导致 u_{INT} 上升到比较器的比较电平（本例为 0）以上与下降到比较电平以下所经过的时间不等。其结果使得输出数字信号序列 1 和 0 各占的比例不同。

可以看出，$u_I = 0$ 时，u_O 的周期为 $2T_{CP}$；而 $u_I = 2\,V$ 时，u_O 的周期为 $10T_{CP}$。可见，u_{INT} 的变化周期决定了 D 触发器输出序列信号的周期。一般，若在一个序列周期中，D 触发器输出高电平 1 的 CP 周期数为 n、低电平 0 的 CP 周期数为 m，则序列周期 $T = (n+m)T_{CP}$。积分器对 u_K 反向积分的总时间为 m 个时钟周期 mT_{CP}，而对 u_K 正向积分的总时间为 nT_{CP}，设 u_I 在转换过程中不变，根据分段积分的原理，积分器在一个序列周期的输出为

$$u_{INT}(t_0 + T) = u_{INT}(t_0) - m\int_0^{T_{CP}} \frac{u_I + U_{REF}}{RC}\,dt - n\int_0^{T_{CP}} \frac{u_I - U_{REF}}{RC}\,dt$$

$$= u_{INT}(t_0) - \frac{u_I + U_{REF}}{RC}mT_{CP} - \frac{u_I - U_{REF}}{RC}nT_{CP} \tag{9.12}$$

u_{INT} 也以序列信号的周期 T 变化，所以等于初始值 $u_{INT}(t_0)$。由式(9.12)得

$$\frac{u_I + U_{REF}}{RC}mT_{CP} + \frac{u_I - U_{REF}}{RC}nT_{CP} = 0$$

整理后可得到

$$\frac{n-m}{n+m} = \frac{u_I}{U_{REF}} \tag{9.13}$$

式(9.13)表明，$\Sigma\text{-}\Delta$ 型 ADC 是以输出序列信号中 1 与 0 所占比例之差

$$\frac{n}{n+m} - \frac{m}{n+m} = \frac{n-m}{n+m}$$

来表示输入模拟电压大小的。

$u_I = 0\,V$ 时，$n=1$，$m=1$，$\frac{n-m}{n+m} = 0$，与模拟输入电压 $u_I = 0\,V$ 对应；$u_I = 2\,V$ 时，$n=7$，

$m=3$,可得

$$\frac{n-m}{n+m} = \frac{2}{5} = \frac{u_I}{U_{REF}}$$

即输出序列信号中 1 与 0 所占比例之差为 2/5 ($\frac{7}{10} - \frac{3}{10} = \frac{2}{5}$)，该值与输入模拟电压大小对应。

用数字抽取滤波器测量出串行输出信号序列的 n 和 m，计算 $2^n(n-m)/(n+m)$，即可得到 ADC 的输出 D_n。

虽然 Σ-Δ 转换方式类似双积分转换，但串行输出信号序列是连续产生的，不像双积分转换有采样阶段和比较阶段之分。Σ-Δ 转换不但具有较高的抗周期性干扰能力，而且分辨率和转换速度都远高于双积分转换。这种 ADC 采用了极低位的量化器，从而避免了制造高位转换器和高精度电阻网络的困难。由于采样与量化编码可以同时完成，因此不需要采样保持电路；而且过采样技术降低了对输入信号进行滤波的要求，可以取消信号调制电路，使得采样系统大为简化。Σ-Δ 型 ADC 的缺点为：当高速转换时，需要高阶调制器；在转换速率相同的条件下，比积分型和逐次逼近型 ADC 的功耗高。Σ-Δ 型 ADC 实际上是以高采样率来换取高分辨率的。

9.2.7　ADC 的主要技术指标

ADC 的主要技术指标有转换精度、转换速度等。选择 ADC 时，除了考虑这两项主要技术指标，还应注意满足其输入电压范围、输出数字信号的编码、工作温度范围和电压稳定度等方面的要求。

1. 转换精度

单片集成 ADC 的转换精度是用分辨率和转换误差来描述的。

1）分辨率

ADC 的分辨率以输出二进制（或十进制）数的位数表示，表明 ADC 对输入信号的分辨能力。从理论上讲，n 位输出的 ADC 能区分 2^n 个不同等级的输入模拟电压，能区分输入电压的最小值为满量程输入的 $1/2^n$。当最大输入电压一定时，输出位数越多，量化单位越小，分辨率越高。例如，ADC 的输出为 8 位二进制数，ADC 参考电源的电压为 5 V，那么这个转换器能区分输入信号的最小电压为 $5/2^8$ V $= 19.53$ mV。

2）转换误差

转换误差表示 ADC 实际输出的数字量和理论上的输出数字量之间的差别，通常单片集成 ADC 的转换误差已经综合反映了电路内部各元器件及单元电路偏差对转换精度的影响。转换误差通常是以相对误差的形式给出的，常用最低有效位的倍数表示。例如，给出相对误差 $\leqslant \pm U_{LSB}/2$，这表明实际输出的数字量和理论上应得到的输出数字量之间的误差小于最低有效位的半个字。

2. 转换时间和转换速率

通常，用转换时间或转换速率来描述 ADC 的转换速度。转换时间是指完成一次模数转换所需的时间，而转换速率表示单位时间里能够完成转换的次数（写为×××SPS），所以两者互为倒数。例如，转换时间为 100 μs，则转换率为 10 kSPS。ADC 的转换速度主要取决于转换电路的类型，不同类型电路结构的 ADC 的工作原理不同，转换速度也相差甚为悬殊。

并行比较型 ADC 的转换速度最快，通常在几十到几百纳秒的范围内。有些高速的并行比较型 ADC，转换时间甚至小于 10 ns。例如，8 位并行比较型高速模数转换器 ADC08200 的最高转换速率达到 200 MSPS。这种类型的器件价格比较昂贵，因而主要用于对转换速度要求特别高的场合（如快速反应的实时控制系统）。

以并行比较型 ADC 为基本模块组成的流水线型 ADC，虽然转换速度稍逊于单纯的并行比较型 ADC，但在高分辨率的 ADC 中仍然是转换速度最快的一种。这类器件的最小转换时间仍然可以达到 1 μs 以内。以 12 位流水线型高速模数转换器 ADC12L066 为例，它的转换时间仅为 16 ns。

逐次逼近型 ADC 的转换速度次之，转换时间为微秒级，通常为几到几十微秒。也有一些转换速度较高的逐次逼近型 ADC，转换时间不超过 1 μs。例如，12 位模数转换器 AD7472 的最高转换速率可达 1.5 MSPS。由于逐次逼近型 ADC 的转换精度和转换速度都可以满足大多数应用场合的需要，而价格远低于并行比较型高速 ADC，因此逐次逼近型 ADC 是应用最为广泛的一种。

双积分型 ADC、Σ-Δ 型 ADC 和 V-F 变换型 ADC 的转换速度要低得多，转换时间为毫秒级，通常为几毫秒到几十毫秒。虽然这几种类型的器件转换速度比较低，但它们都具有抗干扰能力强、价格低廉的优点，所以在一些低速的应用系统中（如测试仪表数码显示、音频信号处理等）仍然得到了广泛的应用。

【例 9-5】 某信号采集系统要求用一片 A/D 转换集成芯片在 1 s 内对 16 个热电偶的输出电压分别进行 A/D 转换。已知热电偶的输出电压范围为 0～0.025 V（对应 0～450℃温度范围），需要分辨的温度为 0.1℃，试问应选择多少位的 ADC？其转换时间为多少？

解 对于 0～450℃温度范围，输出电压范围为 0～0.025 V，分辨的温度为 0.1℃，这相当于 $\dfrac{0.1}{450} = \dfrac{1}{4500}$ 的分辨率。12 位 ADC 的分辨率为 $\dfrac{1}{2^{12}} = \dfrac{1}{4096} > \dfrac{1}{4500}$，所以必须选用 13 位的 ADC。

系统的采样速率为每秒 16 次，采样周期为 62.5 ms。对于这样慢的采样，任何一个 ADC 都可以达到。选用带有采样保持的逐次逼近型 ADC 或不带采样保持的双积分型 ADC 均可。

9.2.8 集成 ADC 及其应用

在集成 ADC 中，逐次逼近型使用较多，下面以集成逐次逼近型 ADC 芯片 ADC0804 为例介绍集成 ADC 及其应用。

1. ADC0804 引脚及使用说明

ADC0804 是 CMOS 工艺制成的逐次逼近型 ADC 芯片，分辨率为 8 位，转换时间为 100 μs，输入电压范围为 0～5 V，增加某些外部电路后，输入模拟电压可为 ±5 V。该芯片内有输出数据锁存器，当与计算机连接时，转换电路的输出可以直接连接到 CPU 的数据总线上，不需附加逻辑接口电路。ADC0804 芯片的引脚如图 9-35 所示，其引脚名称及含义如下。

U_{IN+}，U_{IN-}：两个模拟信号输入端，以接收单极性、双极性或差模输入信号。

$D_7 \sim D_0$：数据输出端，该输出端具有三态特性，能与计算机总线相连接。

AGND：模拟地。

DGND：数字地。

CLKIN：外电路提供的时钟脉冲输入端。

CLKOUT：内部时钟发生器外接电阻端，与 CLKIN 端配合，可由芯片自身产生时钟脉冲，其频率为$1/(1.1RC)$。

$\overline{CS}$：片选信号输入端，低电平有效，一旦$\overline{CS}$有效，表明 ADC 被选中，可启动工作。

$\overline{WR}$：写信号输入端，接收计算机系统或其他数字系统控制芯片的启动输入端，低电平有效，当$\overline{CS}$和$\overline{WR}$同时为低电平时，启动转换。

$\overline{RD}$：读信号输入端，低电平有效，当$\overline{CS}$和$\overline{RD}$同时为低电平时，可读取转换输出数据。

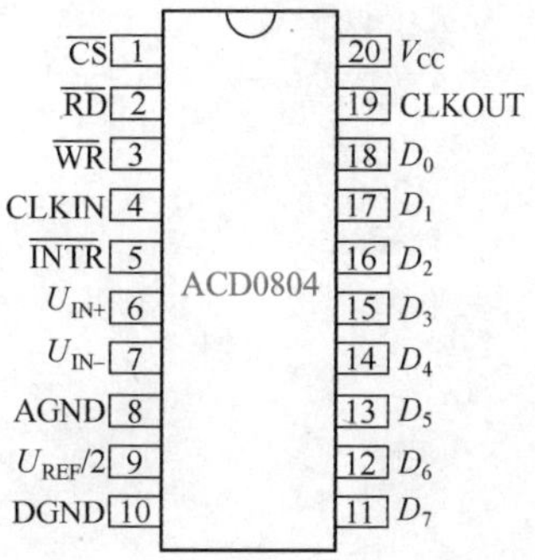

图 9-35　ADC0804 芯片的引脚

$\overline{INTR}$：转换结束输出信号，低电平有效。该端输出低电平时表示本次转换已经完成。该信号常用来向计算机系统发出中断请求信号。

$U_{REF}/2$：可选输入端，用来降低内部参考电压，从而改变转换器所能处理的模拟输入电压的范围。当这个输入端开路时，用V_{CC}作为参考电压，它的值为 2.5 V（$V_{CC}/2$）。若将这个引脚接在外部电源上，则内部的参考电压变为此电压值的 2 倍，模拟输入电压的范围也相应地改变，如表 9-4 所示。

表 9-4　$U_{REF}/2$ 的取值与模拟输入电压范围的关系

$U_{REF}/2$	模拟输入电压的范围	分辨率	$U_{REF}/2$	模拟输入电压的范围	分辨率
开路	0～5 V	19.6 mV	2.0 V	0～4 V	15.6 mV
2.25 V	0～4.5 V	17.6 mV	1.5 V	0～3 V	11.7 mV

2．ADC0804 的典型应用

数据采集应用中 ADC0804 与微处理器的典型电路如图 9-36 所示。

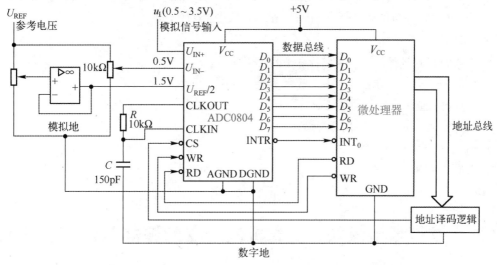

图 9-36　数据采集应用中 ADC0804 与微处理器的典型电路

采集数据时，微处理器通过产生$\overline{CS}$、$\overline{WR}$低电平信号启动 ADC 工作。ADC0804 经$100\,\mu s$后将输入模拟信号转换为数字信号存于输出数据锁存器，并在$\overline{INTR}$端产生低电平表示转换结束。微处理器利用$\overline{CS}$和$\overline{RD}$信号读取数据信号，数据采集过程的信号时序图如图 9-37 所示。

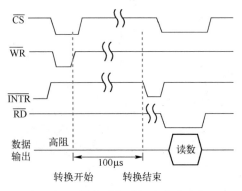

图 9-37　数据采集过程的信号时序图

注意，当 $\overline{\text{CS}}$ 和 $\overline{\text{WR}}$ 同为低电平时，$\overline{\text{INTR}}$ 呈现高电平，$\overline{\text{WR}}$ 的上升沿启动转换过程。若 $\overline{\text{CS}}$ 和 $\overline{\text{RD}}$ 同时为低电平，则数据锁存器的三态门打开，数据信号送出，而当 $\overline{\text{CS}}$ 或 $\overline{\text{RD}}$ 还原为高电平时，三态门处于高阻状态。

在如图 9-36 所示的电路中，模拟输入信号 u_1 的范围为 $0.5 \sim 3.5\,\text{V}$。为了充分利用 ADC0804 芯片 8 位的分辨率，模数转换必须与给定的模拟输入信号的范围相匹配。该 ADC 的满量程是 $3.5\,\text{V}$，与地之间存在 $0.5\,\text{V}$ 的偏移值。在相反输入端加入 $0.5\,\text{V}$ 的偏移电压，使之成为零值参考点。$3.5\,\text{V}$ 的输入范围通过给 $U_{\text{REF}}/2$ 接入 $1.5\,\text{V}$ 的电压来设置，此时参考电压为 $3.0\,\text{V}$。这样可以保证在输入最小值 $0.5\,\text{V}$ 时，所产生的输出数字量为 00000000，而当输入最大值 $3.5\,\text{V}$ 时，所产生的输出数字量为 11111111。

模拟电路与数字电路连接时要特别注意地线的正确连接，否则干扰将很严重，以致影响转换结果的准确性。ADC、DAC 和采样保持芯片都提供了独立的模拟地（AGND）和数字地（DGND）。在电路设计时，必须将所有器件的模拟地和数字地分别相连，然后将模拟地与数字地仅在一点上相连接。实际设计中，也经常将数字器件和模拟器件与电源的连线分开布线，然后在每个芯片的电源与地之间接入去耦电容（其典型值为 $0.1\,\mu\text{F}$）。

【思考题】

① 在 A/D 转换过程中，采样保持电路的作用是什么？

② 按照工作原理，ADC 主要分为哪些类型？其特点是什么？

③ 并行比较型和逐次逼近型 ADC 采用了何种量化方法？

④ 如何测试 ADC 的主要技术指标？

⑤ ADC 的位数与转换精度之间有什么关系？

⑥ 在要求 ADC 的转换时间小于 $1\,\mu\text{s}$、小于 $100\,\mu\text{s}$ 和小于 $0.1\,\text{s}$ 三种情况下，各应选择哪种类型的 ADC？

▶▶9.3　过程考核模块：洗衣机控制器的整体联调与优化设计

设计制作一个普通洗衣机的主要控制电路，按照一定的洗涤程序控制电机作正向和反向转动。设电机 K_1 和 K_2 由继电器控制，其驱动电路如图 9-38 所示。

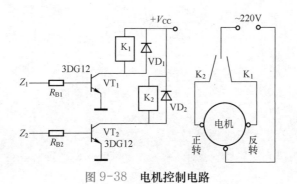

图9-38　电机控制电路

1. 设计要求及技术指标

（1）洗涤时间用户按照"标准"（25分钟）、"大物"（30分钟）、"快速"（15分钟）、"内衣"（10分钟）四挡选择设定。

（2）用两位数码管显示洗涤的预置时间（分钟数），按倒计时方式对洗涤过程作计时显示，直到时间到而停机。

（3）在送入预置时间后，电机控制流程如图9-39所示。

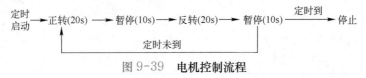

图9-39　电机控制流程

（4）当定时时间到达终点时，一方面使电机停转，同时发出音响信号提醒用户注意。

2. 要求完成的任务

（1）将模块电路连接成系统，进行联调和功能、指标测试，在此基础上优化设计，使之满足上述设计要求。

（2）按照系统实现的基本功能、工程化要求、创新性三个层次进行评价。

① 根据设计要求，评价各模块所用的电路形式。

② 根据设计要求，评价系统的逻辑功能和技术指标。

③ 根据设计要求，评价系统的制作工艺、工程化要求。

④ 评价系统的拓展功能和创新性设计。

（3）分析测试结果，写出系统设计报告。

3. 导引项目设计示例微视频

本章小结

（1）数模转换器的功能是将数字量转换为与之成正比的模拟量。模数转换器的功能是将模拟量转换为与之成正比的数字量。两者是数字电路与模拟电路的接口电路，是现代数字系统的重要部件，应用日益广泛。

（2）最常用的数模转换器有电阻网络型和权电流型等。两者的工作原理相似，即当其任何一个输入二进制数码有效时，都会产生与各位二进制权值成比例的权电流，这些权电流相加形成模拟输出。

（3）常用的模数转换器有并行比较型、流水线型、逐次逼近型、双积分型、Σ-Δ型等，它们各具特点。并行比较型模数转换器的转换速度最快，但其结构复杂且造价较高，故只用于那些转换速度要求极高的场合；流水线型模数转换器虽然转换速度稍逊于并行比较型模数转换器，但在高分辨率的模数转换器中仍然是转换速度最快的一种；双积分型模数转换器转换速度很低，但由于电路结构简单，性能稳定可靠，抗干扰能力较强，在各种低速系统（如数字式测量仪表）中得到了广泛应用；Σ-Δ型 ADC 则在音频信号传输中得到了广泛应用；逐次逼近型模数转换器在转换精度和转换速度上都可以满足大多数应用场合的需要，因此在集成模数转换器中用得最多。

（4）模数转换器和数模转换器的主要技术指标是转换精度和转换速度。目前，模数转换器与数模转换器的发展趋势是高速度、高分辨率及易于与微型计算机接口，以满足各应用领域对信号处理的要求。

随堂测验

9.1 选择题

1．一个无符号 10 位数字输入的 DAC，其输出电平的级数为（　　　）。

A．4　　　　　　　　B．10　　　　　　　　C．1024　　　　　　　　D．210

2．4 位倒 T 型电阻网络型 DAC 的电阻网络的电阻取值有（　　　）种。

A．1　　　　　　　　B．2　　　　　　　　C．4　　　　　　　　D．8

3．为使采样输出信号不失真地代表输入模拟信号，采样频率 f_S 和输入模拟信号的最高频率 f_{Imax} 的关系是（　　　）。

A．$f_S \geqslant f_{Imax}$　　　　B．$f_S \leqslant f_{Imax}$　　　　C．$f_S \geqslant 2f_{Imax}$　　　　D．$f_S \leqslant 2f_{Imax}$

4．将一个时间上连续变化的模拟量转换为时间上断续（离散）的模拟量的过程称为（　　　）。

A．采样　　　　　　B．量化　　　　　　C．保持　　　　　　D．编码

5．用二进制码表示指定离散电平的过程称为（　　　）。

A．采样　　　　　　B．量化　　　　　　C．保持　　　　　　D．编码

6．将幅值上、时间上离散的阶梯电平统一归并到最邻近的指定电平的过程称为（　　　）。

A．采样　　　　　　B．量化　　　　　　C．保持　　　　　　D．编码

7．若某 ADC 取量化单位 $\Delta = \frac{1}{8}U_{REF}$，并规定对于输入电压 u_I，当 $0 \leqslant u_I < \frac{1}{8}U_{REF}$ 时，输入的模拟电压量化为 0 V，输出的二进制数为 000，则当 $\frac{5}{8}U_{REF} \leqslant u_I < \frac{6}{8}U_{REF}$ 时，输出的二进制数为（　　　）。

A. 001   B. 101   C. 110   D. 111

8. 以下 4 种转换器中，( )是 ADC 且转换速度最快。

A. 并行比较型   B. 逐次逼近型   C. 双积分型   D. 施密特触发器

9.2 判断题（正确的画"√"，错误的画"×"）

1. 同位数的权电流型 DAC 比倒 T 型电阻网络型 DAC 的转换精度高。( )

2. DAC 的最大输出电压的绝对值可达到基准电压。( )

3. DAC 的位数越多，能够分辨的最小输出电压变化量就越小。( )

4. DAC 的位数越多，转换精度越高。( )

5. ADC 的位数越多，量化单位 $\varDelta$ 越小。( )

6. A/D 转换过程中一般会出现量化误差。( )

7. ADC 的位数越多，量化级分得越多，量化误差就可以减小到 0。( )

8. n 位逐次逼近型 ADC 完成一次转换要进行 n 次比较，需要 $n+2$ 个时钟脉冲。( )

9. 双积分型 ADC 的转换精度高、抗干扰能力强，因此常用于数字式测量仪表中。( )

10. 采样定理的规定，是为了能不失真地恢复原模拟信号，而又不使电路过于复杂。( )

9.3 填空题

1. 将模拟信号转换为数字信号，需要经过_____、_____、_____和_____四个过程。

2. 衡量 ADC 性能的两个主要技术指标是_____和_____。

习 题 9

9.1 某 8 位 DAC，基准电压是+5 V，那么该转换器可以分辨的最小模拟输出电压是多少？分辨率是多少？

9.2 某 DAC 的最小分辨电压 $U_{LSB}=4.9\text{ mV}$，基准电压 $U_{REF}=10\text{ V}$，计算该转换器输入二进制数字量的位数。

9.3 某控制系统中，要求所用的 DAC 的转换精度小于 0.2%，那么至少应选用多少位的 DAC？

9.4 8 位倒 T 型电阻网络型 DAC 的 $U_{REF}=10\text{ V}$，$R=R_f$，当输入 $D_7D_6\cdots D_0=10001100$ 时，u_O 是多少？

9.5 在图 9-7 所示的 4 位权电流型 DAC 中，已知 $I=0.2\text{ mA}$，当输入 $d_3d_2d_1d_0=1100$ 时，输出电压 $u_O=1.5\text{ V}$，那么电阻 R_f 的值是多少？

9.6 由 10 位二进制加/减计数器和 10 位 DAC 组成的阶梯波发生器如图 P9.6 所示。设时钟频率为 1 MHz，求阶梯波的重复周期，并画出加法计数和减法计数时 DAC 的输出波形。已知使能信号 $S=0$ 时，加法计数；$S=1$ 时，减法计数。

图 P9.6

9.7 已知输入模拟信号的最高频率为 5 kHz，要将输入的模拟信号转换成数字信号，需要哪些步骤？要保证从采样信号中恢复采样的模拟信号，则采样信号的最低频率是多少？

9.8 在图 9-22 所示的 3 位并行比较型 ADC 中，$U_{REF}=10\text{ V}$，$u_I=9\text{ V}$，那么输出 $d_2d_1d_0$ 是什么？

9.9 10 位逐次逼近型 ADC 的 $U_{REF}=12\text{ V}$，CP 的频率 $f_{CP}=500\text{ kHz}$。

（1）若输入 $u_1 = 4.32\ \text{V}$，则转换后输出 $D_9 D_8 \cdots D_0$ 是什么？

（2）完成一次转换所需的时间为多少？

9.10 在双积分型 ADC 中，输入电压 u_1 和参考电压 U_{REF} 在极性上和数值上应满足什么关系？如果 $|u_1| > |U_{\text{REF}}|$，电路能完成模数转换吗？为什么？

9.11 双积分型 ADC 如图 P9.11 所示，请完成：

（1）若被检测信号的最大值为 $U_{\text{1max}} = 2\ \text{V}$，则该电路的 U_{REF} 应是多少？

（2）若 $U_{\text{REF}} = 5\text{V}$，要求分辨率小于或等于 $2\ \text{mV}$，则至少应选择多少位的 ADC？

（3）若输入电压大于参考电压，即 $|u_1| > |U_{\text{REF}}|$，则转换过程中会出现什么现象？

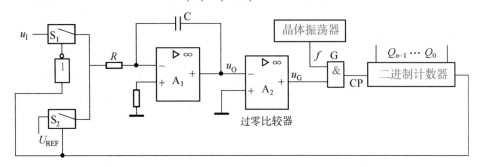

图 P9.11

参考文献

[1]　阎石，王红. 数字电子技术基础（第 6 版）[M]. 北京：高等教育出版社，2016.

[2]　Thomas L. Floyd. 数字电子技术（第 11 版）[M]. 北京：电子工业出版社，2019.

[3]　赵进全，张克农. 数字电子技术基础（第 3 版）[M]. 北京：高等教育出版社，2020.

[4]　江晓安，周慧鑫. 数字电子技术（第 4 版）[M]. 西安：西安电子工业出版社，2015.

[5]　杨春玲，王淑娟. 数字电子技术基础（第 2 版）[M]. 北京：高等教育出版社，2020.

[6]　陈远. 基于超声波传感的障碍物检测和测距系统设计[D]. 电子科技大学，2019.

[7]　Thomas L. Floyd. 数字电子技术基础系统方法[M]. 北京：机械工业出版社，2014.

[8]　Thomas L. Floyd. 数字基础（第 10 版）[M]. 北京：科学出版社，2011.

[9]　毕满清. 电子技术实验与课程设计（第 5 版）[M]. 北京：机械工业出版社，2019.

[10]　肖景和. 555 集成电路应用精粹[M]. 北京：人民邮电出版社，2007.

[11]　成立. 数字电子技术[M]. 北京：机械工业出版社，2003.

[12]　张虹. 数字电路与数字逻辑[M]. 北京：北京航空航天大学出版社，2007.

[13]　陈汝全. 电子技术常用器件应用手册（第 2 版）[M]. 北京：机械工业出版社，2001.

[14]　奈杰尔 P. 库克. Digital Electronics with PLD Integration[M]. 北京：机械工业出版社，2003.

[15]　康华光. 电子技术基础数字部分（第 4 版）[M]. 北京：高等教育出版社，2000.

[16]　李庆常. 数字电子技术基础（第 3 版）[M]. 北京：机械工业出版社，2008.

[17]　姚娅川. 数字电子技术[M]. 重庆：重庆大学出版社，2006.

[18]　张虹. 数字电路与数字逻辑[M]. 北京：北京航空航天大学出版社，2007.

[19]　范爱平，周长森. 数字电子技术基础[M]. 北京：清华大学出版社，2008.

[20]　苏本庆. 数字电子技术[M]. 北京：电子工业出版社，2007.

[21]　马金明. 数字电路与数字逻辑系统与逻辑设计[M]. 北京：北京航空航天大学出版社，2007.

[22]　朱明程. 可编程逻辑器件原理及应用[M]. 西安：西安电子科技大学出版社，2004.

[23]　王道宪. CPLD/FPGA 可编程逻辑器件应用与开发[M]. 北京：国防工业出版社，2004.

[24]　陈赜. CPLD/FPGA 与 ASIC 设计实践教程[M]. 北京：科学出版社，2005.

[25]　尹文庆. 数字电子技术基础[M]. 北京：中国电力出版社，2008.

[26]　胡晓光. 数字电子技术基础[M]. 北京：北京航空航天大学出版社，2007.

反侵权盗版声明

电子工业出版社依法对本作品享有专有出版权。任何未经权利人书面许可，复制、销售或通过信息网络传播本作品的行为；歪曲、篡改、剽窃本作品的行为，均违反《中华人民共和国著作权法》，其行为人应承担相应的民事责任和行政责任，构成犯罪的，将被依法追究刑事责任。

为了维护市场秩序，保护权利人的合法权益，我社将依法查处和打击侵权盗版的单位和个人。欢迎社会各界人士积极举报侵权盗版行为，本社将奖励举报有功人员，并保证举报人的信息不被泄露。

举报电话：（010）88254396；（010）88258888

传　　真：（010）88254397

E-mail：　dbqq@phei.com.cn

通信地址：北京市万寿路 173 信箱

　　　　　电子工业出版社总编办公室

邮　　编：100036